해사실무법

정영석 저

동방문화사

머 리 말

　해사생활관계를 규율하는 법규는 해사공법, 해사사법, 해사국제법의 여러 영역에 걸쳐서 다양하게 발달해 있다. 이 중 해사공법은 해기사 시험, 선박직 공무원 임용시험, 해양경찰 임용시험, 군무원 임용시험 등 각종 시험에 따라 관련된 법령을 묶어서 각각 그 용도에 적합한 해사법규라는 명칭으로 교재가 출간되고 있다.

　이 번에 출간하는 해사실무법은 해사공법의 영역 중 행정사 자격시험 중 기술행정사의 2차 시험과목인 해사실무법의 출제 영역을 중심으로 「해운법」, 「선박안전법」, 「해사안전법」, 「해양사고의 조사 및 심판에 관한 법률」에 대한 해설서에 해당한다. 행정사는 행정기관에 제출하는 서류의 작성, 권리·의무나 사실증명에 관한 서류의 작성, 행정기관의 업무에 관련된 서류의 번역, 위의 서류의 제출 대행(代行), 인가·허가 및 면허 등을 받기 위하여 행정기관에 하는 신청·청구 및 신고 등의 대리(代理), 행정관계 법령 및 행정에 대한 상담 또는 자문에 대한 응답, 법령에 따라 위탁받은 사무의 사실 조사 및 확인 등의 업무를 할 수 있는 자격자를 의미한다. 특히 기술행정사는 해양수산분야에서 상기의 업무를 행할 수 있는 자격자를 말한다.

　요즘은 각종 행정기관에서 각종 지원사업을 개발하고 이에 상당히 많은 예산을 집행하기 때문에 이러한 지원사업의 신청과 관련된 컨설팅 등도 행정사의 업무와 상당한 연관성이 있을 것으로 보인다. 즉, 개발하기에 따라서는 업무 영역이 매우 다양할 수 있기 때문에 행정사 자격 취득에 관련 대학의 학생들도 관심을 가질 만 하다고 생각한다.

　기술행정사는 해사실무법에 있어서 그동안 적당한 교재나 자료가 부재하였기 때문에 그간의 시험에서도 준비가 매우 어려웠던 것으로 보인다. 특히 해사분야에서는 주로 항해학이나 기관학을 공부한 공학도가 도전하기 때문에 논술 시험의 준비에 어려움을 겪는 것으로 생각한다. 이 교재가 예상문제를 도출하여 소개하는 것은 아니지만, 교재의 전체 구조를 잘 눈여겨 살펴 보면 논술식 시험에 어떤 문제가 나올 수 있을지 예측할 수 있으리라 본다. 또 굳이 항해학이나 기관학의 전공자가 아니어도 법학이나 행정학을 공부한 분들도 해사실무법만 공부를 한다면 충분히 기술행정사에 도전이 가능하다고 생각한다.

그 외에도 해사법의 기초를 공부하고 싶은 분들께도 도움이 될 것으로 예상하고 이 책의 출간을 하게 되었다. 책의 체제는 법률, 시행령, 시행규칙을 종합적으로 이론적 체계에 따라 해설하여야 하겠지만, 해사행정법규는 잦은 개정으로 인하여 책을 출간하자마자 곧바로 법령개정으로 인한 문제가 생기기 쉽다. 따라서 개정된 법령의 내용을 항상 대조하면서 책을 읽을 필요가 있다. 이러한 문제에 대하여 고심 끝에 법률을 이론체계에 부합하게 해설하고 시행령과 시행규칙은 표의 형식으로 해당되는 해설부분에 삽입하여 대조가 편리하도록 하였다. 기존의 법서의 개념으로 보면 형식이 다소 파격적이기는 하나 독자의 입장에서는 편리한 점도 있으리라 생각한다. 앞으로 미흡한 점은 고쳐나가기로 하면서 독자 여러분이 출판사를 통하여 의견을 주시면 성의껏 반영하고자 한다.

마지막으로 어려운 여건에서 이 책의 출간을 맡아주신 동방문화사 조형근 대표님께도 감사드린다.

2016년 삼복에 해양대 연구실에서

지은이 씀

목 차

제1장 해 운 법 ··· 1
- 제1절 총론 ·· 3
- 제2절 해상여객운송사업 ·· 6
- 제3절 해상화물운송사업 ·· 41
- 제4절 해운중개업, 해운대리점업, 선박대여업 및 선박관리업 ······· 52
- 제5절 해운산업의 건전한 육성과 이용자의 지원 ······················ 58
- 제6절 보칙 ·· 69

제2장 선박안전법 ··· 77
- 제1절 총론 ·· 79
- 제2절 선박의 검사 ·· 90
- 제3절 선박용물건 또는 소형선박의 형식승인 등 ···················· 125
- 제4절 컨테이너의 형식승인 등 ·· 136
- 제5절 선박시설의 기준 등 ·· 142
- 제6절 안전항해를 위한 조치 ·· 145
- 제7절 선박안전기술공단 ·· 154
- 제8절 항만국통제 등 ·· 164
- 제9절 보칙 ·· 168

제3장 해사안전법 ··· 175
- 제1절 총론 ·· 177
- 제2절 해사안전관리계획 ·· 185
- 제3절 수역 안전관리 ·· 187
- 제4절 해상교통 안전관리 ·· 200
- 제5절 선박 및 사업장의 안전관리 ·· 237
- 제6절 선박의 항법 등 ·· 275
- 제7절 보칙 ·· 319

제4장 해양사고의 조사 및 심판에 관한 법률 ·········· 325

제1절 총론 ·········· 327
제2절 심판원의 조직과 직무 ·········· 333
제3절 심판 전의 절차 ·········· 356
제4절 지방심판원의 심판 ·········· 363
제5절 중앙심판원의 심판 ·········· 380
제6절 중앙심판원의 재결에 대한 소송과 재결의 집행 ·········· 386
제7절 보칙 ·········· 393

제5장 기술행정사와 시험준비 요령 ·········· 395

Ⅰ. 기술행정사란 무엇인가? ·········· 397
Ⅱ. 해사실무법의 시험준비 ·········· 398
Ⅲ. 답안 예시 ·········· 400

제1장

해 운 법

제1절 총론
제2절 해상여객운송사업
제3절 해상화물운송사업
제4절 해운중개업, 해운대리점업,
　　　선박대여업 및 선박관리업
제5절 해운산업의 건전한 육성과
　　　이용자의 지원
제6절 보칙

제1절 총론

제1관 입법 목적

해운법은 해상운송의 질서를 유지하고 공정한 경쟁이 이루어지도록 하며, 해운업의 건전한 발전과 여객·물의 원활한 운송을 도모함으로써 이용자의 편의를 향상시키고 국민경제의 발전과 공공복리의 증진에 이바지하는 것을 목적으로 한다(법 제1조).

이 법에서 해운업은 해상여객운송사업, 해상화물운송사업, 해운중개업, 해운대리점업, 선박대여업 및 선박관리업의 여섯 가지 업종을 말한다(법 제2조 제1호). 이 법은 이들 6종류의 해운업의 질서를 유지하고 공정한 경쟁을 이루어지도록 하여 해운업의 발전과 이용자의 편의를 제공하는 것을 목적으로 제정된 것으로 해운업의 인허가 및 발전을 도모하는 행정법규인 동시에 해운업의 거래질서를 확립한다는 점에서는 경제법의 일종으로「공정거래법」의 특별법으로 볼 수 있다. 다만,「해운법」이 경제법적 관점에서 그 적용이나 효력이 명확하지 않기 때문에「공정거래법」과 충돌하거나 이에 우선하는 효력을 가지는 가에 대하여는 의문이다.

2015년 법률 제13002호의 개정에서 이 법은 2014년 4월 16일 발생한 세월호 사고의 원인이 내항여객운송사업자의 안전관리 소홀과 함께 내항여객선 안전관리시스템 전반의 문제가 내재되어 발생하였던 것으로 나타났기 때문에 권한과 책임을 명확히 하고, 안전 관련 규정을 정비하며, 처벌수준을 강화하는 등 내항여객선 안전관리체계를 혁신하는 방향으로 개정이 이루어졌다. 또 노후 여객선의 신조·대체 활성화, 수송수요 기준 등 진입장벽의 철폐 등 내항 여객운송사업 구조에 대한 전반적인 개편이 필요하다는 판단에 따라 내항여객선 안전강화를 위하여 안전 관련 규정 및 면허체계를 전면 정비하였다.

한편 내항화물선은 2001년부터 유류세액 인상분에 대하여 정부가 지원해 주고 있으나, 최근 일부 내항화물운송사업자의 부정수급 문제가 제기되고 있어 내항화물운송사업자의 유류세 지원금 부정수급 방지를 위한 처벌을 강화하였다.

제2관 용어의 정의

이 법에서 사용하는 용어의 뜻은 다음과 같다(법제2조).

1. "해운업"이란 해상여객운송사업, 해상화물운송사업, 해운중개업, 해운대리점업, 선박대여업 및 선박관리업을 말한다.

   1의2. "여객선"이란 「선박안전법」 제2조 제10호에 따른 선박으로서 해양수산부령으로 정하는 선박을 말한다.

⚓ 「해운법 시행규칙」

제1조의2(여객선) 「해운법」(이하 "법"이라 한다) 제2조 제1호의2에서 "해양수산부령으로 정하는 선박"이란 다음 각 호의 구분에 따른 선박을 말한다.
1. 여객 전용 여객선: 여객만을 운송하는 선박
2. 여객 및 화물 겸용 여객선: 여객 외에 화물을 함께 운송할 수 있는 선박으로서 다음 각 목과 같이 구분되는 선박
   가. 일반카페리 여객선: 폐위(閉圍)된 차량구역에 차량을 육상교통 등에 이용되는 상태로 적재·운송할 수 있는 선박으로서 운항속도가 시속 25노트 미만인 선박
   나. 쾌속카페리 여객선: 폐위된 차량구역에 차량을 육상교통 등에 이용되는 상태로 적재·운송할 수 있는 선박으로서 운항속도가 시속 25노트 이상인 여객선
   다. 차도선(車渡船)형 여객선: 차량을 육상교통 등에 이용되는 상태로 적재·운송할 수 있는 선박으로 차량구역이 폐위되지 아니한 선박

---

2. "해상여객운송사업"이란 해상이나 해상과 접하여 있는 내륙수로(內陸水路)에서 여객선 또는 「선박법」 제1조의2제1항제1호에 따른 수면비행선박(이하 "여객선 등"이라 한다)으로 사람 또는 사람과 물건을 운송하거나 이에 따르는 업무를 처리하는 사업으로서 「항만운송사업법」 제2조 제4항에 따른 항만운송관련사업 외의 것을 말한다.

3. "해상화물운송사업"이란 해상이나 해상과 접하여 있는 내륙수로에서 선박[예선(曳船)에 결합된 부선(艀船)을 포함한다. 이하 같다]으로 물건을 운송하거나 이에 수반되는 업무(용대선을 포함한다)를 처리하는 사업(수산업자가 어장에서 자기의 어획물이나 그 제품을 운송하는 사업은 제외한다)으로서 「항만운송사업법」 제2조 제2항에 따른 항만운송사업 외의 것을 말한다.

4. "용대선(傭貸船)"이란 해상여객운송사업이나 해상화물운송사업을 경영하는 자

사이 또는 해상여객운송사업이나 해상화물운송사업을 경영하는 자와 외국인 사이에 사람 또는 물건을 운송하기 위하여 선박의 전부 또는 일부를 용선(傭船)하거나 대선(貸船)하는 것을 말한다.

5. "해운중개업"이란 해상화물운송의 중개, 선박의 대여·용대선 또는 매매를 중개하는 사업을 말한다.

6. "해운대리점업"이란 해상여객운송사업이나 해상화물운송사업을 경영하는 자(외국인 운송사업자를 포함한다)를 위하여 통상(通常) 그 사업에 속하는 거래를 대리(代理)하는 사업을 말한다(법 제2조 제6호).

7. "선박대여업"이란 해상여객운송사업이나 해상화물운송사업을 경영하는 자 외의 자 본인이 소유하고 있는 선박(소유권을 이전받기로 하고 임차한 선박을 포함한다)을 다른 사람(외국인을 포함한다)에게 대여하는 사업을 말한다.

> ⚓ 「해운법 시행령」
>
> **제2조(소유권을 이전받기로 하고 임차한 선박)** 「해운법」(이하 "법"이라 한다) 제2조 제7호에서 "소유권을 이전받기로 하고 임차한 선박"이란 리스에 의하여 도입된 선박, 국적취득을 조건으로 임차한 선박, 그 밖에 장래에 소유권이전이 확실한 선박을 말한다.

8. "선박관리업"이란 「선박관리산업발전법」 제2조 제1호에 규정된 국내외의 해상운송인, 선박대여업을 경영하는 자, 관공선 운항자, 조선소, 해상구조물 운영자, 그 밖의 「선원법」상의 선박소유자로부터 기술적·상업적 선박관리, 해상구조물관리 또는 선박시운전 등의 업무의 전부 또는 일부를 수탁(국외의 선박관리사업자로부터 그 업무의 전부 또는 일부를 수탁하여 행하는 사업을 포함한다)하여 관리활동을 영위하는 업(業)을 말한다.

9. "선박현대화지원사업"이란 정부가 선정한 해운업자가 정부의 재정지원 또는 금융지원을 받아 낡은 선박을 대체하거나 새로이 건조하는 것을 말한다.

「해운법」에서는 해상여객운송사업, 해상물건운송사업, 해운중개업, 해운대리점업, 선박대여업 및 선박관리업의 여섯 가지 사업을 해운업으로 분류하고 있다. 반면, 「항만운송사업법」에서는 항만운송사업과 항만운송관련사업을 규정하고 있는데, 항만에서 하역 등과 연계된 운송은「항만운송사업법」의 적용을 받는다. 넓은 의미에서는「항만운송사업법」의 적용대상 사업도 해운업으로 볼 수 있지만,「해운법」에서는 해상운송업을 고유의 영역으로 하여 이와 직접 관련된 6가지의 사업에 한하여 적용대상으로 하고 있다. 이를 좁은 의미에서의 해운업으로 정의할 수 있다.[1)]

제3관 적용범위

다음 각 호의 선박만으로 경영하는 해상여객운송사업과 해상화물운송사업에 대하여는 이 법을 적용하지 아니한다(법 제48조).

1. 총톤수 5톤 미만의 선박
2. 노나 돛만으로 운전하는 선박

이 법에서 규정한 6종의 해운업에 대하여는 이 법이 적용되는 것이 원칙이지만, 법 제48조에서 규정한 선박의 경우는 매우 규모가 작은 선박을 이용한 운송사업으로 주로 유선 및 도선으로「유선 및 도선사업법」이 적용된다. 또 이러한 선박 중 해상화물운송사업에만 사용되는 선박의 경우도 그 규모가 매우 영세하고 국민경제에 미치는 영향이 미미하기 때문에 이 법에서 규정한 해운업에는 포함하지 않는다.

제2절 해상여객운송사업

제1관 해상여객운송사업의 종류

1. 정의

"해상여객운송사업"이란 해상이나 해상과 접하여 있는 내륙수로(內陸水路)에서 여객선 또는 「선박법」 제1조의2 제1항 제1호에 따른 수면비행선박(이하 "여객선 등"이라 한

---

1) 정영석,「해상운송론」, (텍스트북스, 2013), 14쪽 참조.

다)으로 사람 또는 사람과 물건을 운송하거나 이에 따르는 업무를 처리하는 사업으로서 「항만운송사업법」 제2조 제4항에 따른 항만운송관련사업 외의 것을 말한다(법 제2조 제2호). 이 법에서 "여객선"이란 「선박안전법」 제2조 제10호[2])에 따른 선박을 말한다(법 제2조 제1호의2).

이 법에서 해상여객운송사업이란 해상 또는 해상과 접속하여 있는 내륙수로에서 여객운송사업을 영위하는 것을 의미한다. 따라서 해상과 접속하지 않은 내륙수로 또는 호수 등에서만 여객운송사업을 영위하는 경우는 해상여객운송사업에 속하지 않는다. 또 여객운송사업은 여객선 또는 수면비행선박으로 사람 또는 사람과 물건을 운송하거나 이에 따르는 업무를 처리하는 사업을 의미한다. 그리고 「항만운송사업법」 상 항만운송관련사업인 항만용역업 중 통선으로 본선과 육지간의 연락을 중계하는 행위를 하는 사업은 「해운법」상의 해상여객운송사업에 속하지 아니한다(항만운송사업법 제2조 제4항, 동법 시행령 제2조 제1호 가목).

2. 사업의 종류

해상여객운송사업[3])의 종류는 다음과 같다(법 제3조).

1. 내항정기여객운송사업 : 국내항[해상이나 해상에 접하여 있는 내륙수로에 있는 장소로서 상시(常時) 선박에 사람이 타고 내리거나 물건을 싣고 내릴 수 있는 장소를 포함한다. 이하 같다]과 국내항 사이를 일정한 항로와 일정표에 따라 운항하는 해상여객운송사업

2. 내항부정기여객운송사업 : 국내항과 국내항 사이를 일정한 일정표에 따르지 아

선박안전법
제2조

2) 10. "여객선"이라 함은 13인 이상의 여객을 운송할 수 있는 선박을 말한다.

3) 대법원 1970.3.31, 선고, 69누124, 판결 : 원판결 설시이유에 의하면 원심은 원고가 그 소유선박 옥소호로 진도해창과 목포간의 해상운송사업을 15년 동안이나 해 내려오다가 1968.8.5.위 옥소호를 소외 옥소해운주식회사에 팔아버려 그 소유를 잃었으니 원고는 피고의 본건 행정처분으로 권리침해를 입는 지위에 놓여 있지 않다는 취지로 판시하여 원고의 본소 청구를 본안에 들어가지도 않고 배척하였다. 그러나 선박에 의한 해상운송사업에 있어 그 사업은 반드시 선박의 소유자만이 이를 할 수 있다고 볼 아무 근거가 없고 선박의 용선으로서 얼마든지 해상운송을 하고 있음이 움직일 수 없는 현실이거늘 원심이 이런 법리와 사실에 눈을 감고 원고가 오래전부터 해 내려오던 해상운송사업을 걷어치워 위 행정처분으로 직접 침해될 권리를 잃었다든가 제소외 법률상 이익이 없어졌다든가의 여부에 대한 특별사정 같은 것을 심리해본 바도 없이 그 선박의 소유권을 원고가 잃었다는 이유만으로 원심이 위와 같이 해버린 판단에는 이유 불비가 아니면 심리미진의 위법을 남겼다고 하겠으니 논지는 이유 있어 원판결은 도저히 그대로 유지하기가 어렵다.

니하고 운항하는 해상여객운송사업

3. 외항정기여객운송사업 : 국내항과 외국항 사이 또는 외국항과 외국항 사이를 일정한 항로와 일정표에 따라 운항하는 해상여객운송사업

4. 외항부정기여객운송사업 : 국내항과 외국항 사이 또는 외국항과 외국항 사이를 일정한 항로와 일정표에 따르지 아니하고 운항하는 해상여객운송사업

5. 순항(巡航)여객운송사업 : 해당 선박 안에 숙박시설, 식음료시설, 위락시설 등 편의시설을 갖춘 대통령령으로 정하는 규모 이상의 여객선을 이용하여 관광을 목적으로 해상을 순회하여 운항(국내외의 관광지에 기항하는 경우를 포함한다)하는 해상여객운송사업

> ⚓ 「해운법 시행령」
>
> **제3조(순항여객운송사업)** 법 제3조 제5호에서 "대통령령으로 정하는 규모 이상"이란 총톤수 2천 톤 이상을 말한다.

6. 복합해상여객운송사업 : 법 제3조 제1호부터 제4호까지의 규정 중 어느 하나의 사업과 제5호의 사업을 함께 수행하는 해상여객운송사업

제2관 사업 면허

1. 면허신청

해상여객운송사업을 경영하려는 자는 법 제3조에 따른 사업의 종류별로 항로마다 해양수산부장관의 면허를 받아야 한다. 다만, 법 제3조 제2호에 따른 내항부정기여객운송사업의 경우에는 둘 이상의 항로를 포함하여 면허를 받을 수 있으며, 같은 조 제4호부터 제6호까지의 규정에 따른 외항부정기여객운송사업, 순항여객운송사업 및 복합해상여객운송사업(제2호 또는 제4호와 제5호의 사업을 함께 수행하는 경우만으로 한정한다)의 경우에는 항로와 관계없이 면허를 받을 수 있다(제4조제1항). 해양수산부장관은 법 제4조 제1항에 따라 면허를 할 때 해양수산부령으로 정하는 바에 따라 사업자 공모를

할 수 있다(제4조제2항). 법 제4조 제1항에 따른 면허를 받으려는 자는 해양수산부령으로 정하는 바에 따라 사업계획서를 첨부한 신청서를 해양수산부장관에게 제출하여야 한다(제4조제3항). 해양수산부장관은 법 제4조 제1항에 따라 면허를 할 때에는 해양수산부령으로 정하는 기간에 법 제5조 제1항 제2호 및 제5호에 따른 시설 등을 갖출 것을 조건으로 면허를 하거나 그 밖에 여객에 대한 안전강화 및 편의시설 확보 등을 위하여 해양수산부령으로 정하는 바에 따라 필요한 조건을 붙일 수 있다(제4조제4항).

※ 「해운법 시행규칙」

제2조(해상여객운송사업 면허의 신청 등) ① 법 제4조 제1항에 따라 해상여객운송사업의 면허를 받으려는 자는 별지 제1호서식의 해상여객운송사업 면허신청서(전자문서로 된 신청서를 포함한다)에 다음 각 호의 서류를 첨부하여 해양수산부장관 또는 지방해양수산청장에게 제출하여야 한다.
  1. 선박국적증서 및 선박검사증서 사본(사용할 선박을 확보한 경우로서 외국국적 선박인 경우만 해당한다)
  2. 사업계획서
  3. 정관(법인인 경우에만 제출한다)
② 제1항에 따른 신청서 제출 시 해양수산부장관 또는 지방해양수산청장은 「전자정부법」 제36조 제1항에 따른 행정정보의 공동이용을 통하여 다음 각 호의 서류를 확인하여야 한다. 다만, 제1호의 서류에 대하여는 신청인으로부터 확인에 대한 동의를 받고, 신청인이 확인에 동의하지 아니하는 경우에는 해당 서류의 사본을 첨부하도록 하여야 한다.
  1. 선박국적증서 및 선박검사증서(사용할 선박을 확보한 경우로서 대한민국국적 선박인 경우만 해당한다)
  2. 법인 등기사항증명서(법인인 경우만 해당한다)
③ 제1항제2호에 따른 사업계획서에는 다음 각 호의 사항을 기재하여야 한다.
  1. 항로의 출발지·기항지 및 종착지와 이들 사이의 거리를 표시한 항로도
  2. 사용할 선박의 명세(사용할 선박을 확보하지 못한 경우에는 그 확보방법 및 확보기한을 기재하고 그 증명서류를 첨부하여야 한다)
  3. 운항횟수 및 출발·도착 시간(내항 정기 여객운송사업과 외항 정기 여객운송사업만 해당된다)
  4. 사업에 필요한 시설
  5. 사업개시 후 3년간의 사업연도별 예상수지
④ 해양수산부장관 또는 지방해양수산청장은 제1항에 따른 신청서를 받으면 선박의 확보 여부 등을 확인할 기간을 정하여 신청인에게 통보하여야 한다.
⑤ 법 제4조 제4항에 따른 기간은 1년 이내로 한다. 다만, 선박 등의 시설 확보가 불가피한 사유로 지연되었을 경우에는 1회에 한하여 1년의 범위에서 연장할 수 있다.
⑥ 해양수산부장관 또는 지방해양수산청장은 법 제4조 제1항에 따라 해상여객운송사업의 면허를 한 경우에는 신청인에게 별지 제2호서식의 해상여객운송사업 면허증을 발급하여야 한다.
제3조(사업자 공모) ① 해양수산부장관 또는 지방해양수산청장은 법 제4조 제2항에 따른 사업자 공모(이하 "사업자공모"라 한다)를 하려는 경우 해상여객운송사업의 면허를 하려는 항로 및 면허의 시기 등 필요한 사항을 공고하여야 한다.
② 해양수산부장관 또는 지방해양수산청장은 사업자공모에 응한 자가 보유한 선박의 선령 및 재무

건전성 등을 평가하고 해상여객운송사업자를 선정하여야 한다.
　③ 제1항 및 제2항에서 정한 것 외에 사업자공모의 시기, 절차 및 세부적인 평가 기준 등은 해양수산부장관이 정하여 고시한다.
제3조의2(면허조건) 해양수산부장관 또는 지방해양수산청장은 법 제4조 제4항에 따라 해상여객운송사업 면허를 할 때 여객터미널의 이용, 승선권 발급 등 여객선의 안전과 이용자 편의를 위하여 필요하다고 인정하는 사항을 면허의 조건으로 붙일 수 있다.

　해상여객운송사업은 해양수산부장관의 면허를 받지 않으면 사업을 영위할 수 없다. 즉, 이 조에서 면허라 함은 행정법상 영업면허를 의미하는 것으로 해상여객운송사업은 누구나가 자유로이 사업을 행하는 것을 금지, 제한하고 있다는 것을 의미한다. 따라서 이 법에서 해양수산부장관의 면허는 하명적 행정행위에 해당한다.[4]

2. 「관광진흥법」에 따른 관광객 이용시설업 등록의제

　해양수산부장관이 법 제4조 제1항에 따라 순항여객운송사업 또는 복합해상여객운송사업의 면허를 할 때 법 제4조 제3항에 따라 관계 행정기관의 장과 협의하였으면 해당 면허를 받은 자는 「관광진흥법」 제4조 제1항[5])에 따라 같은 법 제3조 제1항 제3호에 따른 관광객 이용시설업 등록을 한 것으로 본다(제4조의2 제1항). 법 제4조의2 제1항에 따라 관광객 이용시설업의 등록을 의제받으려는 자는 순항여객운송사업 또는 복합해상여객운송사업의 면허를 신청할 때 사업계획서 등 「관광진흥법」 제4조에 따른 관광객 이용시설업 등록에 필요한 서류를 함께 제출하여야 한다(제4조의2 제2항). 법 제4조의2 제2항에 따

---

[4] 기세훈 외, 「법률용어사전」, (법전출판사, 1976), 92쪽 참조.

「관광진흥법」
제3조(관광사업의 종류) ① 관광사업의 종류는 다음 각 호와 같다.
3. 관광객 이용시설업 : 다음 각 목에서 규정하는 업
　가. 관광객을 위하여 음식·운동·오락·휴양·문화·예술 또는 레저 등에 적합한 시설을 갖추어 이를 관광객에게 이용하게 하는 업
　나. 대통령령으로 정하는 2종 이상의 시설과 관광숙박업의 시설(이하 "관광숙박시설"이라 한다) 등을 함께 갖추어 이를 회원이나 그 밖의 관광객에게 이용하게 하는 업
　다. 야영장업: 야영에 적합한 시설 및 설비 등을 갖추고 야영편의를 제공하는 시설(「청소년활동 진흥법」 제10조 제1호마목에 따른 청소년야영장은 제외한다)을 관광객에게 이용하게 하는 업

[5] 제4조(등록) ① 제3조 제1항제1호부터 제4호까지의 규정에 따른 여행업, 관광숙박업, 관광객 이용시설업 및 국제회의업을 경영하려는 자는 특별자치도지사·시장·군수·구청장(자치구의 구청장을 말한다. 이하 같다)에게 등록하여야 한다.

라 관광객 이용시설업의 등록을 의제 받으려는 자가 「관광진흥법」 제4조에 따라 관광객 이용시설업 등록을 위하여 제출하는 서류는 문화체육관광부장관과 협의하여 해양수산부령으로 따로 정할 수 있다(법 제4조의2 제3항). 해양수산부장관은 순항여객운송사업 또는 복합해상여객운송사업 면허신청을 받은 경우 그 신청내용에 「관광진흥법」 제4조에 따른 관광객 이용시설업 등록에 해당하는 사항이 포함되어 있으면 미리 관계 행정기관의 장과 협의하여야 하며, 협의를 요청받은 관계 행정기관의 장은 대통령령으로 정하는 기간 내에 의견을 제출하여야 한다(제4조의2 제3항). 해양수산부장관은 법 제4조의2 제4항의 협의 결과에 따라 순항여객운송사업 또는 복합해상여객운송사업 면허를 한 경우 그 결과를 지체 없이 관계 행정기관의 장에게 통지하여야 한다(제4조의2 제4항).

순항여객운송사업 또는 복합해상여객운송사업은 소위 크루즈 선(cruise ship)에 의한 해상여객운송사업 또는 이러한 사업을 포함한 해상여객운송사업이다. 크루즈 선은 여객의 운송과 여객운송을 위한 운항 중 선내에서 숙박과 관광객 이용시설업이 포괄적으로 영위되는 선박이기 때문에 「해운법」에 의하여 「관광진흥법」상의 관광객 이용시설업 등록을 의제하도록 하여 사업자의 편의를 도모하고 있다.

3. 보험 등에의 가입

해상여객운송사업자는 여객 등의 피해에 대비하여 해양수산부령으로 정하는 바에 따라 보험 또는 공제에 가입하여야 한다(법 제4조의3).

※ 「해운법 시행규칙」

제3조의3(보험 등에의 가입) ① 법 제4조의3에 따라 해상여객운송사업자가 가입하여야 하는 보험 또는 공제는 다음 각 호의 어느 하나와 같다.
 1. 여객, 선원 및 선박의 피해에 대비한 「보험업법」에 따른 보험회사의 보험
 2. 「한국해운조합법」에 따라 설립된 한국해운조합(이하 "한국해운조합"이라 한다)의 공제
 3. 「선주상호보험조합법」에 따라 설립된 선주상호보험조합의 보험
 4. 외국에서 보험 또는 공제사업을 하는 자로서 해양수산부장관이 여객, 선원 및 선박의 피해를 보증할 능력이 있다고 인정하여 고시한 자의 보험 또는 공제
 ② 제1항에 따른 보험 또는 공제에 가입한 해상여객운송사업자는 보험증서 또는 공제증서 사본을 운항개시일 전까지 해상여객운송사업의 면허를 한 해양수산부장관 또는 지방해양수산청장에게 제출하여야 한다.

4. 면허기준

해양수산부장관은 해상여객운송사업의 면허를 하려는 때에는 법 제4조 제3항에 따라 제출한 사업계획서가 다음 각 호에 적합한지를 심사하여야 한다(법 제5조 제1항).

1. 삭제
2. 해당 사업에 사용되는 선박계류시설과 그 밖의 수송시설이 해당 항로에서의 수송수요의 성격과 해당 항로에 알맞을 것
3. 해당 사업을 시작하는 것이 해상교통의 안전에 지장을 줄 우려가 없을 것
4. 해당 사업을 하는데 있어 이용자가 편리하도록 적합한 운항계획을 수립하고 있을 것
5. 여객선 등의 보유량과 여객선 등의 선령(船齡)이 해양수산부령으로 정하는 기준에 알맞을 것[6]

❂ 「해운법 시행규칙」

제5조(여객선의 보유량 등) ① 법 제5조 제1항제5호에 따른 해상여객운송사업의 여객선 보유량기준은 별표 2와 같다.
② 법 제5조 제1항제5호에 따른 해상여객운송사업의 여객선 선령(船齡)기준은 20년 이하로 한다.
③ 제2항에도 불구하고 선령이 20년을 초과한 여객선으로서 해양수산부장관이 정하여 고시하는 선박검사기준에 따라 선박을 검사한 결과 안전운항에 지장이 없는 것으로 판정된 여객선은 5년의 범위에서 1년 단위로 선령을 연장할 수 있고, 선령이 25년을 초과한 여객선[강화플라스틱(FRP) 재질의 선박 및 제1조의2제2호에 따른 여객 및 화물 겸용 여객선은 제외한다]으로서 해양수산부장관이 정하여 고시하는 선박검사기준에 따라 선박을 검사한 결과 및 해양수산부장관이 정하여 고시하는 선박관리평가기준에 따라 선박을 평가한 결과 안전운항에 지장이 없는 것으로 판정된 여객선은 5년의 범위에서 1년 단위로 선령을 연장할 수 있다.
④ 제2항 및 제3항에도 불구하고 「선박안전법 시행규칙」 제23조 제1항제1호에 따른 여객선안전증서를 받은 여객선(내항 여객운송사업에 사용되는 여객선 중 제1조의2제2호에 따른 여객 및 화물 겸용

---

[6] 대법원 1969.12.30, 선고, 69누106, 판결 : 해상운송사업법 시행령 제3조에 의하면 "여객선(목조선)의 선령은 25년을 초과하지 아니할것 25년을 초과한 경우에도 선박의 2/3이상에 해당한 부분의수리를 하였거나 이와 동등이상의 시공으로 그 선박의 내항성이 충분히 보장되어 있고 선박안전법 제5조 제1항 제1호에 규정한 선박검사에 합격한 선박은 교통부장관이 계속하여 취항하게 할 수 있다"라고 규정하고 있는바 해상운송의 안전과 질서를 유지하려는 법취지로 보아 선령 초과 후에(진수 이후가 아니고) 2/3 이상의 수리를 요하며 또한 해운당국에서 노후선으로 부적당하다고 판정하였을 경우에는 그 날로부터 2/3 이상의 수리 또는 시공을 하여야 한다는 취지로 해석하여야 하므로 원심이 목포지방해운국장이 본건 금강호에 대하여 운항에 부적당한 노후선이라는 판단(1968.8.6)을 한 때로부터 불과 42.8% 수리를 하므로서 법정요건인 2/3 이상의 수리를 하지 아니하여 면허요건에 해당하지 아니한다고 판단한 점에 해상운송법 시행령을 잘못 해석한 위법이 없으므로 이점에 대한 상고논지는 이유없다.

여객선은 제외한다)은 선령기준을 적용하지 아니한다.
⑤ 제2항 및 제3항에 따른 선령은 해당 선박의 진수일부터 기산하되, 진수한 날을 알 수 없으면 진수한 달의 1일을, 진수한 달을 알 수 없으면 진수한 해의 1월 1일을 진수일로 본다.
⑥ 법 제5조 제1항제5호에 따른 해상여객운송사업자의 자본금 기준은 별표 2의2와 같다.

[별표 2의2]
해상여객운송사업의 자본금 기준(제5조 제6항 관련)

사업의 종류	자본금
내항 정기(부정기) 여객운송사업	·여객선의 총톤수 합계가 500톤 미만인 경우: 2억원 이상 ·여객선의 총톤수 합계가 500톤 이상 3천톤 미만인 경우: 4억원 이상 ·여객선 총톤수 합계가 3천톤 이상인 경우: 10억원 이상
외항 정기(부정기) 여객운송사업	10억원 이상
순항여객운송사업	50억원 이상
복합해상여객운송사업	50억원 이상

비고
　여객선 보유량에 산입되는 선박은 사업자 소유의 선박과 사업자 명의의 국적취득 조건부 나용선 및 해양수산부장관이 따로 정하여 고시하는 선박을 말한다.

5. 항로고시

해양수산부장관은 도서민의 교통권 유지 등을 위하여 해양수산부령으로 정하는 바에 따라 내항여객운송사업의 항로를 정하여 고시할 수 있다(법 제5조의2).

☼ 「해운법 시행규칙」

제5조의2(항로고시) ① 해양수산부장관은 법 제5조의2에 따라 내항여객운송사업의 항로를 고시하는 경우 항로의 출발지, 기항지 및 종착지와 이들 사이의 거리를 표시하여 고시하여야 한다.
② 지방해양수산청장은 도서민(島嶼民)의 교통권 확보를 위하여 필요하면 해양수산부장관에게 새로운 내항여객운송사업 항로의 고시나 기항지를 추가하는 등 제1항에 따른 항로고시의 변경을 요청할 수 있다.
③ 내항여객운송사업을 하려는 자는 내항여객운송사업을 하기 위하여 필요한 경우 별지 제2호의2 서식에 따라 지방해양수산청장에게 새로운 내항여객운송사업 항로의 고시나 제1항에 따른 항로고시의 변경을 요청할 수 있다. 이 경우 지방해양수산청장은 항로고시 또는 항로고시의 변경 필요성을 검토하여 해양수산부장관에게 항로고시 또는 항로고시의 변경을 요청할 수 있다.
④ 제1항부터 제3항까지에서 규정한 사항 외에 항로고시에 필요한 사항은 해양수산부장관이 정하여 고시한다.

6. 결격사유

다음 각 호의 어느 하나에 해당하는 자는 해상여객운송사업의 면허를 받을 수 없다(법 제8조).

1. 미성년자·피성년후견인 또는 피한정후견인
2. 파산선고를 받은 자로서 복권되지 아니한 자
   2의2 법 제19조 제2항 제1호의2에 따라 해상여객운송사업면허가 취소된 자
3. 이 법, 「선박안전법」, 「수난구호법」, 「해사안전법」, 「선원법」, 「해양환경관리법」 또는 「선박의 입항 및 출항 등에 관한 법률」(이하 이 조에서 "관계 법률"이라 한다)을 위반하여 금고 이상의 실형을 선고받고 그 집행이 끝나거나(집행이 끝난 것으로 보는 경우를 포함한다) 집행이 면제된 날부터 2년이 지나지 아니한 자
4. 관계 법률을 위반하여 금고 이상의 형의 집행유예를 선고받고 그 유예기간 중에 있는 자
5. 법 제19조(제2항 제1호의2는 제외한다)에 따라 해상여객운송사업면허가 취소(제8조 제1호 및 제2호에 해당하여 면허가 취소된 경우는 제외한다)된 후 2년이 지나지 아니한 자
6. 대표자가 법 제8조 제1호, 제2호, 제2호의2, 제3호부터 제5호까지의 규정 중 어느 하나에 해당하게 된 법인

7. 면허의 취소 등

가. 면허 취소 등의 사유

해양수산부장관은 여객운송사업자가 다음 각 호의 어느 하나에 해당하면 면허(승인을 포함한다) 또는 법 제12조 제2항에 따른 인가를 취소하거나 6개월 이내의 기간을 정하여 해당 사업의 전부 또는 일부를 정지할 것을 명하거나 10억 원 이하의 과징금을 부과할 수 있다. 다만, 법제19조 제1항 제2호부터 제11호까지, 제15호 및 제17호에 대하여는 1억 원 이하의 과징금을 부과할 수 있다(법 제19조 제1항).

1. 해양사고가 여객운송사업자의 고의나 중대한 과실에 의하거나 선장의 선임·감독과 관련하여 주의의무를 게을리하여 일어난 경우

2. 여객운송사업자가 해양사고를 당한 여객이나 수하물 또는 소하물에 대하여 정당한 사유 없이 필요한 보호조치를 하지 아니하거나 피해자에 대하여 피해보상을 하지 아니한 경우
3. 법 제4조 제1항 또는 제6조 제1항에 따라 면허 또는 승인받은 사업의 범위를 벗어나 해상여객운송사업을 경영한 경우
4. 법 제4조 제4항에 따른 기간 내에 제5조 제1항 제2호 및 제5호에 따른 시설 등을 갖추지 못하거나 그 밖에 면허에 붙인 조건을 위반한 경우
5. 법 제5조 제1항 제5호에 따른 면허기준에 미달하게 된 경우(미달하게 된 날부터 2개월 이내에 그 기준을 충족한 경우는 제외한다)
6. 법 제11조의2 제1항을 위반하여 운송약관을 신고(변경신고를 포함한다)하지 아니하거나 신고한 운송약관을 준수하지 아니한 경우
7. 여객운송사업자가 법 제12조 제2항에 따른 사업계획 변경의 인가를 받은 후 인가 실시일부터 15일 이내에 인가사항을 이행하지 아니한 경우
8. 법 제13조 제1항에 따른 사업계획상 운항개시일부터 1개월 이내에 운항을 시작하지 아니한 경우
9. 법 제17조 제4항을 위반하여 승계신고를 하지 아니한 경우
10. 법 제7조 제1항, 제11조 제1항, 제12조 제1항·제2항, 제13조 제2항, 제14조, 제16조 제1항, 제18조 제1항·제4항, 제21조 제1항, 제22조 제2항 및 제50조 제1항을 위반한 경우

나. 면허 또는 승인의 취소

해양수산부장관은 여객운송사업자가 다음 각 호의 어느 하나에 해당하게 된 경우에는 그 면허(승인을 포함한다)를 취소하여야 한다(법 제19조 제2항).

1. 거짓이나 그 밖의 부정한 방법으로 법 제4조 제1항 또는 제6조 제1항에 따른 해상여객운송사업의 면허 또는 승인을 받은 경우
  1의2 다중의 생명·신체에 위험을 야기한 해양사고가 여객운송사업자의 고의나 중대한 과실에 의하거나 선장의 선임·감독과 관련하여 주의의무를 게을리하여 일어난 경우

2. 여객운송사업자가 제8조 각 호의 어느 하나에 해당하게 된 경우(법인이 법 제8조 제6호에 해당하게 된 경우로서 그 사유가 발생한 날부터 90일 이내에 그 대표자를 변경한 경우는 제외한다)

3. 법 제17조에 따른 해상여객운송사업의 상속인이 제8조 제1호, 제2호, 제2호의2, 제3호부터 제5호까지의 어느 하나에 해당하는 경우(그 사유가 발생한 날부터 90일 이내에 그 결격사유를 해소하는 경우는 제외한다)

다. 처분의 기준 및 절차

법 제19조 제1항에 따른 사업정지 처분 등의 세부기준 및 과징금을 부과하는 위반행위의 종류와 정도에 따른 과징금의 금액 등에 관하여 필요한 사항은 대통령령으로 정한다(법 제19조 제3항). 해양수산부장관은 과징금을 내야 할 자가 납부기한까지 내지 아니한 때에는 국세 체납처분의 예에 따라 징수한다(법 제19조 제4항).

제3관 외국의 해상여객운송사업자에 대한 특례

1. 사업승인

가. 사업계획서의 제출

법 제3조부터 제5조까지의 규정에도 불구하고 외국의 해상여객운송사업자가 국내항과 외국항 사이에서 해상여객운송사업을 경영하려면 해양수산부장관의 승인을 받아야 한다(법 제6조 제1항). 법 제6조 제1항에 따른 승인을 받으려는 자는 해양수산부령으로 정하는 바에 따라 사업계획서를 첨부한 신청서를 해양수산부장관에게 제출하여야 한다(법 제6조 제2항).

> ⚓ 「해운법 시행규칙」
>
> **제6조(해상여객운송사업의 승인신청)** ① 외국의 해상여객운송사업자는 법 제6조 제1항에 따라 해상여객운송사업의 승인을 받으려는 경우에는 같은 조 제2항에 따라 별지 제3호서식의 외국인 해상여객운송사업 승인신청서(전자문서로 된 신청서를 포함한다)에 다음 각 호의 서류를 첨부하여 해양수산부장관에게 제출하여야 한다. 이 경우 해양수산부장관은 「전자정부법」 제36조 제1항에 따른 행정정보의 공동이용을 통하여 선박국적증서 및 선박검사증서(사용할 선박을 확보한 경우로서 대한민국국적

선박인 경우만 해당한다)를 확인하여야 하며, 신청인이 확인에 동의하지 아니하는 경우에는 해당 서류의 사본을 첨부하도록 하여야 한다.
1. 자국에서 취득한 해상여객운송사업의 허가증서 사본
2. 선박국적증서 및 선박검사증서 사본(사용할 선박을 확보한 경우로서 외국국적 선박인 경우만 해당한다)
3. 사업계획서
② 제1항제3호에 따른 사업계획서에는 제2조 제3항 각 호의 사항을 기재하여야 한다.
③ 해양수산부장관은 법 제6조에 따라 외국의 해상여객운송사업자에게 해상여객운송사업의 승인을 한 경우에는 별지 제4호서식의 외국인 해상여객운송사업 승인증을 발급하여야 한다.

나. 심사내용

해양수산부장관은 법 제6조 제1항에 따라 승인을 하려면 제출된 사업계획서에 대하여 다음 각 호의 사항을 심사하여야 한다(법 제6조 제3항).

1. 해당 사업에 사용하는 선박 계류시설과 그 밖의 수송시설이 해당 항로의 운항에 알맞은지 여부
2. 법 제5조 제1항 제3호 및 제4호의 사항에 알맞은지 여부

2. 국내지사의 설치신고

법 제6조에 따라 해상여객운송사업의 승인을 받은 자가 그 사업에 딸린 업무를 수행하기 위하여 국내에 지사를 설치하려면 해양수산부장관에게 신고하여야 한다. 신고한 사항을 변경하려는 때에도 또한 같다(법 제7조 제1항). 법 제7조 제1항에 따른 해상여객운송사업에 딸린 업무의 범위와 그 밖에 필요한 사항은 해양수산부령으로 정한다(법 제7조 제2항).

> ☸ 「해운법 시행규칙」
>
> **제7조(외국인의 국내지사 설치신고 등)** ① 법 제7조 제1항에 따라 국내지사의 설치 또는 설치변경신고를 하려는 자는 별지 제5호서식의 외국인 운송사업자 국내지사 설치(변경)신고서에 사업계획서 또는 설치변경의 사실을 증명하는 서류를 첨부하여 해양수산부장관에게 제출하여야 한다.
> ② 제1항에 따른 사업계획서에는 다음 각 호의 사항을 기재하여야 한다.
> 1. 사업개요
> 2. 국내지사의 보유시설 및 종업원 현황
> 3. 보유선박 및 국내항 기항 선박의 명세
> ③ 법 제7조 제2항에 따른 외국인의 해상여객운송사업에 수반되는 업무의 범위는 여객 모집, 운임·요금의 신고 및 입출항신고 등 해상여객운송사업의 활동과 직접 관련된 업무로 한다.

제4관 사업자의 의무

1. 선박의 최소운항기간

내항 정기 여객운송사업의 면허를 받은 자(이하 "내항정기여객운송사업자"라 한다)는 다음 각 호의 어느 하나에 해당하는 경우를 제외하고는 면허받은 항로에 투입된 선박을 1년 이상 운항하여야 한다. 이 경우 해양수산부령으로 정하는 선박의 장기 휴항 또는 휴업이 있는 경우에는 그 기간을 계산에 넣지 아니한다(법제10조).

1. 해양수산부령으로 정하는 특별수송기간 등의 시기에 일시적으로 늘리거나 대체 투입한 선박의 수를 줄이는 경우
2. 운항 선박의 검사·수리로 인하여 일시적으로 대체 투입한 선박의 경우
3. 운항 선박의 파손·노후·고장 등으로 선박의 운항이 사실상 곤란한 경우
4. 선박의 성능이나 편의시설 등이 더 양호한 선박으로 대체하는 경우

> ⚓ 「해운법 시행규칙」
>
> **제9조(선박의 최소운항기간)** ① 법 제10조 각 호 외의 부분 후단에서 "해양수산부령으로 정하는 선박의 장기 휴항 또는 휴업"이란 선박이 1개월 이상 휴항하거나 휴업하는 것을 말한다.
> ② 법 제10조 제1호에서 "해양수산부령으로 정하는 특별수송기간"이란 「국가통합교통체계효율화법」 제33조 제1항제2호에 따라 수립되는 특별교통대책에서 정하는 기간을 말한다.

2. 운임과 요금

여객운송사업자는 해양수산부령으로 정하는 바에 따라 운임과 요금을 정하여 해양수산부장관에게 미리 신고 또는 변경신고를 하여야 한다. 이 경우 여객운송사업자는 여객선 이용자가 「농어업인 삶의 질 향상 및 농어촌지역 개발촉진에 관한 특별법」 등 관계 법률에 따라 운임 또는 요금을 지원받은 때에는 그 내용을 반영하여야 한다(법 제11조 제1항). 해양수산부장관은 독과점 항로에서 운항하는 내항 여객운송사업의 운임과 요금이 법 제11조 제1항에 따라 적절하고 알맞게 유지될 수 있도록 해양수산부령으로 정하는 바에 따라 운임과 요금의 기준을 정할 수 있다(법 제11조 제2항).

☸ 「해운법 시행규칙」

제10조(여객운송사업자의 운임과 요금의 신고) ① 내항여객운송사업자는 법 제11조 제1항에 따라 운임과 요금을 신고하거나 변경신고하려는 경우에는 별지 제6호서식의 내항여객운송사업 운임·요금(변경)신고서에 다음 각 호의 서류를 첨부하여 지방해양수산청장에게 제출하여야 한다.
  1. 원가계산서 등 운임과 요금의 산출근거를 기재한 서류
  2. 구간제(區間制) 운임과 요금의 경우 그 구간을 표시한 서류
  3. 운임과 요금의 신·구대조표(변경신고의 경우에만 제출한다)
  ② 내항여객운송사업자를 제외한 여객운송사업자(법 제4조 또는 법 제6조에 따라 해상여객운송사업의 면허 또는 승인을 받은 자를 말한다. 이하 같다)는 법 제11조 제1항에 따라 운임과 요금을 신고하거나 변경신고하려는 경우에는 별지 제7호서식의 신고서에 제1항제1호 및 제3호의 서류를 첨부하여 해양수산부장관 또는 지방해양수산청장에게 제출하여야 한다.
  ③ 해양수산부장관은 법 제11조 제2항에 따라 다음 각 호의 사항을 정하여 고시할 수 있다.
  1. 운임과 요금의 산출기준 및 원가 계산방법
  2. 운항원가의 구성 및 부대비용

3. 운송약관 신고

여객운송사업자는 운송약관을 정하여 해양수산부장관에게 신고하여야 한다. 이를 변경하는 경우에도 또한 같다(법 제11조의2 제1항). 법 제11조의2 제1항에 따른 운송약관에 포함되어야 할 내용, 그 밖에 필요한 사항은 해양수산부령으로 정한다(법 제11조의2 제2항).

☸ 「해운법 시행규칙」

제10조의2(운송약관의 신고) ① 법 제11조의2제1항에 따라 운송약관을 신고하거나 변경신고하려는 여객운송사업자는 별지 제7호의2 서식의 운송약관(변경)신고서에 다음 각 호의 서류를 첨부하여 해양수산부장관 또는 지방해양수산청장에게 제출하여야 한다.
  1. 운송약관
  2. 운송약관 신·구대비표(변경신고의 경우로 한정한다)
  ② 제1항에 따른 운송약관에는 다음 각 호의 사항을 적어야 한다.
  1. 운송약관의 적용범위
  2. 운임·요금의 수수 또는 환급에 관한 사항
  3. 부가운임에 관한 사항
  4. 운송책임 및 배상에 관한 사항
  5. 면책에 관한 사항
  6. 여객의 금지행위에 관한 사항
  7. 화물의 인도·인수·보관 및 취급에 관한 사항
  8. 여객 및 차량 승선권의 예매·발권 등에 관한 사항
  9. 그 밖에 이용자의 보호 등을 위하여 필요한 사항
  ③ 여객운송사업자는 제1항에 따라 운송약관을 신고하거나 변경신고를 한 때에는 다음 각 호의 사

항을 인터넷 홈페이지에 게시하고, 여객선터미널·영업소 또는 사업소 등에서 이용자가 보기 쉬운 장소에 비치하여 이용자가 이를 열람할 수 있도록 하여야 한다.
1. 항로별·기항지별 운임 및 요금
2. 운임 및 요금의 할인 및 할증 내용
3. 운송약관

4. 여객선 이력관리 및 안전정보의 공개

내항여객운송사업자는 해양수산부령으로 정하는 바에 따라 여객선 이력을 관리하여야 한다(법 제11조의3 제1항).

여객운송사업자는 여객선에 대하여 다음 각 호의 사항을 인터넷 홈페이지 등 해양수산부령으로 정하는 방법으로 공개하여야 한다(법 제11조의3 제1항).

1. 선령
2. 선박검사 일자 및 선박검사 결과
3. 해양수산부령으로 정하는 사고의 이력에 관한 사항
4. 그 밖에 여객운송 안전과 관련된 정보로서 해양수산부령으로 정하는 사항

☸ 「해운법 시행규칙」

제10조의3(여객선 이력관리) ① 내항여객운송사업자는 법 제11조의3제1항에 따라 다음 각 호의 사항을 포함한 여객선 이력관리장부를 해당 여객선을 운항하는 동안 작성·관리하여야 한다.
 1. 선박의 도입 및 매매에 관한 사항
 2. 선박 도입 후 운항항로 이력
 3. 「선박안전법」에 따른 선박검사 결과
 4. 해양사고(「해양사고의 조사 및 심판에 관한 법률」 제2조 제1호에 따른 해양사고를 말한다) 이력
 5. 선박 개조(「선박안전법」 제15조 제2항에 따라 허가를 받아야 하는 개조를 말한다) 이력
 ② 내항여객운송사업자는 제1항에 따른 여객선 이력관리장부를 선박 및 사업소에 비치하여야 하며, 선박을 매매 또는 양도하는 경우에는 여객선 이력관리장부를 인계(선박을 매수 또는 양수한 자가 해당 선박을 내항 여객운송사업에 사용하지 아니하는 경우는 제외한다)하여야 한다.
 ③ 제1항 및 제2항에서 규정한 사항 외에 여객선 이력관리에 필요한 사항은 해양수산부장관이 정하여 고시한다.

제10조의4(안전정보의 공개) ① 법 제11조의3제2항제3호에서 "해양수산부령으로 정하는 사고"란 「해사안전법」 제57조에 따라 공표되는 해양사고를 말한다.
 ② 법 제11조의3제2항제4호에서 "그 밖에 여객운송 안전과 관련된 정보로서 해양수산부령으로 정하는 사항"이란 다음 각 호의 사항을 말한다.
 1. 여객선의 선명, 선종(船種), 여객선의 총톤수, 여객정원, 화물의 적재한도 및 운항속력
 2. 법 제21조에 따른 운항관리규정. 다만, 여객운송사업자의 내부정보 또는 개인정보 등이 포함된

경우에는 지방해양수산청장과 협의하여 일부를 제외하고 공개할 수 있다.
3. 법 제19조 제1항제11호부터 제18호까지의 위반행위에 따른 처분 내용

③ 여객운송사업자는 별지 제7호의3서식의 여객선 안전정보(제1항에 따른 사고이력 및 제2항제3호에 따른 처분 내용은 최근 3년간 정보를 말한다)를 여객운송사업자가 운영하는 인터넷 홈페이지에 공개하여야 하고, 반기(半期)마다 갱신하여야 한다. 다만, 여객운송사업자가 운영하는 인터넷 홈페이지가 없는 경우에는 한국해운조합의 인터넷 홈페이지에 공개하여야 한다.

④ 여객운송사업자 또는 한국해운조합은 제3항에 따라 안전정보를 공개하는 경우 여객 등이 안전정보를 쉽게 확인할 수 있도록 필요한 조치를 하여야 한다.

제5관 사업계획 등

1. 사업계획의 변경

가. 신고의무

여객운송사업자가 사업계획을 변경하려면 해양수산부령으로 정하는 바에 따라 해양수산부장관에게 미리 신고하여야 한다(법 제12조 제1항).

나. 인가 사항

법 제12조 제1항에도 불구하고 내항 정기 여객운송사업이나 내항부정기여객운송사업의 면허를 받은 자(이하 "내항여객운송사업자"라 한다)가 다음 각 호에 해당하는 사업계획을 변경하려면 해양수산부장관의 인가를 받아야 한다(법 제12조 제2항).

1. 선박의 증선·대체 및 감선
2. 기항지의 변경
3. 선박의 운항 횟수나 운항시각의 변경
4. 선박의 휴항

법 제12조 제2항에 따른 인가에 관하여 필요한 사항은 법 제5조 제1항에 따른 면허기준 등을 고려하여 대통령령으로 정한다(법 제12조 제3항).

> **「해운법 시행령」**
>
> **제8조(사업계획변경의 인가기준)** 해양수산부장관은 법 제12조 제2항에 따라 내항 정기 여객운송사업이나 내항부정기여객운송사업의 면허를 받은 자(이하 "내항여객운송사업자"라 한다)의 사업계획의 변경인가를 하는 경우에는 다음 각 호에 해당하는지 여부를 심사하여야 한다.
> 1. 법 제5조 제1항제2호부터 제5호까지의 규정에 적합할 것
> 2. 삭제
> 3. 사업계획변경이 해당 항로의 안정적 유지를 위한 수송안정성 확보에 지장을 줄 염려가 없을 것

인가라 함은 당사자의 법률행위를 보충하여 그 법률상의 효력을 완성시키는 감독관청의 행정행위를 의미하는 것으로, 법률행위의 효력발생요건으로서 인가를 얻지 않고 한 행위는 원칙적으로 무효이다. 따라서 해양수산부 장관의 인가를 받지 아니하고 사업계획을 변경한 경우 이는 무효이다.

2. 사업계획에 따른 운항

여객운송사업자는 천재지변, 그 밖의 부득이한 사유가 있는 경우를 제외하고는 사업계획에 따라 운항하여야 한다(법 제13조 제1항). 해양수산부장관은 여객운송사업자가 법 제13조 제1항을 위반한 때에는 그 여객운송사업자에게 사업계획에 따라 운항할 것을 명할 수 있다(법 제13조 제2항).

3. 사업개선의 명령

해양수산부장관은 여객운송 서비스의 질을 높이고 공공복리를 증진하기 위하여 필요하다고 인정되면 여객운송사업자에게 다음 각 호의 사항을 명할 수 있다(법 제14조).
1. 사업계획의 변경
2. 독과점 항로에서의 운임이나 요금의 변경
3. 시설의 개선이나 변경
4. 보험 가입
5. 선원을 보호하기 위하여 필요한 조치
6. 다른 여객운송사업자와 시설을 함께 사용하는 것을 내용으로 하는 조치

7. 선박의 개량·대체 및 증감에 관한 사항

8. 선박의 안전운항을 위하여 필요한 사항

9. 해운에 관한 국제협약을 이행하기 위하여 필요한 사항

10. 법 제10조에 따른 선박의 최소운항기간의 준수

11. 법 제11조의2에 따른 운송약관의 변경

4. 사업의 승계

가. 포괄승계

여객운송사업자가 그 사업을 양도하거나 사망한 때 또는 법인이 합병될 때에는 그 양수인·상속인 또는 합병 후 존속하는 법인이나 합병으로 설립되는 법인은 해당 면허에 따른 권리·의무를 승계한다(법 제17조 제1항).

나. 시설과 설비의 전부 인수

다음 각 호의 어느 하나에 해당하는 절차에 따라 해상여객운송사업의 시설과 설비를 전부 인수한 자는 해당 면허에 따른 권리와 의무를 함께 승계한다(법 제17조 제1항).

1. 「민사집행법」에 따른 경매

2. 「채무자 회생 및 파산에 관한 법률」에 따른 환가(換價)

3. 「국세징수법」·「관세법」 또는 「지방세기본법」에 따른 압류재산의 매각

4. 그 밖에 법 제17조 제1항 제1호부터 제3호까지의 규정에 따른 절차에 준하는 절차

다. 승계인의 권리·의무

법 제17조 제1항에 따른 승계인에 관하여는 법 제8조를 준용한다. 이 경우 상속인 또는 합병 후 존속하는 법인이나 합병으로 설립되는 법인의 대표자가 법 제8조 각 호의 어느 하나에 해당하는 경우에는 90일 이내에 여객운송사업자로서의 지위를 양도하거나 그 대표자를 변경하여야 한다(법 제17조 제1항). 법 제17조 제1항 또는 제2항에 따른 승계인은 해양수산부령으로 정하는 바에 따라 해양수산부장관에게 신고하여야 한다(법 제17조 제1항).

※「해운법 시행규칙」

제14조의2(사업의 승계 신고) 법 제17조 제1항 및 제2항에 따른 승계인은 별지 제9호의2 서식의 해상여객운송사업 승계신고서에 다음 각 호의 구분에 따른 서류를 첨부하여 해양수산부장관 또는 지방해양수산청장에게 제출하여야 한다.
1. 사업의 양도·양수 또는 합병의 경우
   가. 양도·양수 계약서 또는 합병 계약서 사본
   나. 양도·양수, 합병에 관한 총회 또는 이사회의 의결서 사본(법인인 경우로 한정한다)
2. 상속, 그 밖의 포괄승계의 경우: 상속, 그 밖의 포괄승계를 증명하는 서류

5. 사업의 휴업 또는 폐업

여객운송사업자는 그 사업을 휴업하거나 폐업하려면 해양수산부령으로 정하는 바에 따라 해양수산부장관에게 신고하여야 한다. 다만, 내항정기여객운송사업자가 그 사업을 휴업하려는 경우에는 해양수산부장관의 허가를 받아야 한다($_{제1항}^{법\ 제18조}$). 해양수산부장관은 법 제18조 제1항 단서에 따라 내항정기여객운송사업자가 휴업허가를 신청하는 경우 여객선 등 이용자의 해상교통 이용에 불편을 야기할 우려가 있는 경우를 제외하고는 휴업을 허가하여야 한다($_{제2항}^{법\ 제18조}$). 해양수산부장관은 법 제18조 제1항 본문에 따라 휴업 또는 폐업 신고를 받은 경우와 제1항 단서에 따라 휴업허가를 한 경우에는 그 사실을 해양수산부령으로 정하는 바에 따라 공고하여야 한다($_{제3항}^{법\ 제18조}$). 법 제18조 제1항 단서에 따른 내항정기여객운송사업자의 휴업기간은 연간 6개월을 초과할 수 없다($_{제4항}^{법\ 제18조}$).

※「해운법 시행규칙」

제15조(휴업 또는 폐업 신고 등) ① 법 제18조 제1항에 따라 휴업 또는 폐업의 신고와 휴업허가를 신청하려는 여객운송사업자는 별지 제10호서식의 해상여객운송사업 휴업(폐업)신고서 또는 내항정기여객운송사업 휴업 허가신청서를 해양수산부장관 또는 지방해양수산청장에게 제출하여야 한다.
② 해양수산부장관 또는 지방해양수산청장은 제1항에 따라 폐업 신고를 받은 경우와 휴업허가를 한 경우에는 그 내용을 인터넷 홈페이지 등에 공고하여야 한다.

제6관 국가의 지원과 고객만족도 조사

1. 보조항로의 지정과 운영

가. 지정과 운영

해양수산부장관은 도서주민의 해상교통수단을 확보하기 위하여 필요하다고 인정되면 국가가 운항에 따른 결손금액을 보조하는 항로(이하 "보조항로"라 한다)를 지정하여 내항여객운송사업자 중에서 보조항로를 운항할 사업자(이하 "보조항로사업자"라 한다)를 선정하여 운영하게 할 수 있다(법 제15조 제1항). 법 제15조 제1항에 따라 지정된 보조항로의 운항계획과 운항선박의 관리 등 보조항로의 운영과 관련한 사항은 해양수산부장관이 보조항로사업자와 합의하여 정한다(법 제15조 제2항). 해양수산부장관은 법 제15조 제2항에 따라 합의하여 정한 보조항로의 운영에 대하여 평가하여 우수 보조항로사업자에 대한 우대조치 등을 할 수 있다. 이 경우 평가의 방법·절차와 결과의 활용 등에 관한 세부사항은 해양수산부장관이 정하여 고시한다(법 제15조). 해양수산부장관은 보조항로사업자가 법 제15조 제2항의 합의사항을 위반하거나 제3항에 따른 평가 결과 해당 보조항로사업자가 더 이상 보조항로를 운영하기에 알맞지 아니하다고 인정되면 해당 보조항로사업자의 선정을 취소할 수 있다(법 제15조 제4항). 해양수산부장관은 보조항로사업자가 운항하는 선박의 수리 등으로 인하여 보조항로의 선박운항이 중단될 것이 우려되면 법 제33조에도 불구하고 그 보조항로사업자에게 선박대여업의 등록을 하지 아니한 자로부터 여객선을 대여받아 운항하게 할 수 있다(법 제15조 제5항).

⚓ **「해운법 시행령」**

제9조(보조항로의 지정절차) 해양수산부장관은 법 제15조 제1항에 따라 보조항로를 지정하려는 경우에는 다음 각 호의 사항을 관보에 게재하여야 한다.
  1. 보조항로의 지정일자
  2. 지정사유
  3. 지정항로(종착지, 출발지 및 중간기항지를 포함한다)

제10조(보조항로사업자의 선정방법) ① 해양수산부장관은 법 제15조 제1항에 따라 보조항로사업자를 선정하는 경우에는 경쟁입찰로 하여야 한다.
  ② 해양수산부장관은 제1항에 따른 경쟁입찰시 필요하다고 인정되면 해당 보조항로의 특성 및 수요에 적합한 선박을 확보할 수 있는 자로 한정하여 입찰 참가자격을 부여할 수 있다.
  ③ 제1항 및 제2항에 따른 경쟁입찰 절차 등에 필요한 사항은 해양수산부령으로 정한다.

제11조(운항결손액의 결정 및 지급방법) ① 법 제15조 제1항에 따른 운항결손액은 해당 보조항로사업자가 보조항로사업의 운영을 위하여 지출한 비용에서 수익을 뺀 비용을 말하며, 그 세부적인 항목은 해양수산부령으로 정한다.
② 해양수산부장관은 법 제15조 제1항에 따라 운항결손액을 지급하는 경우에는 해당 보조항로의 운영기간 동안 매분기별로 보조항로사업자에게 분할 지급하여야 한다.

☼ 「해운법 시행규칙」

제13조(보조항로사업자의 선정방법 등) ① 「해운법 시행령」(이하 "영"이라 한다) 제10조 제1항에 따른 경쟁입찰은 해당 보조항로사업의 계약기간 동안에 예상되는 운항결손액을 제시하는 방식에 따른다.
② 제1항에 따른 계약기간은 3년으로 하되, 영 제10조 제2항에 따라 입찰 참가자격을 한정한 경우에는 10년으로 한다.
③ 영 제11조 제1항에 따라 산정하는 운항결손액의 세부 비용항목은 다음 각 호와 같다.
 1. 선원 등 운항 관련 종사자의 인건비
 2. 유류비
 3. 선박수리비
 4. 감가상각비 또는 용선료(영 제10조 제2항에 따라 선박을 확보한 경우에만 해당된다)
 5. 그 밖의 운항경비
④ 제1항부터 제3항까지의 규정에 따른 사항 외에 보조항로사업자 선정을 위한 경쟁입찰 절차에 관하여는 「국가를 당사자로 하는 계약에 관한 법률」을 준용한다.

나. 지정의 취소

해양수산부장관은 법 제15조 제1항에 따라 지정된 보조항로의 운영과 관련하여 다음 각 호의 어느 하나에 해당하는 사유가 발생한 때에는 보조항로의 지정을 취소할 수 있다(법 제15조 제6항).

 1. 해당 도서에 연륙교(連陸橋)가 설치된 경우
 2. 수송수요의 증가 등으로 인하여 운항결손액에 대한 보조금 없이 해당 항로의 운항을 할 수 있게 된 경우
 3. 수송수요의 뚜렷한 감소 등으로 인하여 보조항로 지정의 필요성이 없게 된 경우

다. 지정 및 운영의 절차와 방법

보조항로의 지정 및 운영과 관련하여 보조항로의 지정절차, 보조항로사업자의 선정방법, 운항결손액의 결정과 지급방법 등에 관하여 필요한 사항은 대통령령으로 정한다(법 제15조 제7항).

2. 선박건조의 지원

국가는 보조항로를 운항하는 선박에 대하여 선박건조에 소요되는 비용을 지원할 수 있다(법 제15조의2 제1항). 법 제15조의2 제1항에 따른 국고지원의 대상이 되는 선박 및 건조된 선박의 운항에 관련된 사업자의 선정 등에 필요한 사항은 대통령령으로 정한다(법 제15조의2 제2항).

⚓ 「해운법 시행령」

제11조의2(국고지원대상 선박 등) ① 법 제15조의2제2항에 따른 국고지원의 대상이 되는 선박 선정 기준은 보조항로를 운항하는 선박 중 다음 각 호의 어느 하나에 해당하는 경우로 한다.
  1. 선령(船齡)이 15년을 초과하는 선박을 대체하는 경우
  2. 선령 15년 이하인 일반여객선을 차도선(車渡船) 또는 취항하고 있는 항로의 특성에 맞는 선박으로 대체하는 경우
  3. 기존에 운항되고 있는 선박보다 총톤수 및 최대속력이 각각 10퍼센트 이상 크고 빠른 선박으로 대체하는 경우
② 해양수산부장관은 제1항에 따라 국고지원으로 건조된 선박을 법 제15조에 따라 선정된 보조항로사업자로 하여금 보조항로에 취항하도록 하여야 한다.

3. 손실보상을 위한 조치 등

해양수산부장관은 「공익사업을 위한 토지 등의 취득 및 보상에 관한 법률」 제4조[7]에 해당하는 공익사업의 일환으로 시행되는 육지와 도서 간의 연륙교(連陸橋)·연도교(連島橋) 건설에 따라 내항여객운송사업자가 손실을 입은 때에는 해당 내항여객운송사업자가 법 제4조에 따른 면허에 대하여 사업시행자로부터 적절한 보상을 받을 수 있도록 자료의 제공 등 필요한 조치를 하여야 한다(법 제43조 제1항).[8] 법 제43조 제1항에 따른 내항여객운송사업자에 대한 손실보상에 관한 사항은 「공익사업을 위한 토지 등의 취득 및 보상에 관한 법률」의 관련 규정이 정하는 바에 따른다(법 제43조 제2항).

4. 여객선 이용자에 대한 운임과 요금의 지원

국가 또는 지방자치단체는 도서지역의 교통편의를 증진하기 위하여 예산의 범위 안에서 여객선 이용자에 대한 운임과 요금의 일부를 지원할 수 있다(법 제44조).

5. 여객운송사업자에 대한 고객만족도 조사

해양수산부장관은 해상교통서비스의 향상을 위하여 법 제4조 제1항에 따라 해상여객운송사업의 면허를 받은 자와 법 제6조에 따라 해상여객운송사업의 승인을 받은 자(이하 "여객운송사업자"라 한다)에 대하여 대통령령으로 정하는 바에 따라 선박의 운

---

7)
「공익사업을 위한 토지 등의 취득 및 보상에 관한 법률」
제4조(공익사업) 이 법에 따라 토지등을 취득하거나 사용할 수 있는 사업은 다음 각 호의 어느 하나에 해당하는 사업이어야 한다.
1. 국방·군사에 관한 사업
2. 관계 법률에 따라 허가·인가·승인·지정 등을 받아 공익을 목적으로 시행하는 철도·도로·공항·항만·주차장·공영차고지·화물터미널·궤도(軌道)·하천·제방·댐·운하·수도·하수도·하수종말처리·폐수처리·사방(砂防)·방풍(防風)·방화(防火)·방조(防潮)·방수(防水)·저수지·용수로·배수로·석유비축·송유·폐기물처리·전기·전기통신·방송·가스 및 기상 관측에 관한 사업
3. 국가나 지방자치단체가 설치하는 청사·공장·연구소·시험소·보건시설·문화시설·공원·수목원·광장·운동장·시장·묘지·화장장·도축장 또는 그 밖의 공공용 시설에 관한 사업
4. 관계 법률에 따라 허가·인가·승인·지정 등을 받아 공익을 목적으로 시행하는 학교·도서관·박물관 및 미술관 건립에 관한 사업
5. 국가, 지방자치단체, 「공공기관의 운영에 관한 법률」 제4조에 따른 공공기관, 「지방공기업법」에 따른 지방공기업 또는 국가나 지방자치단체가 지정한 자가 임대나 양도의 목적으로 시행하는 주택건설 또는 택지 및 산업단지 조성에 관한 사업
6. 제1호부터 제5호까지의 사업을 시행하기 위하여 필요한 통로, 교량, 전선로, 재료 적치장 또는 그 밖의 부속시설에 관한 사업
7. 제1호부터 제5호까지의 사업을 시행하기 위하여 필요한 주택, 공장 등의 이주단지 조성에 관한 사업
8. 그 밖에 별표에 규정된 법률에 따라 토지등을 수용하거나 사용할 수 있는 사업

8) 부산지법 2012.7.11. 선고, 2010가합14486, 판결 :
1. 현행 「해운법」 제43조는 2006. 10. 4. 법률 제8046호로 개정된 「해운법」 제49조의2로 도입되었는데, 그 입법 취지는 육지와 도서 간의 연륙·연도교 건설에 따라 내항여객운송업자가 손실을 받은 때에는 사업시행자로부터 보상을 받을 수 있도록 하기 위한 것인 점, ② 「해운법」 제43조의 문언을 보면, 제1항에서 사업시행자가 손실보상책임을 지도록 명시적으로 규정하고 있지는 아니하나, 내항여객운송업자가 연륙교·연도교 건설로 인해 손실을 입은 때 사업시행자가 적절한 보상을 하는 것을 전제로 국토해양부장관에게 필요한 조치를 취하도록 규정한 것으로 해석되고, 그렇기 때문에 제2항에서 구체적인 손실보상에 관한 사항, 즉 절차, 방법, 보상액의 산정 기준, 불복절차 등에 관한 사항을 공익사업법의 관련 규정이 정하는 바에 따르도록 규정하고 있는 것으로 보이는 점 등에 비추어 보면, 「해운법」 제43조는 연륙교·연도교 건설로 인하여 내항여객운송업자가 영업손실 등을 입었을 경우 손실보상청구의 근거 조항이 된다.
2. 연륙·연도교 건설에 따른 내항여객운송사업자의 사업시행자에 대한 손실보상청구권은 적법한 공익사업의 시행으로 발생한 특별한 희생인 손실에 대한 보상으로써, 사법상 법률관계가 아닌 법에 의하여 인정되는 공법상의 권리라고 볼 수 있고, 원고들의 이 부분 청구가 공익사업법 제85조 제2항의 보상금의 증감을 다투는 것도 아니므로, 원고들은 공익사업법의 관련 규정에 따라 중앙토지수용위원회를 상대로 이 사건 원재결 또는 이의재결을 다투는 행정소송을 제기하는 방법으로 손실보상을 구하여야 할 것이다(원고들도 「해운법」 제43조를 손실보상책임의 발생근거로 보지 않은 중앙토지수용위원회의 판단 잘못이 있다고 소장에서 지적하고 있다). 따라서 「해운법」 제43조에 의한 손실보상금을 민사소송에 의해 구하는 원고들의 이 사건 소 중 주위적 청구 부분은 부적법하다.

항과 관련된 고객의 만족도를 평가(이하 "고객만족도평가"라 한다)할 수 있다(법 제9조 제1항). 해양수산부장관은 고객만족도평가 결과가 우수한 자에 대하여 포상하고 해양수산부령으로 정하는 바에 따라 우대 조치를 할 수 있다(법 제9조 제2항). 해양수산부장관은 고객만족도평가 결과가 부진한 여객운송사업자에 대하여 대통령령으로 정하는 바에 따라 사업자 공모 또는 재정지원 등에 불이익을 줄 수 있다(법 제9조 제3항). 해양수산부장관은 법 제9조 제1항에 따른 고객만족도평가의 방법, 제2항에 따른 우수한 자의 기준, 제3항에 따른 부진한 여객운송사업자의 기준 등에 관한 사항을 심의하기 위하여 여객선고객만족도평가위원회를 설치·운영할 수 있다(법 제9조 제4항). 해양수산부장관은 대통령령으로 정하는 바에 따라 고객만족도평가의 결과를 공표할 수 있다(법 제9조 제5항). 고객만족도평가의 방법과 절차 등에 필요한 사항은 해양수산부령으로 정하고, 법 제9조 제4항에 따른 여객선고객만족도평가위원회의 구성과 운영에 관한 사항은 대통령령으로 정한다(법 제9조 제6항).

⚓ 「해운법 시행령」

제4조(고객만족도평가의 방법 및 절차) ① 해양수산부장관은 법 제9조 제1항에 따른 여객운송사업자(법 제4조 제1항에 따라 해상여객운송사업의 면허를 받은 자와 법 제6조에 따라 해상여객운송사업의 승인을 받은 자를 말한다. 이하 같다)에 대한 고객만족도평가(이하 "고객만족도평가"라 한다)를 공정하고 효율적으로 수행하기 위하여 민간 조사기관으로 하여금 그 업무를 대행하게 할 수 있다. 이 경우 예산의 범위에서 해당 조사기관이 대행하는 업무에 드는 비용의 전부 또는 일부를 지원할 수 있다.
② 고객만족도평가는 여객운송사업의 이용자에 대한 설문조사와 현장 모니터링을 통하여 실시하되, 정시 운항실적 등 객관적 통계지표를 일부 반영할 수 있다.
③ 해양수산부장관은 고객만족도평가를 실시하기 전에 평가기간, 평가대상 및 평가기준 등을 미리 공고하여야 한다.
제5조(고객만족도평가에 따른 불이익조치 등) 해양수산부장관은 법 제9조 제3항에 따라 고객만족도평가의 결과가 부진한 여객운송사업자에 대하여 다음 각 호의 어느 하나에 해당하는 불이익 조치를 할 수 있다.
 1. 법 제4조 제2항에 따른 사업자 공모를 하는 경우 감점의 부여
 2. 법 제12조 제2항제1호 및 제3호와 관련한 불이익
 3. 법 제15조 제1항에 따른 보조항로사업자를 선정하는 경우 감점의 부여
 4. 법 제38조에 따른 재정지원 대상 선정과 관련한 불이익
제6조(여객선고객만족도평가위원회의 구성 및 운영) ① 법 제9조 제4항에 따른 여객선고객만족도평가위원회(이하 이 조에서 "위원회"라 한다)는 위원장 1명을 포함한 7명 이상 10명 이하의 위원으로 구성한다. 이 경우 위원회의 위원장은 해양수산부의 해상교통 분야의 업무를 담당하는 고위공무원단에 속하는 일반직공무원이 되고, 위원은 다음 각 호의 어느 하나에 해당하는 자 중 해양수산부장관이 임명 또는 위촉한다.
 1. 해상교통 관련 분야의 전문지식과 경험이 풍부한 자
 2. 해상교통 분야의 업무를 담당하는 4급 이상 또는 4급 상당 이상의 공무원

3. 「비영리민간단체 지원법」 제2조에 따른 비영리민간단체 중 해상교통 관련 분야의 단체에서 추천한 자
② 위원회의 위원장이 부득이한 사유로 직무를 수행할 수 없는 경우에는 위원장이 지명하는 위원이 그 직무를 대행한다.
③ 공무원이 아닌 위원의 임기는 2년으로 하되, 연임할 수 있다.
④ 위원회의 운영에 관하여 그 밖에 필요한 사항은 해양수산부장관이 정한다.
제7조(고객만족도평가결과의 공표) ① 해양수산부장관이 법 제9조 제5항에 따라 고객만족도평가의 결과를 공표하는 경우에는 다음 각 호의 사항을 포함하여야 한다.
 1. 평가항목별 평가방법 및 그 결과
 2. 여객운송사업자 및 여객선별 평가순위
 3. 여객운송사업자 및 해당 여객선별 서비스품질의 향상 정도
 4. 그 밖에 해상교통서비스의 증진을 위하여 공표할 필요가 있다고 인정되는 것으로서 해양수산부령으로 정하는 것
② 해양수산부장관은 고객만족도평가의 결과를 관보·공보·일간신문 또는 컴퓨터통신망을 통하여 공표하여야 한다.

※ 「해운법 시행규칙」

제8조(내항여객운송사업자에 대한 고객만족도평가결과에 따른 우대조치) 해양수산부장관은 법 제9조 제1항에 따른 고객만족도평가의 결과가 우수한 내항여객운송사업자(법 제4조에 따라 내항 정기여객운송사업이나 내항부정기여객운송사업의 면허를 받은 자를 말한다. 이하 같다)에게 같은 조 제2항에 따라 다음 각 호의 어느 하나에 해당하는 우대조치를 할 수 있다.
 1. 새로운 해상여객운송사업의 면허를 하는 경우 우선권 또는 가산점의 부여
 2. 법 제15조 제1항에 따른 보조항로사업자를 선정하는 경우 입찰참가자격 또는 가산점의 부여

제7관 운항관리

1. 여객선의 운항명령 등

해양수산부장관은 다음 각 호의 어느 하나에 해당하는 경우에는 일정한 기간을 정하여 여객운송사업자에게 여객선의 운항을 명할 수 있다(법 제16조 제1항).

 1. 법 제15조 제1항에 따라 선정된 보조항로사업자가 없게 된 경우
 2. 운항 여객선 주변 해역에서 재해 등 긴급한 상황이 발생한 경우
 3. 여객선이 운항되지 아니하는 도서주민의 해상교통로 확보를 위하여 그 주변을 운항하는 여객선으로 하여금 해당 도서를 경유하여 운항하게 할 필요가 있는 경우

해양수산부장관은 법 제16조 제1항에 따른 운항명령의 사유가 소멸된 때에는 그 명령을 취소하여야 한다(법 제16조 제2항). 해양수산부장관은 법 제16조 제1항에 따른 운항명령을 따름으로 인한 손실과 제2항에 따른 운항명령의 취소로 인한 손실을 보상하여야 한다(법 제16조 제3항). 법 제16조 제3항에 따른 손실보상의 결정과 그 지급방법에 관하여 필요한 사항은 대통령령으로 정한다(법 제16조 제4항).

> ⚓ 「해운법 시행령」
>
> **제12조(손실보상금의 결정 및 지급방법)** ① 법 제16조 제1항 및 제2항에 따른 보조항로 운항명령 및 그 취소로 인하여 손실을 입은 여객운송사업자는 해양수산부령으로 정하는 바에 따라 매월 해양수산부장관에게 손실보상금의 지급을 청구할 수 있다.
> ② 해양수산부장관은 제1항에 따른 손실보상금의 지급청구를 받은 때에는 그 내용을 심사하여 손실보상금의 금액을 결정한 후 손실보상금지급통지서를 신청인에게 주어야 한다.
> ③ 제1항에 따른 손실보상금은 보조항로 운항명령에 따른 운항으로 인하여 발생하는 운항결손액과 운항명령취소로 인하여 발생하는 비용의 합계로 본다.

> ☸ 「해운법 시행규칙」
>
> **제14조(손실보상금의 지급청구)** 법 제16조 제3항 및 영 제12조 제1항에 따라 손실보상금을 지급받으려는 자는 별지 제9호서식의 손실보상금 지급청구서에 수입 및 지출 명세서와 그 증거서류를 첨부하여 지방해양수산청장에게 제출하여야 한다.

2. 운항관리규정의 작성 및 심사

내항여객운송사업자는 여객선 등의 안전을 확보하기 위하여 해양수산부령으로 정하는 바에 따라 운항관리규정(運航管理規程)을 작성하여 해양수산부장관에게 제출하여야 한다. 운항관리규정을 변경하고자 하거나 운항여건의 변경 등 해양수산부장관이 정하는 사항이 변경되는 경우에도 또한 같다(법 제21조 제1항). 해양수산부장관은 법 제21조 제1항에 따라 운항관리규정을 제출받은 때에는 여객선운항관리규정심사위원회를 구성하여 그 운항관리규정에 대하여 심사를 하여야 하며, 여객선 등의 안전을 확보하기 위하여 운항관리규정을 변경할 필요가 있다고 인정되면 그 이유와 변경요지를 명시하여 해당 내항여객운송사업자에게 운항관리규정을 변경할 것을 요구할 수 있다. 이 경우 내항여객운송사업자는 변경 요구받은 사항을 운항관리규정에 반영하여야 한다(법 제21조 제2항). 내항여객운송사업자는 제1항 및 제2항에 따라 정해진 운항관리규정을 준수하여야 한다($^{법\ 제21조}_{제3항}$). 해양수산부장관은 내항여객운송사업자가 운항관리규정을 계속적으로 준수하고 있는지 여부를 정기 또는 수시로 점검하여야 한다($^{법\ 제21조}_{제4항}$). 해양수산부장관은 내항여객선의 안전운항에 위험을 초래할 수 있는 사항이 있는 경우 출항 정지, 시정 명령 등을 할 수 있다($^{법\ 제21조}_{제5항}$). 법 제21조 제2항에 따른 여객선운항관리규정심사위원회의 구성·운영 등에 필요한 사항은 대통령령으로 정하며, 법 제21조 제1항부터 제5항까지의 규정에 따른 심사·점검 등에 필요한 사항은 해양수산부령으로 정한다($^{법\ 제21조}_{제6항}$).

⚓ 「해운법 시행령」

제12조의2(여객선운항관리규정심사위원회의 구성 및 운영 등) ① 법 제21조 제2항에 따른 여객선운항관리규정심사위원회(이하 "심사위원회"라 한다)는 지방해양수산청별로 위원장 1명을 포함하여 4명 이상 10명 이하의 위원으로 구성한다.
 ② 심사위원회의 위원은 다음 각 호의 어느 하나에 해당하는 사람 중에서 성별(性別)을 고려하여 해양수산부장관이 임명하거나 위촉한다.
  1. 「해사안전법」 제58조 제2항에 따른 해사안전감독관
  2. 법 제22조 제2항에 따른 선박운항관리자
  3. 「선박안전법」 제60조 제1항 및 제2항에 따라 검사등의 업무를 대행하는 선박안전기술공단 또는 선급법인의 선박검사원
  4. 그 밖에 여객선의 운항관리에 관한 지식과 경험이 풍부한 사람으로서 해양수산부장관이 운항관리규정 심사에 필요하다고 인정하는 사람
 ③ 심사위원회 위원장은 위원 중에서 호선한다.
 ④ 해양수산부장관은 법 제21조 제1항에 따라 운항관리규정을 제출받은 경우 7일 이내에 심사위원회를 구성하고, 회의의 일시·장소 및 안건 등을 심사위원회의 위원에게 알려야 한다.
 ⑤ 심사위원회의 회의는 재적위원 과반수의 출석으로 개의(開議)하고, 출석위원 과반수의 찬성으로 의결한다.
 ⑥ 제1항부터 제5항까지에서 규정한 사항 외에 심사위원회의 구성 및 운영 등에 필요한 사항은 해양수산부장관이 정한다.

⚓ 「해운법 시행규칙」

제15조의2(운항관리규정에 포함되어야 하는 사항 등) ① 법 제21조에 따라 내항여객운송사업자가 작성하여야 하는 운항관리규정에는 해상안전을 위하여 내항여객운송사업자와 내항 여객운송사업의 종사자가 지켜야 하는 사항으로서 별표 2의3에서 규정된 내용이 포함되어야 한다.
 ② 내항여객운송사업자는 운항관리규정에 포함된 내용대로 별지 제10호의2 서식의 여객선 정기 점검표에 따라 정기적으로 선박시설 등을 점검하여야 한다.
제15조의3(운항관리규정의 제출) ① 법 제21조 제1항에 따라 내항여객운송사업자는 별지 제10호의3 서식의 여객선 운항관리규정 보고서에 운항관리규정과 다음 각 호의 서류를 첨부하여 운항개시일 14일 전까지 지방해양수산청장에게 제출하여야 한다. 다만, 운항시간, 운항횟수 및 비상연락망의 변경 등 운항관리규정의 경미한 사항을 변경하려는 경우에는 운항개시일 7일 전까지, 해양사고 등으로 내항여객운송사업에 선박을 긴급히 대체 투입하려는 경우에는 운항개시일 후 3일 이내에 제출하여야 한다.

1. 선박검사증서
　2. 선박국적증서
　3. 무선국 허가증
　4. 선박의 복원성을 확인할 수 있는 자료
　5. 그 밖에 지방해양수산청장이 운항관리규정 심사에 필요하다고 인정하는 자료
　② 삭제
　③ 내항여객운송사업자는 법 제21조 제1항 및 제2항에 따라 심사를 받은 운항관리규정을 소속 임직원과 여객이 열람하기 쉽도록 선박, 주된 사업소 및 영업소에 비치하여야 한다.
제15조의4(운항관리규정 변경이 필요한 운항여건 등의 변경) 법 제21조 제1항 후단에 따른 "운항여건의 변경 등 해양수산부령으로 정하는 사항"이란 다음 각 호의 사항을 말한다.
　1. 선박의 대체(代替)
　2. 선박의 개조(「선박안전법」 제15조 제2항에 따라 허가를 받아야 하는 개조를 말한다)
　3. 항로의 변경
　4. 항로상 위해 요소(교량, 방파제 등)의 변경
　5. 관련 법령의 개정에 따른 운항관리규정의 변경
　6. 그 밖의 운항시간, 운항횟수 및 비상연락망 등의 변경
제15조의5(운항관리규정의 심사 절차 등) ① 법 제21조 제2항에 따른 운항관리규정의 심사는 다음 각 호의 구분에 따라 서류심사와 현장심사로 구분하여 실시한다. 다만, 서류심사만으로 운항관리규정의 적합 여부를 판단할 수 있는 경우에는 현장심사를 생략할 수 있다.
　1. 서류심사: 제15조의3제1항에 따라 내항여객운송사업자가 제출한 서류에 대한 심사
　2. 현장심사: 운항관리규정의 이행 가능성 및 실효성을 현장에서 확인하기 위한 심사
　② 법 제21조 제2항에 따른 여객선운항관리규정심사위원회(이하 "심사위원회"라 한다)의 위원장은 운항관리규정의 심사를 완료하였을 때에는 지방해양수산청장에게 운항관리규정의 심사 완료를 알리고, 지방해양수산청장은 특별한 사유가 없는 한 심사위원회의 심사결과에 따라 해당 내항여객운송사업자에게 별지 제10호의6서식의 운항관리규정 심사증명서를 발급하여야 한다.
　③ 제1항 및 제2항에서 규정한 사항 외에 운항관리규정의 심사에 필요한 세부적인 기준, 절차 및 방법 등은 해양수산부장관이 정한다.
제15조의6(내항여객운송사업자에 대한 점검 등) ① 법 제21조 제4항에 따라 지방해양수산청장이 수행하는 점검의 종류는 다음 각 호와 같다.
　1. 정기 점검
　2. 수시 점검
　② 지방해양수산청장은 「해사안전법」 제58조 제2항에 따른 해사안전감독관으로 하여금 제1항에 따른 점검을 하도록 할 수 있다.
　③ 제1항에 따른 점검에 필요한 기준, 절차 및 방법 등은 해양수산부장관이 정하여 고시한다.

3. 여객선 등의 승선권발급 및 승선 확인 등

　여객선 등에 승선하려는 여객은 여객선 등의 출항 전에 해양수산부령으로 정하는 바에 따라 여객운송사업자로부터 여객의 성명 등이 기재된 승선권을 발급받아야 한다 (법 제21조의2 제1항). 여객운송사업자는 승선하려는 여객에게 신분증 제시를 요구하여 법 제21조

의2 제1항에 따른 승선권의 기재내용을 확인하여야 한다(법 제21조의2 제2항). 여객운송사업자는 여객이 정당한 사유 없이 법 제21조의2 제1항에 따른 승선권을 발급받지 아니하거나 거짓으로 발급받은 경우 또는 제2항에 따른 신분증 제시 요구에 따르지 아니하는 경우에는 승선을 거부하여야 한다(법 제21조의2 제3항). 여객운송사업자는 여객이 법 제21조의2 제1항에 따라 승선권을 발급받은 때에는 그 여객의 승선 여부를 확인하고, 해양수산부령으로 정하는 바에 따라 여객명부를 관리하여야 한다(법 제21조의2 제4항). 여객운송사업자는 제1항에 따른 승선권 발급내역과 법 제21조의2 제4항에 따른 여객명부를 3개월 동안 보관하여야 한다(법 제21조의2 제5항).

> 「해운법 시행규칙」
>
> **제15조의7(여객선 등의 승선권·차량선적권·화물운송장의 발급 등)** ① 법 제21조의2제1항에 따라 내항여객운송사업자는 여객의 승선권(승선 개찰권을 포함한다. 이하 같다)에 여객의 성명, 성별, 생년월일 및 연락처 등을 표기하여야 한다.
> ② 내항여객운송사업자는 여객이 승선권을 발급할 때 및 승선할 때에는 여객의 신분증과 승선권 기재내용을 확인하여야 한다.
> ③ 내항여객운송사업자는 법 제21조의2제4항에 따라 작성한 여객명부를 출항 전에 선장에게 송부하여야 한다.
> ④ 법 제21조의4제1항에 따라 제1조의2제2호에 따른 여객 및 화물 겸용 여객선으로 사업을 수행하는 내항여객운송사업자는 차량 또는 화물 운송의뢰인(이하 "운송의뢰인"이라 한다)의 성명, 차량번호 및 연락처 등이 기재된 차량선적권(차량운송전표를 포함한다. 이하 같다) 또는 화물운송장을 발급하여야 한다.
> ⑤ 운송의뢰인은 「계량에 관한 법률」 제7조에 따라 계량증명업을 등록한 자가 발급한 계량증명서를 내항여객운송사업자에게 제출하여야 하며, 내항여객운송사업자는 이를 확인하여야 한다. 다만, 제1조의2제2호나목에 따른 쾌속카페리 여객선 또는 같은 호 다목에 따른 차도선형 여객선을 이용하는 운송의뢰인은 계량증명서를 제출하지 아니할 수 있다.

4. 여객의 금지행위

여객은 여객선 등의 안에서 다음 각 호의 행위를 하여서는 아니 된다(법 제21조의3).
1. 여객선 등의 안전이나 운항을 저해하는 행위를 금지하는 선장 또는 해원의 정당한 직무상 명령을 위반하는 행위
2. 조타실(操舵室), 기관실 등 선장이 지정하는 여객출입 금지장소에 선장 또는 해원의 허락 없이 출입하는 행위

3. 정당한 사유 없이 여객선 등의 장치 또는 기구 등을 조작하는 행위
4. 그 밖에 여객의 안전과 여객선 등의 질서유지를 해하는 행위로서 해양수산부령으로 정하는 행위

> **「해운법 시행규칙」**
>
> **제15조의8(여객의 금지행위)** 법 제21조3제4호에서 "해양수산부령으로 정하는 행위"란 다음 각 호의 행위를 말한다.
> 1. 정원·화물적재능력을 초과하여 승선·적재를 요구하는 행위
> 2. 도박, 고성방가 및 음란행위 등 공공질서와 선량한 풍속을 해하는 행위
> 2의2. 법 제22조 제2항에 따른 선박운항관리자(이하 "운항관리자"라 한다)의 운항관리업무를 방해하는 행위
> 3. 그 밖에 선원 등 종사자의 구명동의 착용지시 등 안전운항 및 위해방지를 위한 주의사항이나 지시에 위반하는 행위

5. 차량선적권 및 화물운송장의 발급 등

여객운송사업자는 여객선에 선적할 차량과 적재할 화물에 대하여 해양수산부령으로 정하는 바에 따라 차량선적권 및 화물운송장을 발급하여야 한다(법 제21조의4 제1항). 법 제21조의4 제1항에 따른 차량 선적과 화물 적재의 확인 등에 관하여는 법 제21조의2 제2항부터 제5항까지를 준용한다(법 제21조의4 제2항).

6. 안전관리책임자

내항여객운송사업자는 운항관리규정의 수립·이행 및 여객선의 안전운항을 위하여 안전관리책임자를 두어야 한다(법 제21조의5 제1항). 법 제21조의5 제1항에 따라 안전관리책임자를 두어야 하는 내항여객운송사업자는 「해사안전법」 제51조에 따른 안전관리대행업자에게 이를 위탁할 수 있다. 이 경우 내항여객운송사업자는 그 사실을 10일 이내에 해양수산부장관에게 알려야 한다(법 제21조의5 제2항). 법 제21조의5 제1항에 따른 안전관리책임자의 자격기준·인원 등에 필요한 사항은 대통령령으로 정한다(법 제21조의5 제3항).

⚓ 「해운법 시행령」

제12조의3(안전관리책임자의 자격기준 등) 법 제21조의5제1항에 따른 안전관리책임자의 자격기준·인원은 별표 1과 같다.

[별표 1]
안전관리책임자의 자격기준 및 인원(제12조의3 관련)

구분		내항여객운송사업자가 보유한 여객선의 총톤수 합계가 3천톤 이상인 경우	내항여객운송사업자가 보유한 여객선의 총톤수 합계가 500톤 이상 3천톤 미만인 경우	내항여객운송사업자가 보유한 여객선의 총톤수 합계가 500톤 미만인 경우
자격기준	수석 안전 관리 책임자	다음 각 호의 어느 하나에 해당하는 경력이 있는 사람 1. 3급 항해사, 3급 기관사 또는 3급 운항사 이상의 면허를 가지고 선박 또는 해당 사업장에서 선박운항 또는 안전관리와 관련하여 2년 이상 근무한 경력 2. 「해사안전법」 제46조 제5항에 따른 안전관리책임자 또는 안전관리자로서 국제항해에 종사하는 선박에서 2년 이상 근무한 경력 3. 4급 항해사, 4급 기관사 또는 4급 운항사 이상의 면허를 가지고 법 제21조의5에 따른 안전관리책임자로 3년 이상 근무한 경력	다음 각 호의 어느 하나에 해당하는 경력이 있는 사람 1. 4급 항해사, 4급 기관사 또는 4급 운항사 이상의 면허를 가지고 선박 또는 해당 사업장에서 선박운항 또는 안전관리와 관련하여 2년 이상 근무한 경력 2. 「해사안전법」 제46조 제5항에 따른 안전관리책임자 또는 안전관리자로 2년 이상 근무한 경력 3. 법 제21조의5에 따른 안전관리책임자로 2년 이상 근무한 경력	5급 항해사, 5급 기관사 또는 5급 운항사 이상의 면허를 가지고 선박 또는 해당 사업장에서 선박운항 또는 안전관리와 관련하여 2년 이상 근무한 경력이 있는 사람
	선임 안전 관리 책임자	다음 각 호의 어느 하나에 해당하는 경력이 있는 사람 1. 4급 항해사, 4급 기관사 또는 4급 운항사 이상의 면허를 가지고 선박 또는 해당 사업장에서 선박운항 또는 안전관리와 관련하여 2년 이상 근무한 경력 2. 「해사안전법」 제46조 제5항에 따른 안전관리책임자 또는 안전관리자로 2년 이상 근무한 경력 3. 법 제21조의5에 따른 안전관리책임자로 2년 이상 근무한 경력	5급 항해사, 5급 기관사 또는 5급 운항사 이상의 면허를 가지고 선박 또는 해당 사업장에서 선박운항 또는 안전관리와 관련하여 2년 이상 근무한 경력이 있는 사람	

인원	수석안전관리책임자	1명 이상
	선임안전관리책임자	내항여객운송사업자가 보유한 여객선이 6척 이하인 경우: 3척당 1명 이상 내항여객운송사업자가 보유한 여객선이 7척 이상 12척 이하인 경우: 4척당 1명 이상 내항여객운송사업자가 보유한 여객선이 13척 이상인 경우: 5척당 1명 이상

비고
  1. 위 표의 경력에는 1년 이상의 승선경력을 포함하여야 한다.
  2. 수석안전관리책임자는 선임안전관리책임자를 겸임할 수 있다.
  3. 위 표의 내항여객운송사업자가 보유한 여객선의 척수를 계산할 때에는 예비선은 제외하며, 주된 사업소와 영업소의 여객선은 모두 포함한다.

7. 여객선 안전운항관리

가. 운항관리의무

　해양수산부장관은 내항여객선의 안전운항에 관한 시책을 수립하고 시행하여야 한다(법 제22조 제1항). 내항여객운송사업자는 「선박안전법」 제45조에 따라 설립된 선박안전기술공단이 해양수산부령으로 정하는 자격을 갖춘 사람 중에서 선임한 선박운항관리자(이하 "운항관리자"라 한다)로부터 안전운항에 필요한 지도·감독을 받아야 한다(법 제22조 제2항). 운항관리자의 임면 방법과 절차, 직무범위와 운항관리자에 대한 지도·감독 등에 필요한 사항은 해양수산부령으로 정한다(법 제22조 제3항). 운항관리자는 해양수산부령으로 정하는 바에 따라 법 제21조에 따른 운항관리규정의 준수와 이행의 상태를 확인하고, 그 밖에 법 제22조 제3항에 따른 직무를 다하여야 한다(법 제22조 제4항).

나. 운항관리자의 조치사항

　운항관리자는 여객선 등의 안전운항을 위하여 필요하면 해양수산부령으로 정하는 바에 따라 해양수산부장관에게 다음 각 호의 사항 등을 요청할 수 있다. 다만, 여객선 등의 안전확보를 위하여 긴급히 조치하여야 할 사유가 있는 경우에는 내항여객운송사업자 또는 선장에게 출항정지를 명할 수 있으며, 운항관리자는 그 사실을 지체 없이 해양수산부장관에게 보고하여야 한다(법 제22조 제5항).

1. 여객선 등의 운항 횟수를 늘리는 것
2. 출항의 정지
3. 사업계획에 따른 운항의 변경
4. 내항여객운송사업자의 운항관리규정 위반에 대한 조치 요구

다. 감독 및 비용부담 등

해양수산부장관은 법 제22조 제4항에 따른 운항관리자의 직무 등을 감독하는 데 필요한 경우 해양수산부령으로 정하는 바에 따라 관련 자료를 제출·보고하게 하거나 소속 직원으로 하여금 사무실 등을 출입하게 하여 점검할 수 있다. 이 경우 해양수산부장관은 운항관리자에게 직무수행 개선 등 필요한 조치를 명할 수 있다(법 제22조 제6항). 내항여객운송사업자는 해양수산부령으로 정하는 바에 따라 운항관리자를 둠으로써 들게 되는 비용을 부담하여야 한다(법 제22조 제7항). 국가는 운항관리자를 둠으로써 들게 되는 비용의 일부를 지원할 수 있다(법 제22조 제8항).

⚓ 「해운법 시행규칙」

제15조의9(운항관리자의 자격) ① 운항관리자는「선박직원법」제4조에 따른 3급 항해사, 3급 기관사 또는 3급 운항사 이상의 자격을 가지고 승선경력이 3년(유급휴가기간을 포함한다) 이상인 사람이어야 한다.
② 다음 각 호의 어느 하나에 해당하는 사람은 운항관리자가 될 수 없다.
 1. 피성년후견인·피한정후견인 또는 파산선고를 받은 자로서 복권되지 아니한 사람
 2. 금고 이상의 실형의 선고를 받고 그 집행이 종료(종료된 것으로 보는 경우를 포함한다)되거나 집행이 면제된 날부터 2년이 지나지 아니한 사람
 3. 금고 이상의 형의 집행유예 선고를 받고 그 유예기간 중에 있는 사람
 4. 제15조의10제2항에 따라 해임된 후 2년이 지나지 아니한 사람
 5.「해양사고의 조사 및 심판에 관한 법률」제6조 제1항제2호 또는「선박직원법」제9조 제1항에 따라 해기사 업무의 정지처분을 받고 정지기간이 끝나지 아니한 사람

제15조의10(운항관리자의 임면 등) ① 운항관리자는 선박안전기술공단의 직원으로 하며, 제15조의9에서 정한 자격을 가진 사람 중에서 선박안전기술공단이 선임하여 배치한다.
② 선박안전기술공단이 운항관리자를 선임하여 배치하거나 해임 또는 전보하려는 경우에는 해양수산부장관과 미리 협의하여야 한다.

제15조의11(운항관리자의 직무) ① 법 제22조 제3항에 따른 운항관리자의 직무는 다음 각 호와 같다.
 1. 내항여객운송사업자·안전관리책임자 및 선원에 대한 안전관리교육
 2. 운항관리규정의 작성에 필요한 자료의 제공과 의견의 제시
 3. 선장 등이 수행한 출항 전 점검의 확인
 4. 위험물 등을 취급하는 선장의 업무지도

5. 여객선의 입항·출항 보고의 수리
   6. 여객선의 승선정원 초과 여부, 화물의 적재한도 초과 여부 및 복원성 등 감항성 유지 여부에 대한 확인
   7. 출항 전 기상상황을 선장에게 통보하는 것과 현지 기상상황의 확인
   8. 승선하여야 할 승무원의 승선 여부 확인
   9. 여객명부의 보관 장소 확인
   10. 선장의 선내 비상훈련 실시 여부 확인
   11. 구명기구·소화설비·해도(海圖)와 그 밖의 항해용구 완비 여부 확인
   12. 입항·출항 보고를 받지 아니한 경우의 역호출(逆呼出)에 의한 보고사항 확인
   13. 여객선 안전운항에 관한 지도(승선지도를 포함한다) 및 내항여객운송사업자의 운항관리규정 이행 상태의 확인
  ② 운항관리자는 다음 각 호의 사항에 관한 정보를 입수하여 이를 선장이 언제든지 볼 수 있도록 운항관리실에 비치하여야 한다.
   1. 항내 사정
   2. 부두시설의 상황
   3. 해역별 기상조건 및 해상조건
   4. 항로상황
   5. 그 밖에 여객선의 동태 등 여객선 안전운항관리에 필요한 사항
  ③ 운항관리자는 여객선이 그 도착예정시간을 넘겨도 입항하지 아니하는 등 정상적으로 운항되지 아니한다고 인정되는 경우 지체 없이 사고 유무를 확인·판단하여 지방해양수산청장 및 국민안전처 해양경비안전서장에게 각각 보고하여야 한다.
  ④ 운항관리자는 여객선의 안전 확보를 위하여 필요할 경우 승선인원 및 화물 적재상태 등을 확인하거나 선장으로부터 해양수산부장관이 정하여 고시하는 출항 전 여객선 안전점검 보고서를 제출받을 수 있다.

제15조의12(운항관리자에 대한 지도·감독 등) ① 법 제22조 제3항 및 제6항에 따라 지방해양수산청장은 여객선의 안전 확보를 위하여 운항관리자의 직무수행에 관하여 지도·감독하여야 하며, 운항관리자에 대한 지도·감독을 위하여 필요한 경우에는 운항관리자에게 그 직무수행에 관한 사항의 보고 또는 자료의 제출을 요구하거나 해사안전감독관 등 소속 직원으로 하여금 운항관리자의 사무실 또는 업무장소 등을 출입하여 점검하게 할 수 있다.
  ② 해양수산부장관은 운항관리비용의 효율적 집행 등을 위하여 선박안전기술공단의 운항관리비용의 예산 및 결산에 대하여 감사를 할 수 있다.

제15조의13(운항관리규정의 준수·이행 상태 확인) ① 법 제22조 제4항에 따라 운항관리자는 내항여객운송사업자가 제출한 운항관리규정의 이행 상태를 정기적으로 연 1회 이상 확인하여야 한다. 다만, 해당 여객선의 운항과 관련하여 사고가 발생한 경우에는 운항관리규정의 이행 상태를 수시로 확인할 수 있다.
  ② 운항관리자가 제1항에 따라 운항관리규정의 이행 상태를 확인한 결과 내항여객운송사업자가 운항관리규정을 위반한 것으로 인정되는 경우나 운항관리규정을 변경할 필요가 있는 경우에는 관할 지방해양수산청장에게 보고하여야 한다.

제15조의14(운항관리자의 출항정지 등의 요청) ① 법 제22조 제5항에 따라 운항관리자가 지방해양수산청장에게 여객선의 출항정지를 요청할 때에는 문서로 하거나 전화·팩스 등 통신시설을 이용할 수 있다.
  ② 운항관리자는 여객선의 안전확보를 위하여 긴급히 조치하여야 할 사유가 있는 경우에는 내항여객운송사업자 또는 선장에게 출항정지를 명할 수 있다. 이 경우 운항관리자는 그 사실을 지체 없이 지

방해양수산청장에게 보고하여야 한다.
제15조의15(운항관리자의 운용비용) ① 법 제22조 제7항에 따라 내항여객운송사업자가 부담하여야 할 비용은 운항관리자의 보수와 업무수행에 드는 비용(운항관리자의 업무를 보조하는 자에게 필요한 비용을 포함한다)으로 한다.
② 제1항에 따른 비용은 해양수산부장관이 정하여 고시하는 바에 따라 선박안전기술공단이 내항여객운송사업자로부터 징수한다.

제8관 특례규정

1. 응급환자 등의 이송에 대한 특례

법 제4조 제1항에 따라 해상여객운송사업의 면허를 받은 자는 해양사고, 재해 및 응급환자 이송 등 긴급한 상황이 발생한 경우에는 대통령령으로 정하는 바에 따라 「선박안전법」 제8조 제2항에 따른 최대승선인원의 범위를 초과하여 여객을 운송할 수 있다(법 제48조의2).

2. 압류선박의 운항에 대한 특례

압류선박이 법 제3조 제1호에 따른 내항 정기 여객운송사업의 면허를 받은 항로에서 유일한 여객선인 경우에는 법원은 「민사집행법」 제176조 제2항 후단[9])에도 불구하고 채권자, 최고가매수신고인, 차순위매수신고인 및 매수인의 동의 없이 채무자의 신청에 따라 압류선박의 운항을 허가할 수 있다(법 제42조의2).

「민사집행법」
제176조(압류선박의 정박) ① 법원은 집행절차를 행하는 동안 선박이 압류 당시의 장소에 계속 머무르도록 명하여야 한다.
② 법원은 영업상의 필요, 그 밖에 상당한 이유가 있다고 인정할 경우에는 채무자의 신청에 따라 선박의 운행을 허가할 수 있다. 이 경우 채권자·최고가매수신고인·차순위매수신고인 및 매수인의 동의가 있어야 한다.
9) ③ 제2항의 선박운행허가결정에 대하여는 즉시항고를 할 수 있다.
④ 제2항의 선박운행허가결정은 확정되어야 효력이 생긴다.

3. 응급환자 등의 이송에 대한 특례

법 제4조 제1항에 따라 해상여객운송사업의 면허를 받은 자는 해양사고, 재해 및 응급환자 이송 등 긴급한 상황이 발생한 경우에는 대통령령으로 정하는 바에 따라 한정면허의 범위 및 「선박안전법」 제8조 제2항에 따른 최대승선인원의 범위를 초과하여 여객을 운송할 수 있다(법 제48조의2).

제3절 해상화물운송사업

제1관 사업의 종류

1. 정의

"해상화물운송사업"이란 해상이나 해상과 접하여 있는 내륙수로에서 선박[예선(曳船)에 결합된 부선(艀船)을 포함한다. 이하 같다]으로 물건을 운송하거나 이에 수반되는 업무(용대선을 포함한다)를 처리하는 사업(수산업자가 어장에서 자기의 어획물이나 그 제품을 운송하는 사업은 제외한다)으로서 「항만운송사업법」 제2조 제2항에 따른 항만운송사업 외의 것을 말한다.

2. 사업의 종류

해상화물운송사업의 종류는 다음과 같다(법 제23조).
1. 내항화물운송사업 : 국내항과 국내항 사이에서 운항하는 해상화물운송사업
2. 외항정기화물운송사업 : 국내항과 외국항 사이 또는 외국항과 외국항 사이에서 정하여진 항로에 선박을 취항하게 하여 일정한 일정표에 따라 운항하는 해상화물운송사업
3. 외항부정기화물운송사업 : 법 제23조 제1호와 제2호 외의 해상화물운송사업

제2관 사업의 등록

1. 사업의 등록

내항화물운송사업을 경영하려는 자는 해양수산부령으로 정하는 바에 따라 해양수산부장관에게 등록하여야 한다. 등록한 사항을 변경하려는 때에도 또한 같다(법 제24조 제1항).10) 외항정기화물운송사업이나 외항부정기화물운송사업(이하 "외항화물운송사업"이라 한다)을 경영하려는 자는 해양수산부령으로 정하는 바에 따라 해양수산부장관에게 등록하여야 한다. 등록한 사항을 변경하려는 때에도 또한 같다(법 제24조 제2항). 법 제24조 제1항과 제2항에 따라 등록을 하려는 자는 해양수산부령으로 정하는 바에 따라 사업계획서를 붙인 신청서를 해양수산부장관에게 제출하여야 한다(법 제24조 제3항). 원유, 제철원료, 액화가스, 그 밖에 대통령령으로 정하는 주요 화물(이하 "대량화물"이라 한다)의 화주(貨主)나 대량화물의 화주가 사실상 소유하거나 지배하는 법인이 그 대량화물을 운송하기 위하여 해상화물운송사업의 등록을 신청한 경우 해양수산부장관은 법 제24조 제2항에도 불구하고 미리 국내 해운산업에 미치는 영향 등에 대하여 관련 업계, 학계, 해운전문가 등으로 구성된 정책자문위원회의 의견을 들어 등록 여부를 결정하여야 한다(법 제24조 제4항). 법 제24조 제4항에 따른 대량화물의 화주가 사실상 소유하거나 지배하는 법인에 대한 기준, 정책자문위원회의 구성·운영에 관한 사항과 그 밖에 필요한 사항은 대통령령으로 정한다(법 제24조 제5항).

---

10) 인천지방법원 2008.11.6. 선고, 2008노873. 판결 : 구「해운법」(2007. 4. 5. 법률 제8046호로 개정되기 전의 것) 제59조 제1호에서는 같은 법 제26조의 규정에 위반하여 해상화물운송사업을 한 자를 처벌대상으로 하고 있고, 같은 법 제26조 제1항에서는 '내항화물운송사업을 영위하고자 하는 자는 해양수산부령이 정하는 바에 의하여 해양수산부장관에게 등록하여야 하고 등록한 사항을 변경하고자 하는 때에도 또한 같다'고 규정하고 있으며, 같은 법 시행규칙(2008. 2. 27. 부령 제0413호로 개정되기 전의 것) 제17조는 '같은 법 제26조 제1항의 규정에 의하여 해상화물운송사업의 등록 또는 변경등록을 하고자 하는 자는 별지 제14호서식의 해상화물운송사업등록(변경등록)신청서(전자문서로 된 신청서를 포함한다)에 다음 사용할 선박의 선박국적증서 또는 선적증서와 선박검사증서의 사본, 사용할 선박의 명세 등이 기재된 사업계획서 등의 서류를 첨부하여 해양수산부장관 또는 지방해양수산청장에게 제출하여야 한다'고 규정하고 있는바, 원심이 적법하게 채택·조사한 증거들에 의하면, 공소외 3 주식회사의 실질적인 운영자인 피고인이 2006. 3. 16.경부터 2007. 1. 18.까지 사이에 원심 판시 범죄사실 제3.의 나항 기재와 같이 선박검사를 받지 아니한 위 회사 소속 현대10001호를 화물운송항행에 사용하면서도 위 선박에 대한 사항을 변경등록하지 아니한 채 화물운송사업을 영위한 사실이 충분히 인정되므로, 피고인의 이 부분 주장은 이유 없다.

⚓ 「해운법 시행령」

제13조(대량화물의 기준 등) ① 법 제24조 제4항에서 "그 밖에 대통령령으로 정하는 주요 화물"이란 발전용 석탄을 말한다.
② 법 제24조 제5항에서 "대량화물의 화주가 사실상 소유하거나 지배하는 법인"이란 다음 각 호의 어느 하나에 해당하는 법인을 말한다. 이 경우 대량화물의 화주는 수출입화물의 화주로 한정한다.
  1. 대량화물의 화주 및 그와 특별한 관계에 있는 자가 단독으로 또는 합하여 발행주식(출자를 포함한다. 이하 같다) 총수의 100분의 40 이상을 소유하고 있는 법인
  2. 제1호의 법인 및 그와 특별한 관계에 있는 자가 단독으로 또는 합하여 발행주식 총수의 100분의 40 이상을 소유하고 있는 법인
  3. 제1호의 법인 및 그와 특별한 관계에 있는 자와 제2호의 법인이 단독으로 또는 합하여 발행주식 총수의 100분의 40 이상을 소유하고 있는 법인
  4. 대량화물의 화주가 임원의 임명과 해임 등으로 해당 법인의 경영에 대하여 영향력을 행사하고 있다고 인정되는 법인
③ 제2항에서 "특별한 관계에 있는 자"란 다음 각 호의 어느 하나에 해당하는 자를 말한다.
  1. 해당 법인의 발행주식 총수의 100분의 30 이상을 소유하고 있는 자
  2. 해당 법인의 이사, 대표이사, 업무집행을 하는 무한책임사원 및 감사(이하 "임원"이라 한다)
  3. 제1호 및 제2호에서 규정한 자의 「민법」 제777조에 따른 친족
  4. 제1호 및 제2호에서 규정한 자의 사용인(법인인 경우에는 임원, 개인인 경우에는 상업사용인, 고용계약에 의한 피고용인 및 그 개인의 금전이나 재산에 의하여 생계를 유지하는 자를 말한다)
④ 법 제24조 제4항에 따른 정책자문위원회(이하 이 조에서 "위원회"라 한다)는 위원장 1명을 포함한 11명 이내의 위원으로 구성한다.
⑤ 위원회의 위원장은 해양수산부차관이 되고, 위원장을 제외한 위원은 다음 각 호의 사람 중에서 해양수산부장관이 임명 또는 위촉한다.
  1. 산업통상자원부 및 해양수산부의 고위공무원단에 속하는 공무원 중에서 해당 기관의 장이 지명하는 사람 각 1명
  2. 「고등교육법」 제2조 제1호에 따른 대학의 부교수 이상 또는 「정부출연연구기관 등의 설립·운영 및 육성에 관한 법률」 제8조에 따른 연구기관의 연구위원 이상의 사람 중에서 무역 및 해운에 관한 학식과 경험이 풍부한 사람
  3. 무역 관련 업계 및 해운 관련 업계에서 임원으로 3년 이상 종사한 사람 각 2명
  4. 제1호부터 제3호까지에서 규정한 사람 외에 해운 관련 법률, 회계, 조세 등의 분야에서 제2호에 준하는 학식과 경험이 풍부한 전문가
⑥ 위원회 위원(제5항제1호의 위원은 제외한다)의 임기는 2년으로 한다.
⑦ 위원장은 위원회의 회의를 소집하고 그 의장이 된다.
⑧ 위원회 위원은 다음 각 호의 어느 하나에 해당하는 사항에 대한 심의·의결에서 제척된다.
  1. 위원과 직접적인 이해관계가 있는 사항
  2. 위원의 배우자, 4촌 이내의 혈족, 2촌 이내의 인척의 관계에 있는 자 또는 위원이 속한 기관과 이해관계가 있는 사항
⑨ 위원회에서 심의·의결하는 사항과 직접적인 이해관계가 있는 자는 위원에게 심의·의결의 공정을 기대하기 어려운 사정이 있는 경우에는 그 사유를 적어 기피신청을 할 수 있다.
⑩ 위원이 제8항 또는 제9항의 사유에 해당하는 때에는 스스로 그 사건의 심의·의결에서 회피할 수 있다.
⑪ 이 영에서 규정한 사항 외에 위원회의 운영에 필요한 사항은 위원회의 의결을 거쳐 위원장이 정한다.

> **「해운법 시행규칙」**
>
> **제16조(해상화물운송사업 등록의 신청 등)** ① 법 제24조 제1항 또는 제2항에 따라 해상화물운송사업을 등록하거나 변경등록하려는 자는 별지 제11호서식의 해상화물운송사업 등록(변경등록)신청서(전자문서로 된 신청서를 포함한다)에 다음 각 호의 서류를 첨부하여 해양수산부장관 또는 지방해양수산청장에게 제출하여야 한다. 다만, 건조검사가 진행 중인 선박의 선박국적증서 및 선박검사증서 사본은 최초 운항 전까지 제출할 수 있다.
>   1. 선박국적증서 및 선박검사증서 사본(사용할 선박을 확보한 경우로서 외국국적 선박인 경우만 해당하며, 「선박안전법 시행령」제2조 제1항제3호가목에 해당하는 선박의 경우는 제외한다)
>   2. 사업계획서(총톤수 100톤 미만의 선박만으로 내항화물운송사업을 등록하거나 변경등록하려는 경우에는 제출하지 아니한다)
>   3. 변경사유 및 변경사실을 증명하는 서류(변경등록의 경우에만 제출한다)
>   ② 제1항에 따른 신청서 제출 시 해양수산부장관 또는 지방해양수산청장은 「전자정부법」제36조 제1항에 따른 행정정보의 공동이용을 통하여 다음 각 호의 서류를 확인하여야 한다. 다만, 제1호의 서류에 대하여는 신청인으로부터 확인에 대한 동의를 받고, 신청인이 확인에 동의하지 아니하는 경우에는 해당 서류의 사본을 첨부하도록 하여야 한다.
>   1. 선박국적증서 및 선박검사증서(사용할 선박을 확보한 경우로서 대한민국국적 선박인 경우만 해당하며, 「선박안전법 시행령」제2조 제1항제3호가목에 해당하는 선박의 경우는 제외한다)
>   2. 법인 등기사항증명서(법인인 경우만 해당한다)
>   ③ 제1항제2호에 따른 사업계획서에는 다음 각 호의 사항을 기재하여야 한다.
>   1. 항로의 출발지·기항지 및 종착지와 이들 사이의 거리를 표시한 항로도(외항정기화물운송사업만 해당된다)
>   2. 사용할 선박의 명세
>   3. 항로별 운항횟수 및 출발·도착 시간(외항정기화물운송사업만 해당된다)
>   4. 사업개시 후 3년간의 사업연도별 예상수지(외항정기화물운송사업과 외항부정기화물운송사업만 해당된다)
>   5. 사업에 필요한 시설
>   ④ 해양수산부장관 또는 지방해양수산청장은 제1항에 따른 등록신청을 받은 경우에는 그 등록신청이 다음 각 호의 어느 하나에 해당하는 경우를 제외하고는 등록을 해 주어야 한다.
>   1. 법 제32조에서 준용하는 법 제8조에 따른 결격사유에 해당하는 경우
>   2. 별표 3에 따른 해상화물운송사업의 등록기준을 갖추지 못한 경우
>   3. 그 밖에 법 또는 다른 법령에 따른 제한에 위반되는 경우
>   ⑤ 해양수산부장관 또는 지방해양수산청장은 법 제24조 제1항 또는 제2항에 따른 해상화물운송사업의 등록을 한 경우에는 신청인에게 별지 제12호서식의 해상화물운송사업 등록증을 발급하여야 한다.

2. 사업등록의 특례

가. 환적화물의 운송

법 제24조 제2항에 따른 외항정기화물운송사업의 등록을 한 자(이하 "외항정기화물운송사업자"라 한다)는 같은 조 제1항에 따른 내항화물운송사업의 등록을 하지 아니하

고 다음 각 호의 화물을 운송할 수 있다(법 제25조 제1항).

　1. 국내항과 국내항 사이에서 운송하는 빈 컨테이너나 수출입 컨테이너화물(내국인 사이에 거래되는 컨테이너화물은 제외한다)

　2. 외국항 간에 운송되는 과정에서 「항만법」 제2조 제4호에 따른 항만구역 중 수상 구역으로 동일 수상구역 내의 국내항과 국내항 사이에서 환적의 목적으로 운송되 는 컨테이너 화물(다른 국내항을 경유하는 경우는 제외한다)

나. 일시적 운송의 신고

　법 제24조 제1항에 따른 내항화물운송사업의 등록을 한 자가 일시적으로 국내항과 외국항 사이 또는 외국항과 외국항 사이에서 화물을 운송하려고 하거나 제24조 제2항 에 따른 외항부정기화물운송사업의 등록을 한 자가 일시적으로 국내항과 국내항 사이 에서 화물을 운송하려는 경우에는 제24조 제1항 및 제2항에도 불구하고 해양수산부령 으로 정하는 바에 따라 해양수산부장관에게 미리 신고하는 것으로 등록을 갈음할 수 있다(법 제25조 제2항). 해양수산부장관은 법 제25조 제2항에 따른 신고를 받은 경우에는 선박별 연간 운송기간 등 해양수산부령으로 정하는 바에 따라 신고증명서를 발급하여야 한다 (법 제25조 제3항). 법 제25조 제2항의 외항부정기화물운송사업 대상 선박은 「선박법」 제2조에 따 른 한국선박 또는 「국제선박등록법」 제3조 제1항 제4호에 따른 선박을 말한다(법 제25조 제4항).

3. 등록기준

　내항화물운송사업을 경영하려는 자는 선박의 보유량과 선령 등이 해양수산부령으 로 정하는 등록기준에 맞도록 하여야 한다(법 제27조 제1항). 외항화물운송사업을 경영하려는 자 는 선박의 보유량, 자본금 등 사업의 재정적 기초와 경영 형태가 해양수산부령으로 정 하는 등록기준에 맞도록 하여야 한다(법 제27조 제2항).

⚓ 「**해운법 시행규칙**」

제19조(해상화물운송사업의 등록기준) ① 법 제27조에 따른 해상화물운송사업의 등록기준은 별표 3과 같다.
　② 법 제27조 제1항에 따라 내항화물운송사업을 경영하려는 자는 다음 각 호의 어느 하나에 해당하 는 경우를 제외하고는 선령 15년(폐기물운반선의 경우에는 17년으로 한다. 이하 이 항에서 같다) 이

상의 선박을 운항할 수 없다.
1. 해당 화물운송행위가 이 법의 적용을 받지 아니하는 경우
2. 해당 선박이 법 제24조에 따라 내항화물운송사업에 등록되었던 선박인 경우(해외에 매각된 선박을 수입하여 선령이 15년을 초과한 후 내항화물운송사업에 등록하려는 경우는 제외한다)
3. 선령이 15년을 경과한 시점에 내항화물운송사업에 등록되어 있는 선박인 경우
4. 선령이 15년이 되기 전에 법 제4조에 따라 내항 정기 여객운송사업 또는 내항부정기여객운송사업의 면허를 받았던 제1조의2제2호다목에 따른 차도선형 여객선인 경우
5. 외항부정기화물운송사업자가 등록된 수산물운송을 위하여 법 제25조 제2항에 따라 일시운송을 신고한 선박인 경우
6. 제1호부터 제5호까지의 어느 하나에 준하는 사유로 지방해양수산청장의 허가를 받은 경우

4. 외국인의 국내지사 설치신고

국내항과 외국항 사이 또는 외국항과 외국항 사이에서 해상화물운송사업을 경영하는 외국인이 그 사업에 딸린 업무를 수행하기 위하여 국내에 지사를 설치하려면 해양수산부장관에게 신고하여야 한다. 신고한 사항을 변경하려는 때에도 또한 같다(법 제26조 제1항). 법 제26조 제1항에 따른 외국인 해상화물운송사업에 따르는 업무의 범위와 그 밖에 필요한 사항은 해양수산부령으로 정한다(법 제26조 제2항).

「해운법 시행규칙」

제18조(외국인 해상화물운송사업자의 국내지사 설치신고) ① 법 제26조 제1항에 따른 외국인의 국내지사 설치 및 변경설치신고에 관하여는 제7조 제1항 및 제2항을 준용한다. 이 경우 "법 제7조 제1항"은 "법 제26조 제1항"으로 본다.
② 법 제26조 제2항에 따른 외국인의 해상화물운송사업에 수반된 업무의 범위는 화물모집, 운항계획의 신고, 운임의 공표 및 입출항 신고 등 해상화물운송사업의 활동과 직접 관련된 업무를 말한다.

제3관 사업자의 의무 등

1. 운임

가. 운임의 공표 등

외항정기화물운송사업자와 국내항과 외국항에서 정기화물운송사업을 경영하는 외

국인은 해양수산부령으로 정하는 바에 따라 운임을 정하여 화주 등 이해관계인이 알 수 있도록 공표하여야 한다. 정하여진 운임을 변경하려는 때에도 또한 같다(법 제28조 제1항). 법 제28조 제1항에 따른 외국인은 해양수산부령으로 정하는 바에 따라 운항계획을 정하여 해양수산부장관에게 신고하여야 한다. 신고한 운항계획을 변경하려는 때에도 또한 같다(법 제28조 제2항). 해양수산부장관은 법 제28조 제1항과 제2항에 따라 공표되거나 신고된 내용이 외항정기화물운송사업에서 지나친 경쟁을 유발하는 등 사업의 건전한 발전을 해칠 우려가 있다고 인정되면 그 내용을 변경하거나 조정하는 데에 필요한 조치를 하게 할 수 있다(법 제28조 제3항).

⚓ 「해운법 시행령」

제14조(공표운임 등에 관한 조치) 해양수산부장관은 법 제28조 제1항 및 제2항에 따라 공표된 운임이나 신고된 운항계획 또는 법 제29조 제2항에 따라 신고된 협약에 대하여 법 제28조 제3항 또는 법 제29조 제3항에 따른 변경이나 조정 등에 필요한 조치를 하는 경우에는 미리 이해관계인의 의견을 들어야 한다.

☸ 「해운법 시행규칙」

제20조(운임의 공표 등) ① 법 제28조 제1항에 따른 운임의 공표는 해양수산부장관이 정하여 고시하는 바에 따라 운임 발효 예정일 5일 전까지 화주 등 이해관계인이 잘 볼 수 있는 곳과 인터넷 홈페이지에 게시하는 방법으로 한다.
② 법 제28조 제2항에 따라 운항계획을 신고하려는 자는 운항개시 예정일 7일 전까지 별지 제15호서식의 운항계획(협약) 신고서(변경신고서)에 별지 제16호서식의 선박운항계획서를 첨부하여 해양수산부장관에게 제출하여야 한다.
③ 외항정기화물운송사업과 외항부정기화물운송사업의 등록을 한 자(국내항과 외국항에서 해상화물운송사업을 경영하는 외국인 화물운송사업자를 포함한다)는 법 제29조 제2항에 따라 협약의 내용을 신고하려는 경우에는 협약 체결일부터 30일 이내에 별지 제15호서식의 운항계획(협약)신고서(변경신고서)에 협약서(번역문을 포함한다. 이하 같다) 및 협약 개요서를 첨부하여 해양수산부장관에게 제출하여야 한다. 이 경우 그 협약서 및 협약 개요서에 협약 당사자 모두의 이름을 적어 공동으로 제출할 수 있다.
④ 외국인사업자는 국내계약대리점으로 하여금 제1항에 따른 운임의 공표 또는 제2항 및 제3항에 따른 신고서 제출을 하게 할 수 있다. 이 경우 신고서에는 대리점계약서의 사본을 첨부하여야 한다.
⑤ 법 제29조 제4항에 따른 협의는 서면으로 하여야 한다.

나. 운임 등의 협약

(1) 원칙

외항화물운송사업의 등록을 한 자(이하 "외항화물운송사업자"라 한다)는 다른 외항화물운송사업자(외국인 화물운송사업자를 포함한다)와 운임·선박배치, 화물의 적재, 그 밖의 운송조건에 관한 계약이나 공동행위(외항부정기화물운송사업을 경영하는 자의 경우에는 운임에 관한 계약이나 공동행위는 제외하며, 이하 "협약"이라 한다)를 할 수 있다. 다만, 협약에 참가하거나 탈퇴하는 것을 부당하게 제한하는 것을 내용으로 하는 협약을 하여서는 아니 된다(법 제29조 제1항). 외항화물운송사업자(국내항과 외국항에서 해상화물운송사업을 경영하는 외국인 화물운송사업자를 포함한다)가 법 제29조 제1항의 협약을 한 때에는 해양수산부령으로 정하는 바에 따라 그 내용을 해양수산부장관에게 신고하여야 한다. 협약의 내용을 변경한 때에도 또한 같다(법 제29조 제2항). 법 제29조 제1항에 따라 협약을 체결한 외항화물운송사업자와 대통령령으로 정하는 하주단체(荷主團體)는 해양수산부령으로 정하는 바에 따라 운임과 부대비용 등 운송조건에 관하여 서로 정보를 충분히 교환하여야 하며, 제2항에 따른 신고를 하기 전에 운임이나 부대비용 등 운송조건에 관하여 협의를 하여야 한다. 이 경우 당사자들은 정당한 사유 없이 이를 거부하여서는 아니 된다(법 제29조 제4항).

⚓ 「해운법 시행령」

제15조(협의) ① 법 제29조 제4항 전단에서 "대통령령으로 정하는 하주단체(荷主團體)"란 다음 각 호의 요건을 갖춘 자로서 해양수산부장관에게 신고한 단체를 말한다.
 1. 회원의 연간 수출입액의 총계가 우리나라 총 수출입액의 100분의 25 이상일 것
 2. 단체의 구성 목적이 우리나라 수출입 하주의 권익증진일 것
② 다음 각 호의 어느 하나에 해당하는 경우에는 법 제29조 제4항 후단에 따른 정당한 사유가 없는 경우에 해당하는 것으로 본다.
 1. 합리적인 이유 없이 협의를 시작하지 아니하는 경우
 2. 협의를 할 때에 합리적인 이유 없이 다른 사업자와 차별하는 경우
 3. 거짓 자료 또는 부실한 자료를 제공하여 협의의 목적달성을 어렵게 하는 경우
 4. 그 밖에 합리적인 이유 없이 사실상 협의를 거부하거나 방해하는 경우

(2) 협약 내용의 제한

해양수산부장관은 법 제29조 제2항에 따라 신고된 협약의 내용이 다음 각 호의 어느 하나에 해당하면 그 협약의 시행 중지, 내용의 변경이나 조정 등 필요한 조치를 명할 수 있다. 다만, 제3호에 해당하는 경우에 대한 조치인 때에는 그 내용을 공정거래위원회에 통보하여야 한다(법 제29조 제3항).

1. 법 제29조 제1항 단서 또는 국제협약을 위반하는 경우
2. 선박의 배치, 화물적재, 그 밖의 운송조건 등을 부당하게 정하여 해상화물운송질서를 문란하게 하는 경우
3. 부당하게 운임이나 요금을 인상하거나 운항 횟수를 줄여 경쟁을 실질적으로 제한하는 경우

정기선운항업자는 지나친 경쟁을 억제하고 해운업의 건전한 발전을 도모하기 위하여 일종의 카르텔인 해운동맹을 결성하고 있다. 이는 일종의 담합행위로 「공정거래법」의 적용대상이 되지만, 이를 제한하기 위하여 설치된 미국 하원의 알렉산더위원회가 권고안으로 정기선해운의 건전한 발전을 위해서는 제한적으로 이를 허용해야 한다는 권고안을 냄으로써 「1916년 해운법」이 제정되어 동법에 의한 엄격한 규제를 조건으로 독점금지법(antitrust Act)의 적용을 면제받게 된 이후 국제적으로 각국의 해운관련법에 의하여 제한적으로 허용되고 있다.[11] 우리 「해운법」 제29조도 이러한 취지에서 제정되었지만, 운임의 담합 등을 엄격하게 금지하는 미국 「외항개운개혁법」 등과 협약에서 금지사항이나 제한 사항이 명확하지 않고, 이 조항 위반에 대한 벌칙이나 제재가 명확하지 않거나 매우 미약하다는 점, 「공정거래법」과의 관계도 명확하지 않기 때문에 실질적 효력은 위문시 된다.

2. 사업개선 명령

해양수산부장관은 국제경쟁력을 강화하고 항로질서를 유지하며 화물을 원활하게 수송하기 위하여 필요하다고 인정하면 해상화물운송사업을 경영하는 자에게 다음 각 호의 사항을 명할 수 있다(법 제30조).

1. 사업계획의 변경
2. 선원 또는 항로에 위치한 어민 등 해당 선박의 운항에 관련되는 자를 보호하기 위한 조치
3. 선박의 안전항해를 위하여 필요한 사항

---

[11] 정영석, 「해상운송론」, (텍스트북스, 2013), 85쪽.

4. 해운에 관한 국제협약의 이행을 위하여 필요한 사항
5. 해상보험 가입

3. 외항화물운송사업자의 금지행위

가. 정기화물운송사업자의 금지행위

외항정기화물운송사업자(법 제28조 제1항에 따른 외국인을 포함한다)는 다음 각 호의 어느 하나에 해당하는 행위를 하여서는 아니 된다(법 제31조 제1항).

1. 법 제28조에 따라 공표한 운임보다 더 많이 받거나 덜 받는 행위
2. 법 제28조에 따라 공표한 운임보다 덜 받으려고 이미 받은 운임의 일부를 되돌려주는 행위
3. 비상업적인 이유로 특정한 사람이나 지역 또는 운송방법에 관하여 부당하게 우선적 취급을 하거나 불리한 취급을 하는 행위
4. 비상업적인 이유로 외국수출업자에 비하여 한국수출업자에게 부당하게 차별적인 운임 또는 요금을 설정하는 행위
5. 비상업적인 이유로 화물운송과정상 발생한 분쟁, 그 밖의 손해배상청구의 조정·해결에 있어서 하주(荷主)를 부당하게 차별하는 행위
6. 그 밖에 대통령령으로 정하는 비상업적인 이유로 하주를 부당하게 차별하는 행위

외항정기화물운송사업자(제28조 제1항에 따른 외국인을 포함한다)와 운송계약을 체결한 화주는 운송물건의 품목이나 등급에 관하여 거짓의 운임청구서를 받는 등 부정한 방법으로 제28조에 따라 공표한 운임보다 비싸거나 싼 운임으로 물건을 운송하게 하거나 지급한 운임의 일부를 되돌려 받는 행위를 하여서는 아니 된다(법 제31조 제2항).

⚓ 「해운법 시행령」

제16조(금지행위) ① 법 제31조 제1항제3호의 "비상업적인 이유로 하주(荷主)를 부당하게 차별하는 행위"란 다음 각 호의 어느 하나의 행위를 말한다.
  1. 특정한 사람이나 지역 또는 운송방법에 관하여 부당하게 우선적 취급을 하거나 불리한 취급을 하는 행위
  2. 외국수출업자에 비하여 한국수출업자에게 부당하게 차별적인 운임 또는 요금을 설정하는 행위
  3. 화물운송과정상 발생한 분쟁 그 밖의 손해배상청구의 조정·해결에 있어서 하주를 부당하게 차별

하는 행위
② 법 제31조 제3항에서 "대통령령으로 정하는 행위"란 다음 각 호의 어느 하나의 행위를 말한다.
1. 제1항제1호 또는 제3호에 해당하는 행위
2. 제1호에 따른 행위를 이용하여 다른 외항화물 운송사업자와 부당하게 경쟁하는 행위

나. 외항부정기운송사업자의 금지행위

외항부정기화물운송사업을 경영하는 자(외국인 부정기 화물운송사업자를 포함한다)는 다음 각 호의 어느 하나에 해당하는 행위를 하여서는 아니 된다(법 제31조 제3항).

1. 법 제31조 제1항 제3호부터 제5호까지에 해당하는 행위
2. 법 제31조 제3항 제1호에 따른 행위를 이용하여 다른 외항화물운송사업자와 부당하게 경쟁하는 행위
3. 그 밖에 대통령령으로 정하는 비상업적인 이유로 하주를 부당하게 차별하는 행위

제4관 준용규정

해상화물운송사업에 관하여는 법 제4조 제4항, 제8조, 제12조 제1항, 제17조부터 제19조까지를 준용한다. 이 경우 제19조 제1항제10호 중 "제7조 제1항, 제11조 제1항, 제12조 제1항·제2항, 제13조 제2항, 제14조, 제16조 제1항, 제18조 제1항·제4항, 제21조 제1항, 제22조 제2항 및 제50조 제1항"은 "제12조 제1항, 제13조 제2항, 제18조 제1항·제4항, 제26조 제1항, 제28조, 제29조 제2항·제3항, 제30조, 제31조 제1항·제3항 및 제50조 제1항"으로 본다(법 제32조 제1항). 외항정기화물운송사업에 관하여는 법 제13조를 준용한다(법 제32조 제3항).

> ※ 「해운법 시행규칙」
>
> **제16조의2(등록조건)** 지방해양수산청장은 법 제32조 제1항에 따라 준용되는 법 제4조 제4항에 따라 내항화물운송사업의 등록을 하는 경우에는 다음 각 호의 사항을 조건으로 붙일 수 있다.
> 1. 여객, 선원 및 선박의 피해에 대비하여 「보험업법」에 따른 보험회사의 보험 또는 한국해운조합의 공제 가입. 다만, 석유제품 및 석유화학제품을 운송하지 않는 총톤수 100톤 미만의 선박과 부선(艀船)은 제외한다.
> 2. 「유류오염손해배상 보장법」에 따라 유류를 운송하는 선박의 경우에는 유류오염 손해배상 보장계

약의 체결
3. 예선(曳船) 1척이 동시에 부선 2척 이상을 예인하지 아니할 것
4. 선박에 운송화물 또는 운송목적 등을 지정한 경우에는 지정된 화물 또는 지정된 운송목적의 범위에서 운송할 것
5. 그 밖에 지방해양수산청장이 안전한 화물운송을 위하여 필요하다고 인정하는 사항

제17조(등록 외 사업구역에서의 일시적인 운송신고) ① 내항화물운송사업 또는 외항부정기화물운송사업의 등록을 한 자는 법 제25조 제2항에 따라 등록된 사업구역 외의 구역에서 일시적인 운송을 하려는 경우에는 별지 제13호서식의 등록 외 사업구역에서의 일시적 운송신고서에 사업계획서를 첨부하여 해양수산부장관 또는 지방해양수산청장에게 제출하여야 한다.
② 제1항에 따른 사업계획서에는 사용할 선박, 운송하려는 화물의 종류 및 수량, 운송할 기간 및 구간을 기재하여야 한다.
③ 해양수산부장관 또는 지방해양수산청장은 제1항에 따른 신고를 받은 경우에는 신고인에게 별지 제14호서식의 등록 외 사업구역에서의 일시적 운송 신고증명서를 발급하여야 한다.
④ 제1항에 따른 신고자가 등록한 사업구역 외의 구역에서 운송할 수 있는 선박별 연간 운송기간은 90일을 초과하지 못한다. 다만, 해양수산부장관이 화물의 원활한 운송 등을 위하여 필요하다고 인정하여 화물의 종류 등을 정하여 고시한 경우에는 90일을 초과할 수 있다.

제21조(준용규정) 해상화물운송사업에 관하여는 제2조 제4항(내항화물운송사업은 제외한다), 제11조 및 제15조를 준용한다. 이 경우 제15조 제1항 중 "별지 제10호서식"은 "별지 제10호의7서식"으로 본다.

제4절 해운중개업, 해운대리점업, 선박대여업 및 선박관리업

제1관 사업의 종류

1. 해운중개업

해운중개업이라 함은 해상화물운송의 중개, 선박의 대여·용대선 또는 매매를 중개하는 사업을 말한다(법 제2조 제5호). 이때 "용대선(傭貸船)"이란 해상여객운 송사업이나 해상화물운송사업을 경영하는 자 사이 또는 해상여객운송사업이나 해상화물운송사업을 경영하는 자와 외국인 사이에 사람 또는 물건을 운송하기 위하여 선박의 전부 또는 일부를 용선(傭船)하거나 대선(貸船)하는 것을 말한다(법 제2조 제4호).

"용대선"이라는 용어는 용선과 대선을 의미한다고 해석된다. 일반적으로 용선은 항

해용선, 정기용선, 선체용선으로 구분된다(상법 제827조, 제842조, 제847조). 이중 항해용선계약과 정기용선계약은 운송계약, 선체용선계약은 선박임대차계약의 성질을 가지고 있기 때문에, 용대선은 용선이라는 용어를 사용하는 것이 해운실무에도 부합하고 법률용어로서도 정확한 용어로 생각한다. 따라서 해운중개업은 선박의 용선중개와 매매중개를 영업으로 하는 사업을 말한다.

2. 해운대리점업

해상여객운송사업이나 해상화물운송사업을 경영하는 자(외국인 운송사업자를 포함한다)를 위하여 통상(通常) 그 사업에 속하는 거래를 대리(代理)하는 사업을 말한다(법 제2조 제6호).

3. 선박대여업

해상여객운송사업이나 해상화물운송사업을 경영하는 자 외의 자 본인이 소유하고 있는 선박(소유권을 이전받기로 하고 임차한 선박을 포함한다)을 다른 사람(외국인을 포함한다)에게 대여하는 사업을 말한다(법 제2조 제7호).

이 법에서 선박대여업은 선박을 선체용선해 주는 것을 영업으로 하는 사업을 의미한다. 즉, 선체용선계약에서 선박소유자의 역할을 영업으로 하는 사업으로 볼 수 있다. 이때 선박소유권을 이전받기로 하고 임차한 선박이라 함은 소위 소유권취득조건부 선체용선계약(hire-purchase)과 같이 용선료의 완납을 정지조건으로 선박을 구매하는 계약에서의 용선자를 의미하므로 실제로는 소유권을 유보한 상태의 선박소유자로 볼 수 있다. 상법상 선체용선계약에서 용선자의 상대방인 계약당사자인 선박소유자는 반드시 선박의 소유권을 가지고 있어야 하는 것은 아니고, 타인의 선박을 선체용선하여 이를 다시 재용선하는 경우에도 재용선자와의 사이에서는 선박소유자의 지위에 있다고 볼 수 있다. 해운실무계에서도 흔히 있는 걸 형태이기도 하다. 따라서 「해운법」이 선박의 소유권자와 소유권취득조건부 선체용선자에 한하여 선박대여업을 영위할 수 있도록 규정한 것은 선박대여업을 매우 좁게 해석하여 입법한 것으로 보인다.

4. 선박관리업

「선박관리산업발전법」 제2조 제1호에 규정된 국내외의 해상운송인, 선박대여업을 경영하는 자, 관공선 운항자, 조선소, 해상구조물 운영자, 그 밖의 「선원법」상의 선박소유자로부터 기술적·상업적 선박관리, 해상구조물관리 또는 선박시운전 등의 업무의 전부 또는 일부를 수탁(국외의 선박관리사업자로부터 그 업무의 전부 또는 일부를 수탁하여 행하는 사업을 포함한다)하여 관리활동을 영위하는 업(業)을 말한다(법 제2조 제8호).

제2관 사업의 등록 등

1. 사업의 등록

해운중개업, 해운대리점업, 선박대여업 또는 선박관리업(이하 "해운중개업등"이라 한다)을 경영하려는 자는 해양수산부령으로 정하는 바에 따라 해양수산부장관에게 등록하여야 한다. 등록한 사항을 변경하려는 때에도 또한 같다(법 제33조 제1항). 법 제33조 제1항에 따른 해운중개업등을 경영하려는 자는 해양수산부령으로 정하는 시설과 경영 형태를 갖추어야 한다(법 제33조 제2항). 해운중개업등(선박대여업은 제외한다. 이하 이 조에서 같다) 등록의 유효기간은 등록일부터 3년으로 하고, 계속하여 해운중개업등을 경영하려면 등록의 유효기간이 끝나기 전에 해양수산부령으로 정하는 바에 따라 그 등록을 갱신하여야 한다(법 제33조 제3항). 해양수산부장관은 법 제33조 제1항에 따른 선박관리업의 효율적인 등록·관리 및 선원의 권익보호 등을 위하여 필요한 사항을 정하여 고시하여야 한다(법 제33조 제4항).

⚓ 「해운법 시행규칙」

제22조(해운중개업 등의 등록신청) ① 법 제33조 제1항에 따라 해운중개업, 해운대리점업, 선박대여업 또는 선박관리업(이하 "해운중개업등"이라 한다)을 등록하려는 자는 별지 제17호서식의 등록(갱신)신청서(전자문서로 된 신청서를 포함한다)에 다음 각 호의 서류를 첨부하여 해양수산부장관 또는 지방해양수산청장에게 제출하여야 한다.
  1. 신청인이 외국인인 경우에는 법 제36조에서 준용하는 법 제8조의 결격사유에 해당하지 아니함을 확인할 수 있는 다음 각 목의 어느 하나에 해당하는 서류

가. 해당 국가의 정부, 그 밖의 권한 있는 기관이 발행한 서류
나. 공증된 신청인의 진술서로서「재외공관 공증법」에 따라 그 국가에 주재하는 대한민국공관의 영사관이 확인한 서류
2. 사업계획서
3. 정관(법인인 경우에만 제출한다)
4. 계약상대방과 체결한 계약서(공증인의 공증을 받은 후 5개월이 지나지 아니한 것이어야 한다)사본과 그 번역문(외국 해상여객운송사업자 또는 외국 해상화물운송사업자와 대리점계약을 체결한 경우에만 제출한다). 다만, 해운중개업 및 선박대여업의 경우에는 제출하지 아니한다.
5.「외국인투자 촉진법」에 따른 외국인투자를 증명할 수 있는 서류(외국인투자기업의 경우에만 제출한다)
6. 해당 선박의 국적을 증명하는 서류(선박관리업 및 선박대여업의 경우에만 제출하고, 대한민국국적 선박인 경우에는 제출하지 아니한다)
② 제1항에 따른 신청서를 제출받은 해양수산부장관 또는 지방해양수산청장은「전자정부법」제36조 제1항에 따른 행정정보의 공동이용을 통하여 다음 각 호의 서류를 확인하여야 한다. 다만, 신청인이 제1호의 서류에 대한 확인에 동의하지 아니하는 경우에는 해당 서류의 사본을 첨부하도록 하여야 한다.
1. 선박국적증서(대한민국국적 선박인 경우에만 해당한다)
2. 법인 등기사항증명서(법인인 경우에만 해당한다)
③ 제1항제2호에 따른 사업계획서에는 다음 각 호의 사항을 기재하여야 한다.
1. 사업의 개요
2. 사업개시 후 3년간의 사업추진계획 및 예상수지
3. 보유시설현황
4. 계약상대방의 영업현황(해운중개업 및 선박대여업은 제외한다)
④ 해양수산부장관 또는 지방해양수산청장은 제1항에 따른 등록신청을 받은 경우에는 그 등록신청이 다음 각 호의 어느 하나에 해당하는 경우를 제외하고는 등록을 해 주어야 한다. 이 경우 해양수산부장관 또는 지방해양수산청장은 별표 4에 따른 해운중개업등의 등록기준과 관련된 계약상대방의 공신력에 관하여 관계법인 또는 단체의 의견을 들을 수 있다.
1. 법 제36조에서 준용하는 법 제8조에 따른 결격사유에 해당하는 경우
2. 별표 4에 따른 해운중개업등의 등록기준을 갖추지 못한 경우
3. 그 밖에 법 또는 다른 법령에 따른 제한에 위반되는 경우
⑤ 해양수산부장관 또는 지방해양수산청장은 법 제33조 제1항에 따른 해운중개업등의 등록을 한 경우에는 신청인에게 별지 제18호서식의 해운업등록증을 발급하여야 한다.
⑥ 해양수산부장관 또는 지방해양수산청장은 제5항에 따른 등록증을 발급하는 경우에는 등록대장에 다음 각 호의 사항을 기록·관리하여야 한다.
1. 사업의 종류
2. 상호 및 주소
3. 대표자의 성명
4. 계약상대방의 명칭 및 주소(해운중개업 및 선박대여업의 경우는 제외한다)
5. 주된 사무소 외의 국내외 지사 또는 영업소의 숫자·명칭 및 소재지
6. 외국인투자자 및 투자비율(외국인투자기업의 경우만 해당된다)
7. 등록 유효기간
⑦ 해운중개업등의 등록을 한 자는 제6항 각 호(제7호는 제외한다)의 어느 하나에 해당하는 사항을 변경하려는 경우에는 법 제33조 제1항 후단에 따라 그 변경사유가 발생한 날부터 30일 이내에 별지

제19호서식의 등록사항 변경신청서에 그 사실을 증명하는 서류를 첨부하여 해양수산부장관 또는 지방해양수산청장에게 제출하여야 한다.

제22조의2(해운중개업등의 등록 갱신 신청) ① 법 제33조 제3항에 따라 해운중개업등(선박대여업은 제외한다. 이하 이 조에서 같다)의 등록을 갱신하려는 자는 등록의 유효기간이 끝나는 날의 1개월 전까지 별지 제17호 서식의 등록(갱신)신청서에 등록증원본과 제22조 제1항 각 호의 서류를 첨부하여 해양수산부장관 또는 지방해양수산청장에게 제출하여야 한다. 다만, 제22조 제1항제2호부터 제6호까지의 서류 중 변동사항이 없는 서류는 제출하지 아니할 수 있다.

② 제1항에 따른 등록의 갱신신청은 등록의 유효기간이 끝나는 날의 6개월 전부터 할 수 있다.

③ 해양수산부장관 또는 지방해양수산청장은 제1항에 따른 등록 갱신 신청을 받은 경우 그 처리에 관하여는 제22조 제4항부터 제6항까지를 준용한다.

④ 해양수산부장관 또는 지방해양수산청장은 해운중개업등의 등록을 한 자에게 등록을 갱신하려면 등록의 유효기간이 끝나는 날의 1개월 전까지 등록갱신 신청을 하여야 한다는 사실과 제1항에 따른 갱신절차를 등록의 유효기간이 끝나는 날의 2개월 전까지 휴대폰에 의한 문자전송, 전자메일, 팩스, 전화 등으로 미리 알려야 한다.

제23조(해운중개업등의 등록기준) 법 제33조 제2항에 따른 해운중개업등의 등록기준은 별표 4와 같다.

[별표 4]

해운중개업등의 등록기준(제23조 관련)

사업의 종류	시설 및 경영형태
해운중개업	「상법」상의 회사일 것
해운대리점업	1. 「상법」상의 회사일 것 2. 다음 각 목의 어느 하나에 해당하는 계약을 체결할 것 가. 해상여객운송사업자(외국인을 포함한다)와의 대리점 계약 나. 해상화물운송사업자(외국인을 포함한다)와의 대리점 계약 다. 다른 해운대리점업자와의 업무 수탁계약
선박대여업	총톤수 20톤(부선은 100톤) 이상의 선박이 1척 이상 있을 것
선박관리업	1. 「상법」상의 회사일 것 2. 선박소유자 또는 선박대여업자 등 선박관리를 위탁하려는 자(외국인을 포함한다)와 선박관리계약을 체결할 것

비고
1. 해운대리점업 또는 선박관리업의 경우 계약 체결 시 그 계약기간은 1년 이상으로 하여야 한다.
2. 한국해운조합이 그 조합원의 이익을 위하여 조합원 소유의 선박을 수탁관리하려는 경우에는 위 선박관리업 등록기준 제1호에도 불구하고 선박관리업을 등록할 수 있다.

2. 영업보증금의 예치명령 등

해양수산부장관은 선박관리업의 안정적인 선원관리 등을 위하여 필요하다고 인정하면 선박관리업을 경영하는 자에게 영업보증금을 예치하거나 보증보험에 가입하도록 명할 수 있다(법 제34조 제1항). 법 제34조 제1항에 따른 영업보증금의 예치 또는 보증보험의 가입에 필요한 사항은 해양수산부령으로 정한다(법 제34조 제2항).

☀ 「해운법 시행규칙」

제24조(영업보증금의 예치 등) ① 선원을 관리하는 선박관리업을 경영하는 자는 법 제34조 제1항에 따라 해양수산부장관으로부터 영업보증금 예치 또는 보증보험 가입 명령을 받으면 30일 이내에 제25조에 따른 기준에 적합하게 「은행법」 제2조 제2호에 따른 은행에 영업보증금을 예치하거나 「보험업법」 제2조 제6호에 따른 보험회사의 보증보험에 가입하여야 한다.
② 해양수산부장관은 선원을 관리하는 선박관리업을 경영하는 자가 다음 각 호의 어느 하나에 해당하는 경우에는 영업보증금 예치 또는 보증보험 가입 명령을 하지 아니할 수 있다.
 1. 자본금이 10억원 이상인 다른 법인이 제25조에 따른 기준에 적합하게 영업상의 채무를 보증하고 있는 경우(공증인의 공증이 있는 경우만 해당된다)
 2. 해당 사업자 또는 관리 선박의 소유자가 「선원법」에 따른 임금채권보장보험 및 재해보상보험에 가입하는 등 영업보증금 예치 또는 보증보험 가입이 아닌 다른 방법으로 공신력을 확보할 수 있다고 인정되는 경우
③ 제1항에 따라 영업보증금을 예치하거나 보증보험에 가입한 자와 제2항제1호에 해당하는 자는 그 사실을 증명하는 보험증권, 예치증서 등 증명서류를 지체 없이 해양수산부장관이 지정하는 관계 법인 또는 단체에 제출하여 보관하게 하여야 하며, 등록이 취소되거나 사업을 폐지하기 전까지는 그 보증상태가 유지되어야 한다. 다만, 해당 사업의 수행과 관련한 피해를 보상하기 위하여 부득이하게 영업보증금을 인출한 경우에는 1개월 이내에 다시 예치하여야 한다.
제25조(영업보증금 등의 금액) 제24조 제1항 및 제2항제1호에 따라 예치하여야 하는 영업보증금, 가입하여야 하는 보증보험의 금액 또는 보증금액은 다음 각 호와 같다.
 1. 관리하는 선원의 수(이하 "관리선원"이라 한다)가 20명 미만인 경우: 1억원 이상
 2. 관리선원이 20명 이상 50명 미만인 경우: 2억원 이상
 3. 관리선원이 50명 이상인 경우: 3억원 이상

3. 등록의 취소 등

해양수산부장관은 해운중개업등의 사업을 경영하는 자가 법 제36조에서 준용되는 제14조(제1호와 제8호의 경우에 한정한다), 제34조 및 제50조 제1항을 위반한 때에는 등록을 취소하거나 6개월 이내의 기간을 정하여 해당 사업의 정지를 명하거나 1천만원 이하의 과징금을 부과할 수 있다(법 제35조).

4. 준용 규정

해운중개업 등에 관하여는 법 제4조 제3항, 제8조, 제14조(제1호와 제8호의 경우에 한정한다), 제17조 및 제19조를 준용한다(법 제36조).

제5절 해운산업의 건전한 육성과 이용자의 지원

제1관 해운산업육성

1. 해운산업장기발전계획

정부는 5년마다 해운산업장기발전계획을 수립하여 공고하여야 한다(법 제37조 제1항).

법 제37조 제1항에 따른 해운산업장기발전계획에는 다음 각 호의 사항이 포함되어야 한다(법 제37조 제2항).

1. 선박의 수요·공급에 관한 사항
2. 선원의 수요·공급과 복지에 관한 사항
3. 해운과 관련된 국제협력에 관한 사항
4. 그 밖에 해운산업의 건전한 발전을 위하여 필요한 사항

2. 해운단체의 육성

정부는 해운업자의 경제적 지위를 향상시키고, 국제적 활동을 촉진하기 위하여 해운단체를 육성하여야 한다(법 제40조).

제2관 해운산업의 지원

1. 선박확보 등을 위한 지원

정부는 해운업의 면허를 받거나 등록을 한 자(이하 "해운업자"라 한다)가 다음 각호의 어느 하나에 해당하는 사업을 하는 경우 재정적 지원이 필요하다고 인정되면 대통령령으로 정하는 바에 따라 자금의 일부를 보조 또는 융자하게 하거나 융자를 알선할 수 있다(법 제38조 제1항).

1. 국내의 항구 사이를 운항하는 선박의 수입

2. 선박 시설의 개량이나 대체

3. 선박의 보수

4. 선박현대화지원사업에 따른 선박의 건조(建造)

정부는 법 제38조 제1항 제1호 또는 제4호에 따른 사업이 낡은 선박을 바꾸기 위한 것인 경우에는 다른 사업에 우선하여 자금의 일부를 보조 또는 융자하게 하거나 융자를 알선할 수 있다(법 제38조 제2항).

> ⚓ 「해운법 시행령」
>
> **제17조(보조 또는 융자)** 법 제38조 제1항에 따른 자금의 보조 또는 융자(융자의 알선을 포함한다. 이하 같다)는 다음 각 호에 따른다.
> 1. 국내의 항구 사이를 운항하는 선박을 수입하는 경우 선박가격 총액의 100분의 80 이내의 융자
> 2. 선박시설의 개량 또는 대체 및 선박을 보수하는 경우에는 소요자금의 100분의 20 이내의 보조 및 100분의 80 이내의 융자
> 3. 선박현대화지원사업에 따라 새로운 선박을 건조하는 경우에는 건조 자금 중 국내에서 마련한 자금의 100분의 80 이내의 융자
> 4. 선박현대화지원사업에 따라 선박을 건조하기 위하여 국내 금융기관에서 자금을 마련한 경우 그 자금과 법 제39조 제1항에 따른 선박현대화지원사업자금과의 금리차이에 따른 차액의 일부 또는 전부의 보전
> 5. 내항여객운송사업 및 내항화물운송사업에 필요한 중고 선박을 수입하기 위하여 국내 금융기관에서 자금을 마련한 경우 대출금리와 관계 부처와 협의하여 해양수산부장관이 정하는 금리와의 차이에 따른 차액의 일부 또는 전부의 보전
>
> **제18조(보조 또는 융자의 신청)** ① 법 제38조 제1항에 따른 자금의 보조 또는 융자를 받으려는 자는 다음 각 호의 사항을 기재한 신청서를 해양수산부장관에게 제출하여야 한다.
> 1. 신청인의 성명(법인인 경우에는 법인의 명칭 및 대표자의 성명) 및 주소
> 2. 보조 또는 융자를 받으려는 이유
> 3. 보조 또는 융자를 받으려는 금액
> ② 제1항에 따른 신청서에는 다음 각 호의 서류를 첨부하여야 한다.
> 1. 시행하려는 사업의 내용을 명시한 사업계획서
> 2. 보조금 또는 융자금의 사용계획서
> ③ 법 제38조 제1항에 따른 보조 또는 융자를 받은 자는 자금의 사용내역서를 작성하여 분기별로 해양수산부장관에게 제출하여야 한다.

2. 선박현대화지원사업을 위한 자금조성 등

가. 자금조성

정부는 선박현대화지원사업에 따른 선박의 건조사업을 효율적으로 지원하기 위하

여 매년 필요한 자금을 대통령령으로 정하는 바에 따라 조성할 수 있다(법 제39조 제1항). "선박현대화지원사업"이란 정부가 선정한 해운업자가 정부의 재정지원 또는 금융지원을 받아 낡은 선박을 대체하거나 새로이 건조하는 것을 말한다(법 제2조 제9호).

> ⚓ 「해운법 시행령」
>
> **제19조(선박현대화지원사업을 위한 자금조성 등)** 해양수산부장관은 법 제39조 제1항에 따라 매년 선박현대화지원사업의 물량을 관계 중앙행정기관의 장과 협의하여 결정하고, 이에 드는 자금을 조성할 수 있다.

나. 사업선정기준

해양수산부장관은 선박현대화지원사업을 위하여 해운업자를 선정하려면 그 선정기준을 마련하여야 한다. 이 경우 다음 각 호의 어느 하나에 해당하는 자가 우선적으로 선정될 수 있도록 하여야 한다(법 제39조 제2항).

1. 장기화물운송계약을 체결한 자
2. 경제선형(經濟船型) 선박을 건조하려는 자

3. 내항여객선 현대화계획

해양수산부장관은 내항여객선 현대화를 위한 계획(이하 이 조에서 "내항여객선 현대화계획"이라 한다)을 5년 단위로 수립·시행하여야 한다(법 제37조의2 제1항). 해양수산부장관은 내항여객선 현대화계획을 수립하려면 관계 중앙행정기관의 장과 미리 협의하여야 한다(법 제37조의2 제2항). 내항여객선 현대화계획의 수립·시행에 필요한 사항은 대통령령으로 정한다(법 제37조의2 제3항).

> ⚓ 「해운법 시행령」
>
> **제16조의2(내항여객선 현대화계획)** ① 법 제37조의2에 따른 내항여객선 현대화계획(이하 "내항여객선 현대화계획"이라 한다)에는 다음 각 호의 사항이 포함되어야 한다.
>   1. 내항여객선 현대화계획의 추진목표 및 기본방향
>   2. 내항여객선 현황 및 전망에 관한 사항
>   3. 내항여객선 현대화 추진전략 및 기반조성에 관한 사항
>   4. 부문별·연차별 사업계획의 추진 및 시행에 관한 사항
>   5. 그 밖에 내항여객선의 해사안전에 관한 사항으로서 해양수산부장관이 필요하다고 인정하는 사항

② 해양수산부장관은 내항여객선 현대화계획을 수립·시행하거나 변경하기 위하여 필요하다고 인정하는 경우에는 관계 중앙행정기관의 장, 특별시장·광역시장·도지사·특별자치도지사, 시장·군수·구청장(자치구의 구청장을 말한다), 「공공기관의 운영에 관한 법률」 제4조에 따른 공공기관의 장, 해사안전과 관련된 기관·단체 또는 개인에 대하여 관련 자료의 제출, 의견의 진술 또는 그 밖에 필요한 협력을 요청할 수 있다.
③ 해양수산부장관은 내항여객선 현대화계획을 수립하거나 변경한 경우에는 그 내용을 관보에 고시하여야 한다.
[본조신설 2015.7.6.]

4. 재정지원

가. 공제사업 등의 지원

정부는 해운단체가 행하는 해운에 관한 공제사업과 공동시설의 설치·운영에 대하여 대통령령으로 정하는 바에 따라 보조 또는 융자하게 하거나 융자를 알선할 수 있다(법 제41조 제1항).

나. 유류비 등의 지원

정부는 「에너지 및 자원사업 특별회계법」 제5조[12])에 따른 에너지 및 자원 관련 사업(석유가격구조개편에 따른 지원사업에 한정한다)을 추진하기 위하여 법 제24조 제1항에 따른 내항화물운송사업의 등록을 한 자(이하 "내항화물운송사업자"라 한다)의 선박에 사용하는 유류에 부과되는 세액의 인상액에 상당하는 금액의 전부 또는 일부(이하 "유류세 보조금" 이라 한다)를 보조할 수 있다(법 제41조 제2항). 유류세 보조금의 지급절차·증빙자료 등에 관한 세부사항은 해양수산부령으로 정한다(법 제41조 제3항).

> ⚓ 「해운법 시행령」
>
> **제20조(해운공제사업 등을 위한 보조 또는 융자의 범위)** 법 제41조에 따른 공제사업 및 공동시설의 설치·운영에 대한 보조 및 융자는 다음 각 호에 따른다.
> 1. 공제사업에 필요한 책임준비금 중 해양수산부장관이 필요하다고 인정하는 범위의 보조 및 융자
> 2. 공동시설의 설치·운영에 필요한 소요액의 100분의 50 이내의 보조 및 100분의 80 이내의 융자. 다만, 보조금과 융자금의 총액은 공동시설의 설치·운영에 필요한 소요액의 100분의 80을 초과하지 못한다.

5. 보조금 등의 사용 등

법 제38조 제1항 및 제41조 제1항에 따라 보조 또는 융자를 받은 자는 그 자금을 보조받거나 융자받은 목적이 아닌 용도로 사용하지 못한다(법 제41조의2 제1항). 해양수산부장관은

거짓이나 부정한 방법으로 법 제38조 제1항 및 제41조 제1항에 따라 보조금 또는 융자금을 받은 해운업자 및 해운단체와 같은 조 제2항에 따라 유류세 보조금을 받은 내항화물운송사업자에 대하여는 보조금, 융자금 및 유류세 보조금을 반환할 것을 명하여야 하며, 이에 따르지 아니하면 국세 체납처분의 예에 따라 보조금, 융자금 및 유류세 보조금을 환수하여야 한다(법 제41조의2 제2항).

⚓ 「해운법 시행규칙」

제26조의3(실적보고 등) 지방해양수산청장은 별지 제21호의4 서식의 보조금 지급실적 보고서 및 제21호의5 서식의 유류세 보조금 부정수급 조치현황 보고서를 분기별로 해양수산부장관에게 제출하여야 한다.

「에너지 및 자원사업 특별회계법」
제5조(투자계정의 세입·세출) ① 투자계정의 세입은 다음 각 호와 같다.
1. 「석유 및 석유대체연료 사업법」 제14조 및 제35조에 따른 과징금
2. 「석유 및 석유대체연료 사업법」 제18조 및 제37조에 따른 부과금과 가산금
3. 「도시가스사업법」 제10조의8에 따른 과징금
4. 「광업법」 제87조에 따른 부과금 및 가산금
5. 「고압가스 안전관리법」 제34조의2에 따른 안전관리부담금 및 가산금
6. 「광산피해의 방지 및 복구에 관한 법률」 제22조에 따라 조성된 광해방지사업금 및 같은 법 제26조에 따른 가산금
7. 「한국석유공사법」 제11조 제1항제4호에 따른 납입금
8. 투자계정 보유자산의 매각수입 또는 운용수입
9. 특별회계 소관 예탁금으로부터 발생하는 원리금 수입
10. 제7조에 따른 일반회계로부터의 전입금
11. 다른 특별회계 또는 기금으로부터의 전입금 및 예수금(預受金)
12. 제8조에 따른 차입금
13. 융자계정으로부터의 전입금
14. 제1호부터 제13호까지 외의 수입금
② 투자계정의 세출은 다음 각 호와 같다.
1. 에너지 및 자원 관련 사업에 필요한 사업비(제1항제6호에 따른 광해방지사업금 및 가산금은 「광산피해의 방지 및 복구에 관한 법률」에 따라 시행되는 광해방지사업에 우선적으로 사용함을 원칙으로 한다)
2. 에너지 및 자원 관련 사업에 대한 출연 또는 보조(채무보증을 위한 자금의 지원을 포함하며, 제1항제6호에 따른 광해방지사업금 및 가산금은 「광산피해의 방지 및 복구에 관한 법률」에 따라 시행되는 광해방지사업에 우선적으로 사용함을 원칙으로 한다)
3. 에너지 및 자원 관련 사업을 하는 법인·기관 또는 단체에의 출연금 또는 출자금
4. 융자계정으로의 전출금
5. 투자계정의 차입금 및 예수금의 원리금 상환
6. 투자계정의 운용·관리에 필요한 경비
③ 제2항 제1호부터 제3호까지의 규정에 따른 에너지 및 자원 관련 사업, 그 사업을 하는 법인·기관 또는 단체의 범위에 대하여는 대통령령으로 정한다.

6. 유류세 보조금의 지급정지 등

가. 유류세 보조금의 지급정지 등의 사유

법 제41조 제2항에 따라 유류세 보조금을 지급받는 내항화물운송사업자는 다음 각 호에 해당하는 행위를 하여서는 아니 된다(법 제41조의3 제1항).

1. 「석유 및 석유대체연료 사업법」 제2조 제9호에 따른 석유판매업자(이하 이 조에서 "석유판매업자"라 한다)로부터 「부가가치세법」 제32조에 따른 세금계산서를 거짓으로 발급받아 보조금을 지급받은 경우
2. 석유판매업자로부터 석유의 구매를 가장하거나 실제 구매금액을 초과하여 「여신전문금융업법」 제2조에 따른 신용카드, 직불카드, 선불카드에 의한 거래를 하거나 이를 대행하게 하여 보조금을 지급받은 경우
3. 실제로 운항한 거리 또는 연료 사용량보다 부풀려서 유류세 보조금을 청구하여 지급받는 행위
4. 내항화물운송사업이 아닌 다른 목적에 사용한 유류분에 대하여 유류세 보조금을 지급받는 행위
5. 다른 사람 또는 업체가 구입한 연료 사용량을 자기가 사용한 것으로 위장하여 유류세 보조금을 지급받는 행위
6. 실제 주유받은 유종(油種)과는 다른 유종의 단가를 적용하여 유류세 보조금을 지급받는 행위
7. 유류세 보조금의 청구와 관련된 관계 서류에 대한 보완 또는 현장 확인을 요구받았으나 이에 응하지 아니하는 행위
8. 법 자41조의3 제1항 제1호부터 제7호까지에서 규정한 사항 외에 거짓의 증빙자료를 제출하는 등 해양수산부령으로 정하는 행위

> ⚓ 「해운법 시행규칙」
>
> **제26조의4(금지행위)** 법 제41조의3제1항제8호에서 "해양수산부령으로 정하는 행위"란 내항화물운송사업자가 외항구간에서 사용한 유류에 대하여 유류세를 환급받았음에도 불구하고 제26조의2제1항제5호의 서류를 제출하지 아니하고 유류세 환급분을 포함하여 유류세 보조금을 청구하는 행위를 말한다.

해양수산부장관은 내항화물운송사업자가 제1항 각 호에 따른 금지행위를 한 경우 등록 취소, 해당 선박의 감선 조치 또는 6개월 이내의 기간을 정하여 해당 선박의 운항정지를 명하거나 1년 이내의 기간을 정하여 유류세 보조금을 지급하지 아니할 수 있다(법 제41조의3 제2항). 법 제41조의3 제2항에 따른 운항정지 처분 등의 세부기준은 대통령령으로 정한다(법 제41조의3 제3항).

「해운법 시행령」

제21조의2(보조금 지급정지 등의 세부기준) 법 제41조의3제3항에 따른 보조금 지급정지 처분 등의 세부기준은 별표 1의2와 같다.

[별표 1의2]
유류세 보조금 지급정지 처분 등의 세부기준(제21조의2 관련)
1. 일반기준
   가. 위반행위의 횟수에 따른 처분기준은 최근 5년간 같은 위반행위로 처분을 받은 경우에 적용한다. 이 경우 위반횟수는 같은 위반행위에 대하여 처분을 한 날과 다시 같은 위반행위를 적발한 날을 기준으로 하여 계산한다.
   나. 둘 이상의 위반행위가 동시에 적발된 경우로서 그에 해당하는 각각의 처분기준이 다른 경우에는 그 중 무거운 처분의 기준을 적용한다. 다만, 둘 이상의 처분기준이 모두 운항정지와 운항정지 또는 보조금 지급정지와 보조금 지급정지인 경우에는 각 처분기준을 합산한 기간을 넘지 않는 범위에서 무거운 처분기준의 2분의 1 범위에서 가중할 수 있다. 이 경우 각 처분기준을 합산한 기간은 운항정지명령의 경우 6개월을, 보조금 지급정지처분의 경우 1년을 넘을 수 없다.
2. 개별기준

위반행위	근거 법조문	행정처분의 기준			
		1차 위반	2차 위반	3차 위반	4차 이상 위반
가.「석유 및 석유대체연료 사업법」제2조 제9호에 따른 석유판매업자(이하 "석유판매업자"라 한다)로부터 「부가가치세법」제32조에 따른 세금계산서를 거짓으로 발급받아 보조금을 지급받은 경우	법 제41조의3제1항제1호	1개월의 운항정지 또는 6개월간 보조금 지급정지	6개월의 운항정지 또는 1년간 보조금 지급정지	해당 선박에 대한 2년간 감선 조치	등록취소
나. 석유판매업자로부터 석유의 구매를 가장하거나 실제 구매금액을 초과하여 「여신전문금융업법」제2조에 따른 신용카드, 직불카드, 선불카드에 의한 거래를 하거나 이를 대행하게 하여 보조금을 지급받은 경우	법 제41조의3제1항제2호	1개월의 운항정지 또는 6개월간 보조금 지급정지	6개월의 운항정지 또는 1년간 보조금 지급정지	해당 선박에 대한 2년간 감선 조치	등록취소

다. 실제로 운항한 거리 또는 연료 사용량보다 부풀려서 유류세 보조금을 청구하여 지급받은 경우	법 제41조의3제1항제3호	1개월의 운항정지 또는 6개월간 보조금 지급정지	6개월의 운항정지 또는 1년간 보조금 지급정지	해당 선박에 대한 2년간 감선 조치	등록취소
라. 내항화물운송사업이 아닌 다른 목적에 사용한 유류분에 대하여 유류세 보조금을 지급받은 경우	법 제41조의3제1항제4호	1개월의 운항정지 또는 6개월간 보조금 지급정지	6개월의 운항정지 또는 1년간 보조금 지급정지	해당 선박에 대한 2년간 감선 조치	등록취소
마. 다른 사람 또는 업체가 구입한 연료 사용량을 자기가 사용한 것으로 위장하여 유류세 보조금을 지급받은 경우	법 제41조의3제1항제5호	1개월의 운항정지 또는 6개월간 보조금 지급정지	6개월의 운항정지 또는 1년간 보조금 지급정지	해당 선박에 대한 2년간 감선 조치	등록취소
바. 실제 주유받은 유종(油種)과는 다른 유종의 단가를 적용하여 유류세 보조금을 지급받은 경우	법 제41조의3제1항제6호	1개월의 운항정지 또는 6개월간 보조금 지급정지	6개월의 운항정지 또는 1년간 보조금 지급정지	해당 선박에 대한 2년간 감선 조치	등록취소
사. 유류세 보조금의 청구와 관련된 관계 서류에 대한 보완 또는 현장 확인을 요구받았으나 이에 응하지 않은 경우	법 제41조의3제1항제7호	1개월간 보조금 지급정지	1개월의 운항정지 또는 2개월간 보조금 지급정지	2개월의 운항정지 또는 4개월간 보조금 지급정지	3개월의 운항정지 또는 6개월간 보조금 지급정지
아. 법 제41조의3제1항제1호부터 제7호까지에서 규정한 사항 외에 거짓의 증빙자료를 제출하는 등 해양수산부령으로 정하는 행위를 한 경우	법 제41조의3제1항제8호	1개월간 보조금 지급정지	1개월의 운항정지 또는 2개월간 보조금 지급정지	2개월의 운항정지 또는 4개월간 보조금 지급정지	3개월의 운항정지 또는 6개월간 보조금 지급정지

나. 포상금 지급

해양수산부장관은 법 제41조의3 제1항에 따른 금지행위를 한 자를 관계 행정기관이나 수사기관에 신고 또는 고발한 자에 대하여 1천만원의 범위에서 포상금을 지급할 수 있다(법 제49조의2 제1항). 법 제49조의2 제1항에 따른 포상금 지급의 기준·방법 및 절차 등에 관하여 필요한 사항은 대통령령으로 정한다(법 제49조의2 제2항).

> **「해운법 시행령」**
>
> **제23조의2(포상금 지급)** ① 법 제41조의3제1항에 따른 금지행위에 대한 신고 또는 고발을 받은 관계 행정기관의 장이나 수사기관의 장은 그 사실을 해양수산부장관에게 알려야 한다.
> ② 제1항에 따라 통보를 받은 해양수산부장관은 그 신고 또는 고발 내용을 확인한 후 신고인 또는 고발인에 대하여 포상금 지급 여부를 결정하고, 이를 신고인 또는 고발인에게 알려야 한다. 다만, 다음 각 호의 어느 하나에 해당하는 경우에는 포상금을 지급하지 아니한다.
>   1. 법 제49조의2에 따라 신고 또는 고발이 있은 후 같은 위반행위에 대하여 같은 내용의 신고 또는 고발을 한 경우
>   2. 이미 재판절차가 진행 중인 사항에 대하여 신고 또는 고발을 한 경우
>   3. 관계 법령을 위반하여 신고 또는 고발을 한 경우
> ③ 제2항에 따라 포상금 지급 결정을 통보받은 신고인 또는 고발인은 해양수산부장관이 정하여 고시하는 바에 따라 해양수산부장관에게 포상금 지급을 신청하여야 한다.
> ④ 제1항부터 제3항까지에서 규정한 사항 외에 포상금의 지급기준과 지급 방법·절차 등에 관하여 필요한 사항은 해양수산부장관이 정하여 고시한다.

7. 선박담보의 특례

해운업을 경영하기 위하여 법 제38조 제1항 제1호 또는 제4호에 따라 선박을 수입[용선(傭船)을 포함한다]하거나 건조하는 자에게는 해당 선박의 소유권 취득에 관한 등기를 하기 전이라도 해당 선박의 소유권을 취득한 후 지체 없이 해당 선박을 담보로 제공할 것을 조건으로 융자할 수 있다(법 제42조).

8. 감독

해양수산부장관은 이 법에 따라 보조나 융자를 받은 자에 대하여 그 자금을 알맞게 사용하도록 감독하여야 한다(법 제47조).

제3관 행정 조치

1. 여객선 등의 접안시설 축조 등

해양수산부장관은 여객선 등의 이용객의 안전과 편의증진을 위하여 여객선 등의 기

항지의 접안시설을 축조하거나 여객선 항로에 대한 준설사업 등을 할 수 있다(법제44조의2).

2. 국제협약 등의 이행을 위한 조치

해양수산부장관은 국가 사이의 운송비율을 정하는 국제협약이나 운송에 관한 협약을 이행하기 위하여 필요하다고 인정되면 국제항로별로 선박의 취항을 조정하거나, 해운업자 사이의 운송비율을 결정하거나 그 밖에 이에 관한 협의기구를 설치하는 등 필요한 조치를 할 수 있다(법제45조).

3. 대항조치 등

정부는 해운업자가 해상운송과 관련한 외국의 정부기관이나 법인 또는 단체로부터 호혜평등의 원칙에 반하는 다음 각 호의 어느 하나에 해당하는 불이익을 받은 경우에는 그 국가의 선박운항사업자나 그 선박운항사업자의 선박 또는 그 선박운항사업자가 사실상 지배하는 국내 선박운항사업자나 그 국내 선박운항사업자의 선박에 대하여 그에 상응하는 대항조치를 할 수 있다(법 제46조 제1항).

1. 부담금 등 금전 부과
2. 선박의 입항금지 또는 입항 제한
3. 선박의 화물적재나 짐 나르기(揚荷)의 금지 또는 제한
4. 그 밖에 대통령령으로 정하는 사항

정부는 외국의 선박운항사업자가 대한민국의 해운발전을 해치는 행위를 하거나 교역항로의 질서를 어지럽게 한다고 인정되면 그 선박운항사업자 또는 그 선박운항사업자가 소유하거나 운항하는 선박에 대하여 입항규제 등의 조치를 할 수 있다(법 제46조 제2항). 법 제46조 제1항에 따른 선박운항사업자가 사실상 지배하는 국내 선박운항사업자의 기준 등에 필요한 사항은 대통령령으로 정한다(법 제46조 제3항). 법 제46조 제1항이나 제2항에 따른 조치의 내용과 절차에 필요한 사항은 대통령령으로 정한다(법 제46조 제4항).

⚓ 「해운법 시행령」

제21조의3(외국의 선박운항사업자가 사실상 지배하는 국내 선박운항사업자의 기준) ① 법 제46조 제1항에 따른 외국의 선박운항사업자가 사실상 지배하는 국내 선박운항사업자는 다음 각 호의 어느 하나에 해당하는 선박운항사업자로 한다.
  1. 외국의 선박운항사업자 및 그와 특별한 관계에 있는 자가 단독으로 또는 합하여 발행주식 총수의 100분의 30 이상을 소유하고 최대주주(최대출자자를 포함한다. 이하 같다)로 있는 국내 선박운항사업자
  2. 외국의 여러 선박운항사업자(각 선박운항사업자와 특별한 관계에 있는 자를 포함한다)가 합하여 발행주식 총수의 100분의 30 이상을 소유하고 최대주주로 있는 국내 선박운항사업자
  3. 제1호의 국내 선박운항사업자 및 그와 특별한 관계에 있는 자가 단독으로 또는 합하여 발행주식 총수의 100분의 30 이상을 소유하고 최대주주로 있는 국내 선박운항사업자
  4. 제2호의 국내 선박운항사업자 및 그와 특별한 관계에 있는 자가 단독으로 또는 합하여 발행주식 총수의 100분의 30 이상을 소유하고 최대주주로 있는 국내 선박운항사업자
② 제1항 각 호에서 "특별한 관계에 있는 자"는 제13조 제3항 각 호의 어느 하나에 해당하는 자로 한다.

제22조(대항조치) ① 법 제46조 제1항제4호에서 "그 밖에 대통령령으로 정하는 사항"이란 다음 각 호의 사항을 말한다.
  1. 해운업자의 지사설치나 화물수집 등 영업과 관련된 차별대우
  2. 항만시설 및 그 부대시설의 이용과 해당 시설에서의 용역 이용과 관련된 차별대우
② 해양수산부장관은 법 제46조 제1항에 따른 대항조치를 하려는 경우에는 대항조치의 원인이 되는 행위 및 그 행위의 시정기한을 해당 국가·법인 또는 단체에 통지하여야 하며, 필요한 경우에는 그 국가·법인 또는 단체의 선박운항사업자 및 그의 선박을 이용하는 화주에게 이를 통지할 수 있다.
③ 제2항에 따른 통지내용에는 시정기한 내에 대항조치의 원인이 되는 행위가 시정되지 아니하면 이에 대한 대항조치를 할 것임을 밝혀야 한다.
④ 해양수산부장관은 제2항에 따른 시정기한 내에 대항조치의 원인이 되는 행위가 시정되지 아니하면 대항조치를 하여야 한다. 이 경우 해당 대항조치가 당사국 간의 통상 및 외교상 중대한 영향이 초래될 것으로 예상되는 경우에는 관계 중앙행정기관의 장과 협의하여야 한다.

제23조(입항규제 등) ① 법 제46조 제2항에 따른 입항규제 등의 조치내용은 다음 각 호와 같다.
  1. 법 제46조 제1항제2호 및 제3호에 해당하는 조치
  2. 지사설치나 화물수집 등 영업에 관한 제한 또는 금지
  3. 항만시설 및 그 부대시설의 이용과 해당 시설에서의 용역 이용에 관한 제한 또는 금지
② 해양수산부장관은 제1항에 따른 입항규제 등의 조치를 하는 때에는 청문을 실시하여야 하며, 입항규제 등의 조치 내용을 해당 사업자의 선박운항과 관련된 국내 해운업자와 그의 선박을 이용하는 화주에게 미리 알려야 한다.
③ 해양수산부장관은 제1항에 따른 입항규제 등의 조치를 하는 경우 필요하다고 인정하면 일정한 시정기간을 주고 그 기간 내에 시정되지 아니하면 해당 조치를 할 수 있다.

4. 선박의 매매와 용대선의 제한 등

해양수산부장관은 선복량(船腹量)을 알맞게 유지하고 해상안전과 항로질서를 유지

하기 위하여 필요하다고 인정되면 대한민국 선박을 소유할 수 없는 자와의 선박의 매매[국적취득을 조건으로 하는 선체(船體)만을 빌린 선박(裸傭船)을 매수하는 경우를 포함한다] 또는 용대선을 제한하거나 특정 항로나 특정 구역에 선박을 투입하는 것을 제한하는 조치를 할 수 있다(법 제49조 제1항). 해양수산부장관은 법 제49조 제1항에 따른 제한 조치를 하려면 대상 선박의 크기, 종류, 선박의 나이, 항로 또는 구역 등 제한의 내용을 미리 고시하여야 한다. 이 경우 제한 내용의 예외를 인정하려는 때에는 그 요건과 절차 등을 포함하여 고시하여야 한다(법 제49조 제2항). 법 제49조 제2항 후단에 따라 제한조치의 예외를 인정받으려는 자는 해양수산부장관의 허가를 받아야 한다(법 제49조 제3항).

제6절 보칙

제1관 기타 행정 사항

1. 보고 및 조사 등

가. 자료의 제출 또는 보고

해양수산부장관은 다음 각 호의 어느 하나에 해당하는 경우에는 해운업자나 법 제31조 제2항에 따른 화주에게 해양수산부령으로 정하는 자료를 제출하게 하거나 보고하게 할 수 있다(법 제50조 제1항).

1. 법 제2항 제1호부터 제5호까지의 어느 하나에 해당하는 경우
2. 삭제
3. 법 제4조 제4항에 따른 면허조건 등 이행 여부를 확인하기 위하여 필요한 경우
4. 법 제9조에 따라 여객운송사업자에 대한 고객만족도평가를 하기 위하여 필요한 경우
5. 법 제11조에 따라 여객운송사업자가 신고한 운임과 요금의 확인이 필요한 경우
6. 법 제13조에 따른 여객운송사업자의 사업계획에 따른 운항 여부의 확인이 필요한 경우

7. 법 제29조에 따른 운임 등의 협약에 관하여 확인이 필요한 경우

8. 법 제34조에 따른 영업보증금의 예치나 보증보험 가입에 관하여 확인이 필요한 경우

9. 법 제35조에 따른 등록의 취소 등의 사유가 발생한 경우

10. 해운정책의 수립과 해운 관련 통계작성 등을 위하여 해운업자의 사업실적 등의 조사가 필요한 경우

「해운법 시행규칙」

제27조(보고사항) 법 제50조 제1항 각 호 외의 부분에서 "해양수산부령으로 정하는 자료"란 별표 5의 자료를 말한다.

[별표 5]

해운업자 또는 화주가 제출 또는 보고하는 자료(제27조 관련)

제출시기	해당 법조문	제출 또는 보고서류
법 제14조와 법 제30조에 따른 사업개선의 명령을 하거나 그 이행 여부의 확인을 위하여 필요한 경우	법 제50조 제1항 제1호	1. 사업계획서 2. 운임 또는 요금의 산출명세서 3. 보험가입을 증명하는 서류
법 제15조에 따른 보조항로의 지정 및 운영과 법 제16조에 따른 보조항로 운항명령 등을 위하여 필요한 경우		1. 운항수입 명세서 2. 운항경비지출명세서
법 제19조에 따른 면허의 취소 등의 사유가 발생한 경우		해양사고 시 피해자 및 수하물에 대한 보호조치 사항 및 피해보상내용
법 제28조에 따른 운임의 공표 등에 관한 사항의 확인을 위하여 필요한 경우		1. 운임표 2. 운임산출명세서
법 제31조에 따른 외항화물운송사업자의 금지행위와 같은 조 제2항에 따른 화주가 부정한 방법으로 법 제28조에 따라 공표한 운임보다 싸거나 비싸게 물건을 운송하게 하거나 지급한 운임의 일부를 되돌려 받았는지 여부를 확인하기 위하여 필요한 경우		1. 송장 2. 환급확인서
법 제9조에 따라 내항여객운송사업자에 대한 고객만족도평가를 위하여 필요한 경우	법 제50조 제1항 제2호	1. 승선권 2. 사업계획서 및 운항 관련 서류
법 제11조에 따라 여객운송사업자가 신고한 운임과 요금의 확인이 필요한 경우	법 제50조 제1항 제3호	운임 또는 요금의 산출명세서
법 제13조에 따른 여객운송사업자의 사업계획에 따른 운항 여부의 확인이 필요한 경우	법 제50조 제1항 제4호	사업계획서 및 운항 관련 서류

법 제29조에 따른 운임 등의 협약에 관하여 확인이 필요한 경우	법 제50조 제1항 제5호	1. 협약서 2. 운임표 및 운임산출명세서
법 제34조에 따른 영업보증금의 예치나 보증보험 가입에 관하여 확인이 필요한 경우	법 제50조 제1항 제6호	1. 영업보증금 예치 또는 보증보험 가입을 증명하는 서류 2. 자본금이 10억원 이상인 다른 법인이 영업상의 채무보증을 증명하는 서류(공증 포함)
해운정책의 수립과 해운 관련 통계작성 등을 위하여 해운업자의 사업실적 등의 조사가 필요한 경우	법 제50조 제1항 제7호	1. 해상여객 및 화물의 수송실적과 운임수입 현황 2. 해상여객(화물)운송사업 경영에 따른 재무제표(대차대조표, 손익계산서, 그 밖의 부속서류) 3. 등록업체의 사업 실적

나. 조사사항

해양수산부장관은 다음 각 호의 어느 하나에 해당하는 경우에는 관계 공무원으로 하여금 해운업자의 선박, 사업장, 그 밖의 장소에 출입하여 장부나 서류 그 밖의 물건을 조사하게 할 수 있다(법 제50조 제2항).

1. 법 제14조와 제30조에 따른 사업개선의 명령을 하거나 그 이행 여부의 확인을 위하여 필요한 경우
2. 법 제15조에 따른 보조항로의 지정·운영과 제16조에 따른 보조항로 운항명령 등을 위하여 필요한 경우
3. 법 제19조에 따른 면허의 취소 등의 사유가 발생한 경우
4. 법 제28조에 따른 운임의 공표 등에 관한 사항의 확인을 위하여 필요한 경우
5. 제31조에 따른 외항화물운송사업자의 금지행위와 같은 조 제2항에 따른 화주가 부정한 방법으로 법 제28조에 따라 공표한 운임보다 싸거나 비싸게 물건을 운송하게 하거나 지급한 운임의 일부를 되돌려 받았는지 여부를 확인하기 위하여 필요한 경우
6. 법 제50조 제1항에 따른 자료의 제출 또는 보고를 하지 아니하거나 거짓의 자료를 제출하거나 거짓으로 보고한 경우
7. 법 제50조 제1항에 따라 제출한 자료와 보고한 내용을 검토한 결과 조사목적의 달성이 어려운 것으로 인정된 경우

다. 조사절차 등

법 제50조 제2항에 따라 조사를 하려는 때에는 조사하기 7일 전까지 조사일시, 조사이유, 조사내용 등을 포함한 조사계획을 피조사자에게 알려야 한다. 다만, 긴급하거나 사전 통지를 할 경우 증거인멸 등으로 인하여 조사목적을 달성하기 어렵다고 판단되는 때에는 그러하지 아니하다(법 제50조 제3항). 법 제50조 제2항에 따라 조사를 하는 공무원은 그 권한을 표시하는 증표를 지니고 이를 관계인에게 내보여야 한다(법 제50조 제4항).

2. 청문

해양수산부장관은 다음 각 호의 어느 하나에 해당하는 처분을 하려면 청문을 실시하여야 한다(법 제51조).

1. 법 제19조나 제32조에 따른 면허의 취소
2. 법 제35조에 따른 등록의 취소

3. 수수료

이 법에 따른 면허를 받거나 등록을 하려는 자는 해양수산부령으로 정하는 수수료를 납부하여야 한다(법 제52조).

「해운법 시행규칙」

제29조(수수료) ① 법 제52조에 따른 수수료의 금액은 별표 6과 같다.
② 제1항에 따른 수수료는 수입인지로 납부하여야 한다.
③ 해양수산부장관 또는 지방해양수산청장은 제2항에 따른 방법 외에 정보통신망을 이용하여 전자화폐, 전자결제 등의 방법으로 수수료를 납부하게 할 수 있다.

[별표 6]
수수료(제29조 제1항 관련)

구분	수수료 금액
1. 여객운송사업 면허신청	
가. 내항 정기(부정기) 여객운송사업	1만원
나. 외항 정기(부정기) 여객운송사업	2만원
다. 순항여객운송사업	2만원
라. 복합해상여객운송사업	2만원

2. 화물운송사업 등록신청 　가. 내항화물운송사업 　나. 외항 정기(부정기) 화물운송사업	1만원 2만원
3. 해운중개업등 등록신청	3천원

4. 과징금의 부과기준 및 방법

⚓ 「해운법 시행령」

제24조(과징금을 부과할 위반행위와 과징금의 금액) ① 법 제19조 제3항, 법 제32조, 법 제35조 및 법 제36조에 따른 과징금을 부과하는 위반행위의 종류와 과징금의 금액은 별표 2와 같다.
② 해양수산부장관은 사업규모, 사업구역의 특수성 및 위반행위의 정도 등을 고려하여 제1항에 따른 과징금의 금액을 2분의 1의 범위에서 가중하거나 감경할 수 있다.
제25조(과징금의 납부) ① 해양수산부장관은 제24조에 따라 과징금을 부과하는 경우 그 위반행위의 종별과 과징금의 금액을 서면으로 자세히 밝혀 과징금을 낼 것을 과징금 부과 대상자에게 통지하여야 한다.
② 제1항에 따른 통지를 받은 자는 그 통지를 받은 날부터 20일 이내에 해양수산부장관이 지정하는 수납기관에 과징금을 납부하여야 한다. 다만, 천재지변, 그 밖의 부득이한 사유로 그 기간내에 과징금을 납부할 수 없는 경우에는 그 사유가 없어진 날부터 7일 이내에 납부하여야 한다.
③ 제2항에 따른 과징금을 납부받은 수납기관은 과징금을 납부한 자에게 영수증을 교부하고 지체 없이 수납한 사실을 해양수산부장관에게 통보하여야 한다.
④ 과징금은 분할하여 납부할 수 없다.

5. 권한의 위임 및 위탁

이 법에 따른 해양수산부장관의 권한은 그 일부를 대통령령으로 정하는 바에 따라 소속 기관의 장 또는 해양경찰청장에게 위임하거나 다른 중앙행정기관의 장 또는 해운진흥을 목적으로 설립된 법인이나 단체에 위탁할 수 있다(법 제53조 제1항). 법 제53조 제1항에 따라 위탁받은 업무에 종사하는 해운진흥을 목적으로 설립된 법인이나 단체의 임직원 및 법 제21조 제2항에 따른 여객선운항관리규정심사위원회의 위원 중 공무원이 아닌 사람은 「형법」 제129조부터 제132조까지의 규정을 적용할 때에는 공무원으로 본다(법 제53조 제2항).

「해운법 시행령」

제27조(권한의 위임 및 위탁) ① 해양수산부장관은 법 제53조에 따라 내항 여객운송사업 및 외항 여객운송사업과 내항화물운송사업 및 외항부정기화물운송사업에 관한 다음 각 호의 권한을 지방해양수산청장에게 위임한다. 다만, 주된 사무소의 소재지가 서울특별시인 외항부정기화물운송사업에 관한 권한은 제외한다.
 1. 법 제4조에 따른 해상여객운송사업의 면허(내항 여객운송사업만 해당한다)
 2. 법 제11조 제1항에 따른 운임 및 요금의 신고 수리와 그 변경신고의 수리
 2의2. 법 제11조의2제1항에 따른 운송약관의 신고수리와 그 변경신고의 수리
 3. 법 제12조 제1항(법 제32조 제1항에 따라 준용되는 경우를 포함한다) 및 제2항에 따른 사업계획의 변경에 대한 인가 또는 신고의 수리
 4. 법 제13조 제2항에 따른 사업계획에 따른 운항명령
 5. 법 제14조 및 제30조에 따른 사업개선의 명령
 6. 법 제15조에 따른 보조항로의 지정 및 운영, 법 제16조 제1항에 따른 여객선의 운항명령 및 같은 조 제2항에 따른 명령의 취소
 7. 법 제16조 제3항에 따른 손실보상
 7의2. 법 제17조 제4항(법 제32조 제1항에 따라 준용되는 경우를 포함한다)에 따른 사업승계신고의 수리
 8. 법 제18조에 따른 여객운송사업의 휴업 또는 폐업의 신고 수리, 내항 정기 여객운송사업의 휴업 허가 및 공고
 9. 법 제19조(법 제32조 제1항에 따라 준용되는 경우를 포함한다)에 따른 사업의 정지, 사업면허·등록의 취소 및 과징금의 부과·징수
 9의2. 법 제21조 제1항에 따른 운항관리규정에 대한 다음 각 목의 권한
   가. 법 제21조 제1항에 따른 운항관리규정의 접수
   나. 법 제21조 제2항 전단에 따른 심사위원회의 구성·운영
   다. 법 제21조 제2항 전단에 따른 운항관리규정의 심사 및 변경 요구
   라. 법 제21조 제4항에 따른 운항관리규정 준수 여부의 점검
   마. 법 제21조 제5항에 따른 출항정지, 시정명령 등
 9의3. 법 제22조 제2항에 따른 운항관리자의 요청 및 보고에 대한 다음 각 목의 권한
   가. 법 제22조 제5항 각 호 외의 부분 단서에 따른 운항관리자의 출항정지 보고의 접수
   나. 법 제22조 제5항제1호에 따른 여객선 등의 운항 횟수를 늘리는 요청의 접수
   다. 법 제22조 제5항제2호에 따른 출항정지 요청의 접수
   라. 법 제22조 제5항제3호에 따른 사업계획에 따른 운항 변경 요청의 접수
   마. 법 제22조 제5항제4호에 따른 내항여객운송사업자의 운항관리규정 위반에 대한 조치 요구의 접수
 9의4. 법 제22조 제6항에 따른 자료의 제출·보고 또는 사무실 등에 대한 출입·점검 등 운항관리자에 대한 직무 감독 및 직무수행 개선 등 조치 명령
 10. 법 제24조에 따른 화물운송사업의 등록
 11. 법 제25조 제2항에 따른 내항화물운송사업자가 일시적으로 국내항과 외국항 사이 또는 외국항과 외국항 사이에 화물을 운송하기 위한 신고의 수리
 12. 법 제49조 제3항에 따른 제한조치의 예외 인정에 관한 허가
 13. 법 제50조 제1항에 따른 자료제출·보고 요구 및 같은 조 제2항에 따른 조사
 14. 법 제51조에 따른 면허 또는 등록의 취소에 관한 청문

15. 법 제59조에 따른 과태료의 부과·징수(법 제11조 제1항·제12조 제1항(제32조 제1항에 따라 준용되는 경우를 포함한다)·제18조 및 제50조 제1항을 위반한 경우로 한정한다)
② 제1항에 따라 권한이 위임되는 지방해양수산청장의 관할은 다음 각 호의 기준에 따른다.
1. 내항 여객운송사업: 여객선의 주된 항로를 관할하는 지방해양수산청장. 이 경우 여객선의 주된 항로에 관한 판단 기준은 해양수산부장관이 정한다.
2. 외항 여객운송사업: 선박의 출항지를 관할하는 지방해양수산청장
3. 내항화물운송사업: 주된 사무소 또는 영업소(내항화물운송사업을 담당하는 부서를 말한다)의 소재지를 관할하는 지방해양수산청장
4. 외항부정기화물운송사업: 주된 사무소의 소재지를 관할하는 지방해양수산청장
③ 해양수산부장관은 법 제53조에 따라 해운중개업, 해운대리점업, 선박대여업 및 선박관리업에 관한 다음 각 호의 권한을 주된 사무소의 소재지를 관할하는 지방해양수산청장에게 위임한다. 다만, 주된 사무소의 소재지가 서울특별시인 해운중개업, 해운대리점업 및 선박대여업에 관한 권한은 제외한다.
1. 법 제33조 및 법 제35조에 따른 사업의 등록·변경·갱신, 등록의 취소, 사업의 정지 및 과징금의 부과·징수
2. 법 제34조에 따른 영업보증금의 예치 또는 보증보험에의 가입명령
2의2. 법 제36조에서 준용하는 법 제14조에 따른 사업개선의 명령
2의3. 법 제36조에서 준용하는 법 제17조 제4항에 따른 사업승계신고의 수리
3. 법 제50조 제1항에 따른 자료제출·보고요구
4. 법 제51조에 따른 등록의 취소에 관한 청문
5. 법 제59조에 따른 과태료의 부과·징수
④ 삭제
⑤ 삭제

6. 민원사무의 전산처리 등

이 법에 따른 민원사무의 전산처리 등에 관하여는 「항만법」 제89조를 준용한다(법 제54조).

7. 공표

해양수산부장관은 해운업계의 질서유지와 하주의 권익보호 및 안전한 여객·화물 운송을 위하여 필요하다고 인정되면 대통령령으로 정하는 바에 따라 해운업자(외국인 해운업자를 포함한다)가 이 법을 위반하여 받게 된 행정처분에 관한 사항을 공표할 수 있다(법 제55조).

「해운법 시행령」

제28조(공표) ① 해양수산부장관은 법 제55조에 따라 공표를 하는 경우에는 공표예정일 15일 전까지 공표계획과 공표를 면하기 위하여 필요한 조치사항을 해당 사업자에게 통보하여야 한다.
② 제1항에 따라 통보받은 해운업자가 공표예정일 전일까지 합당한 이유를 소명하지 아니하거나 공표를 면하기 위하여 필요한 조치를 하지 아니하면 해양수산부장관은 이를 관보에 게재하거나 그 밖에 주요사업자 및 하주가 알 수 있는 방법으로 공표하여야 한다.
③ 해양수산부장관은 해운업자가 공표된 내용에 대하여 시정조치를 완료하였다고 인정하면 해당 해운업자의 신청에 의하여 해당 해운업자의 비용부담으로 시정완료사실을 공시할 수 있다.

제2관 규제의 재검토

「해운법 시행령」

제28조의2(규제의 재검토) 해양수산부장관은 다음 각 호의 사항에 대하여 다음 각 호의 기준일을 기준으로 2년마다(매 2년이 되는 해의 기준일과 같은 날 전까지를 말한다) 그 타당성을 검토하여 개선 등의 조치를 하여야 한다.
 1. 제3조에 따른 순항여객운송사업에 이용되는 여객선의 규모: 2015년 1월 1일
 2. 제13조 제2항에 따른 대량화물의 화주가 사실상 소유하거나 지배하는 법인의 범위: 2015년 1월 1일
 3. 제16조에 따른 금지행위: 2015년 1월 1일

「해운법 시행규칙」

제30조(규제의 재검토) ①해양수산부장관은 다음 각 호의 사항에 대하여 다음 각 호의 기준일을 기준으로 3년마다(매 3년이 되는 해의 기준일과 같은 날 전까지를 말한다) 그 타당성을 검토하여 개선 등의 조치를 하여야 한다.
 1. 제2조에 따른 해상여객운송사업 면허의 신청 등: 2014년 1월 1일
 2. 제15조의2에 따른 운항관리규정에 포함되어야 하는 사항 등: 2014년 1월 1일
 3. 제15조의11에 따른 운항관리자의 직무: 2014년 1월 1일
 4. 제16조에 따른 해상화물운송사업 등록의 신청 등: 2014년 1월 1일
 5. 제19조 및 별표 3에 따른 해상화물운송사업의 등록기준: 2014년 1월 1일
 6. 제23조 및 별표 4에 따른 해운중개업등의 등록기준: 2014년 1월 1일
 7. 제25조에 따른 영업보증금 등의 금액: 2014년 1월 1일
② 해양수산부장관은 다음 각 호의 사항에 대하여 다음 각 호의 기준일을 기준으로 2년마다(매 2년이 되는 해의 기준일과 같은 날 전까지를 말한다) 그 타당성을 검토하여 개선 등의 조치를 하여야 한다.
 1. 제6조에 따른 해상여객운송사업의 승인신청: 2015년 1월 1일
 2. 삭제
 3. 제20조에 따른 운임의 공표 등: 2015년 1월 1일

제2장

선박안전법

제1절 총론
제2절 선박의 검사
제3절 선박용물건 또는
      소형선박의 형식승인 등
제4절 컨테이너의 형식승인 등
제5절 선박시설의 기준 등
제6절 안전항해를 위한 조치
제7절 선박안전기술공단
제8절 항만국통제 등
제9절 보칙

제1절 총론

제1관 입법 목적

「선박안전법」은 선박의 감항성(堪航性) 유지 및 안전운항에 필요한 사항을 규정함으로써 국민의 생명과 재산을 보호함을 목적으로 한다(법제1조).

법 제1조에서는 ① 선박의 감항성 유지에 관한 사항과 ② 선박의 안전운항을 위한 사항을 규정하여, 국민의 생명과 재산을 보호할 것을 입법 목적으로 밝히고 있다.[1] 선박은 해상항행에 종사하므로 육상과는 달리 해양기상으로 말미암은 특별한 위험이 따르고, 또 항해기간이 길어서 육상으로부터 격리된 고립무원의 상태에서 행동하는 경우가 많다. 그러므로 선박이 해상에서 흔히 예상되는 위험을 극복하고 안전하게 항행할 수 있는 성능, 즉 감항성을 갖추기 위한 시설이 필요하고, 만일 비상한 위험에 빠진

---

1) 대법원 1993.2.12. 선고, 91다43466, 판결 : 가. 공무원에게 부과된 직무상 의무의 내용이 단순히 공공 일반의 이익을 위한 것이거나 행정기관 내부의 질서를 규율하기 위한 것이 아니고 전적으로 또는 부수적으로 사회구성원 개인의 안전과 이익을 보호하기 위하여 설정된 것이라면, 공무원이 그와 같은 직무상 의무를 위반함으로 인하여 피해자가 입은 손해에 대하여는 상당인과관계가 인정되는 범위 내에서 국가가 배상책임을 지는 것이고, 이때 상당인과관계의 유무를 판단함에 있어서는 일반적인 결과발생의 개연성은 물론 직무상 의무를 부과하는 법령 기타 행동규범의 목적이나 가해행위의 태양 및 피해의 정도 등을 종합적으로 고려하여야 할 것이다.
나. 「선박안전법」이나 「유선 및 도선업법」의 각 규정은 공공의 안전 외에 일반인의 인명과 재화의 안전보장도 그 목적으로 하는 것이라고 할 것이므로 국가 소속 선박검사관이나 시 소속 공무원들이 직무상 의무를 위반하여 시설이 불량한 선박에 대하여 선박중간검사에 합격하였다 하여 선박검사증서를 발급하고, 해당 법규에 규정된 조치를 취함이 없이 계속 운항하게 함으로써 화재사고가 발생한 것이라면, 화재사고와 공무원들의 직무상 의무위반행위와의 사이에는 상당인과관계가 있다.
다. 선박 중에서 유선업에 제공되는 선박에 관하여는 「유선 및 도선업법」에 의한 규율을 받도록 하되, 그중 총톤수가 일정기준 이상인 선박에 대한 선박안전검사 등에 관하여는 보다 엄격하게 규정되어 있는 「선박안전법」에 의한 안전검사를 받도록 하고 그 대신 「유선 및 도선업법」에 규정되어 있는 안전검사는 받지 않아도 되는 것으로 일부 적용배제규정을 두고 있는 등 선박안전검사 등에 관하여 일부 「선박안전법」에 의한 규율을 받는다고 해서 「유선 및 도선업법」에 의한 규율이 전면적으로 배제되는 것은 아니다.
라. 유선업경영신고 또는 변경신고를 받은 시장, 군수가 「유선 및 도선업법」 제3조 제3항에 따라 지방해운항만청장에게 통지를 하였다고 하여 유선의 지도 운항 감독에 관하여 관할 시장, 군수에게 부여된 모든 감독책임이 국가 산하의 해운관청으로 이전되는 것이라고 보기는 어렵다.

경우에 인명의 안전을 보전하기 위한 시설도 요구된다. 이외에도 선박의 안전운항을 위하여 필요한 각종 설비 등에 대한 형식승인 및 검사 등의 기준을 정하여 선박의 감항성과 운항안전성을 확보하는 것을 목적으로 하고 있다.

 2014년 4월 발생한 세월호 사고로 선박 안전 관련 검사 및 시험의 책임소재가 불명확하므로 이를 명확히 할 필요가 있다는 점이 확인되었다. 세월호는 외국에서 도입된 중고선박으로 여객 정원을 늘리기 위하여 여객실의 일부를 증축하였는데, 이러한 여객실 증축은 선박의 복원성에 영향을 미칠 수 있는 사항임에도 불구하고 당시 법률에는 허가대상에서 제외되어 있어 선박검사만 받으면 증축이 가능하게 되어 있었다. 여객선의 경우 복원성을 떨어뜨리면서 정원이나 화물량을 늘리기 위하여 여객실 등 선박을 변경하거나 시설을 개조하는 것을 금지하고, 변경이나 개조를 위하여 선박소유자가 받아야 하는 허가사항을 현행 선박의 길이·너비 및 용도의 변경뿐만 아니라 선박시설의 개조에까지 확대하게 되었다.

 또한, 국민의 안전과 재산을 보호하기 위한 선박결함 신고·확인 업무의 실효성을 높이기 위하여 누구든지 선박의 감항성 및 안전설비의 결함을 발견한 때에는 해양수산부장관에게 신고하도록 의무화하였다. 또 선박검사 대행기관에서 선박검사원에 의하여 실시한 선박검사에 대하여 불복해 해양수산부에 재검을 요청하는 경우 선박검사관은 재검사를 하도록 규정하고 있는데, 해양수산부에서 퇴직한 선박검사관이 선박검사원이 되어 실시할 경우 엄정한 재검을 할 수 있을 것인가에 대한 의구심이 있는바, 이를 방지하기 위하여 해양수산부 퇴직공무원의 재취업금지규정을 신설하였다.

 아울러, 세월호 사고의 원인으로 지적되고 있는 복원성 유지 의무를 위반한 자에 대한 처벌의 강화는 물론 선박의 구조·시설을 불법으로 변경하거나 화물의 고박을 규정대로 하지 아니한 자에 대한 처벌을 강화하였다.

제2관 용어의 정의

이 법에서 사용하는 용어의 정의는 다음과 같다(법 제2조).

1. "선박"이라 함은 수상(水上) 또는 수중(水中)에서 항해용으로 사용하거나 사용될

수 있는 것(선외기를 장착한 것을 포함한다)과 이동식 시추선·수상호텔 등 해양수산부령이 정하는 부유식 해상구조물을 말한다.
2. "선박시설"이라 함은 선체·기관·돛대·배수설비 등 선박에 설치되어 있거나 설치될 각종 설비로서 해양수산부령이 정하는 것을 말한다.
3. "선박용물건"이라 함은 선박시설에 설치·비치되는 물건으로서 해양수산부장관이 정하여 고시하는 것을 말한다.
4. "기관"이라 함은 원동기·동력전달장치·보일러·압력용기·보조기관 등의 설비 및 이들의 제어장치로 구성되는 것을 말한다.
5. "선외기(船外機)"라 함은 선박의 선체 외부에 붙일 수 있는 추진기관으로서 선박의 선체로부터 간단한 조작에 의하여 쉽게 떼어낼 수 있는 것을 말한다.
6. "감항성"이라 함은 선박이 자체의 안정성을 확보하기 위하여 갖추어야 하는 능력으로서 일정한 기상이나 항해조건에서 안전하게 항해할 수 있는 성능을 말한다.
7. "만재흘수선(滿載吃水線)"이라 함은 선박이 안전하게 항해할 수 있는 적재한도(積載限度)의 흘수선으로서 여객이나 화물을 승선 또는 적재하고 안전하게 항해할 수 있는 최대한도를 나타내는 선을 말한다.
8. "복원성"이라 함은 수면에 평형상태로 떠 있는 선박이 파도·바람 등 외력에 의하여 기울어졌을 때 원래의 평형상태로 되돌아오려는 성질을 말한다.
9. "여객"이라 함은 선박에 승선하는 자로서 다음 각 목에 해당하는 자를 제외한 자를 말한다.
    가. 선원
    나. 1세 미만의 유아
    다. 세관공무원 등 일시적으로 승선한 자로서 해양수산부령이 정하는 자
10. "여객선"이라 함은 13인 이상의 여객을 운송할 수 있는 선박을 말한다.
11. "소형선박"이라 함은 제27조 제1항 제2호의 규정에 따른 측정방법으로 측정된 선박길이가 12미터 미만인 선박을 말한다.
12. "부선(艀船)"이라 함은 다른 선박에 의하여 끌리거나 밀려서 항해하는 선박을 말한다.

13. "예인선(曳引船)"이라 함은 다른 선박을 끌거나 밀어서 이동시키는 선박을 말한다.
14. "컨테이너"라 함은 선박에 의한 화물의 운송에 반복적으로 사용되고, 기계를 사용한 하역 및 겹침방식의 적재(積載)가 가능하며, 선박 또는 다른 컨테이너에 고정시키는 장구가 부착된 것으로서 밑 부분이 직사각형인 기구를 말한다.
15. "산적화물선(散積貨物船)"이라 함은 곡물·광물 등 건화물(乾貨物)을 산적하여 운송하는 선박을 말한다.
16. "하역장치"라 함은 화물(당해 선박에서 사용되는 연료·식량·기관·선박용품 및 작업용 자재를 포함한다)을 올리거나 내리는데 사용되는 기계적인 장치로서 선체의 구조 등에 항구적으로 부착된 것을 말한다.
17. "하역장구"라 함은 하역장치의 부속품이나 하역장치에 부착하여 사용하는 물품을 말한다.
18. "국적취득조건부나용선"이란 나용선(裸傭船) 기간 만료 및 총나용선료 완불 후 대한민국 국적을 취득하는 매선(買船) 조건부 나용선을 말한다.

「선박안전법 시행규칙」

제2조(정의) 이 규칙에서 사용하는 용어의 뜻은 다음과 같다.
1. "선령(船齡)"이란 선박이 진수(進水)한 날부터 지난 기간을 말한다.
2. 삭제
3. "위험물산적운송선"이란 액체상태의 위험물을 산적(散積)하여 운송할 수 있는 구조로 된 선박을 말한다.
4. "국제항해"란 한 나라에서 다른 나라의 항구에 이르는 항해 또는 그 반대의 항해를 말한다.
 4의2. "수면비행선박"이란 표면효과 작용을 이용하여 수면에 근접하여 비행하는 선박을 말한다.
5. "검사기준일"이란 선박검사증서의 유효기간 시작일부터 해마다 1년이 되는 날을 말한다.

제3조(부유식 해상구조물) 「선박안전법」(이하 "법"이라 한다) 제2조 제1호에서 "해양수산부령이 정하는 부유식 해상구조물"이란 다음 각 호와 같다.
1. 이동식 시추선: 액체상태 또는 가스상태의 탄화수소, 유황이나 소금과 같은 해저 자원을 채취 또는 탐사하는 작업에 종사할 수 있는 해상구조물(항구적으로 해상에 고정된 것은 제외한다)
2. 수상호텔, 수상식당 및 수상공연장 등으로서 소속 직원 외에 13명 이상을 수용할 수 있는 해상구조물(항구적으로 해상에 고정된 것은 제외한다)
3. 다음 각 목에 해당하는 기름 또는 폐기물 등을 산적하여 저장하는 해상구조물
  가. 「해양환경관리법」 제2조에 따른 기름
  나. 「폐기물관리법」 제2조에 따른 폐기물
  다. 「하수도법」 제2조에 따른 하수, 분뇨 및 하수도·공공하수도·하수처리구역의 유지·관리와 관련하여 발생되는 준설물질 및 오니(汚泥)류
  라. 「수질 및 수생태계 보전에 관한 법률」 제2조에 따른 폐수

마. 「가축분뇨의 관리 및 이용에 관한 법률」 제2조에 따른 가축분뇨
바. 선박 및 해양시설에서 사람의 일상적인 활동에 따라 발생하는 분뇨
4. 법 제41조에 따른 위험물을 산적하여 저장하는 해상구조물

제4조(선박시설) 법 제2조 제2호에서 "해양수산부령이 정하는 것"이란 다음 각 호의 것을 말한다.
1. 선체
2. 기관
3. 돛대
4. 배수설비
5. 조타(操舵)설비
6. 계선(繫船)설비 : 배를 항구 등에 매어 두기 위한 설비
7. 양묘(揚錨)설비 : 닻을 감아올리기 위한 설비
8. 구명설비
9. 소방설비
10. 거주설비
11. 위생설비
12. 항해설비
13. 적부(積付)설비 : 위험물이나 그 밖의 산적화물을 실은 선박과 운송물의 안전을 위하여 운송물을 계획적으로 선박 내에 배치하기 위한 설비
14. 하역이나 그 밖의 작업설비
15. 전기설비
16. 원자력설비
17. 컨테이너설비
18. 승강설비
19. 냉동·냉장 및 수산물처리가공설비
20. 선박의 종류·기능에 따라 설치되는 특수한 설비로서 해양수산부장관이 인정하는 설비

제5조(임시승선자) 법 제2조 제9호다목에서 "해양수산부령이 정하는 자"란 선박의 항해기간 동안 일시적으로 승선하는 자로서 다음 각 호의 어느 하나에 해당하는 자를 말한다.
1. 선원과 동승하여 생활하는 선원의 가족
2. 선박소유자(선박관리인 및 선박임차인을 포함한다) 및 선박회사의 소속 직원과 선박수리 작업원
3. 시험·조사·지도·단속·점검·실습 등에 관한 업무에 사용되는 선박에 해당 업무를 수행하기 위하여 승선하는 자
4. 세관공무원, 검역공무원, 도선사, 운항관리자 등으로서 선원업무가 아닌 업무를 하는 자
5. 제3조 제2호에 따른 수상호텔, 수상식당 및 수상공연장 등의 소속 직원 이를 이용하는 자
6. 「수산업법 시행규칙」 제29조 제1항 제1호에 따른 나잠어업(裸潛魚業)을 위하여 승선하는 자
7. 삭제
8. 국가·지방자치단체 또는 「공공기관의 운영에 관한 법률」 제2조 제1항에 따른 공공기관의 선박을 이용하여 「항만법」에 따른 항만을 견학하는 자
9. 여객선에 적재가 곤란한 악취가 나는 농산물·수산물 운송차량, 혐오감을 주는 가축운송차량 및 폭발성·인화성 물질 운송차량의 화물관리인(운전자는 화물관리인을 겸할 수 있다)

제33조(선박검사증서 유효기간의 산정 사유) 영 제5조 제3항 제4호 단서에서 "해양수산부령으로 정하는 사유"란 다음 각 호의 사유를 말한다.
1. 1년 이상 선박검사를 받지 아니한 선박을 상속하거나 매수한 경우
2. 선박소유자의 파산 등의 사유로 1년 이상 선박검사를 받지 아니한 경우

제6조(적용선박)「선박안전법 시행규칙」(이하 "영"이라 한다) 제2조 제1항 제3호가목 단서에서 "해양수산부령으로 정하는 선박"이란 다음 각 호의 어느 하나에 해당하는 선박을 말한다.
1. 13명 이상의 여객운송에 사용되는 선박
2. 제3조 제3호 각 목에 해당하는 기름 또는 폐기물 등을 산적하여 운송하는 선박
3. 법 제41조에 따른 위험물을 산적하여 운송하는 선박
4. 추진기관을 가지고 있는 선박에 결합되어 운항하는 압항부선(押航艀船)
5. 잠수선 등 특수한 구조로 되어 있는 선박으로서 해양수산부장관이 정하여 고시하는 선박

제7조(계선기간 등의 서류 제출) ① 영 제2조 제2항에 따른 서류를 제출하려는 선박소유자등은 별지 제1호서식의 계선사유서에 해당 선박의 선박검사증서를 첨부하여 해양수산부장관에게 제출하여야 한다.
② 제1항에 따른 계선사유서의 계선기간은 2년 이내로 하되, 그 기간이 끝난 경우 1년 단위로 연장할 수 있다.

제3관 적용범위

1. 적용대상-선박

이 법은 대한민국 국민 또는 대한민국 정부가 소유하는 선박에 대하여 적용한다. 다만, 다음 각 호의 어느 하나에 해당하는 선박에 대하여는 그러하지 아니하다(법 제3조 제1항).
1. 군함 및 경찰용 선박
2. 노와 상앗대만으로 운전하는 선박
   2의2.「어선법」제2조 제1호에 따른 어선
3. 법 제3조 제1항 제1호, 제2호 및 제2호의2 외의 선박으로서 대통령령이 정하는 선박

⚓「선박안전법 시행령」

제2조(적용제외 선박) ①「선박안전법」(이하 "법"이라 한다) 제3조 제1항 제3호에서 "대통령령이 정하는 선박"이란 다음 각 호의 선박을 말한다.
1. 법 제8조 제2항에 따른 선박검사증서(이하 "선박검사증서"라 한다)를 발급받은 자가 일정 기간 동안 운항하지 아니할 목적으로 그 증서를 해양수산부장관에게 반납한 후 해당 선박을 계류(이하 "계선"이라 한다)한 경우 그 선박
2.「수상레저안전법」제37조에 따른 안전검사를 받은 수상레저기구
3. 2007년11월 4 일 전에 건조된 선박 중 다음 각 목의 어느 하나에 해당하는 선박
   가. 추진기관 또는 범장(帆檣)이 설치되지 아니한 선박으로서 평수(平水)구역(호소·하천 및 항내의 수역(「항만법」에 따른 항만구역이 지정된 항만의 경우 항만구역과 「어촌·어항법」에 따른 어항구역이 지정된 어항의 경우 어항구역을 말한다)과 해양수산부령으로 정하는 수역을 말한다. 이하 같

> 다)안에서만 운항하는 선박. 다만, 여객운송에 사용되는 선박 등 해양수산부령으로 정하는 선박은 제외한다.
> 나. 추진기관 또는 범장이 설치되지 아니한 선박으로서 연해구역(영해기점으로부터 20해리 이내의 수역과 해양수산부령으로 정하는 수역을 말한다. 이하 같다)을 운항하는 선박 중 여객이나 화물의 운송에 사용되지 아니하는 선박. 다만, 추진기관이 설치되어 있는 선박에 결합하여 운항하는 압항부선(押航艀船) 또는 잠수선 등 특수한 구조로 되어 있는 선박으로서 해양수산부장관이 정하여 고시하는 선박은 제외한다.
> 다. 삭제
> ② 제1항 제1호에 따른 선박의 소유자 또는 관리인(이하 이 조에서 "선박소유자등"이라 한다)은 해양수산부령으로 정하는 바에 따라 해당 선박의 계선기간 및 계선사유 등을 기재한 서류를 해양수산부장관에게 제출하여야 한다.
> ③ 제1항 제3호가목 본문 또는 나목 본문에 해당하는 선박으로서 이 법의 적용을 받으려는 선박의 선박소유자등은 해당 선박에 대하여 법 제7조 제4항에 따른 별도건조검사를 받아야 한다.

군함 및 경찰용 선박에 대하여는 국가가 별도로 다룰 필요가 있고, 노와 상앗대만으로 운전하는 선박은 항행구역, 승선인원, 선적화물량 등이 매우 제한적이어서 이 법에서 기준을 규정하고 이를 관리하는 것이 실효성이 부족하다고 볼 수 있다. 또 「어선법」상의 어선은 동법에서 별도로 규정하고 있기 때문에 이 법의 적용대상에서 제외하고 있다.

2. 외국선박에 대한 적용

외국선박으로서 다음 각 호의 선박에 대하여는 대통령령이 정하는 바에 따라 이 법의 전부 또는 일부를 적용한다. 다만, 법 제68조의 규정은 모든 외국선박에 대하여 이를 적용한다(법 제3조 제2항).

1. 「해운법」 제3조 제1호 및 제2호의 규정에 따른 내항정기여객운송사업 또는 내항부정기여객운송사업에 사용되는 선박

2. 「해운법」 제23조 제1호에 따른 내항화물운송사업에 사용되는 선박

3. 국적취득조건부나용선[2]

---

[2] 나용선은 'bareboat charter'를 번역한 용어로 해운실무계나 「중화인민공화국 해상법」 등에서 채용된 법률용어이기는 하지만, 우리 법률상으로는 용선계약에 대한 개념과 기본적 법률관계는 「상법」에서 다루고 있다. 「상법」은 2007년 개정시 제2장 운송과 용선의 제5절(제847조 내지 제851조)을 선체용선으로 규정하고 있다. 해사공법분야의 여러 법령에서 나용선이라는 용어를 사용하는 경우가 많아서 법률용어의 통일이 필요하다. 영문의 개념, 실무상의 용어, 외국 입법례 등을 고려할 때는 '나용선'으로 통일하는 것이 가장 바람직하겠지만, 「상법」의 개정이 그리 용이한 편이 아니기 때문에 당장은 상법의 규정에 따라 '선체용선'으로 법률용어를 통일하는 것이 좋을 듯하다.

> **「선박안전법 시행령」**
>
> **제3조(외국선박에 대한 법의 적용범위)** 법 제3조 제2항에 따라 외국선박에 대하여 적용되는 규정은 법 제4조부터 제11조까지, 법 제13조부터 제17조까지, 법 제18조 제6항, 법 제20조 제3항, 법 제22조, 법 제26조부터 제44조까지, 법 제60조 제1항·제2항, 법 제71조 부터 제77조까지, 법 제80조, 법 제83조부터 제86조까지, 법 제88조 및 법 제89조로 한다.

이 법은 원칙적으로 한국선박에 적용하는 것이지만, 외국선박 중「해운법」에 의하여 내항운송사업에 종사하는 경우에는 우리나라 해역에서 항행하기 때문에 우리 국민의 인명안전과 해상안전을 도모할 필요가 있다. 또 "국적취득조건부나용선"이란 나용선(裸傭船) 기간 만료 및 총나용선료 완불 후 대한민국 국적을 취득하는 매선(買船)조건부 나용선을 말한다(법 제2조 제18호). 선박구입자금을 확보하기 위하여 형식적으로 금융업자나 특수목적법인(SPC)을 소유자로 하여 이를 나용선의 형식을 취하고 있으나, 실질적으로는 용선자가 선박운항을 목적으로 선박을 구매하고 용선료라는 형태로 할부로 선박매매대금의 융자금을 상환하는 방식의 정지조건부선박매매계약(용선료의 완납을 조건으로 선박소유권을 취득함)으로 볼 수 있다. 따라서 한국국민이 소유권취득목적으로 나용선한 경우에는 실질적으로는 한국국적의 취득을 전제로 정지조건부선박매매계약을 통하여 선박의 소유권을 취득한 것으로 볼 수 있기 때문에 이 법의 적용대상으로 한 것이다. 국적취득조건부나용선에 이 법을 적용함으로써 실질적으로 우리나라 국민이 지배하는 선박에 대한 안전성을 확하기 위한 목적에서 적용범위를 확대한 것이다.[3]

3. 법의 일부 적용제한

법 제3조 제1항 및 제2항의 규정에 불구하고 다음 각 호의 선박에 대하여는 대통령령이 정하는 바에 따라 이 법의 전부 또는 일부를 적용하지 아니하거나 이를 완화하여 적용할 수 있다(법 제3조 제3항).

1. 대한민국 정부와 외국 정부가 이 법의 적용범위에 관하여 협정을 체결한 경우의 해당선박

---

3) 정영석,「해사법규강의(제6판)」, (텍스트북스, 2016), 78쪽.

2. 조난자의 구조 등 해양수산부령이 정하는 긴급한 사정이 발생하는 경우의 해당선박

3. 새로운 특징 또는 형태의 선박을 개발할 목적으로 건조한 선박을 임시로 항해에 사용하고자 하는 경우의 해당선박

4. 외국에 선박매각 등을 위하여 예외적으로 단 한 번의 국제항해를 하는 선박

⚓ 「선박안전법 시행령」

제4조(협정체결에 따른 적용배제 등) ① 법 제3조 제3항에 따라 법의 전부 또는 일부를 적용하지 아니하거나 이를 완화하여 적용하는 사항은 다음 각 호의 구분에 따른다.
  1. 법 제3조 제3항 제1호의 선박 : 해당 선박에 대하여 적용되는 협정의 내용에 따른다.
  2. 법 제3조 제3항 제2호의 선박 : 법 제17조 제2항을 적용하지 아니한다.
  3. 법 제3조 제3항 제3호의 선박 : 법의 전부를 적용하지 아니한다.
  4. 법 제3조 제3항 제4호의 선박 : 법 제2조 제2호의 선박시설에 관한 규정을 완화하여 적용한다.
  ② 해양수산부장관은 제1항 제1호 및 제4호에 따라 법의 전부 또는 일부를 적용하지 아니하거나 이를 완화하여 적용하는 경우 그 내용을 해양수산부령으로 정하는 바에 따라 공고하여야 한다.

☼ 「선박안전법 시행규칙」

제8조(적용완화) 법 제3조 제3항 제2호에서 "해양수산부령이 정하는 긴급한 사정이 발생하는 경우"란 다음 각 호의 어느 하나에 해당하는 경우를 말한다.
  1. 전쟁 또는 천재지변 등으로 조난자의 구조를 위하여 법 제8조 제2항에 따른 최대승선인원을 초과하는 경우
  2. 황천(荒天) 그 밖의 불가항력으로 법 제8조 제2항에 따른 항해구역을 벗어나는 경우

---

4. 선박시설 기준의 적용

선박에 설치된 선박시설이나 선박용물건이 이 법에 따라 설치하여야 하는 선박시설의 기준과 동등하거나 그 이상의 성능이 있다고 인정되는 경우에는 이 법의 기준에 따른 선박시설이나 선박용물건을 설치한 것으로 본다(법 제4조).

제4관 국제협약의 우선적용

1. 의의

해상인명안전 및 감항성에 관련된 국제협약은 선박의 해상안전에 직접 관련된 국

제규범으로서, 국제항행에 종사하는 모든 선박에 적용하여야 할 최소기준이라고 할 수 있다. 이 법은 국제항해에 취항하는 선박의 감항성 및 인명의 안전과 관련하여 국제적으로 발효된 국제협약의 안전기준과 이 법의 규정내용이 다른 때에는 해당 국제협약의 효력이 우선하도록 규정하고 있다. '다만, 이 법의 규정내용이 국제협약의 안전기준보다 강화된 기준을 포함하는 때에는 그러하지 아니하다(별표 제5조)'라고 규정하여 더 높은 수준의 안전기준을 적용하도록 하고 있다.[4]

선박의 감항성과 인명안전과 관련하여 발효된 국제협약으로는 「1974년 해상에 있어서의 인명의 안전을 위한 국제협약」(International Convention for the Safety of Life at Sea : 이하 「SOLAS」라 한다)[5]과 「1966년 만재흘수선에 관한 국제협약」(International Convention on Load Lines, 1966)이 있다.

2. SOLAS

1912년 4월 14일 미국을 향하여 처녀항해 중에 있던 영국 여객선 타이타닉호(Titanic)가 북대서양의 뉴 펀들랜드(New Foundland) 앞 바다에서 유빙과 충돌하여 침몰함으로써 여객과 선원 2,208명 중 1,515명의 희생자를 낸 해양사고가 발생하였다. 이 사고의 원인은 선체의 구조, 구명설비, 신호, 유빙감시 등의 결함에 있었음이 밝혀졌다. 이에 「해상에 있어서의 인명의 안전을 위한 국제협약」(International Convention for the Safety of Life at Sea : 이하 「SOLAS 협약」라 한다)이 1914년 국제회의에서 체결되어 1924년, 1948년, 1960년, 1974년 개정 시행되고 있다. 1974년 개정 협약을 「1974년 해상에 있어서의 인명의 안전을 위한 국제협약」(International Convention for the

---

[4] 정영석, 「해사법규강의(제6판)」, (텍스트북스, 2016), 79쪽.
[5] 선박의 구조.구명장비.통신장비.곡물 및 위험화물의 적부설비 또는 적재방법 등의 획일적인 원칙과 규칙을 설정, 해상에 있어서의 인명안전을 도모하기 위한 국제협약을 말한다. 1914년 영국의 런던에서 개최된 해상인명안전에 관한 국제회의에서 최초로 체결된 국제협약으로, 그 후 기술의 발전과 시대적 요청에 따라 4회에 걸쳐 새로운 협약이 채택되었다. 우리나라는 1965년 5월에 1960년 협약을 수용하였다. 동 협약은 1981년, 1983년과 1988년도에도 일부 개정되었다. 1988년도 개정에서는 새로운 세계해상조난안전제도(GMDSS)의 실시방법이 결정되었다. 이 협약의 부속서에 선박은 항해하는 해역에 따라 소정의 무선설비를 구비해야 하고, 선박이 해상에 있는 동안 디지털선택호출(DSC) 및 그 밖의 조난안전주파수를 청수하도록 규정되어 있다. 이 규정은 국제항행에 종사하는 여객선 및 300톤 이상의 화물선에 적용된다: 「最新海運.物流用語大辭典(제10개정증보판)」, (코리아쉬핑가제트, 2006), 516쪽.

Safety of Life at Sea, 1974)이라고 하는데, 1978년 의정서, 1981년 개정, 1983년 개정, 1988년 의정서, 1995년 로로 여객선 관련 개정, 1996년 개정 등을 통하여 「전 세계 해상조난 및 안전제도」(Global Maritime Distress and Safety System: GMDSS)[6]와 「검사 및 증서발급에 관한 조화제도」(HSSC) 도입, 그리고 「국제구명설비 코드」(LSA Code) 및 「화재시험절차 코드」(FTP Code) 등을 강제규칙으로 채택하였다.[7]

3. 만재흘수선에 관한 국제협약

해양사고의 주요 원인이 화물의 과적, 즉 건현의 부족에 있었음을 감안하여 적하의 최고 한도에 관한 국제적 기준을 마련하여 세계 각국의 선박의 안전을 도모할 필요를 느끼게 되었다. 이러한 목적 하에 채택된 「만재흘수선에 관한 국제협약」(International Convention on Load Lines)은 영국 하원의원 사무엘 프림솔(Samuel Plimsoll)이 의회에서 제안하여 1876년 제정된 「프림솔 법」(Plimsoll Act)에서 시작되어, 이것이 각국 정부·선급협회·조선업계의 지지를 얻어 1930년 5월 영국 정부가 주최한 런던의 국제만재흘수선회의에서 세계 주요 해운국 30개국의 서명을 얻어 체결되기에 이르렀다. 그러나 1930년 협약은 제정 이래 30여년을 경과하여 선형의 대형화·용접 공작법의 급속한 진보·강재 해치커버의 채용 등 그간의 조선기술의 진보에 따라 개정의 필요성을 느껴 1966년 IMCO가 주최한 런던의 1966년 만재흘수선에 관한 국제회의에서 참가 52개국(한국 대표도 참가)의 동의를 얻어 「1966년 만재흘수선에 관한 국제협약」을 체결하여 이를 시행하고 있다.[8]

---

[6] 최신의 디지털 및 위성통신기술을 이용, 어느 해역에서 선박이 조난을 당해도 그 선박으로부터 육상의 구조기관이나 부근의 선박에게 신속·정확한 지원요청이 가능하며, 또한 육상으로부터 항해안전에 관한 정보 등을 적절히 수신할 수 있는 시스템을 말한다. 「1974년 해상에 있어서의 인명의 안전을 위한 국제협약」(International Convention for the Safety of Life at Sea)에 의한 발효일(1992년 2월)로부터 7년간의 이행준비기간을 거친 후 1999년부터 총톤수 300톤 이상의 모든 선박에 도입이 의무화되었다: 「最新海運·物流用語大辭典(제10개정증보판)」, (코리아쉬핑가제트, 2006), 454쪽.
[7] 사단법인 한국선급, 「1974년 국제해상인명안전협약 : 1998 통합본」, 참조.
[8] 「최신 해운·물류용어 대사전」, (코리아쉬핑가제트, 1996), 306-307쪽.

제2절 선박의 검사

제1관 선박검사의 종류

1. 건조검사

선박을 건조하고자 하는 자는 선박에 설치되는 선박시설에 대하여 해양수산부령이 정하는 바에 따라 해양수산부장관의 검사(이하 "건조검사"라 한다)를 받아야 한다(법 제7조 제1항). 해양수산부장관은 건조검사에 합격한 선박에 대하여 해양수산부령으로 정하는 사항과 검사기록을 기재한 건조검사증서를 교부하여야 한다(법 제7조 제2항). 법 제7조 제1항의 규정에 따른 건조검사에 합격한 선박시설에 대하여는 법 제8조 제1항의 규정에 따른 정기검사 중 선박을 최초로 항해에 사용하는 때 실시하는 검사는 이를 합격한 것으로 본다(법 제7조 제3항). 해양수산부장관은 외국에서 수입되는 선박 등 법 제7조 제1항의 규정에 따른 건조검사를 받지 아니하는 선박에 대하여 건조검사에 준하는 검사로서 해양수산부령이 정하는 검사(이하 "별도건조검사"라 한다)를 받게 할 수 있다. 이 경우 법 제7조 제2항 및 제3항의 규정은 별도건조검사에 합격한 선박에 대하여 이를 준용한다(법 제7조 제4항).

2. 정기검사

선박소유자는 선박을 최초로 항해에 사용하는 때 또는 법 제16조의 규정에 따른 선박검사증서의 유효기간이 만료된 때에는 선박시설과 만재흘수선에 대하여 해양수산부령이 정하는 바에 따라 해양수산부장관의 검사(이하 "정기검사"라 한다)를 받아야 한다. 다만, 법 제29조의 규정에 따른 무선설비 및 법 제30조의 규정에 따른 선박위치발신장치에 대하여는 「전파법」의 규정에 따라 검사를 받았는지 여부를 확인하는 것으로 갈음한다(법 제8조 제1항). 해양수산부장관은 법 제8조 제1항의 규정에 따른 정기검사에 합격한 선박에 대하여 항해구역·최대승선인원 및 만재흘수선의 위치를 각각 지정하여 해양수산부령으로 정하는 사항과 검사기록을 기재한 선박검사증서를 교부하여야 한다(법 제8조 제2항). 법 제8조 제2항의 규정에 따른 항해구역의 종류와 예외적으로 허용되거나 제한되는 항해구역, 최대승선인원의 산정기준 등에 관하여 필요한 사항은 해양수산부령으로 정한다(법 제8조 제3항).

⚓ 「선박안전법 시행규칙」

제12조(정기검사) ① 법 제8조 제1항에 따라 최초로 항해에 사용하는 선박에 대하여 정기검사를 받으려는 선박소유자는 별지 제4호서식의 선박검사신청서에 다음 각 호의 서류를 첨부하여 해양수산부장관에게 제출하여야 한다. 이 경우 제10조 제1항 및 제11조 제1항에 따라 건조검사 및 별도건조검사 신청 시에 첨부한 서류는 첨부하지 아니한다. 다만, 제3호부터 제5호까지의 서류는 해당되는 경우에만 첨부하여야 한다.
 1. 제10조 제4항 또는 제11조 제3항에 따른 건조검사증서 또는 별도건조검사증서(건조검사 또는 별도건조검사를 정기검사와 동시에 실시하는 경우에는 생략한다)
 2. 정기검사 관련 승인도면(도면승인을 한 대행검사기관에 신청하는 경우에는 생략한다)
 3. 법 제18조 제7항에 따른 선박용물건 또는 소형선박의 검정증서
 4. 법 제20조 제4항 단서에 따른 선박용물건 또는 소형선박의 확인서
 5. 법 제22조 제3항에 따른 선박용물건 또는 소형선박의 예비검사증서
② 법 제8조 제1항에 따라 선박검사증서의 유효기간이 끝나는 선박에 대하여 정기검사를 받으려는 선박소유자는 해당 증서의 유효기간이 끝나기 전에 별지 제4호서식의 선박검사신청서에 다음 각 호의 서류를 첨부하여 해양수산부장관에게 제출하여야 한다. 다만, 제2호부터 제5호까지의 서류는 해당되는 경우에만 첨부하여야 한다.
 1. 선박검사증서
 2. 법 제18조 제7항에 따른 선박용물건 또는 소형선박의 검정증서
 3. 법 제20조 제4항 단서에 따른 선박용물건 또는 소형선박의 확인서
 4. 법 제22조 제3항에 따른 선박용물건 또는 소형선박의 예비검사증서
 5. 법 제35조 제1항에 따른 하역설비검사기록부

제13조(선박검사증서의 서식 등) ① 법 제8조 제2항에 따른 선박검사증서는 다음 각 호와 같다. 다만, 여객선과 위험물산적운송선은 선박길이에 관계없이 제2호에 따른 서식으로 한다.
 1. 선박길이 12미터 미만의 선박: 별지 제5호서식
 2. 선박길이 12미터 이상의 선박: 별지 제6호서식
② 제1항에 따른 선박검사증서에는 대한민국 정부의 권한으로 발행한다는 내용이 포함되어야 한다. 이 경우 선박검사증서를 대행검사기관이 발행하는 경우에는 대한민국 정부의 권한을 위임받아 발행한다는 사실을 나타내야 한다.
③ 법 제8조 제2항에서 "해양수산부령으로 정하는 사항"이란 다음 각 호와 같다.
 1. 선박검사관의 성명
 2. 검사완료일 및 검사장소
 3. 다음 검사 기준일 및 검사종류
 4. 최대승선인원 또는 선박의 길이가 변경된 경우 주요 변경내용. 이 경우 변경 사유 및 변경 날짜는 선박검사증서의 비고란에 기재하여야 한다.

제14조(만재흘수선의 지정 등) ① 법 제8조 제2항에 따른 만재흘수선은 다음 각 호에 따른다.
 1. 국제항해 및 근해구역 이상의 항해구역을 항해하는 선박에 표시하는 만재흘수선의 종류별로 적용되는 대역 또는 구역, 계절기간 또는 기간 및 이에 대응하는 건현(乾舷): 별표 2(이 경우 대역 또는 구역별로 적용되는 해면 및 계절기간은 별표 3과 같다)

2. 갑판에 목재를 적재하여 운송하는 선박: 제1호 준용
3. 국제항해를 하지 아니하는 선박길이 12미터 이상의 선박에 표시하는 만재흘수선의 종류별로 적용되는 구역 및 건현:
② 만재흘수선의 표시는 선박길이의 중앙 양쪽 가장자리의 외판(外板)에 용접 등 항구적인 방법으로 하고, 외판과 구별되는 한 가지 색으로 알아보기 쉽게 하여야 한다.

[별표 2]

만재흘수선의 종류별로 적용되는 대역 또는 구역, 계절기간 또는 기간 및 이에 대응하는 건현
(제14조 제1항 제1호 관련)

만재흘수선의 종류	적용되는 대역 또는 구역	적용되는 계절기간 또는 기간	건현
하기 만재흘수선	하기대역	연중	하기 건현
	북대서양동기계절대역 I 북대서양동기계절대역 II 북대서양동기계절구역 북태평양동기계절구역 남부동기계절대역 계절열대구역 및 선박길이가 100미터 이하인 선박에 적용되는 동기계절구역	하기	
동기 만재흘수선	북대서양동기계절대역 II(서경 15도의 자오선과 서경 50도의 자오선에 의하여 둘러싸인 해면은 제외한다), 북대서양동기계절구역, 북태평양동기계절대역, 남부동기계절대역 및 선박길이가 100미터 이하인 선박에 적용하는 동기계절구역	동기	동기 건현
동기 북대서양만재흘수선	북대서양동기계절대역 I 및 북대서양 동기계절대역 II(서경 15도의 자오선과 서경 50도의 자오선에 의하여 둘러싸인 해면으로 한정한다)	동기	동기 북대서양 건현
열대 만재흘수선	열대대역	연중	열대 현
	계절열대구역	열대	
하기담수만재흘수선	하기 만재흘수선란에 적혀 있는 대역 또는 구역에서 비중이 1.000인 수면	하기 만재흘수선란에 따른 기간	하기담수 건현
열대담수만재흘수선	열대 만재흘수선란에 적혀 있는 대역 또는 구역에서 비중이 1.000인 수면	열대 만재흘수선란에 따른 기간	열대담수 건현

[별표 3]

대역 또는 구역별로 적용되는 해면 및 계절기간(제14조 제1항 제1호 관련)

대역 또는 구역의 명칭	해면	계절기간

1.
북대서양
동기계절
대역 I
	그린란드의 해안으로부터 북위 45도까지의 서경 50도의 자오선, 거기에서 서경 15도까지의 북위 45도의 위도선, 거기에서 북위 60도까지의 서경 15도의 자오선, 거기에서 그리니치자오선까지의 북위 60도의 위도선 및 거기에서 북쪽으로 그리니치자오선에 따라 둘러싸인 해면	동기 10월 16일부터
		   4월 15일까지
		하기 4월 16일부터
		   10월 15일까지

2.
북대서양
동기계절
대역 II
	미합중국 해안으로부터 북위 40도까지의 서경 68도30분의 자오선, 거기에서 북위 36도 서경 73도의 점까지의 항정선, 거기에서 서경 25도까지의 북위 36도의 위도선 및 거기부터 토리나냐갑까지의 항정선에 따라 둘러싸인 해면, 북대서양 동기계절대역 I, 북대서양 동기계절구역 및 스카게라크해협의 스코를 통하는 위도선에 의하여 한정되는 발틱해를 제외한 해면	동기 11월 1일부터
		   3월 31일까지
		하기 4월 1일부터
		   10월 31일까지

3.
북대서양
동기계절
구역
	미합중국 해안으로부터 북위 40도까지의 서경 68도30분의 자오선, 거기에서 캐나다 해안과 서경 61도의 자오선과의 교점 중 최남단까지의 항정선 및 캐나다와 미합중국의 동안에 따라 둘러싸인 해면	1. 선박길이 100미터를 넘는 선박
		   동기 12월 16일부터
		      2월 15일까지
		   하기 2월 16일부터
		      12월 15일까지
		
		2. 선박길이 100미터 이하의 선박
		   동기 11월 1일부터
		      3월 31일까지
		   하기 4월 1일부터
		      10월 31일까지

4.
북태평양
동기계절
대역
	러시아 동안에서 사할린의 서안까지의 북위 50도의 위도선, 거기에 쿠릴리온 최남단까지의 사할린의 서안, 거기에서 홋카이도 와카나이까지의 항정선, 거기에서 동경 145도까지의 홋카이도의 동안 및 남안, 거기에서 북위 35도까지의 동경 145도의 자오선, 거기에서 서경 150도까지 북위 35도의 위도선 및 거기에서 알래스카 돌섬의 최남단까지의 항정선을 남쪽 한계로 하는 해면	동기 10월 16일부터
		   4월 15일까지
		하기 4월 16일부터
		   10월 15일까지

5.
남부동기
계절대역
	미대륙 동안의 트레스 푼타스갑에서 남위 34도, 서경 50도의 점까지 항정선, 거기에서 동경 35도까지의 남위 34도의 위도선, 거기에서 남위 36도, 동경 20도의 점까지의 항정선, 그리고 남위 34도, 동경 30도의 점까지의 항정선, 거기에서 남위 35도30분, 동경 118도의 점까지의 항정선, 거기에서 타스마니아 북서안의 그림갑까지의 항정선, 거기에서 타스마니아 북안 및 동안을 따라 브루니도의 남단까지, 스튜어트도의 블랙록포인트까지의 항정선, 거기에서 남위 47도, 동경 170도의 점까지의 항정선	동기 4월 16일부터
		   10월 15일까지
		하기 10월 16일부터
		   4월 15일까지

	및 거기에서 남위 33도, 서경 170도의 점까지 항정선 및 거기에서 미주대륙 서안의 남위 33도의 위도선으로 둘러싸인 해면	
6. 열대대역	가. 미대륙 동안으로부터 서경 60도까지의 북위 13도의 위도선, 거기에서 북위 10도 서경 58도의 점까지의 항정선, 거기에서 서경 20도까지의 북위 10도의 위도선, 거기에서 북위 30도까지의 서경 20도의 자오선 및 거기에서 아프리카 서안까지의 북위 30도의 위도선, 아프리카 동안으로부터 동경 70도까지의 북위 8도의 위도선, 거기에서 북위 13도까지의 동경 70도의 자오선, 거기에서 인도 서안까지의 북위 13도의 위도선, 거기에서 인도 남안을 돌아 인도 동안의 북위 10도30분까지, 거기에서 북위 9도 동경 82도의 점까지의 항정선, 거기에서 북위 8도까지의 동경 82도의 자오선, 거기에서 말레이시아 서안까지의 북위 8도의 위도선, 거기에서 북위 10도의 베트남 동안까지의 아세아대륙의 동남 해안, 거기에서 동경 145도까지의 북위 10도의 위도선, 거기에서 북위 13도까지의 동경 145도의 자오선 및 거기에서 미대륙 서안까지의 북위 13도의 위도선을 북쪽 한계로 하고, 브라질 산토스항으로부터 서경 40도의 자오선과 남회귀선과의 교점까지의 항정선, 거기에서 아프리카 서안까지의 남회귀선과 아프리카의 동안으로부터 마다가스카르 서안까지의 남위 20도의 위도선, 거기에서 동경 50도까지의 마다가스카르 서안 및 북안, 거기에서 남위 10도까지의 동경 50도의 자오선, 거기에서 동경 98도까지의 남위 10도의 위도선, 거기에서 호주의 포트다윈까지 항정선, 거기에서 동쪽으로 웨셀갑까지의 호주 및 웨셀섬의 해안, 거기에서 요크갑의 서측까지의 남위 11도의 위도선, 요크갑의 동측에서 서경 150도까지의 남위 11도의 위도선, 거기에서 남위 26도 서경 75도의 점까지의 항정선, 거기에서 남위 32도47분, 서경 72도의 점까지의 항정선 및 거기에서 남미주 서안까지의 남위 32도47분의 위도선을 남쪽 한계로 하는 해면 나. 포트 사이드부터 동경 45도의 자오선까지의 수에즈 운하, 홍해 및 아덴만 다. 동경 59도의 자오선까지의 페르시아만 라. 호주 동안의 그레이트베리아리프까지의 남위 22도의 위도선, 거기에서 남위 11도까지의 그레이트배리어리프에 따라 둘러 싸인 해면. 이 구역의 북방 한계는 열대대역의 남방 한계로 한다.	

7. 계절 열대구역	가. 다음 선에 따라 둘러싸인 북대서양. 북은 유카탄의 카토체갑으로부터 쿠바의 산안토니 오갑까지의 항정선, 거기에서 북위 20도까지의 쿠바의 북안 및 거기서 서경 20도까지의 북위 20도의 위도선 서는 미대륙의 해안 남 및 동은 열대대역의 북쪽 한계	열대 11월 1일부터 7월 15일까지 하기 7월 16일부터 10월 31일까지
	나. 다음 선에 따라 둘러싸인 아라비아해 서는 아프리카의 해안, 아덴만의 동경 45도의 자오선, 남아라비아의 해안 및 오만만의 동경 59도의 자오선 북 및 동은 파키스탄 및 인도의 해안 남은 열대대역의 북쪽 한계	열대 9월 1일부터 5월 31일까지 하기 6월 1일부터 8월 31일까지
	다. 열대대역의 북쪽 한계 이북의 벵갈만	열대 12월 1일부터 4월 30일까지 하기 5월 1일부터 11월 30일까지
	라. 다음 선에 따라 둘러싸인 남인도양 북 및 서는 열대대역의 남쪽한계 및 마다가스카르의 동안 남은 남위 20도의 위도선 동은 남위 20도 동경 50도의 점에서 남위 15도 동경 51도30분의 점까지의 항정선 및 거기에서 남위 10도까지의 동경 51도30분의 자오선	열대 4월 1일부터 11월 30일까지 하기 12월 1일부터 3월 31일까지
	마. 다음 선에 따라 둘러싸인 남인도양 북은 열대대역의 남쪽 한계 동은 호주의 해안 남은 동경 51도30분에서 동경 114도까지의 남위 15도의 위도선 및 거기에서 호주의 해안까지의 동경 114도의 자오선 서는 동경 51도30분의 자오선	열대 5월 1일부터 11월 30일까지 하기 12월 1일부터 4월 30일까지
	바. 다음 선에 따라 둘러싸인 지나해 서 및 북은 북위 10도부터 홍콩까지의 베트남 및 중국의 해안 동은 홍콩으로부터 수알항(루손섬)까지의 항정선과 북위 10도까지의 루손, 사마르 및 레이테 제도의 서안 남은 북위 10도의 위도선	열대 1월21일부터 4월30일까지 하기 5월 1일부터 1월20일까지
	사. 다음 선에 따라 둘러싸인 북태평양 북은 북위 25도의 위도선 서는 동경 160도의 자오선 남은 북위 13도의 위도선 동은 서경 130도의 자오선	열대 4월 1일부터 10월31일까지 하기 11월 1일부터 3월 31일까지

	아. 다음 선에 따라 둘러싸인 북태평양 북 및 동은 미대륙의 서안 서는 미대륙 해안에서 북위 33도까지의 서경 123도의 자오선 및 북위 33도 서경 123도의 점에서 북위 13도 서경 105도의 점까지의 항정선 남은 북위 13도의 위도선	열대 3월 1일부터 6월 30일까지 11월 1일부터 11월 30일까지 하기 7월 1일부터 10월 31일까지 12월 1일부터 2월 28(29)일까지	
	자. 남위 11도 이남의 카펜테리아만	열대 4월 1일부터 11월 30일까지 하기 12월 1일부터 3월 31일까지	
	차. 다음 선에 따라 둘러싸인 남태평양 북 및 동은 열대대역의 남쪽 한계 남은 호주의 동안에서 동경 154도에 이르는 남위 24도의 위도선, 거기에서 남회귀선까지의 동경 154도의 자오선 및 거기에서 서경 150도까지의 남회귀선, 거기에서 남위 20도까지의 서경 150도의 자오선 및 거기에서 열대대역의 남쪽 한계와의 교점까지의 남위 20도의 위도선 서는 열대대역에 포함된 그레이트배리어리프 내측의 구역의 한계선 및 호주의 동안	열대 4월 1일부터 11월 30일까지 하기 12월 1일부터 3월 31일까지	
8. 선박길이가 100미터 이하인 선박에 적용되는 동기 계절구역	가. 다음의 선에 의하여 둘러 싸인 해면 북 및 서는 미합중국의 동안 동은 미합중국 해안으로부터 북위 40도까지의 서경 68도30분의 자오선 및 거기에서 북위 36도 서경 73도의 점까지의 항정선 남은 북위 36도의 위도선	동기 11월 1일부터 3월 31일까지 하기 4월 1일부터 10월 31일까지	
	나. 스카게락 해협의 스카우를 통하는 위도선에 따라 둘러싸인 발틱해	동기 11월 1일부터 3월 31일까지 하기 4월 1일부터 10월 31일까지	
	다. 북위 44도 이북의 흑해	동기 12월 1일부터 2월 28(29)일까지 하기 3월 1일부터 11월 30일까지	
	라. 다음 선에 따라 둘러싸인 지중해 북 및 서는 프랑스 및 스페인의 해안 및 스페인의 해안으로부터 북위 40도까지의 동경 3도의 자오선 남은 동경 3도에서 사르디니아 서안까지의 북위 40도의 위도선	동기 12월 16일부터 3월 15일까지 하기 3월 16일부터 12월 15일까지	

	동은 북위 40도부터 동경 9도까지의 사르디니아 서안 및 북안, 거기에서 코르시카 남안까지의 동경 9도의 자오선, 거기에서 동경 9도까지의 코르시카의 서안 및 북안, 거기에서 사시에갑까지의 항정선 마. 북위 50도의 위도선과 한국 동안의 북위 38도의 점으로부터 홋카이도 서안의 북위 43도12분의 점까지의 항정선에 따라 둘러싸인 동해	동기 12월 1일부터 2월 28(29)일까지 하기 3월 1일부터 11월 30일까지
9. 하기대역	제1호부터 제8호까지에 따른 해면(선박 길이가 100미터를 넘는 선박은 제1호부터 제7호까지에 따른 해면은 제외한다)이 아닌 해면	

비고 :
  1. 셔틀랜드 제도는 북대서양 동기계절대역I 과 북대서양 동기계절대역II와의 한계선상에 있는 것으로 본다.
  2. 호치민, 아덴 및 버베라는 열대대역과 계절열대구역과의 한계선상에 있는 것으로 본다.
  3. 발파라이소 및 산토스는 열대대역과 하기대역과의 한계선상에 있는 것으로 본다.
  4. 홍콩 및 수알은 계절열대구역과 하기대역과의 한계선상에 있는 것으로 본다.
  5. 대역 또는 구역의 한계선상에 있는 항은 각각의 경우에 따라 선박이 해당 항을 도착할 때까지 항해한 대역이나 구역 또는 해당 항을 출항한 후 항해하려는 대역 또는 구역에 있는 것으로 본다.

제15조(항해구역의 종류) ① 법 제8조 제3항에 따른 항해구역의 종류는 다음 각 호와 같다.
  1. 평수구역(平水區域)
  2. 연해구역
  3. 근해구역
  4. 원양구역
② 영 제2조 제1항 제3호가목 본문에서 "해양수산부령으로 정하는 수역"이란 별표 4의 수역을 말한다.
③ 영 제2조 제1항 제3호나목에서 "해양수산부령으로 정하는 수역"이란 별표 5의 수역을 말한다.
④ 근해구역은 동쪽은 동경 175도, 서쪽은 동경 94도, 남쪽은 남위 11도 및 북쪽은 북위 63도의 선으로 둘러싸인 수역을 말한다.
⑤ 원양구역은 모든 수역을 말한다.

[별표 4]
평수구역의 범위(제15조 제2항 관련)

구분	범위
제1구	평안북도 철산군 수운도 등대부터 진방위 295도로 그은 선과 그 등대부터 어영도, 대화도, 정주군의 외순도를 지나 평안남도 안주군 태향산에 이르는 선 안
제2구	평안남도 용강군 연대봉으로부터 황해도 송화군 자매도 및 흑암을 지나 냉정말에 이르는 선 안
제3구	황해도 장연군 장산곶으로부터 월내도, 옹진군 마합도, 기린도 및 순위도를 지나 등산곶에 이르는 선 안
제4구	황해도 옹진군 독순항으로부터 인천광역시 옹진군 대연평도 북부 서단을 연결한 선, 대

	연평도 남단에서부터 서만도와 대초지도(대초치도)를 지나 덕적도 북단을 연결한 선과 덕적도 남서 끝단에서 문갑도 서단을 연결한 선 및 문갑도 남단에서 장안서 등대를 지나 충청남도 태안군 학암포를 연결하는 선 안
제5구	충청남도 태안군 몽산리 남단에서 외도를 지나 보령시 삽시도 남서단과 죽도를 연결한 선 안
제6구	충청남도 서천군 동백정갑으로부터 전라북도 군산시 방죽도(방축도) 동단을 지나 관리도(관지도) 북단을 연결한 선과 관리도 남단으로부터 부안군 수성단을 연결한 선 안
제7구, 제8구	전라남도 영광군 불갑천구부터 신안군 재원도, 자은도, 비금도, 신도 및 하태도 남단을 지나 전라남도 진도군 가사도 서단에 이르는 선, 가사도 남단에서부터 옥도, 주도, 관사도, 소마도를 지나 대마도 서북단을 연결하는 선, 대마도 남단에서 관매도 서단을 잇는 선, 관매도 동단에서 죽항도 동단을 지나 진도 남단의 서망 끝단에 이르는 선, 전라남도 진도군 접도 남단에서 무저도 남단을 지나 금호도 남단에 이르는 선, 금호도 남단에서 어룡도, 넙도 남서단을 지나 전라남도 완도군 보길도 서단에 이르는 선, 완도군 보길도 동단에서 소안도 서단을 연결하는 선, 소안도 북단에서 대모도 남단을 지나 청산도 서단을 연결하는 선, 청산도 북단에서 생일도 남단, 섭도 남단, 시산도 남단을 지나 고흥군 망지각에 이르는 선 안
제9구	전라남도 고흥군 외나로도 서단으로부터 진방위 330도로 그은 선, 외나로도 동부 북단에서 여수시 금오도 서부 북단을 연결한 선, 금오도 동부 북단에서 돌산도 남단 거마각에 이르는 선, 돌산도 동부 중앙 방죽포에서 경상남도 남해군 남해도 응봉산 남단에 이르는 선, 남해도 장항말부터 통영시 하도, 추도 및 두미도 서단을 지나 욕지도 서부 북단에 이르는 선, 욕지도 동단에서 연화도, 외부지도를 지나 비진도 남단을 거쳐 거제도 망산각에 이르는 선, 거제도 북부 산성산 동단으로부터 북위 34도58.9분 동경 128도49.9분, 부산광역시 영도구 생도, 북위 35도11.2분 동경 129도14.5분을 지나 기장군 대변리 동남단에 이르는 선 안
제10구	울산광역시 범월갑 방파제 내측(북위 35도25.9분 동경 129도22.3분)으로부터 북위 35도28.8분 동경 129도27.2분을 지나 미포항 북방파제 끝단(북위 35도31.6분 동경 129도27.2분)에 이르는 선 안
제11구	경상북도 포항시 술미부터 여남갑에 이르는 선 안
제12구	강원도 통천군 학룡단으로부터 함경남도 덕원군 여도를 지나 영흥군 호도 대강곶(남각)에 이르는 선 안
제13구	함경남도 정평군 광포강구부터 함흥시 외양도단에 이르는 선 안
제14구	함경남도 북청군 봉수대지부터 마양도를 지나 송도갑에 이르는 선 안
제15구	함경북도 성진군 송오리단으로부터 유진단에 이르는 선 안
제16구	함경북도 청진시 고말산단으로부터 진방위 263도로 그은 선 안
제17구	함경북도 나진시 송목단으로부터 대초도를 지나 이어단에 이르는 선 안
제18구	함경북도 나진시 곽단으로부터 적도를 지나 오포단에 이르는 선 안

[별표 5]
연해구역의 범위(제15조 제3항 관련)

구분	범위
1	평안북도 용천군 압록강구부터 마안도를 지나 황해도 장연군 장산곶에 이르는 선 안
2	황해도 옹진군 등산곶으로부터 충청남도 서산군 서격렬비도 및 전라남도 신안군 홍도, 소흑산도를 지나 북위 33도30.2분 동경 125도49.9분을 잇는 선과 북위 33도30.2분 동경 127도19.9분, 북위 33도30.2분 동경 129도4.9분을 연결하는 선 및 북위 34도35.2분 동경 130도34.9분과 북위 35도14.1분 동경 129도44.4분을 연결하는 선 안
3	강원도 동해시 한진단으로부터 북위 37도51.2분 동경 130도54.9분, 북위 37도31분 동경 132도7.9분, 북위 37도0.2분 동경 132도19.9분, 북위 36도14.2분 동경 129도59.9분의 각 점을 연결하는 선 안
4	강원도 고성군 수원단으로부터 함경북도 성진군 유진단에 이르는 선 안
5	북위 33도30.2분 동경 129도4.9분으로부터 일본국 규슈·시코쿠·혼슈·홋카이도의 각 해안으로부터 20마일 이내의 선을 연결하고 북위 34도35.2분 동경 130도34.9분에 이르는 선 안

제16조(항해구역의 지정) ① 법 제8조 제3항에 따라 항해구역을 지정하는 경우에는 선박소유자의 요청, 선박의 구조 및 선박시설기준 등을 고려하여 지정하여야 한다.
 ② 외국의 동일 국가 내의 항구 사이 또는 외국의 호소·하천 및 항내의 수역에서만 항해하는 선박의 항해구역은 제15조에 준하여 평수구역·연해구역 또는 근해구역으로 정할 수 있다.
 ③ 법 제7조 제4항에 따라 별도건조검사를 받은 선박에 대하여는 해당 선박의 크기·구조·용도 등을 고려하여 항해구역을 제한하여 지정할 수 있다.

제17조(항해구역 외의 예외적 항해) 법 제8조 제3항에 따라 다음 각 호의 어느 하나에 해당하는 경우에는 지정된 항해구역 외의 구역을 항해할 수 있다.
 1. 법 제3조 제3항 제4호에 따라 외국에 선박매각 등을 하기 위하여 예외적으로 단 한 번의 국제항해를 하는 경우
 2. 선박을 수리하거나 검사를 받기 위하여 수리할 장소 또는 검사를 받을 장소까지 항해하는 경우
 3. 항해구역 밖에 있는 선박을 그 해당 항해구역 안으로 항해시키는 경우
 4. 항해구역의 변경을 위하여 변경하려는 항해구역으로 선박을 항해시키는 경우
 5. 접적지역(대연평도, 소연평도, 대청도, 소청도 및 백령도 부근 해역을 말한다)을 항해하는 선박으로서 해당 선박의 항해구역 중 일부가 군사목적상 항해금지구역으로 설정되어 있어 그 구역을 우회하기 위하여 일시적으로 항해구역 외의 구역을 항해하는 경우
 6. 그 밖에 제1호부터 제4호까지와 비슷한 사유로서 선박이 임시로 항해할 필요가 있다고 인정되는 경우

제18조(최대승선인원의 산정 등) ① 법 제8조 제3항에 따른 최대승선인원은 여객, 선원 및 임시승선자별로 다음 각 호의 기준에 따라 산정한다.
 1. 승선인원에 산입되지 아니하는 자
  가. 정박 중에 선내 관람 등을 위하여 승선하는 자, 하역·수리작업 등을 위한 작업원, 선원 교대자 등 해당 항에서만 승선하는 자
  나. 선박의 운항과 관련한 업무를 하기 위하여 승선하는 도선사, 운항관리자, 세관공무원 및 검역공무원 등
  다. 1세 미만인 유아
 2. 여객실, 선원실, 그 밖의 최대승선인원을 산정하는 장소에 화물을 적재한 경우에는 그 화물이 차

지하는 장소에 상응하는 인원 수를 제외하고 산정
  3. 국제항해에 종사하지 아니하는 선박의 경우 1세 이상 12세 미만인 자는 2명을 1명으로 산정
② 제1항에도 불구하고 선박소유자가 요청하는 경우에는 산정된 인원수의 범위에서 최대승선인원의 수를 제한하여 지정할 수 있다.
③ 법 제8조 제3항에 따른 최대승선인원의 산정기준은 별표 6과 같다.

[별표 6]
최대승선인원의 산정기준(제18조 제3항 관련)
1. 여객실 여객정원은 다음의 방법으로 산정한다.
  가. 침대 1개에 대한 수용 인원은 1명[더블베드(길이 2.0미터 이상, 너비 1.3미터 이상인 것을 말한다)의 경우는 2명]으로 한다.
  나. 좌석의 수용 인원은 그 면적을 다음 표의 구분에 따른 단위면적으로 나눈 수로 한다.

항해구역	항해예정시간	단위면적(제곱미터)	
		통로를 설비하는 여객실	통로를 설비하지 아니하는 여객실
근해 및 원양	-	0.85	1.00
연해 및 평수	24시간 이상	0.85	1.00
	6시간 이상 24시간 미만	0.75	0.85
	1.5시간 이상 6시간 미만	0.45	0.55
	1.5시간 미만	0.30	0.35

비고
  1. "항해예정시간"이란 출발항에서 최종 도착항에 이르는 기항지의 정박시간을 포함한 총소요시간을 말한다. 이하 같다.
  2. 단위면적은 3등여객정원 산정 시의 단위면적이며, 2등여객정원은 3등여객정원 산정시 단위면적의 5할을, 1등여객정원은 2등여객정원 산정시 단위면적의 5할을 각각 더한 단위면적으로 나눈 수를 그 인원수로 한다.
  3. 여객실의 높이가 2.0미터 미만인 경우에는 그 높이에 비례한 체감률을 적용하여 그 인원을 줄여야 한다.
  4. 특등실 및 1등실(침대를 갖춘 경우로 한정한다)은 1실에 대하여 침대2대(더블침대를 갖춘 경우에는 1대)를 초과하여 비치하여서는 아니 되며, 특등실은 1실에 대하여 부속휴게실과 화장실을 갖추어야 한다.
  5. 칸막이가 있는 좌석은 좌석 구분마다 칸막이의 안 쪽을 측정한 면적에 따라 좌석의 수용수를 산정한다.

  다. 의자석의 수용 인원은 그 정면너비를 다음 표에 따른 단위너비로 나눈 수로 하며 그 의자는 균등하게 설치되어야 한다.

항해예정시간	단위너비(센티미터)
6시간 이상 24시간 미만	50

1.5시간 이상 6시간 미만	45
1.5시간 미만	40

비고
1. 정면너비(b)는 그림 1과 같이 측정한다.

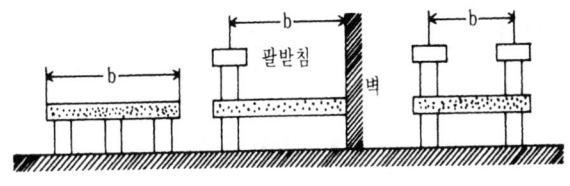

그림 1

2. 굴절 또는 굴곡된 긴 의자는 그림 2와 같이 걸터앉는 부분과 등판 중 적은 둘레의 치수를 정면너비로 한다.

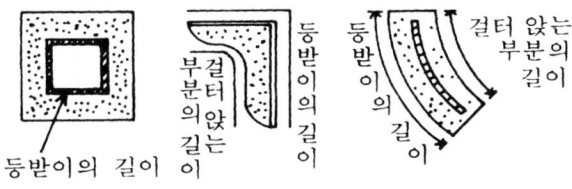

그림 2

라. 의자석과 좌석이 공존하는 경우에 여객정원은 다음 어느 하나의 방법으로 산정한다.
 1) 의자석과 좌석이 그림 3과 같이 공존하고 또한 의자의 앞에 통로가 없는 경우에는 의자의 전면 30센티미터의 범위를 제외한 좌석면적에 대하여 정원을 산정한다. 이 경우 통로는 의자의 전면으로부터 3.7미터 이내에 있도록 배치되어야 한다.

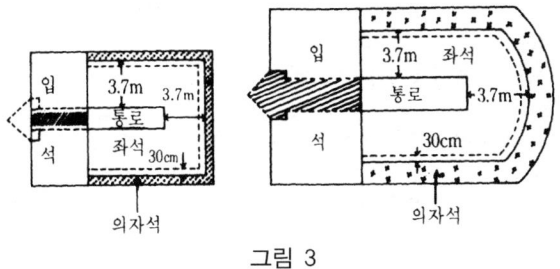

그림 3

 2) 의자석과 좌석이 그림 4와 같이 공존하고 또한 의자 앞에 통로를 설치하여 그 통로의 너비가 60센티미터 이상인 경우에는 의자석과 좌석에 대하여 각각 정원을 산정할 수 있다.

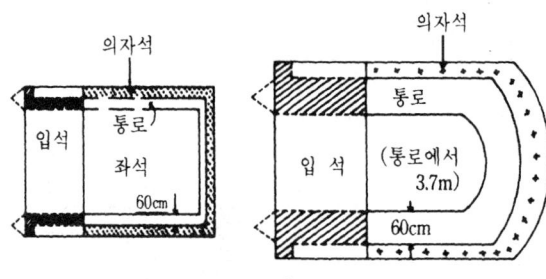

그림 4

마. 입석의 수용 인원은 그 면적을 다음 표의 구분에 따른 단위면적으로 나눈 수로 한다.

항해예정시간	단위면적(제곱미터)
1.5시간 이상 3시간 미만	0.35
1.5시간 미만	0.30

비고
1. 입석은 높이 1.8미터 이상의 장소로 한정하여 정원을 산정한다. 다만, 출입구 내측 및 계단 하부의 공간(너비가 출입구 또는 계단의 너비의 1.5배 이상이고, 그 길이가 출입구 또는 계단의 너비 이상으로 설치한 공간)에 대하여는 입석정원에 산입하지 아니한다.
2. 입석을 동일 실내에서 다른 객석과 공존시키는 경우에는 라목에 따른 그림 3 및 그림 4의 사선 부분을 가상통로로 하여 이를 제외한 잔여면적을 입석면적으로 한다.

바. 전시, 사변 그 밖에 이에 준하는 비상사태에 처하여 국가안전보장상 필요한 경우의 여객정원은 20센티미터 이상의 건현 및 복원성을 유지할 수 있는 범위에서 항해예정시간에 구애됨이 없이 여객을 수용할 수 있는 장소의 면적(제곱미터)을 단위면적 0.3으로 나눈 수를 그 인원으로 한다.
사. 여객정원의 산정에 있어서 그 면적 또는 너비를 단위면적 또는 단위너비로 나누어 인원수를 산정하는 경우에는 정수를 택하고 소수점 이하는 버린다.
2. 연해구역 이하를 항해구역으로 하는 선박으로서 항해예정시간이 3시간 미만인 항로에 취항하는 선박에 대하여는 피서객이나 귀성객 등이 폭주하는 특별수송기간 또는 지방자치단체가 도서지역에서 실시하는 특별행사기간 중 지방해양항만청장이 인정하는 경우로 한정하여 20센티미터 이상의 건현 및 복원성을 유지할 수 있는 범위에서 임시로 여객을 증원시킬 수 있다. 이 경우 임시여객수의 산정방법은 다음 각 목에 따른다.
가. 개방장소에 대하여는 제1호다목 또는 마목에 따른 방법. 이 경우 같은 호 마목 비고 2. 중 "실내"는 "개방장소"로 본다.
나. 여객실내의 입석에 대하여는 제1호마목에 따른 방법
3. 연해구역을 항해구역으로 하는 선박으로서 총톤수 200톤 이상인 선박 및 근해구역 이상을 항해구역으로 하는 선박의 선원실의 정원은 그 바닥의 면적을 다음 표의 구분에 따른 단위면적으로 나누어 얻은 최대정수로 한다.

구분(총톤수)	단위면적(제곱미터)
800톤 미만의 선박	1.85

800톤 이상 3,000톤 미만의 선박	2.35
3,000톤 이상의 선박	2.78

4. 제3호에도 불구하고 국제항해에 종사하는 선박으로서「선원법」제2조 제6호에 따른 부원이 사용하는 선박의 선원실 바닥면적(침대, 가구 및 비품을 포함한다)은 다음 표에 따른다. 다만, 개인용 욕실 및 화장실 면적은 제외한다.

구분(총톤수)	단위면적(제곱미터)					
	여객선·특수목적선 외의 선박		여객선 및 특수목적선			
	1인용	2인용	1인용	2인용	3인용	4인용
3,000톤 미만	4.5	7.0	4.5	7.5	11.5	14.5
3,000톤 이상 10,000톤 미만	5.5	-	5.5			
10,000톤 이상	7.0	-	7.0			

비 고
 1.「선원법」제2조 제6호에 따른 부원이 사용하는 선원실의 1실당 최대허용인원은 여객선은 4명, 여객선이 아닌 총톤수 3,000톤 이상인 선박은 1명을 초과하여서는 아니 된다.
 2. 특수목적선의 침실은 4명을 초과하여 수용할 수 있으며 바닥면적은 1인당 3.6 제곱미터 이상이어야 한다.
 3. 총톤수 3,000톤 미만의 선박, 여객선 및 특수목적선에 1인용 침실을 설치하기 위해서는 바닥면적을 축소할 수 있다.
 4. 총톤수 200톤 미만의 선박에 대하여는 비고 1호부터 비고 3호까지를 적용하지 아니할 수 있다.
 5. 침실에 추가하여 개인용 거실 또는 휴게실이 설치되는 경우 해당 면적은 3.0 제곱미터 이상이어야 한다.

 4의2. 제3호에도 불구하고 국제항해에 종사하는 선박으로서「선원법」제2조 제3호 및 제5호에 따른 선장 및 직원용 선원실의 바닥면적(개인용 거실 또는 휴게실이 없는 경우만 해당한다)은 다음 표에 따른다.

구분(총톤수)	단위면적(제곱미터)		
	여객선·특수목적선 외의 선박	여객선 및 특수목적선	
	선박 직원용	운항급 직원용	관리급 직원용
3,000톤 미만	7.5	7.5	8.5
3,000톤 이상 10,000톤 미만	8.5		
10,000톤 이상	10.0		

비 고
 1. 선장 및 관리급 직원에 대하여는 침실에 추가하여 개인용 거실 또는 휴게실이 마련되어야 한다. 다만 총톤수 3,000톤 미만의 선박에는 이를 면제할 수 있다.

2. 총톤수 200톤 미만의 선박에 대하여는 비고 1호를 적용하지 아니할 수 있다.
3. 개인용 거실 또는 휴게실이 있는 경우 그 면적은 3.0제곱미터 이상이어야 하며, 선원실의 바닥면적을 5.5제곱미터까지 할 수 있다.

5. 제3호 및 제4호에 따른 선박이 아닌 선박에 대한 선원실의 정원은 침대수와 침대 외의 좌석의 면적을 다음 표의 구분에 따른 단위면적으로 나누어 얻은 최대정수의 합으로 한다.

선박의 구분	단위면적(제곱미터)
연해구역(항해소요시간이 12시간 이상인 구역)을 항해구역으로 하는 선박	1.10
연해구역(항해소요시간이 12시간 미만인 구역)을 항해구역으로 하는 선박	0.55
평수구역을 항해구역으로 하는 선박	0.45

6. 선원실은 남성용과 여성용으로 분리되어야 한다.
7. 임시승선자에 대한 정원 산정방법에 관하여는 제1호를 준용한다. 이 경우 "여객"은 "임시승선자"로 본다.
8. 임시승선자 중 선원가족은 선원실의 정원산정기준을 적용한다.
9. 제1호부터 제4호까지, 제4호의2, 제5호부터 제8호까지에도 불구하고 소형선박과 「선박안전법 시행규칙」 제5조 제6호에 따른 임시승선자를 승선시키는 선박(이하 이 호에서 "소형선박등"이라 한다)의 최대승선인원 산정은 다음 각 목에 따른다.
  가. 소형선박등의 최대승선인원은 선원실, 여객실 및 임시승선자의 거실 등의 정원을 합한 인원으로 한다.
  나. 삭제
  다. 소형선박등의 선원실, 여객실 및 임시승선자의 거실의 정원 산정에 대하여는 제1호부터 제4호까지, 제4호의2, 제5호, 제7호 및 제8호를 준용하며, 정수를 인원으로 한다. 다만, 선박의 구조·규모 및 항해상의 조건, 용도 등을 고려하여 선원실 등이 필요 없다고 해양수산부장관이 인정하는 소형선박등은 다음의 어느 하나에 따라 산정한 인원수의 합계로 할 수 있다.
    (1) 의자석의 수용수는 그 정면 너비(단위 : 미터)를 0.40으로 나누어서 얻은 최대정수
    (2) 입석의 수용수는 그 면적(단위 : 평방미터)을 0.30으로 나누어서 얻은 최대정수

3. 중간검사

선박소유자는 정기검사와 정기검사의 사이에 해양수산부령이 정하는 바에 따라 해양수산부장관의 검사(이하 "중간검사"라 한다)를 받아야 한다(법 제9조 제1항). 중간검사의 종류는 제1종과 제2종으로 구분하며, 그 시기와 검사사항은 해양수산부령으로 정한다(법 제9조 제2항). 해양수산부장관은 법 제9조 제1항의 규정에 따른 중간검사에 합격한 선박에 대하여 법 제8조 제2항의 규정에 따른 선박검사증서의 검사기록에 그 검사결과를 기재하여야 한다(법 제9조 제3항). 해외수역(대한민국의 수역 외의 수역을 말한다. 이하 같다)에서의 장기간 항해·조업 등 부득이 한 사유로 인하여 중간검사를 받을 수 없는 자는 해

양수산부령이 정하는 바에 따라 중간검사의 시기를 연기할 수 있다(법 제9조 제4항).

❊「선박안전법 시행규칙」

제19조(중간검사) ① 법 제9조 제1항에 따라 중간검사를 받으려는 선박소유자는 별지 제4호서식의 선박검사신청서에 제12조 제2항 각 호의 서류를 첨부하여 해양수산부장관에게 제출하여야 한다.
② 법 제9조 제2항에 따른 중간검사를 받아야 하는 시기는 다음과 같다.

구분	종류	검사시기
가. 여객선, 원자력선, 잠수선, 고속선, 수면비행선박(여객용만 해당한다) 및 선령 30년 이상 선박으로서 선박길이 24미터 이상인 선박	제1종 중간검사	검사기준일 전후 3개월 이내
나. 다음의 어느 하나에 해당하는 선박 1) 평수구역만을 항해하는 선박길이가 24미터 미만인 선박(가목의 선박은 제외한다) 2) 삭제 3) 준설토 운반부선 및 부유식 해상구조물 4) 선박길이가 12미터 미만인 범선	제1종 중간검사	정기검사 후 두 번째 검사기준일 전 3개월부터 세 번째 검사기준일 후 3개월까지
다. 가목 및 나목에 해당하지 아니하는 선박	제1종 중간검사	정기검사 후 두 번째 또는 세 번째 검사기준일 전 후 3개월 이내. 다만, 선저검사는 지난번 선저검사일부터 3년을 초과하여서는 아니된다.
	제2종 중간검사	검사기준일 전 후 3개월 이내(정기검사 또는 제1종 중간검사를 받아야 하는 연도의 검사기준일은 제외한다)

비고
1. "고속선"이란「해상에서의 인명안전을 위한 국제협약」에 따른 고속선을 말한다.
2. "선저검사"란 선박의 밑 부분에 대한 검사를 말한다.

③ 다음 각 호의 어느 하나에 해당하는 선박에 대하여는 중간검사를 생략한다.
1. 총톤수 2톤 미만인 선박
2. 추진기관 또는 범장(帆檣)이 설치되지 아니한 선박으로서 평수구역 안에서만 운항하는 선박. 다만, 제6조 각 호의 선박은 제외한다.
3. 추진기관 또는 범장이 설치되지 아니한 선박으로서 연해구역을 운항하는 선박 중 여객이나 화물의 운송에 사용되지 아니하는 선박
4. 삭제

④ 법 제9조 제2항에 따른 제1종 중간검사와 제2종 중간검사의 검사사항은 선박시설, 만재흘수선 및 무선설비(선박위치발신장치를 포함한다)로 한다.
⑤ 제2항에도 불구하고 선박소유자는 장기휴해 등 부득이한 사유가 있는 경우에는 중간검사를 검사기준일보다 3개월 이상 앞당겨 받을 수 있다. 이 경우 해당 검사완료일부터 3개월이 지난 날을 새로운 검사기준일로 한다.
⑥ 법 제9조 제3항에 따른 검사결과는 선박검사증서의 뒤 쪽에 다음 검사시기와 검사종류 및 선박검사관의 성명(대행검사기관이 대행하는 경우 선박검사원의 성명을 말한다. 이하 같다)을 적어야 한다.

제20조(중간검사시기의 연기신청) ① 법 제9조 제4항에 따라 중간검사시기를 연기받으려는 선박소유자는 별지 제7호서식의 중간검사시기연기신청서에 해당 선박의 항해일정 및 현재의 위치를 나타내는 서류를 첨부하여 해양수산부장관에게 제출하여야 한다.
② 해양수산부장관은 제1항에 따른 신청을 받은 경우에는 해당 선박의 항해일정을 고려하여 타당하다고 인정되는 경우 해당 검사기준일부터 12개월 이내의 기간을 정하여 그 검사시기를 연기할 수 있다. 이 경우 다음 검사시기와 검사종류 등을 선박소유자에게 알려야 한다.
③ 제2항에 따라 연기받은 기간 내에 해당 선박이 중간검사를 받을 장소에 도착하면 지체 없이 중간검사를 받아야 한다.
④ 제2항에 따라 검사시기의 연기로 인하여 연기된 중간검사와 정기검사가 겹치는 경우에는 정기검사를 실시하고, 제1종 중간검사와 제2종 중간검사가 겹치는 경우에는 제1종 중간검사를 실시한다.

4. 임시검사

선박소유자는 다음 각 호의 어느 하나에 해당하는 경우에는 해양수산부령이 정하는 바에 따라 해양수산부장관의 검사(이하 "임시검사"라 한다)를 받아야 한다(법 제10조 제1항).

1. 선박시설에 대하여 해양수산부령이 정하는 개조 또는 수리를 행하고자 하는 경우
2. 법 제8조 제2항의 규정에 따른 선박검사증서에 기재된 내용을 변경하고자 하는 경우. 다만, 선박소유자의 성명과 주소, 선박명 및 선적항의 변경 등 선박시설의 변경이 수반되지 아니하는 경미한 사항의 변경인 경우에는 그러하지 아니하다.
3. 법 제15조 제2항의 규정에 따라 선박의 용도를 변경하고자 하는 경우
4. 법 제29조의 규정에 따라 선박의 무선설비를 새로이 설치하거나 이를 변경하고자 하는 경우
5. 만재흘수선의 변경 등 해양수산부령이 정하는 경우

해양수산부장관은 법 제10조 제1항의 규정에 따른 임시검사에 합격한 선박에 대하여 법 제8조 제2항의 규정에 따른 선박검사증서의 검사기록에 그 검사결과를 기재하여야 한다(법 제10조 제2항). 해양수산부장관은 선박소유자가 법 제8조 제2항의 규정에 따른 선박검사증서에 기재된 내용을 일시적으로 변경하고자 하는 경우에는 법 제10조 제1항 제2호의 규정에 불구하고 해양수산부령이 정하는 임시변경증을 교부할 수 있다(법 제10조 제3항).

※ 「선박안전법 시행규칙」

제21조(임시검사) ① 법 제10조 제1항에 따라 임시검사를 받으려는 선박소유자는 별지 제4호서식의 선박검사신청서에 다음 각 호의 서류를 첨부하여 해양수산부장관에게 제출하여야 한다. 다만, 제2호부터 제5호까지의 서류는 해당되는 경우에만 첨부하여야 한다.
  1. 선박검사증서
  2. 임시검사 관련 승인도면(도면승인을 한 대행검사기관에 신청하는 경우에는 생략한다)
  3. 법 제18조 제7항에 따른 선박용물건 또는 소형선박의 검정증서
  4. 법 제20조 제4항 단서에 따른 선박용물건 또는 소형선박의 확인서
  5. 법 제22조 제3항에 따른 선박용물건 또는 소형선박의 예비검사증서

② 법 제10조 제1항 제1호에서 "해양수산부령이 정하는 개조 또는 수리"란 다음 각 호의 어느 하나에 해당하는 경우를 말한다.
  1. 선박의 선박길이, 너비, 깊이 또는 다음 각 목의 어느 하나에 해당하는 선체 주요부의 변경으로 선체의 강도, 수밀성(水密性) 또는 방화성에 영향을 미치는 개조 또는 수리
     가. 상갑판 아래의 선체, 선루(船樓) 또는 기관실위벽(圍壁)의 폭로부(暴露部)
     나. 갑판실(승선자가 거주하거나 항상 사용하는 것으로 한정한다)의 측벽 또는 정부갑판(頂部甲板)
     다. 선루갑판 아래의 폭로부 외판
     라. 격벽에 설치되어 폐위(閉圍)구역을 보호하는 폐쇄장치(목제창구덮개 또는 창구복포는 제외한다)
  2. 선박의 추진과 관계있는 기관 및 그 주요부의 교체·변경 등으로 기관의 성능에 영향을 미치는 개조 또는 수리
  3. 타(舵) 또는 조타장치의 변경으로 선박의 조종성에 영향을 미치는 개조 또는 수리
  4. 탱크, 펌프실, 그 밖에 인화성 액체 또는 인화성 고압가스가 새거나 축적될 우려가 있는 곳에 설치되어 있는 전선로를 교체·변경하는 수리

③ 법 제10조 제1항 제5호에서 "해양수산부령이 정하는 경우"란 다음 각 호의 어느 하나에 해당하는 경우를 말한다.
  1. 선박시설에 관한 선박용물건 중 선박에 고정 설치되는 것으로서 새로 설치하거나 변경하는 경우. 다만, 여객선 및 선박길이 24미터 이상의 선박이 아닌 선박의 경우에는 선박에 고정 설치되는 것으로서 제4조 제8호, 제9호, 제12호 및 제14호의 선박시설로 한정한다.
  2. 법 제27조 제1항에 따른 만재흘수선을 새로 표시하거나 변경하려는 경우
  3. 법 제28조 제1항에 따른 복원성기준을 새로 적용받거나 그 복원성에 영향을 미칠 우려가 있는 선박용물건을 신설·증설·교체 또는 제거하거나 위치를 변경하려는 경우
  4. 원자력선의 원자로에 연료체를 투입하거나 원자로 안에서 연료체의 배치를 바꾸려는 경우
  5. 보일러 안전밸브의 봉인을 개방하여 조정하려는 경우
  6. 법 제34조 제1항에 따라 확인받은 하역설비의 제한하중, 제한각도 및 제한반경을 변경하려는 경우
  7. 승강설비의 제한하중 또는 정원을 변경하려는 경우
  8. 해양사고 등으로 선박의 감항성(堪航性) 또는 인명안전의 유지에 영향을 미칠 우려가 있는 변경이 발생한 경우
  9. 법 제8조 제3항에 따른 제17조 제1호부터 제4호까지 및 제6호에 해당하는 경우(같은 조 제2호의 경우 검사시설이 없는 섬에서 선박검사를 받기 위하여 검사시설이 있는 장소로 항해하려는 경우는 제외한다)
  10. 선박시설의 보완 또는 수리가 필요하다고 인정되어 해양수산부장관이 특정한 사항에 관하여 임시검사를 받을 것을 지정하는 경우. 이 경우 해양수산부장관은 선박검사증서의 뒤 쪽에 검사받을 내용 및 검사시기를 적어야 한다.

④ 제2항에 따라 개조 또는 수리를 하는 선박소유자는 해당 시설의 개조 또는 수리에 착수한 때부터 검사를 받아야 한다.
⑤ 선박소유자는 제3항 제10호에 따라 지정된 임시검사의 시기를 앞당겨 받을 수 있다.
⑥ 선박소유자는 정기검사 또는 중간검사를 받을 때에 임시검사사항이 포함되는 경우에는 별도의 임시검사를 받지 아니한다.
⑦ 법 제10조 제2항에 따른 검사결과는 선박검사증서의 뒤쪽에 다음 검사시기, 검사종류 및 선박검사관의 성명을 적어야 한다.
⑧ 법 제10조 제3항에 따른 임시변경증은 별지 제8호서식과 같다.

5. 임시항해검사

정기검사를 받기 전에 임시로 선박을 항해에 사용하고자 하는 때 또는 국내의 조선소에서 건조된 외국선박(국내의 조선소에서 건조된 후 외국에서 등록되었거나 외국에서 등록될 예정인 선박을 말한다. 이하 이 조에서 같다)의 시운전을 하고자 하는 경우에는 선박소유자 또는 선박의 건조자는 해당선박에 요구되는 항해능력이 있는지에 대하여 해양수산부령이 정하는 바에 따라 해양수산부장관의 검사(이하 "임시항해검사"라 한다)를 받아야 한다(법 제11조 제1항). 해양수산부장관은 법 제11조 제1항의 규정에 따른 임시항해검사에 합격한 선박에 대하여 해양수산부령으로 정하는 사항과 검사기록을 기재한 임시항해검사증서를 교부하여야 한다(법 제11조 제2항).

※「선박안전법 시행규칙」

제22조(임시항해검사) ① 법 제11조 제1항에 따라 임시항해검사를 받으려는 선박소유자 또는 선박의 건조자는 별지 제4호서식의 선박검사신청서에 해당 선박의 운항계획서를 첨부하여 해양수산부장관에게 제출하여야 한다. 다만, 영 제21조 제1항 제1호에 따른 임시항해검사인 경우에는 지방해양항만청장(지방해양항만청장 소속 해양사무소의 장을 포함한다)에게 제출하여야 한다.
② 제1항에 따른 임시항해검사 대상 선박 중 국내의 조선소에서 건조된 외국선박에 대한 임시항해검사의 절차, 방법 및 검사범위 등에 관한 사항은 해양수산부장관이 정하는 바에 따른다.
③ 법 제11조 제2항에 따른 임시항해검사증서는 별지 제9호서식과 같다.
④ 법 제11조 제2항에서 "해양수산부령으로 정하는 사항"이란 다음 각 호의 사항을 말한다.
1. 선박검사관의 성명
2. 검사완료일 및 검사장소
3. 다음 검사 기준일 및 검사종류

6. 국제협약검사

국제항해에 취항하는 선박의 소유자는 선박의 감항성 및 인명안전과 관련하여 국제적으로 발효된 국제협약에 따른 해양수산부장관의 검사(이하 "국제협약검사"라 한다)를 받아야 한다(법 제12조 제1항). 해양수산부장관은 국제협약검사에 합격한 선박에 대하여 해양수산부령으로 정하는 사항과 검사기록을 기재한 국제협약검사증서를 교부하여야 한다(법 제12조 제2항). 해양수산부장관은 법 제12조 제2항의 규정에 따라 교부한 국제협약검사증서의 소유자가 법 제12조 제1항에서 규정된 국제협약을 위반한 경우에는 해당증서를 회수하거나 효력정지 또는 취소할 수 있다(법 제12조 제3항). 해양수산부장관은 외국정부로부터 국제협약검사증서의 교부요청이 있는 때에는 해당외국선박에 대하여 법 제12조 제1항의 규정에 따른 국제협약검사를 한 후 국제협약검사증서를 교부할 수 있다(법 제12조 제4항). 법 제12조 제1항 내지 제3항의 규정에 따른 국제협약검사의 종류, 국제협약검사증서의 교부·회수·효력정지·취소 및 국제협약 위반에 대한 조사방법 등에 관하여 필요한 사항은 해양수산부령으로 정한다(법 제12조 제5항).

※「선박안전법 시행규칙」

제23조(국제협약검사증서의 서식 등) ① 법 제12조 제2항에 따른 국제협약검사증서는 다음 각 호와 같다.
1. 여객선(원자력여객선은 제외한다) : 별지 제10호서식의 여객선안전증서
2. 원자력여객선 : 별지 제11호서식의 원자력여객선안전증서
3. 총톤수 300톤 이상 500톤 미만의 화물선 : 별지 제12호서식의 화물선안전무선증서
4. 총톤수 500톤 이상의 화물선
   가. 별지 제12호서식의 화물선안전무선증서
   나. 별지 제13호서식의 화물선안전구조증서
   다. 별지 제14호서식의 화물선안전설비증서
   라. 별지 제14호의2서식의 화물선안전증서
5. 원자력화물선 : 별지 제15호서식의 원자력화물선안전증서
6. 액화가스산적운송선
   가. 1986년 7월 1일 이후에 건조되거나 개조된 선박으로서 국제액화가스산적운송코드에 규정된 물질을 운송하는 선박 : 별지 제16호서식의 국제액화가스산적운송적합증서
   나. 1986년 6월 30일 이전에 건조되거나 개조된 선박 : 별지 제17호서식의 액화가스산적운송적합증서
7. 위험화학품산적운송선
   가. 1986년 7월 1일 이후에 건조되거나 개조된 위험화학품산적운송선으로서 국제산적화학물코드에 규정된 물질을 운송하는 선박 : 별지 제18호서식의 국제위험화학품산적운송적합증서

나. 1986년 6월 30일 이전에 건조되거나 개조된 선박
　　　 : 별지 제19호서식의 위험화학품산적운송적합증서
　8. 다음 각 호의 어느 하나에 해당하는 선박으로서「해상에서의 인명안전을 위한 국제협약」부속서 제7장 제2규칙에서 규정하는 위험물을 포장된 형태나 산적고체 형태로 운송하는 선박 : 별지 제20호서식의 위험물운송적합증서
　가. 1984년 9월 1일 이후에 건조되거나 개조된 여객선
　나. 1984년 9월 1일 이후에 건조되거나 개조된 총톤수 500톤 이상의 화물선
　다. 1992년 2월 1일 이후에 건조되거나 개조된 화물선
　9. 여객선 및 총톤수 500톤 이상의 화물선 중 고속선안전코드의 적용을 받는 다음 각 목의 고속선
　　가. 1996년 1월 1일 이후부터 2002년 6월 30일 이전에 건조되거나 개조된 고속선 : 별지 제21호서식의 고속선안전증서 및 별지 제22호서식의 고속선운항허가증
　　나. 2002년 7월 1일 이후에 건조되거나 개조된 고속선 : 별지 제23호서식의 고속선안전증서 및 별지 제24호서식의 고속선운항허가증
　10. 국제방사능핵연료 화물운송코드에서 규정하는 방사능물질을 운송하는 선박 : 별지 제25호서식의 국제방사능핵연료화물운송적합증서
　11. 총톤수 500톤 이상의 선박 중 특수목적선 안전코드의 요건에 적합한 선박 : 별지 제26호서식의 특수목적선안전증서
　12. 여객선이나 화물선으로서 선박길이가 24미터 이상인 선박 : 별지 제27호서식의 국제만재흘수선증서
② 다음 각 호의 어느 하나에 해당하는 선박에 대하여는 별지 제28호서식의 면제증서를 발급하여야 한다.
　1. 국제항해에 취항하는 여객선 및 총톤수 500톤 이상의 화물선으로서 법 제26조에 따라 해양수산부장관이 정하여 고시하는 선박시설기준으로 정하는 바에 따라 해당 국제협약검사증서에 관한 요건의 일부 또는 전부가 면제된 선박
　2. 국제항해에 종사하지 아니하는 여객선 및 총톤수 300톤 이상의 화물선으로서 법 제10조 제3항에 따른 임시변경증이나 법 제11조 제2항에 따른 임시항해검사증서를 발급받아 단일의 국제항해를 하는 선박
③ 제1항 제12호의 선박으로서 다음 각 호의 어느 하나에 해당하는 선박에 대하여는 별지 제29호서식의 국제만재흘수선면제증서를 발급하여야 한다.
　1. 잠수선, 수중익선, 공기부양선 및 임시항해검사증서를 발급받은 선박과 그 밖에 그 구조상 만재흘수선을 표시하는 것이 곤란하거나 부적당한 선박
　2. 국제항해에 종사하지 아니하는 선박으로서 법 제10조 제3항에 따른 임시변경증이나 법 제11조 제2항에 따른 임시항해검사증서를 발급받아 단일의 국제항해를 하는 선박
　3. 법 제26조에 따라 해양수산부장관이 정하여 고시하는 선박시설기준으로 정하는 바에 따라 국제만재흘수선증서에 관한 요건의 일부 또는 전부가 면제된 선박
④ 제1항부터 제3항까지의 규정에 따른 국제협약검사증서에는 대한민국 정부의 권한으로 발행한다는 내용이 포함되어야 한다. 이 경우 국제협약검사증서를 대행검사기관이 발행하는 경우에는 대한민국 정부의 권한을 위임받아 발행한다는 사실을 나타내야 한다.
⑤ 법 제12조 제2항에도 불구하고 국제협약검사가 끝난 후 새로운 국제협약검사증서를 발급하지 아니하는 경우에는 종전의 국제협약검사증서에 해당 국제협약검사가 완료되었다는 내용을 적어 선박소유자에게 발급하여야 한다.
⑥ 법 제12조 제2항에서 "해양수산부령으로 정하는 사항"이란 다음 각 호의 사항을 말한다.
　1. 선박검사관의 성명

2. 검사완료일 및 검사장소
제24조(국제협약검사의 종류) 법 제12조 제5항에 따른 국제협약검사의 종류는 다음 각 호와 같다.
  1. 최초검사 : 최초로 국제항해에 사용하는 경우 받게 되는 검사
  2. 정기검사 : 국제협약검사증서의 유효기간이 끝난 경우 받게 되는 검사
  3. 중간검사 : 국제협약검사증서의 두 번째 검사기준일 또는 세 번째 검사기준일 전후의 3개월 이내에 받게 되는 검사
  4. 연차검사 : 국제협약검사증서의 매 검사기준일 전후의 3개월 이내(제3호의 중간검사를 받는 연도의 검사기준일은 제외한다)에 받게 되는 검사
  5. 임시검사 : 국제항해에 취항하는 선박으로서 제21조 제2항 각 호 및 제3항 각 호의 사유가 발생하여 받게 되는 검사
제25조(국제협약검사의 신청) ① 법 제12조 제5항에 따라 국제협약검사를 받으려는 선박소유자는 별지 제30호서식의 국제협약검사신청서에 다음 각 호의 서류를 첨부하여 해양수산부장관에게 제출하여야 한다. 다만, 신청 시기가 선박검사 시기와 같을 경우에는 관련 서류를 제출하지 아니할 수 있다.
  1. 선박검사증서 또는 임시항해검사증서
  2. 「전파법」에 따른 무선국검사필증(여객선안전증서, 원자력여객선안전증서, 화물선안전무선증서 또는 원자력화물선안전증서를 발급받은 경우로 한정한다)
  3. 해당 국제협약에서 규정하는 구조 및 설비를 확인할 수 있는 도면 및 자료(제23조 제2항의 면제증서나 같은 조 제3항의 국제만재흘수선면제증서를 발급받은 경우에는 제외한다)
  4. 소지하고 있는 해당 국제협약검사증서(최초로 국제협약검사증서를 발급받으려는 경우에는 제외한다)
  ② 국제항해에 종사하지 아니하는 선박의 소유자도 그 구조 및 설비가 해당 국제협약에서 정하는 요건에 적합한 선박에 대하여는 신청에 따라 제1항에 따른 국제협약검사를 받을 수 있다.
제26조(국제협약검사증서의 효력정지) 법 제12조 제5항에 따라 다음 각 호의 어느 하나에 해당하는 경우에는 해당 국제협약검사증서는 그 효력이 정지된다.
  1. 법 제8조부터 제11조까지의 규정에 따른 선박검사, 법 제41조 제2항, 법 제42조 제1항 및 법 제71조 제1항에 따른 검사를 받지 아니한 경우
  2. 제24조 제3호부터 제5호까지의 규정에 따른 검사에 합격하지 못한 선박
  3. 선박의 국적이 변경된 경우
제27조(국제협약 위반 선박에 대한 조사방법 등) 법 제12조 제5항에 따른 국제협약 위반 선박에 대한 조사방법은 법 제68조 및 법 제69조에 따른 항만국통제 및 특별점검을 말한다.
제28조(외국선박에 대한 국제협약검사증서의 발급) 해양수산부장관은 법 제12조 제5항에 따라 외국선박에 대하여 국제협약검사증서를 발급하는 경우에는 그 국제협약검사증서에 해당국 정부의 요청에 따라 발행하였다는 내용을 적어야 한다.

제2관 검사절차 등

1. 도면의 승인 등

법 제7조 내지 제10조의 규정에 따라 건조검사·정기검사·중간검사·임시검사를

받고자 하는 자는 해당선박의 도면에 대하여 해양수산부령이 정하는 바에 따라 미리 해양수산부장관의 승인을 얻어야 한다. 승인을 얻은 사항에 대하여 변경하고자 하는 경우에도 또한 같다(법 제13조 제1항). 해양수산부장관은 법 제13조 제1항의 규정에 따라 승인요청을 받은 도면이 법 제26조 내지 제28조의 규정에 따른 기준에 적합한 때에는 이를 승인하고 해양수산부령으로 정하는 사항을 해당도면에 표시하여야 한다(법 제13조 제2항). 법 제13조 제1항의 규정에 따라 해양수산부장관의 승인을 얻은 자는 승인을 얻은 도면과 동일하게 선박을 건조하거나 개조하여야 한다(법 제13조 제3항). 선박소유자는 법 제13조 제1항의 규정에 따라 승인을 얻은 도면을 해양수산부령이 정하는 바에 따라 선박에 비치하여야 한다(법 제13조 제4항).

⚓「선박안전법 시행규칙」

제29조(도면의 승인 등) ① 법 제13조 제1항에 따라 선박의 도면에 대하여 승인 또는 변경승인을 받으려는 자는 별지 제31호서식의 도면승인(변경)신청서에 별표 7에서 정한 해당 선박의 검사종류별 관련 도면 3부를 첨부하여 해양수산부장관에게 제출하여야 한다. 다만, 다음 각 호의 어느 하나에 해당하는 경우에는 도면의 승인을 생략할 수 있다.
  1. 도면의 승인을 받은 후 변경이 없는 경우 해당 선박의 도면
  2. 같은 조선소에서 같은 내용으로 승인된 도면에 따라 건조되는 같은 형태의 후속 선박의 도면
  3. 대행검사기관을 변경하여 검사를 받으려는 선박의 기존 도면. 다만, 기존 도면이 해당 선박과 같지 아니하거나 변경된 경우에는 그러하지 아니하다.
  4. 해당 대행검사기관에서 설계하거나 설계 감리한 도면
② 법 제13조 제2항에서 "해양수산부령으로 정하는 사항"이란 다음 각 호의 사항을 말한다.
  1. 별표 8에 따른 증인(證印)
  2. 도면의 승인 또는 변경승인을 한 선박검사관의 성명
  3. 승인 날짜
③ 법 제13조 제4항에 따라 승인받은 도면은 선장이나 선원이 즉시 꺼내어 확인할 수 있는 선박내의 적당한 장소에 갖추어 두어야 한다. 다만, 선박 내의 장소가 좁아 도면을 갖추어 둘 수 없는 선박으로서 선박소유자, 법 제45조 제1항에 따른 선박안전기술공단(이하 "공단"이라 한다) 또는 법 제60조 제2항에 따른 선급법인(이하 "선급법인"이라 한다)을 통하여 도면을 공급받을 수 있는 경우에는 그러하지 아니하다.

2. 검사의 준비 등

건조검사 또는 정기검사·중간검사·임시검사·임시항해검사(이하 "선박검사"라 한다)를 위하여 필요한 준비사항에 대하여는 해당검사별로 해양수산부령으로 정한다

(법 제14조 제1항). 선박소유자는 법 제14조 제1항의 규정에 따른 검사의 준비로서 해양수산부령이 정하는 바에 따라 해양수산부장관으로부터 선체두께의 측정을 받아야 한다(법 제14조 제2항). 해양수산부장관은 법 제14조 제1항의 규정에 불구하고 해당선박의 구조·시설·크기·용도 또는 항해구역 등을 고려하여 해양수산부령이 정하는 바에 따라 검사준비·서류제출 등에 대하여 전부 또는 일부를 완화하거나 면제할 수 있다(법 제14조 제3항).

「선박안전법 시행규칙」

제30조(검사의 준비 등) ① 법 제14조 제1항에 따른 해당 선박의 검사종류별 준비사항은 다음 각 호와 같다.
 1. 건조검사 및 별도건조검사 준비사항 : 별표 9
 2. 정기검사 준비사항 : 별표 10
 3. 중간검사 준비사항 : 별표 11
 4. 임시검사 준비사항 : 별표 10 중 해당 선박시설
 5. 임시항해검사 준비사항 : 별표 10 중 해양수산부장관이 지정하는 사항
② 법 제14조 제2항에 따른 선체두께의 측정은 선령 10년이상의 강선으로서 여객선 및 선박길이 24미터 이상인 선박에 대하여 해당 선박의 정기검사 시에 측정하며, 그 측정범위 및 측정방법은 별표 12와 같다.

제31조(검사의 준비 및 서류제출의 완화 등) ① 법 제14조 제3항에 따라 원자력설비 및 잠수설비 등 특수한 구조나 설비를 가진 선박에 대한 검사의 준비사항은 별표 13과 같다.
② 법 제14조 제3항에 따라 정기검사나 중간검사에서 해당 정기검사일이나 중간검사일 전 6개월 이내에 부분적인 수리나 정비를 하고 임시검사에 합격한 사항에 대하여는 제30조 제1항 제2호 및 제3호에 따른 검사의 준비를 면제할 수 있다.
③ 법 제14조 제3항에 따라 총톤수 2톤 미만의 선박에 대하여는 별표10의 제2호자목(효력시험만 해당한다), 제3호마목, 제4호가목·다목, 제5호다목 및 제6호나목 외의 검사준비를 면제한다.
④ 법 제14조 제3항에 따라 부유식 해상구조물의 정기검사 및 제1종 중간검사에 대하여는 별표 10 제1호가목 및 별표 11 제1호가목의 선체에 관한 준비사항 중 선체에 대한 입거(入渠) 또는 상가(上架) 준비를 수중검사 준비로 갈음할 수 있고, 별표 10 제1호나목부터 라목까지의 준비는 면제(제1종 중간검사 시에도 적용한다)할 수 있다.
⑤ 법 제14조 제3항에 따라 선령 30년 이상의 선박길이 24미터 이상인 선박에 대하여는 별표 11 제1호에 따른 제1종 중간검사준비사항 중 같은 표 제1호나목1)부터 6)까지의 준비를 면제할 수 있다. 다만, 연속하여 3회를 면제할 수 없다.
⑥ 법 제14조 제3항에 따라 다음 각 호의 어느 하나에 해당하는 선박에 대하여는 별표 11 제1호 가목의 선체에 관한 준비사항 중 별표 10 제1호 가목의 선체에 대한 입거 또는 상가준비를 수중검사 준비로 갈음할 수 있고, 별표 10 제1호 나목부터 라목까지 및 제3호 나목의 준비는 면제할 수 있다. 다만, 여객선에 대하여는 연속하여 3회를 갈음하거나 면제할 수 없다.
 1. 내수면안에서만 항해하는 선박
 2. 선령 15년 미만인 선박(여객선은 제외한다)
⑦ 해양수산부장관은 제4항 및 제6항에 따른 수중검사 결과 부식 또는 손상 등으로 인하여 입거 또는 상가가 필요하다고 판단되는 경우에는 입거 또는 상가를 하게 할 수 있다.

⑧ 제4항 및 제6항에 따른 수중검사준비와 그 검사방법 등은 별표 14와 같다.
⑨ 법 제14조 제3항에 따른 제1항부터 제8항까지의 규정 외의 검사준비 및 서류제출 등에 대하여는 별표 15와 같이 완화하거나 면제할 수 있다.

3. 선박검사 후 선박의 상태유지

선박소유자는 건조검사 또는 선박검사를 받은 후 해당선박의 구조배치·기관·설비 등의 변경이나 개조를 하여서는 아니 되며, 선체·기관·설비 등이 정상적으로 작동·운영되도록 상태를 유지하여야 한다(법 제15조 제1항). 법 제15조 제1항의 규정에도 불구하고 선박소유자는 해양수산부령으로 정하는 선박복원성 기준을 충족하는 범위에서 해양수산부장관의 허가를 받아 선박의 너비·깊이·용도의 변경 또는 설비의 개조를 할 수 있다(법 제15조 제2항). ③ 법 제15조 제2항에 따른 허가의 대상·절차 등에 필요한 사항은 해양수산부령으로 정한다.

※「선박안전법 시행규칙」

제32조(선박시설의 변경허가 등) ① 법 제15조 제2항에서 "해양수산부령으로 정하는 복원성 기준"은 별표 15의2와 같다.
② 법 제15조 제2항에 따른 허가의 대상은 다음 각 호의 어느 하나를 말한다.
 1. 선박의 길이·너비·깊이의 변경
 2. 법 제26조부터 제30조까지에 따른 선박시설의 기준 등의 적용이 다르게 되도록 하는 선박의 용도 변경
 3. 선박의 추진용으로 사용되는 원동기의 변경 또는 개조
 4. 조타설비의 변경 또는 개조
 5. 구명뗏목, 구명정 또는 강하식탑승장치의 변경 또는 개조. 다만, 제작일 이후 1년이 경과되지 아니한 설비로 교체하는 경우는 제외한다.
 6. 고정식 가스·포말·가압분무·불활성가스 소화장치 및 스프링클러 소화설비의 변경 또는 개조
 7. 여객선 거주설비의 변경 또는 개조
③ 법 제15조 제2항에 따른 허가를 받으려는 선박소유자는 별지 제32호서식의 선박구조등변경허가신청서에 다음 각 호의 서류를 첨부하여 지방해양항만청장에게 제출하여야 한다.
 1. 변경 또는 개조사항을 표시한 도면
 2. 다음 각 목의 구분에 따른 서류
   가. 별표 15 제5호 각 목의 어느 하나에 해당하는 경우: 중량 및 중심위치의 변화량을 산출한 계산서 및 법 제28조 제2항에 따라 승인받은 복원성자료(이하 이 조에서 "복원성자료"라 한다)
   나. 그 밖에 복원성 유지 의무 선박의 경우: 변경 또는 개조사항을 표시한 복원성자료
④ 지방해양항만청장은 법 제15조 제2항에 따른 선박구조변경허가의 공정성과 전문성 등을 확보하기 위하여 선박·조선(造船)·운항 분야 전문가 및 해당 기항지 또는 기항 예정지를 관할하는 지방자치

단체 장이 지정하는 자 등으로 구성된 자문위원회를 구성하여 선박구조변경허가에 관한 자문을 하게 할 수 있다. 다만, 제2항 제1호, 제2호 및 제7호에 따른 허가의 신청을 받은 경우에는 자문위원회의 자문을 거쳐 심사를 하여야 한다.
⑤ 지방해양항만청장은 제3항에 따른 허가신청의 내용이 관련 규정에 적합하고 타당하다고 인정되는 경우에는 별지 제33호서식의 선박구조변경허가서를 신청인에게 발급하여야 한다.

4. 선박의 검사 등에의 참여 등

이 법에 따른 선박의 검사 및 검정·확인을 받고자 하는 자 또는 그의 대리인은 선박의 검사 등을 하는 현장에 함께 참여하여야 한다(법 제6조 제1항). 법 제6조 제1항의 규정에 따라 선박의 검사 등에 참여한 자는 검사 및 검정·확인에 필요한 협조를 하여야 한다(법 제6조 제2항). 해양수산부장관은 법 제6조 제1항 및 제2항의 규정에 따라 검사 및 검정·확인에 참여할 자가 참여하지 아니하거나 검사 및 검정·확인에 참여한 자가 필요한 협조를 하지 아니하는 경우에는 해당 검사 및 검정·확인을 중지시킬 수 있다(법 제6조 제3항).

제3관 선박검사증서 등

1. 선박검사증서 및 국제협약검사증서의 유효기간 등

법 제8조 제2항의 규정에 따른 선박검사증서 및 법 제12조 제2항의 규정에 따른 국제협약검사증서의 유효기간은 5년 이내의 범위에서 대통령령으로 정한다(법 제16조 제1항).

해양수산부장관은 법 제16조 제1항의 규정에 따른 선박검사증서 및 국제협약검사증서의 유효기간을 5개월 이내의 범위에서 대통령령이 정하는 바에 따라 연장할 수 있다(법 제16조 제2항). 중간검사 및 임시검사에 불합격한 선박의 선박검사증서 및 국제협약검사증서의 유효기간은 해당검사에 합격될 때까지 그 효력이 정지된다(법 제16조 제3항).

⚓ 「선박안전법 시행령」

제5조(선박검사증서 및 국제협약검사증서의 유효기간) ① 법 제16조 제1항에 따른 선박검사증서의 유효기간은 5년으로 한다.
② 법 제16조 제1항에 따른 국제협약검사증서의 유효기간은 다음 각 호의 구분에 따른다. 다만, 해

당 선박에 대하여 법 제10조 제3항에 따른 임시변경증 또는 법 제11조 제2항에 따른 임시항해검사증서를 발급받은 경우 그 유효기간은 해당 임시변경증 또는 임시항해검사증서에 기재된 유효기간으로 한다.
　1. 여객선안전검사증서·원자력여객선안전검사증서 및 원자력화물선안전검사증서 : 1년
　2. 그 밖의 국제협약검사증서 : 5년
③ 제1항에 따른 선박검사증서의 유효기간은 다음 각 호에 규정된 날부터 기산(起算)한다.
　1. 최초로 법 제8조에 따른 정기검사(이하 "정기검사"라 한다)를 받은 경우 해당 선박검사증서를 발급받은 날
　2. 선박검사증서의 유효기간이 끝나기 전 3개월이 되는 날 이후에 정기검사를 받은 경우 종전 선박검사증서의 유효기간 만료일의 다음 날
　3. 선박검사증서의 유효기간이 끝나기 전 3개월이 되는 날 전에 정기검사를 받은 경우 해당 선박검사증서를 발급받은 날
　4. 선박검사증서의 유효기간이 끝난 후에 정기검사를 받은 경우 종전 선박검사증서의 유효기간 만료일의 다음 날. 다만, 계선(제2조 제2항에 따라 서류를 제출한 경우로 한정한다) 그 밖에 해양수산부령으로 정하는 사유로 인하여 종전 선박검사증서의 유효기간 만료일의 다음 날부터 계산하는 것이 부당하다고 인정되는 경우 정기검사를 받고 해당 선박검사증서를 발급받은 날부터 계산한다.
④ 제2항에 따른 국제협약검사증서의 유효기간의 기산 방법은 제3항에 따른 선박검사증서의 유효기간 기산 방법을 준용한다. 이 경우 "선박검사증서"는 "국제협약검사증서"로 본다.
제6조(선박검사증서 및 국제협약검사증서의 유효기간 연장) ① 법 제16조 제2항에 따라 선박검사증서 및 국제협약검사증서의 유효기간을 연장하려는 경우 다음 각 호의 구분에 따른 기간 이내에서 연장할 수 있다. 다만, 제1호에 해당하는 경우에는 그 연장기간 내에 해당 선박이 정기검사 또는 해양수산부령으로 정하는 국제협약검사를 받을 장소에 도착하면 지체 없이 그 정기검사 또는 국제협약검사를 받아야 한다.
　1. 해당 선박이 정기검사 또는 해양수산부령으로 정하는 국제협약검사를 받기 곤란한 장소에 있는 경우 : 3개월 이내
　2. 해당 선박이 외국에서 정기검사 또는 해양수산부령으로 정하는 국제협약검사를 받았으나 선박검사증서 또는 국제협약검사증서를 선박에 갖추어 둘 수 없는 사유가 발생한 경우 : 5개월 이내
　3. 해당 선박이 짧은 거리의 항해(항해를 시작하는 항구부터 최종 목적지의 항구까지의 항해거리 또는 항해를 시작한 항구로 회항할 때까지의 항해거리가 1천해리를 넘지 아니하는 항해를 말한다)에 사용되는 경우(국제협약검사증서로 한정 한다) : 1개월
② 제1항에도 불구하고 국제협약검사증서 중 국제방사능핵연료화물운송적합증서의 경우 특별한 사유가 없는 한 그 유효기간은 자동으로 연장된다.
③ 제1항에 따른 유효기간 연장의 신청절차 등 필요한 사항은 해양수산부령으로 정한다.

☸ 「선박안전법 시행규칙」

제33조(선박검사증서 유효기간의 산정 사유) 영 제5조 제3항 제4호 단서에서 "해양수산부령으로 정하는 사유"란 다음 각 호의 사유를 말한다.
　1. 1년 이상 선박검사를 받지 아니한 선박을 상속하거나 매수한 경우
　2. 선박소유자의 파산 등의 사유로 1년 이상 선박검사를 받지 아니한 경우
제34조(선박검사증서 및 국제협약검사증서의 유효기간 연장신청 등) ① 영 제6조 제1항 단서, 같은 항 제1호 및 제2호에서 "해양수산부령으로 정하는 국제협약검사"란 제24조 제2호에 따른 정기검사를 말한다.
② 영 제6조 제3항에 따라 선박검사증서 및 국제협약검사증서의 유효기간을 연장받으려는 선박소

유자는 별지 제34호서식의 선박검사증서(국제협약검사증서)유효기간연장신청서에 다음 각 호의 해당 서류를 첨부하여 해양수산부장관에게 제출하여야 한다.
  1. 선박이 검사받을 장소에 있지 아니하여 검사를 받을 수 없는 경우 : 해당 선박의 현재의 위치를 나타내는 서류
  2. 새로운 선박검사증서 및 국제협약검사증서를 선박에 갖추어 둘 수 없는 경우 : 현재 비치하고 있는 선박검사증서 및 국제협약검사증서
  3. 짧은 거리의 국제항해에 취항하는 선박 : 현재 비치하고 있는 국제협약검사증서
  ③ 해양수산부장관은 제2항에 따른 신청을 받은 경우에는 다음 각 호의 승인서나 증서를 신청인에게 발급하여야 한다.
  1. 제2항 제1호의 경우 : 별지 제35호서식의 선박검사증서(국제협약검사증서)유효기간연장승인서
  2. 제2항 제2호 및 제3호의 경우 : 연장승인된 유효기간이 적혀 있는 현재의 선박검사증서 및 국제협약검사증서

제81조(예인선항해검사) ① 법 제43조 제1항에 따른 예인선항해검사는 예인선이 부선과 구조물 등을 예인하기 위하여 갖추어 둔 예인설비 등에 대하여 1년마다 예인선항해검사증서의 유효기간이 끝나는 날 전후 3개월 이내에 검사를 받아야 한다. 다만, 압항부선과 결합하여 운항하는 예인선과 평수구역에서만 운항하는 예인선의 경우에는 예인선항해검사를 받지 아니한다.
  ② 제1항에 따른 예인설비의 비치 및 검사에 관한 사항은 별표 32와 같다.
  ③ 제1항에 따른 예인선항해검사증서의 유효기간 기산방법은 영 제5조 제3항 각 호에 따른 선박검사증서의 유효기간 기산방법을 준용한다. 이 경우 "정기검사"는 "예인선항해검사"로, "선박검사증서"는 "예인선항해검사증서"로 본다.
  ④ 법 제43조 제1항에 따라 예인선항해검사를 받으려는 예인선의 소유자는 별지 제4호서식의 선박검사신청서를 작성하여 해양수산부장관에게 제출하여야 한다.
  ⑤ 법 제43조 제2항에 따른 예인선항해검사증서는 별지 제76호서식과 같다.

2. 선박검사증서 등이 없는 선박의 항해금지 등

누구든지 법 제8조 제2항에 따른 선박검사증서, 제10조 제3항에 따른 임시변경증, 제11조 제2항에 따른 임시항해검사증서, 제12조 제2항에 따른 국제협약검사증서 및 제43조 제2항에 따른 예인선항해검사증서(이하 "선박검사증서등"이라 한다)가 없는 선박이나 선박검사증서등의 효력이 정지된 선박을 항해에 사용하여서는 아니 된다(법 제17조 제1항).9)10) 누구든지 선박검사증서등에 기재된 항해와 관련한 조건을 위반하여 선박

---

9) 해양오염방제업의 등록요건인 유조선이 운항할 수 없는 경우 등록요건을 미달한 것으로 볼 수 있는지 (「해양환경관리법 시행규칙」제36조 제3항 등 관련) [법제처 13-0378, 2013.9.17., 해양경찰청] : 해양오염방제업자가 해양오염방제업의 일감이 없어 소유하고 있는 유조선의 선박검사(정기검사, 중간검사, 임시검사 등)를 연기함으로써 선박검사비 등을 절약하기 위하여 「선박안전법」제3조 제1항 제3호 및 같은 법 시행령 제2조 제1항 제1호에 따라 선박검사증서를 해양수산부장관에게 반납하여 해당 선박이 운항할 수 없는 상태인 경우, 해양오염방제업의 등록기준에 미달한 것으로 보아 행정처분을 할 수 있다고 할 것이다.

을 항해에 사용하여서는 아니 된다(법 제17조 제2항). 선박검사증서등을 발급받은 선박소유자는 그 선박 안에 선박검사증서등을 갖추어 두어야 한다. 다만, 소형선박의 경우에는 선박검사증서등을 선박 외의 장소에 갖추어 둘 수 있다(법 제17조 제3항).

제4관 선급법인의 선박검사 등

1. 선급법인의 선박검사

선급등록선박은 해양수산부령이 정하는 선박시설 및 만재흘수선에 한하여 이 법에 따른 선박검사를 받아 이에 합격한 것으로 본다(법 제73조).

> ※ 「선박안전법 시행규칙」
> **제94조(선급법인의 선박검사)** 법 제73조에서 "해양수산부령이 정하는 선박시설"이란 제4조 제1호부터 제7호까지 및 제13호부터 제15호까지의 규정에 따른 설비를 말한다.

2. 선박검사관

가. 자격 및 업무

해양수산부장관은 필요한 경우 소속 공무원 중에서 해양수산부령이 정하는 자격을 갖춘 자를 선박검사관으로 임명하여 다음 각 호에 해당하는 업무를 수행하게 할 수 있다(법 제76조).

1. 건조검사, 정기검사, 중간검사, 임시검사, 임시항해검사, 국제협약검사, 법 제41

---

10) 춘천지법 강릉지원 2007.1.18, 선고, 2006고정5, 판결 : 확정 :「선박안전법」제18조 제1항 제7호에 정한 '선박검사증서 또는 임시항행검사증에 기재한 조건에 위반하여 선박을 항행에 사용한 때'란 '선박설비기준 제11조 제2호의 적용에 따라 항행예정시간 1.5시간 미만 항로에 한함', '선박설비기준 제92조 제1호의 적용면제에 따라 야간항행을 금지함'과 같이 선박 검사증서에 기재되는 조건과 임시항행검사증의 항로, 기간 등의 지정과 같은 조건을 위반하여 항행에 사용한 것을 의미한다고 봄이 상당하고, 선박검사증서의 용도란에 '어선(연안연승어업)'으로 기재되어 있는 것은 당해 선박의 용도에 해당할 뿐 조건에 해당한다고 보기 어렵고, 따라서 선박검사증의 용도란에 '어선'으로 기재되어 있는 선박을 일정한 대가를 받고 사람이나 물건의 운송에 제공한 것을 선박검사증서에 기재한 '조건'에 위반하여 선박을 항행에 사용한 것에 해당한다고 하여 처벌하는 것은 형벌법규를 지나치게 유추 또는 확장 해석하는 것이어서 허용될 수 없다.

조 제2항의 규정에 따른 위험물 적재방법의 적합 여부에 대한 검사, 강화검사, 예인선항해검사, 특별점검, 특별검사 및 법 제72조 제2항의 규정에 따른 재검사·재검정·재확인에 관한 업무
2. 법 제18조 제6항의 규정에 따른 선박용물건 또는 소형선박의 검정, 법 제20조 제3항 단서의 규정에 따른 선박용물건 또는 소형선박의 확인, 법 제23조 제4항의 규정에 따른 컨테이너검정에 관한 업무
3. 법 제61조의 규정에 따른 대행업무의 차질에 따른 직접 수행에 관한 업무
4. 법 제68조의 규정에 따른 항만국통제에 관한 업무
5. 법 제74조 제2항의 규정에 따른 결함신고 사실의 확인에 관한 업무
6. 법 제75조 제2항의 규정에 따른 선박 또는 사업장의 출입·조사에 관한 업무

※ 「선박안전법 시행규칙」

제97조(선박검사관의 자격 등) ① 법 제76조에 따른 선박검사관(이하 "검사관"이라 한다)은 선체검사관 및 기관검사관으로 구분하며 검사관의 자격은 다음 각 호와 같다.
1. 선체검사관
   가. 대학(「고등교육법」 제2조 제1호에 따른 대학을 말한다. 이하 같다)의 항해 관련 학과를 졸업하고 3급항해사의 해기사면허를 취득한 자로서 관련 분야에서 2년 이상 근무한 경력(승선경력을 산정함에 있어서 유급휴가기간을 포함한다. 이하 같다)이 있는 자
   나. 대학이나 해양·수산계 전문대학(「고등교육법」 제2조 제4호에 따른 전문대학을 말한다. 이하 같다)을 졸업하고 2급항해사(한정면허의 경우에는 상선에 한정된 면허를 말한다. 이하 이 조에서 같다) 이상의 해기사면허를 취득한 자
   다. 대학이나 전문대학을 졸업한 자로서 다음의 어느 하나에 해당하는 자
     (1) 「국가기술자격법」에 따른 조선기술사의 자격을 취득한 자
     (2) 「국가기술자격법」에 따른 조선기사의 자격을 취득하고 관련 분야에서 3년 이상 근무한 경력이 있는 자
     (3) 「국가기술자격법」에 따른 조선산업기사의 자격을 취득하고 관련 분야에서 6년 이상 근무한 경력이 있는 자
   라. 전문대학을 졸업한 자로서 2급항해사 이상의 해기사면허를 취득하고 관련 분야에서 3년 이상 근무한 경력이 있는 자
2. 기관검사관
   가. 대학의 기관 관련 학과를 졸업하고 3급기관사의 해기사면허를 취득한 자로서 관련 분야에서 2년 이상 근무한 경력이 있는 자
   나. 대학이나 해양·수산계 전문대학을 졸업하고 2급기관사 이상의 해기사면허를 취득한 자
   다. 대학 또는 전문대학을 졸업한 자로서 다음의 어느 하나에 해당하는 자
     (1) 「국가기술자격법」에 따른 기계제작기술사, 산업기계설비기술사 또는 조선기술사의 자격을 취득한 자

(2) 「국가기술자격법」에 따른 일반기계기사의 자격을 취득하고 관련 분야에서 3년 이상 근무한 경력이 있는 자
라. 전문대학을 졸업한 자로서 2급기관사 이상의 해기사면허를 취득하고 관련 분야에서 3년 이상 근무한 경력이 있는 자
② 검사관은 7급 이상의 해양수산부 소속 공무원 중 제1항의 자격을 가진 자 중에서 해양수산부장관이 임명한다.
③ 제1항에 따른 선체검사관 및 기관검사관의 직무는 다음 각 호와 같다.
 1. 선체검사관 : 선박의 선체와 이에 부수되는 선박시설 및 선박용물건의 검사
 2. 기관검사관 : 선박의 기관과 이에 부수되는 선박시설 및 선박용물건의 검사
④ 제3항에도 불구하고 3년 이상의 검사업무에 종사한 경력이 있는 검사관과 제6항에 따른 항만국통제에 관한 업무를 수행하는 검사관이 선박[여객선 및 특수선(수중익선, 원자력선, 잠수선, 공기부양선, 그 밖에 특수한 구조로 된 선박으로서 해양수산부장관이 정하여 고시하는 선박을 말한다)은 제외한다]을 검사하는 경우에는 선체검사관은 기관검사관의 직무를, 기관검사관은 선체검사관의 직무를 각각 수행할 수 있다. 다만, 검사관이 1년 이상 3년 미만 검사업무에 종사한 경력이 있는 경우에는 소형선박 및 선박용물건의 경우에 한정하여 이를 적용한다.
⑤ 제2항에 따라 임명되어 업무를 하는 검사관은 해양수산부장관이 시행하는 5일 이상의 신규 검사관 교육을 이수하여야 하며, 새로운 전문지식과 기술의 습득을 위하여 2년마다 5일 이상의 재교육을 이수하여야 한다.
⑥ 법 제76조 제4호에 따른 항만국통제에 관한 업무를 수행하는 검사관(이하 "항만국통제검사관"이라 한다)은 해양수산부장관이 정하는 기준을 충족하여야 한다.

나. 선박검사관의 취업제한

「공직자윤리법」 제17조에도 불구하고 퇴직 직전 5년 이내 기간 중 선박검사관으로 근무했던 경력을 보유한 공무원은 퇴직일부터 2년이 경과하지 아니한 경우 선박검사원이 될 수 없다(법 제76조의2).

3. 선박검사원

법 제60조 제1항 및 제2항에 따라 대행업무를 행하는 공단 및 선급법인은 해당 대행업무를 직접 수행하는 자로서 선박검사원을 둘 수 있다(법 제77조 제1항). 법 제77조 제1항에 따른 선박검사원의 자격기준 및 직무 등에 관하여 필요한 사항은 해양수산부령으로 정한다(법 제77조 제2항). 해양수산부장관은 선박검사원이 그 직무를 행함에 있어 이 법 또는 이 법에 따른 명령을 위반한 때에는 공단 또는 선급법인에 대하여 그 해임을 요청하거나 1년 이내의 기간을 정하여 직무를 정지하도록 요청할 수 있다(법 제77조 제3항). 공단 또는 선급법인은 법 제77조 제3항에 따른 해임 또는 직무정지의 요청을 받은 때에는 지체 없이

당해 선박검사원에 대하여 조치를 하고 그 결과를 해양수산부장관에게 보고하여야 한다(법 제77조 제4항).

※ 「선박안전법 시행규칙」

제97조의2(선박검사원의 자격) ① 법 제77조 제2항에 따른 선박검사원(이하 "검사원"이라 한다)은 선체검사원, 기관검사원 및 전문검사원으로 구분하며 검사원의 자격기준은 다음 각 호와 같다.
1. 선체검사원
  가. 대학의 해양계·수산계·조선 관련 학과를 졸업하고 관련 분야에서 2년 이상 근무한 경력이 있는 사람
  나. 전문대학의 해양계·수산계·조선 관련 학과를 졸업하고 관련 분야에서 4년 이상 근무한 경력이 있는 사람
  다. 대학 또는 전문대학의 해양계·수산계·조선 관련 학과를 졸업하고 1년 이상의 대행 검사기관의 견습 경력이 있는 사람
  라. 선박검사관으로서 경력이 있는 사람
  마. 다음의 어느 하나에 해당하는 사람
   1) 「국가기술자격법 시행규칙」 별표 5에 따른 조선기술사의 자격을 취득한 사람
   2) 「국가기술자격법 시행규칙」 별표 5에 따른 조선기사의 자격을 취득하고 관련 분야에서 3년 이상 근무한 경력이 있는 사람
   3) 「국가기술자격법 시행규칙」 별표 5에 따른 조선산업기사의 자격을 취득하고 관련 분야에서 6년 이상 근무한 경력이 있는 사람
2. 기관(機關)검사원
  가. 대학의 기관·기계 관련 학과를 졸업하고 관련 분야에서 2년 이상 근무한 경력이 있는 사람
  나. 전문대학의 기관·기계 관련 학과를 졸업하고 관련 분야에서 4년 이상 근무한 경력이 있는 사람
  다. 대학 또는 전문대학의 기관·기계관련 학과를 졸업하고 1년 이상의 대행검사기관의 견습 경력이 있는 사람
  라. 선박검사관으로서 경력이 있는 사람
  마. 다음의 어느 하나에 해당하는 사람
   1) 「국가기술자격법 시행규칙」 별표 5에 따른 기계제작기술사, 산업기계설비기술사 또는 조선기술사의 자격을 취득한 사람
   2) 「국가기술자격법 시행규칙」 별표 5에 따른 일반기계기사의 자격을 취득하고 관련 분야에서 3년 이상 근무한 경력이 있는 자
3. 전문검사원
  가. 대학의 금속, 전기·전자, 통신, 생물, 환경, 화학, 화공, 물리 또는 해양학 관련 학과를 졸업하고 관련분야에서 2년 이상 근무한 경력이 있는 사람
  나. 대학 또는 전문대학의 금속, 전기·전자, 통신, 생물, 환경, 화학, 화공, 물리 또는 해양학 관련 학과를 졸업하고 1년 이상 대행검사기관의 견습 경력이 있는 사람
② 공단 또는 선급법인은 외국에서 선박검사업무를 시행하기 위하여 필요하다고 인정하는 경우에는 다음 각 호의 어느 하나에 해당하는 사람에게 선박검사업무를 시행하게 할 수 있다.
 1. 국제선급연합회의 정회원인 선급 검사원
 2. 제1항에 따른 검사원 자격이 있는 사람
③ 공단 및 선급법인은 검사원 중 제1항 또는 제2항의 자격을 가진 사람을 선임한 경우에는 해양수

산부장관에게 선임보고를 하여야 한다.

④ 제1항 및 제2항에 따른 선체검사원, 기관검사원 및 전문검사원의 직무는 다음 각 호와 같다.
1. 선체검사원: 선박의 선체와 이에 부수되는 선박시설 및 선박용물건의 검사
2. 기관검사원: 선박의 기관과 이에 부수되는 선박시설 및 선박용물건의 검사
3. 전문검사원: 선박의 금속분야, 전기·전자, 통신, 생물, 환경, 화학, 화공, 물리 또는 해양학 분야에 관한 시설, 이와 관련된 선박용물건, 해양오염방지설비 및 선박평형수처리설비의 검사

⑤ 제4항 제1호 및 제2호에도 불구하고 3년 이상의 검사업무에 종사한 경력이 있는 검사원이 선박[여객선 및 특수선(수중익선, 원자력선, 잠수선, 공기부양선, 그 밖에 특수한 구조로 된 선박으로서 해양수산부장관이 정하여 고시하는 선박을 말한다)은 제외한다]을 검사하는 경우에는 선체검사원은 기관검사원의 직무를, 기관검사원은 선체검사원의 직무를 각각 수행할 수 있다. 다만, 검사원이 1년 이상 3년 미만 검사업무에 종사한 경력이 있는 경우에는 소형선박 및 선박용물건의 경우에 한정하여 이를 적용한다.

⑥ 제4항 제3호에 불구하고 해양수산부장관의 승인을 얻어 5년 이상 검사업무에 종사한 경력이 있는 전문검사원 중 금속에 관련한 학과를 졸업한 사람은 선체검사원의 직무를, 전기·전자 관련 학과를 졸업한 사람은 기관검사원의 직무를 행할 수 있다. 다만, 이 경우 해당 전문검사원은 대행검사기관이 따로 정하는 해당분야의 직무교육을 받아야 한다.

⑦ 제1항 및 제2항에 따른 검사원은 공단 또는 선급법인이 시행하는 5일 이상의 신규 검사원 교육을 이수하여야 하며, 새로운 전문지식과 기술의 습득을 위하여 대행검사기관이 따로 정하는 해당 분야의 직무보수교육을 받아야 한다.

제5관 특별검사와 재검사

1. 특별검사

해양수산부장관은 선박안전과 관련하여 대형 해양사고가 발생한 경우 또는 유사사고가 지속적으로 발생한 경우에는 해양수산부령이 정하는 바에 따라 관련되는 선박의 구조·설비 등에 대하여 검사(이하 "특별검사"라 한다)를 할 수 있다(법 제71조 제1항). 해양수산부장관은 제1항의 규정에 따른 특별검사를 하고자 하는 경우에는 대상 선박의 범위, 선박소유자의 준비사항 등 필요한 사항을 30일전에 공고하고, 해당 선박소유자에게 직접 통보하여야 한다(법 제71조 제2항). 해양수산부장관은 법 제71조 제1항의 규정에 따른 특별검사의 결과 선박의 안전확보를 위하여 필요하다고 인정되는 경우에는 선박의 소유자에 대하여 대통령령이 정하는 바에 따라 항해정지명령 또는 시정·보완명령을 할 수 있다(법 제71조 제3항). 법 제15조 제1항 및 제16조 제3항의 규정은 법 제71조 제1항의 규정에 따라 특별검사를 받은 선박에 대하여 이를 준용한다. 이 경우 법 제15조 제1항 중 "선박

검사" 및 제16조 제3항 중 "중간검사 및 임시검사"는 각각 "특별검사"로 본다(법 제71조 제4항).

> ⚓ 「선박안전법 시행령」
>
> **제19조(특별검사에 따른 조치 등)** 해양수산부장관은 법 제71조 제3항에 따라 항해정지명령 또는 시정·보완명령을 하려는 경우 해양수산부령으로 정하는 항해정지명령서 또는 시정·보완명령서를 발급하여야 한다.

> ⚓ 「선박안전법 시행규칙」
>
> **제92조(특별검사)** ① 해양수산부장관은 법 제71조 제1항에 따라 대형 해양사고 또는 유사사고의 지속적 발생 등으로 그 선박의 구조·설비 등이 법 제26조에 따른 선박시설기준에 적합하지 아니하게 된 것으로 인정하여 검사대상으로 공고한 선박에 대하여 특별검사를 하여야 한다.
> ② 제1항에 따른 공고에는 다음 각 호의 사항이 포함되어야 한다.
> 1. 검사대상 선박의 범위
> 2. 검사사항
> 3. 검사기간
> 4. 검사준비사항
> 5. 그 밖에 특별검사에 필요한 사항
> ③ 제1항에 따라 특별검사의 대상이 된 선박소유자는 별지 제4호서식의 선박검사신청서에 다음 각 호의 서류를 첨부하여 해양수산부장관에게 제출하여야 한다.
> 1. 선박검사증서
> 2. 제2항에 따른 공고에 포함된 특별검사에 관련되는 서류 또는 도면
> ④ 영 제19조에 따른 항해정지명령서 또는 시정·보완명령서의 서식은 다음 각 호와 같다.
> 1. 항해정지명령서 : 별지 제82호서식
> 2. 시정·보완명령서 : 별지 제83호서식

2. 재검사

법 제60조 제1항·제2항(제61조의 규정에 따라 해양수산부장관이 직접 수행하거나 해양수산부장관으로부터 지정받은 자가 대행하는 경우를 포함한다), 제63조 제1항, 제64조 제1항 및 제65조 제1항의 규정에 따라 대행검사기관으로부터 검사·검정 및 확인을 받은 자가 그 결과에 대한 불복이 있는 때에는 그 결과에 관한 통지를 받은 날부터 90일 이내에 그 사유를 갖추어 해양수산부장관에게 재검사·재검정 및 재확인을 신청할 수 있다(법 제72조 제1항). 법 제72조 제1항의 규정에 따라 재검사·재검정 및 재확인의 신청을 받은 해양수산부장관은 소속공무원으로 하여금 재검사 등을 직접 행하게 하고 그 결과를 신청인에게 60일 이내에 통보하여야 한다. 다만, 부득이한 사정이 있는 때

에는 30일 이내의 범위에서 통보시한을 연장할 수 있다(법 제72조 제2항). 대행검사기관의 검사·검정 및 확인에 대하여 불복이 있는 자는 법 제72조 제1항 및 제2항의 규정에 따른 재검사·재검정 및 재확인의 절차를 거치지 아니하고는 행정소송을 제기할 수 없다. 다만, 「행정소송법」 제18조 제2항 및 제3항의 규정[11]에 해당되는 경우에는 그러하지 아니하다(법 제71조 제2항).

> ※ 「선박안전법 시행규칙」
>
> **제93조(재검사 등)** ① 법 제72조 제1항에 따라 재검사·재검정 및 재확인을 신청하려는 자는 별지 제84호서식의 재검사(재검정, 재확인)신청서를 관할 지방해양항만청장에게 제출하여야 한다.
> ② 지방해양항만청장은 제1항에 따른 신청이 이유 없다고 인정하거나 신청인이 법 제15조 제2항에 따른 허가를 받지 아니하고 관계 부분의 원상을 변경한 경우에는 재검사·재검정 및 재확인을 아니 할 수 있다.
> ③ 지방해양항만청장은 제1항에 따른 신청이 이유 있다고 인정하는 경우에는 법 제72조 제2항에 따른 소속 공무원을 현장에 파견하여 재검사·재검정 및 재확인과 필요한 조치를 하도록 하여야 한다.

---

11) 「행정소송법」
제18조(행정심판과의 관계) ① 취소소송은 법령의 규정에 의하여 당해 처분에 대한 행정심판을 제기할 수 있는 경우에도 이를 거치지 아니하고 제기할 수 있다. 다만, 다른 법률에 당해 처분에 대한 행정심판의 재결을 거치지 아니하면 취소소송을 제기할 수 없다는 규정이 있는 때에는 그러하지 아니하다.
② 제1항 단서의 경우에도 다음 각호의 1에 해당하는 사유가 있는 때에는 행정심판의 재결을 거치지 아니하고 취소소송을 제기할 수 있다.
1. 행정심판청구가 있은 날로부터 60일이 지나도 재결이 없는 때
2. 처분의 집행 또는 절차의 속행으로 생길 중대한 손해를 예방하여야 할 긴급한 필요가 있는 때
3. 법령의 규정에 의한 행정심판기관이 의결 또는 재결을 하지 못할 사유가 있는 때
4. 그 밖의 정당한 사유가 있는 때
③ 제1항 단서의 경우에 다음 각호의 1에 해당하는 사유가 있는 때에는 행정심판을 제기함이 없이 취소소송을 제기할 수 있다.
1. 동종사건에 관하여 이미 행정심판의 기각재결이 있은 때
2. 서로 내용상 관련되는 처분 또는 같은 목적을 위하여 단계적으로 진행되는 처분중 어느 하나가 이미 행정심판의 재결을 거친 때
3. 행정청이 사실심의 변론종결후 소송의 대상인 처분을 변경하여 당해 변경된 처분에 관하여 소를 제기하는 때
4. 처분을 행한 행정청이 행정심판을 거칠 필요가 없다고 잘못 알린 때
④ 제2항 및 제3항의 규정에 의한 사유는 이를 소명하여야 한다.

제3절 선박용물건 또는 소형선박의 형식승인 등

제1관 형식승인 및 검정

1. 형식승인 및 검정

　해양수산부장관이 정하여 고시하는 선박용물건 또는 소형선박을 제조하거나 수입하고자 하는 자가 해당 선박용물건 또는 소형선박에 대하여 법 제18조 제6항의 규정에 따라 검정을 받고자 하는 때에는 미리 해양수산부장관의 형식에 관한 승인(이하 "형식승인"이라 한다)을 얻어야 한다(법 제18조 제1항). 법 제18조 제1항의 규정에 따른 형식승인을 얻고자 하는 자는 형식승인시험을 거쳐야 한다. 다만, 「산업표준화법」에 따른 검사에 합격한 선박용물건 또는 소형선박을 생산하는 등 해양수산부령이 정하는 경우에는 형식승인시험을 생략할 수 있다(법 제18조 제2항). 해양수산부장관은 법 제18조 제2항의 규정에 따른 형식승인시험을 담당하는 시험기관(이하 "지정시험기관"이라 한다)을 대통령령이 정하는 바에 따라 지정·고시하여야 한다(법 제18조 제3항). 형식승인을 얻은 자가 그 내용을 변경하고자 하는 경우에는 해양수산부장관으로부터 변경승인을 얻어야 한다. 이 경우 선박용물건 또는 소형선박의 성능에 영향을 미치는 사항을 변경하는 때에는 해당변경부분에 대하여 법 제18조 제2항의 규정에 따른 형식승인시험을 거쳐야 한다(법 제18조 제4항). 법 제18조 제1항의 규정에 따른 형식승인을 얻은 자와 제3항의 규정에 따른 지정시험기관은 형식승인시험에 합격한 선박용물건을 보관하여야 한다. 이 경우 제4항의 규정에 따른 변경승인을 얻은 경우에도 또한 같다(법 제18조 제5항). 법 제18조 제1항 및 제4항의 규정에 따라 형식승인 또는 변경승인을 얻은 자는 당해 선박용물건 또는 소형선박에 대하여 해양수산부장관이 정하여 고시하는 검정기준에 따라 해양수산부장관의 검정을 받아야 한다. 이 경우 검정에 합격한 당해 선박용물건 또는 소형선박에 대하여는 건조검사 또는 선박검사 중 최초로 실시하는 검사는 이를 합격한 것으로 본다(법 제18조 제6항). 해양수산부장관은 검정에 합격한 선박용물건 또는 소형선박에 대하여 검정증서를 교부하고, 당해 선박용물건에는 검정에 합격하였음을 나타내는 표시를 하여야 한다(법 제18조 제7항). 법 제18조 제1항 내지 제7항의 규정에 따른 형식승인의 절차, 형식승인을 얻은 자 및 지정시험기관에 대한 지도·감독, 선박용물건의 보관범위, 검정증서의 서식·교부 등에 관한 사항은 해양수산부령으로 정하고, 제2항의 규정에 따른 형식승인시험의 기준은 해양수산부장관이 정하여 고시한다(법 제18조 제8항).

⚓ 「선박안전법 시행령」

제7조(지정시험기관의 지정기준 및 절차 등) ① 법 제18조 제3항에 따른 지정시험기관의 지정기준은 다음 각 호와 같다.
  1. 형식승인 대상 선박용물건 또는 소형선박에 대한 법 제18조 제2항에 따른 형식승인시험(이하 "형식승인시험"이라 한다)의 업무를 수행할 수 있는 전담 부서가 있을 것
  2. 형식승인시험대상 선박용물건 또는 소형선박을 직접 제조 또는 판매하거나 제조자에게 해당 제품을 납품하는 자가 아닐 것
  3. 형식승인시험의 특정 시험항목에 대하여 국제적으로 인정받으려는 경우「국가표준기본법」제23조에 따라 인정받은 시험·검사기관에 해당할 것
  4. 해당 형식승인시험에 필요한 시설과 장비(「국가표준기본법」 또는 「계량에 관한 법률」에 따라 검정·교정을 받은 기기를 포함한다) 및 인력을 갖추고 있을 것
② 제1항 제4호에도 불구하고 해당 시설 또는 장비의 일부를 임차하거나 그 형식승인시험을 다른 사람에게 처리하게 하는 경우에는 해양수산부령으로 정하는 바에 따라 그 지정기준을 적용하지 아니할 수 있다.
③ 해양수산부장관은 지정시험기관을 지정하거나 그 지정을 취소한 경우에는 그 사실을 고시하여야 한다.
④ 제1항에 따른 지정시험기관의 지정절차 등 필요한 사항은 해양수산부령으로 정한다.

☸☸ 「선박안전법 시행규칙」

제35조(형식승인시험의 면제) 법 제18조 제2항 단서에서 "해양수산부령이 정하는 경우"란 다음 각 호의 경우를 말한다.
  1. 형식승인시험의 전부 면제
    가. 형식승인 신청일 기준으로 과거 2년 동안 매년 1회 이상 법 제22조 제1항에 따른 예비검사에 합격한 선박용물건
    나.「산업표준화법」제17조 제4항에 따른 인증을 받은 선박용물건으로서 선박시설기준에 적합한 선박용물건
  2. 지정시험기관이 인정하는 경우 형식승인시험의 전부 또는 일부 면제
    가. 해당 형식승인시험 항목에 대하여「국가표준기본법」제23조에 따라 인정을 받은 시험·검사기관의 시험에 합격한 경우
    나. 해당 형식승인시험 항목에 대하여 국제공인시험기관으로 인정받은 시험·검사기관의 시험에 합격한 경우
    다. 형식승인을 받은 선박용물건의 일부 요건을 변경하여 추가로 형식승인을 받거나 형식을 변경하는 경우

제36조(형식승인의 신청 등) ① 법 제18조 제8항에 따라 형식승인을 받으려는 자는 별지 제36호서식의 형식승인신청서(전자문서로 된 신청서를 포함한다)를 지방해양항만청장에게 제출하여야 한다. 이 경우 제35조 제1호 각 목의 어느 하나에 해당하는 선박용물건에 대하여 형식승인을 받으려는 자는 형

식승인시험합격증서에 갈음하여 같은 조 각 호의 어느 하나에 해당함을 증명하는 서류와 제38조 제1항 각 호에 따른 서류를 각각 첨부하여야 한다.
  ② 지방해양항만청장은 제1항에 따른 신청을 받은 때에는 제38조 제4항에 따라 지정시험기관이 지방해양항만청장에게 제출한 형식승인시험합격증서 등 관련 서류 또는 제35조 제1호 각 목의 어느 하나에 해당함을 증명하는 서류와 제38조 제1항 각 호에 따른 서류(전자문서를 포함한다)를 확인하고 이상이 없는 경우에는 별지 제37호서식의 형식승인증서를 신청인에게 발급하여야 한다.

제37조(형식승인의 변경 신청 등) ① 법 제18조 제8항에 따라 형식승인을 받은 내용을 변경하려는 경우에는 별지 제38호서식의 형식승인사항변경승인신청서에 제38조 제1항 각 호 중 변경내용을 적은 서류(성능에 영향을 미치지 아니하는 경우로 한정한다)를 첨부하여 지방해양항만청장에게 제출하여야 한다.
  ② 지방해양항만청장은 제1항에 따른 형식승인사항 변경승인신청을 받은 때에는 제38조 제4항에 따라 지정시험기관이 지방해양항만청장에게 제출한 형식승인시험합격증서 등 관련 서류 또는 제38조 제1항 각 호에 따른 서류(전자문서를 포함한다)를 확인하고 이상이 없는 경우에는 별지 제39호서식의 형식승인사항변경승인서를 신청인에게 발급하여야 한다.

제38조(형식승인시험의 신청 등) ① 법 제18조 제8항에 따라 형식승인시험을 받으려는 자는 별지 제40호서식의 형식승인시험신청서(전자문서로 된 신청서를 포함한다)에 다음 각 호의 서류(형식승인사항의 변경을 위한 형식승인시험시에는 성능에 영향을 미치는 부분에 대한 서류로 한정한다)를 첨부하여 지정시험기관에 제출하여야 한다. 이 경우 지방해양항만청장은「전자정부법」제36조 제1항에 따른 행정정보의 공동이용을 통하여 사업자등록증을 확인하여야 하며, 신청인이 확인에 동의하지 아니하는 경우에는 그 사본을 제출하도록 하여야 한다.
  1. 사업체의 개요(연혁, 인원 및 조직 등에 관한 사항을 포함한다)
  2. 삭제
  3. 수입허가서 사본(수입하려는 선박용물건 또는 소형선박으로 한정한다)
  4. 선박용물건 또는 소형선박의 제조사양서, 구조도면 및 사용방법에 관한 설명서
  5. 제조하거나 수입할 선박용물건 또는 소형선박의 제조 및 검사설비개요서(수입하여 시험하는 경우에는 형식승인 신청자가 보유한 설비개요서)
  6. 형식승인신청업체의 품질관리에 관한 기준을 정한 서류(품질관리에 관하여 국제표준화기구의 인증을 받은 경우에는 그 인증서 사본)
  7. 제35조 제2호 각 목에 따른 형식승인시험 면제대상 여부를 증명할 수 있는 서류
  ② 형식승인시험을 신청하는 자는 형식승인시험을 받으려는 선박용물건 또는 소형선박을 지정시험기관이 지정하는 장소에 제출하고, 형식승인시험에 필요한 비용을 지정시험기관에 내야 한다. 이 경우 비용은 지정시험기관이 별표 16의 산출기준에 따라 산출한 금액으로 한다.
  ③ 지정시험기관은 제1항에 따른 신청을 받으면 법 제18조 제8항에 따른 형식승인시험의 기준에 따라 이를 실시하여야 한다.
  ④ 지정시험기관은 형식승인시험에 합격한 선박용물건 또는 소형선박에 대하여는 별지 제41호서식의 형식승인시험합격증서 및 제3항에 따라 실시한 시험성적서(이하 "시험성적서"라 한다)를 신청인에게 발급하고, 제1항 각 호의 서류, 형식승인시험합격증서 및 시험성적서 각 1부를 관할 지방해양항만청장과 법 제60조 제1항 각 호 외의 부분 후단 및 같은 조 제2항 후단에 따라 선박용물건 또는 소형선박의 검정업무에 관하여 협정을 체결한 공단 또는 선급법인에 제출(전자문서를 통한 제출을 포함한다)하여야 한다.

제39조(일부 시험의 외부 의뢰 등) ① 영 제7조 제2항에 따라 지정시험기관이 다른 시험설비를 이용하거나 지정된 시험품목에 대한 시험의 일부를 다른 시험기관에 의뢰하는 경우에는 별지 제42호서식의 일부시험의 외부의뢰 등 승인신청서(전자문서로 된 신청서를 포함한다)에 다음 각 호의 서류(전자문서를 포함한다)를 첨부하여 해양수산부장관에게 제출하여야 한다.

1. 외부에 시험을 의뢰하는 경우에는 그 시험기관이 해당 시험에 대한 시험능력이 있음을 증명하는 서류
  2. 다른 시험설비를 이용하려는 경우에는 그 시험설비가 해당 시험에 적합함을 증명하는 서류
 ② 해양수산부장관은 제1항에 따른 승인신청을 받으면 해당 시험설비 등을 고려하여 타당하다고 인정되면 승인하여야 한다. 이 경우 승인서의 서식은 별지 제43호서식과 같다.

제40조(지정시험기관의 신청 등) ① 영 제7조 제4항에 따라 지정시험기관으로 지정을 받으려는 자는 별지 제44호서식의 선박용물건 및 소형선박의 지정시험기관신청서(전자문서로 된 신청서를 포함한다)에 다음 각 호의 서류(전자문서를 포함한다)를 첨부하여 해양수산부장관에게 제출하여야 한다. 이 경우 해양수산부장관은 제2호와 관련된 정보를 국가기술자격증으로 확인할 수 있는 경우에는「전자정부법」제36조 제1항에 따른 행정정보의 공동이용을 통하여 국가기술자격증을 확인하여야 하며, 신청인이 확인에 동의하지 아니하는 경우에는 그 사본을 제출하도록 하여야 한다.
  1. 시험기관의 연혁, 설립 목적, 주요 기능 및 조직에 관한 사항을 적은 서류
  2. 형식승인시험에 종사할 인원 및 그 자격을 적은 서류와 그 증빙서류[해당 시험업무 종사가 가능함을 증명하는 서류(국가기술자격증으로 확인할 수 없는 경우만 해당한다)]
  3. 형식승인시험을 하기 위한 시험설비의 목록 및 사양서와 시험기기의 검정·교정 관리계획서
  4. 다음 각 목의 사항이 포함된 시험설비 이용계획서(다른 시험기관이나 제조자의 시험설비를 임차하거나 형식승인시험을 위탁하는 경우로 한정한다)
   가. 다른 시험기관이나 제조자의 명칭, 소재지 및 주요 기능에 관한 사항
   나. 임차설비를 이용 또는 의뢰하려는 시험의 종류
   다. 설비 임차 또는 시험 의뢰의 사유
  5. 시험품목별로 사용하는 시험설비와 시험에 종사하는 자의 성명 및 시험방법을 적은 서류
  6. 해당 시험항목에 대한 국제공인시험기관 인증서(해당 시험항목에 대하여 국제적으로 공인받으려는 경우로 한정한다)
 ② 해양수산부장관은 제1항에 따른 신청을 받으면 시험설비를 확인하고 제1항 각 호의 서류를 심사하여 신청 품목의 지정시험기관으로 적합하다고 인정하는 경우에는 별지 제45호서식의 선박용물건 및 소형선박의 지정시험기관지정서를 발급하여야 한다. 이 경우 해당 지정시험기관의 시험능력 등을 고려하여 신청한 품목 중 일부 품목으로 한정하여 지정할 수 있다.

제41조(지정받은 사항의 변경) ① 제40조 제1항 제2호 및 제3호(검정·교정사항은 제외한다)의 지정요건에 변경이 생긴 지정시험기관은 영 제7조 제4항에 따라 별지 제44호서식의 선박용물건 및 소형선박의 지정시험기관신청서에 변경된 사항을 적은 서류를 첨부하여 해양수산부장관에게 제출하여야 한다.
 ② 해양수산부장관은 제1항에 따른 변경내용 및 사유를 검토하여 형식승인시험에 지장을 주지 아니하는 경우에는 그 신청을 수리하고, 형식승인시험에 지장을 준다고 인정되는 경우에는 지정시험기관에 개선·보완을 요청하여야 한다.

2. 형식승인의 취소 등

가. 형식승인의 취소

 해양수산부장관은 형식승인을 얻은 자가 다음 각 호의 어느 하나에 해당하는 때에는 그 형식승인을 취소하거나 6개월 이내의 기간을 정하여 그 효력을 정지시킬 수 있

다. 다만, 제1호 내지 제3호에 해당하는 때에는 이를 취소하여야 한다(법 제19조 제1항).
  1. 거짓 그 밖의 부정한 방법으로 형식승인 또는 그 변경승인을 얻은 때
  2. 거짓 그 밖의 부정한 방법으로 검정을 받은 때
  3. 제조 또는 수입한 선박용물건 또는 소형선박이 법 제26조의 규정에 따른 선박시설기준에 적합하지 아니하게 된 때
  4. 정당한 사유 없이 2년 이상 계속하여 해당 선박용물건 또는 소형선박을 제조하거나 수입하지 아니한 때
  5. 법 제75조의 규정에 따른 보고·자료제출명령을 거부한 때

나. 지정시험기관의 지정취소

해양수산부장관은 법 제18조 제3항의 규정에 따른 지정시험기관이 다음 각 호의 어느 하나에 해당하는 때에는 그 지정을 취소하거나 6개월 이내의 기간을 정하여 그 효력을 정지시킬 수 있다. 다만, 제1호 내지 제3호에 해당하는 때에는 이를 취소하여야 한다(법 제19조 제2항).
  1. 거짓 그 밖의 부정한 방법으로 지정을 받은 때
  2. 시험에 관한 업무를 더 이상 수행하지 아니하는 때
  3. 법 제18조 제3항의 규정에 따른 지정시험기관의 지정기준에 미달하게 된 때
  4. 형식승인시험의 오차·실수·누락 등으로 인하여 공신력을 상실하였다고 인정되는 때
  5. 정당한 사유 없이 형식승인시험의 실시를 거부한 때
  6. 형식승인시험과 관련하여 부정한 행위를 하거나 수수료를 부당하게 받은 때

다. 취소절차

법 제19조 제1항 및 제2항의 규정에 따른 형식승인의 취소·정지 및 지정시험기관의 취소·정지의 절차 등에 관한 사항은 해양수산부령으로 정한다(법 제19조 제3항).

⚓ 「선박안전법 시행규칙」

제46조(형식승인의 취소 및 효력정지) ① 법 제19조 제3항에 따른 형식승인 및 지정시험기관의 취소와 효력정지 처분의 기준은 별표 19와 같다.
② 지방해양항만청장(지정시험기관에 관한 경우에는 해양수산부장관을 말한다. 이하 이 조에서 같다)은 위반행위의 동기, 내용 및 횟수 등을 고려하여 제1항에 따른 효력정지의 기간을 2분의 1의 범위에서 가중하거나 감경할 수 있다. 이 경우 가중한 기간을 합산한 기간은 6개월을 초과할 수 없다.
③ 지방해양항만청장은 제1항과 제2항에 따라 취소 또는 효력정지 처분을 한 경우에는 지체 없이 그 사실을 고시하여야 한다.

[별표 19]
형식승인 및 지정시험기관의 취소와 그 효력정지 처분의 기준
(제46조 제1항 관련)
1. 형식승인의 취소 등 처분기준

위반행위	해당 법조문	처분내용
1. 거짓 그 밖의 부정한 방법으로 형식승인 또는 그 변경승인을 얻은 경우	법 제19조 제1항 제1호	형식승인 취소
2. 거짓 그 밖의 부정한 방법으로 검정을 받은 경우	법 제19조 제1항 제2호	형식승인 취소
3. 제조 또는 수입한 선박용물건 또는 소형선박이 법 제26조에 따른 선박시설기준에 적합하지 아니하게 된 경우	법 제19조 제1항 제3호	형식승인 취소
4. 정당한 사유 없이 2년 이상 계속하여 해당 선박용물건 또는 소형선박을 제조하거나 수입하지 아니한 경우	법 제19조 제1항 제4호	효력정지 6개월
5. 법 제75조에 따른 보고·자료제출명령을 거부한 경우	법 제19조 제1항 제5호	효력정지 2개월

2. 지정시험기관의 취소 등의 처분기준

위반행위	해당 법조문	처분내용
1. 거짓 그 밖의 부정한 방법으로 지정을 받은 경우	법 제19조 제2항 제1호	지정취소
2. 시험에 관한 업무를 더 이상 수행하지 아니하는 경우	법 제19조 제2항 제2호	지정취소
3. 제18조 제3항에 따른 지정시험기관의 지정기준에 미달하게 된 경우	법 제19조 제2항 제3호	지정취소
4. 형식승인시험의 오차·실수·누락 등으로 인하여 공신력을 상실하였다고 인정되는 경우	법 제19조 제2항 제4호	효력정지 6개월
5. 정당한 사유 없이 형식승인시험의 실시를 거부한 경우	법 제19조 제2항 제5호	효력정지 3개월
6. 형식승인시험과 관련하여 부정한 행위를 하거나 수수료를 부당하게 받은 경우	법 제19조 제2항 제6호	효력정지 2개월

제2관 지정사업장의 지정 등

1. 지정사업장의 지정

해양수산부장관이 정하여 고시하는 선박용물건 또는 소형선박을 제조 또는 정비하는 자는 해당사업장에 대하여 해양수산부장관으로부터 지정제조사업장 또는 지정정비사업장(이하 "지정사업장"이라 한다)으로 지정받을 수 있다(법 제20조 제1항). 법 제20조 제1항의 규정에 따라 지정사업장으로 지정받고자 하는 자는 그 시설·설비, 제조·정비의 기준, 자체검사기준 및 인력 등에 대하여 해양수산부령이 정하는 기준에 따라 해양수산부장관의 승인을 얻어야 한다. 승인을 얻은 사항을 변경하고자 하는 때에도 또한 같다(법 제20조 제2항). 법 제20조 제1항의 규정에 따라 해양수산부장관이 지정한 지정사업장에서 제조 또는 정비하여 법 제20조 제2항의 규정에 따른 자체검사기준에 합격한 선박용물건 또는 소형선박에 대하여는 건조검사 또는 선박검사 중 최초로 실시하는 검사는 이를 합격한 것으로 본다. 다만, 해양수산부장관이 정하여 고시하는 선박용물건 또는 소형선박에 대하여는 해양수산부장관으로부터 직접 확인을 받은 경우에 한하여 동 검사에 합격한 것으로 본다(법 제20조 제3항). 법 제20조 제3항의 규정에 따라 자체검사기준에 합격한 선박용물건 또는 소형선박에 대하여 지정사업장이 직접 합격증서를 발행하고, 해당선박용물건에는 자체검사에 합격하였음을 나타내는 표시를 하여야 한다. 다만, 법 제20조 제3항 단서의 규정에 따라 해양수산부장관으로부터 직접 확인을 받아야 하는 선박용물건 또는 소형선박에 대하여는 해양수산부장관이 확인서를 교부하고, 해당선박용물건에는 확인을 나타내는 표시를 하여야 한다(법 제20조 제4항). 해양수산부장관은 법 제20조 제1항의 규정에 따라 지정사업장을 지정한 때에는 제2항의 규정에 따라 승인을 얻은 내용대로 제조·정비 및 운용·관리되고 있는지 지도·감독하여야 한다(법 제20조 제5항). 법 제20조 제1항 내지 제5항의 규정에 따른 지정사업장의 지정절차, 지정사업장의 적합 여부에 대한 확인절차, 합격증서·확인서의 서식·교부 및 지정사업장에 대한 지도·감독 등에 관하여 필요한 사항은 해양수산부령으로 정한다(법 제20조 제6항).

「선박안전법 시행규칙」

제47조(지정사업장의 지정 및 설비기준) ① 법 제20조 제2항에 따른 지정사업장의 지정기준은 별표 20과 같다.
② 법 제20조 제2항에 따른 지정사업장의 설비는 다음 각 호의 설비로서 선박용물건별로 해양수산부장관이 정하여 고시하는 설비 중 외주 또는 구매하는 부분에 대한 설비를 제외한 설비를 말한다. 다만, 시험·검사설비의 경우 다른 사람의 시험·검사설비를 3년 이상 사용할 수 있는 사용권이 있음을 증명하는 때에는 이를 갖춘 것으로 본다.
 1. 절삭가공기계, 제봉설비, 용접기 등 제조 또는 정비설비
 2. 인장시험기, 내압시험기 등 시험 및 검사설비

제48조(지정사업장의 지정) ① 법 제20조 제6항에 따라 지정사업장의 지정을 받으려는 자는 별지 제48호서식의 지정사업장지정(변경)신청서에 다음 각 호의 서류를 첨부하여 지방해양항만청장에게 제출하여야 한다.
 1. 사업장의 연혁·조직 및 업무분장의 개요
 2. 제47조에 따른 기준에 적합함을 증명하는 서류
 3. 다음 각 목의 요건이 포함된 선박용물건 또는 소형선박의 제조에 관한 설명서(우수제조사업장의 인정을 받으려는 자로 한정하며, 이하 "제조설명서"라 한다)
  가. 인정을 받으려는 선박용물건 또는 소형선박(이하 "인정대상물건"이라 한다)의 구조
  나. 인정대상물건의 성능 및 주된 재료
  다. 제조공정
  라. 품질관리
  마. 시험 및 검사체계
 4. 다음 각 목의 요건이 포함된 선박용물건의 정비에 관한 설명서(우수정비사업장의 인정을 받으려는 자로 한정하며, 이하 "정비설명서"라 한다)
  가. 분해 및 조립방법과 사용공구
  나. 부품 또는 부재별 점검 및 정비방법
  다. 부품 또는 부재별 사용시간과 손상정도 등에 의한 사용한도의 판정기준
  라. 조립 후의 조정방법
 5. 선박용물건 또는 소형선박에 대한 자체검사기준
② 지방해양항만청장은 제1항에 따른 신청을 받으면 해당 사업장이 제47조에 따른 지정·설비기준에 적합한지의 여부를 서류 및 현장심사(이미 지정받은 품목과 같은 품목인 경우에 현장심사는 생략한다)를 통하여 확인하고, 그 기준에 맞으면 별지 제49호서식의 지정사업장지정서를 신청인에게 발급하여야 한다.
③ 지방해양항만청장은 제2항에 따른 확인을 위하여 필요한 경우에는 관련 분야 전문가의 의견을 들을 수 있다.

제49조(지정받은 사항의 변경) ① 법 제20조 제1항에 따라 지정사업장의 지정을 받은 자가 제48조 제2항에 따라 확인받은 내용을 변경하려는 경우에는 별지 제48호서식의 지정사업장지정(변경)신청서에 그 변경내용 및 사유를 적은 서류를 첨부하여 지방해양항만청장에게 제출하여야 한다.
② 지방해양항만청장은 제1항에 따른 변경내용 및 사유가 지정사업장의 지정기준에 적합한지의 여부를 검토하고 적합한 경우 그 사실을 알려야 한다.

제50조(선박용물건 또는 소형선박의 확인신청) ① 법 제20조 제6항에 따라 선박용물건 또는 소형선박이 제48조 제1항 제3호 및 제4호에 따른 제조설명서 또는 정비설명서에 적합하게 제조 또는 정비되었음을 확인받으려는 자는 해당 선박용물건 또는 소형선박에 다음 각 호의 사항을 표시(크기 또는

모양을 고려하여 표시할 수 없는 경우는 제외한다)하고 별지 제50호서식의 확인신청서를 해양수산부장관에게 제출하여야 한다.
  1. 지정사업장의 명칭, 지정번호 및 지정일자
  2. 지정 품명·형식 및 규격(규격이 있는 경우로 한정한다)
  3. 제조 또는 정비일자
  4. 제조번호 또는 정비번호
  ② 해양수산부장관은 제1항에 따른 신청을 받은 경우에는 해당 선박용물건 또는 소형선박이 제조설명서 또는 정비설명서에 적합하게 제조 또는 정비되었는지 여부를 확인하여야 한다.
  ③ 법 제20조 제6항에 따른 확인서는 별지 제51호서식과 같으며, 확인을 나타내는 표시는 별표 21과 같다.
제51조(자체검사 합격증서의 서식 등) 법 제20조 제6항에 따른 합격증서는 별지 제52호서식과 같으며, 합격을 나타내는 표시는 별표 22와 같다.
제52조(지도·감독) 지방해양항만청장은 관할 지정사업장에 대하여 법 제20조 제6항에 따른 지정사업장의 제조·정비 및 운용에 대한 지도·감독을 연 1회 이상 하여야 한다.

2. 지정사업장의 지정취소 등

해양수산부장관은 지정사업장의 지정을 받은 자가 다음 각 호의 어느 하나에 해당하는 때에는 그 지정을 취소하거나 6개월 이내의 기간을 정하여 그 효력을 정지시킬 수 있다. 다만, 제1호 및 제2호에 해당하는 때에는 이를 취소하여야 한다(법 제21조 제1항).
  1. 거짓 그 밖의 부정한 방법으로 지정사업장의 지정을 받은 때
  2. 제조하거나 정비한 선박용물건 또는 소형선박이 법 제26조의 규정에 따른 선박시설기준에 적합하지 아니하게 된 때
  3. 유효기간이 경과한 선박용물건을 판매한 때
  4. 정당한 사유 없이 1년 이상 계속하여 당해 선박용물건 또는 소형선박을 제조하거나 정비하지 아니한 때
  5. 당해 사업장이 법 제20조 제2항의 규정에 따른 지정기준에 미달하게 된 때
  6. 부정한 방법으로 법 제20조 제3항 단서의 규정에 따른 확인을 받은 때
  7. 법 제75조의 규정에 따른 보고·자료제출명령을 거부한 때

법 제21조 제1항의 규정에 따라 지정사업장의 지정이 취소된 자는 지정이 취소된 날부터 1년간 지정사업장으로 지정될 수 없다(법 제21조 제2항). 법 제21조 제1항의 규정에 따른 지정사업장의 지정취소 및 그 절차 등에 관하여 필요한 사항은 해양수산부령으로 정

한다(법 제21조 제2항).

☸ 「선박안전법 시행규칙」

제53조(지정사업장의 지정취소 및 효력정지) ① 법 제21조 제3항에 따른 지정사업장의 지정취소 및 효력정지 처분의 기준은 별표 23과 같다.
  ② 지방해양항만청장은 위반행위의 동기, 내용 및 횟수 등을 고려하여 제1항에 따른 효력정지기간을 2분의 1의 범위에서 가중하거나 감경할 수 있다. 이 경우 가중한 기간을 합산한 기간은 6개월을 초과할 수 없다.
  ③ 지방해양항만청장은 제1항과 제2항에 따라 지정취소 또는 효력정지 처분을 한 경우에는 지체 없이 그 사실을 고시하여야 한다.

[별표 23]
지정사업장의 지정취소 및 효력정지 처분의 기준(제53조 제1항 관련)

위반행위	해당 법조문	처분내용
1. 거짓 그 밖의 부정한 방법으로 지정사업장의 지정을 받은 경우	법 제21조 제1항 제1호	지정취소
2. 제조하거나 정비한 선박용물건 또는 소형선박이 법 제26조에 따른 선박시설기준에 적합하지 아니하게 된 경우	법 제21조 제1항 제2호	지정취소
3. 유효기간이 경과한 선박용물건을 판매한 경우	법 제21조 제1항 제3호	효력정지 6개월
4. 정당한 사유 없이 1년 이상 계속하여 해당 선박용물건 또는 소형선박을 제조하거나 정비하지 아니한 경우	법 제21조 제1항 제4호	효력정지 3개월
5. 해당 사업장이 법 제20조 제2항에 따른 지정기준에 미달하게 된 경우	법 제21조 제1항 제5호	효력정지 6개월
6. 부정한 방법으로 법 제20조 제3항 단서에 따른 확인을 받은 경우	법 제21조 제1항 제6호	효력정지 6개월
7. 법 제75조에 따른 보고·자료제출명령을 거부한 경우	법 제21조 제1항 제7호	효력정지 2개월

제3관 예비검사

해양수산부장관이 지정하여 고시하는 선박용물건 또는 소형선박의 선체를 제조·개조·수리·정비 또는 수입하고자 하는 자는 선박용물건이 선박에 설치되기 전에 해양수산부장관이 정하여 고시하는 기준에 따라 해양수산부장관의 검사(이하 "예비검사"라 한다)를 받을 수 있다. 이 경우 예비검사의 절차에 관하여 필요한 사항은 해양수산부령으로 정한다(법 제22조 제1항). 법 제22조 제1항의 규정에 따른 예비검사를 받고자 하는 자는 해양수산부령이 정하는 바에 따라 해당 선박용물건 또는 소형선박의 선체의 도면에 대하여 해양수산부장관의 승인을 얻어야 한다. 이 경우 법 제13조 제2항의 규정은 예비검사의 도면에 대한 승인의 표시에 관하여 이를 준용한다(법 제22조 제2항). 해양수산부장관은 법 제22조 제1항의 규정에 따라 예비검사에 합격한 선박용물건 또는 소형선박의 선체에 대하여 해양수산부령이 정하는 예비검사증서를 교부하여야 한다. 이 경우 당해 선박용물건에 대하여는 합격을 나타내는 표시를 별도로 하여야 한다(법 제22조 제3항). 법 제22조 제1항의 규정에 따른 예비검사에 합격한 선박용물건 또는 소형선박의 선체에 대하여는 건조검사 또는 선박검사 중 최초로 실시하는 검사는 이를 합격한 것으로 본다(법 제22조 제4항). 법 제22조 제14조 제1항의 규정은 예비검사의 준비에 관하여 이를 준용한다. 이 경우 법 제14조 제1항 중 "건조검사 및 선박검사"는 "예비검사"로 본다(법 제22조 제5항).

「선박안전법 시행규칙」

제54조(예비검사) ① 법 제22조 제1항에 따른 예비검사를 받으려는 자는 별지 제53호서식의 예비검사신청서에 제5항에 따라 승인받은 도면을 첨부하여 해양수산부장관에게 제출하여야 한다.
② 제1항에 따른 예비검사는 해당 선박용물건 또는 소형선박의 선체에 대하여 제조·개조·수리 또는 정비에 착수한 때부터 검사를 받아야 한다. 이 경우 선박용물건 중 팽창식구명설비의 수리 또는 정비에 따른 예비검사인 경우에는 지방해양항만청장의 확인을 받은 곳에서 수리 또는 정비에 착수한 때부터 검사를 받아야 한다.
③ 제2항 후단에 따른 확인을 받으려는 자는 별표 24의 기준에 맞는 시설 등을 갖추고 별지 제54호서식의 팽창식구명설비정비시설등확인신청서에 다음 각 호의 서류를 첨부하여 지방해양항만청장에게 제출하여야 한다.
  1. 시설명세서
  2. 별표 24 제2호가목에 따른 정비기술자의 요건에 적합함을 증명하는 서류
  3. 별표 24 제4호에 따른 자체 정비기준
④ 지방해양항만청장은 제3항에 따른 확인신청을 받은 경우 그 팽창식구명설비 정비시설 등이 별표 24의 기준에 적합하다고 인정되면 별지 제55호서식의 팽창식구명설비정비시설등확인서를 발급하고 이를 고시하여야 한다.
⑤ 법 제22조 제2항에 따른 선박용물건 또는 소형선박의 선체의 도면에 대한 승인 절차에 관하여는 제29조 제1항에 따른 도면의 승인 절차를 준용한다. 이 경우 제29조 제1항 중 "선박"은 "선박용물건 또는 소형선박의 선체"로 본다.
⑥ 법 제22조 제3항에 따른 예비검사증서는 별지 제56호서식과 같으며, 합격을 나타내는 표시는 별표 25와 같다. 다만, 제2항 후단에 따른 경우에는 예비검사증서를 갈음하여 정비기록부에 선박검사관이 서명하는 것으로 한다.
⑦ 법 제22조 제5항에 따른 예비검사의 준비사항은 별표 26과 같다.

제4절 컨테이너의 형식승인 등

제1관 컨테이너의 형식승인 및 검정 등

1. 컨테이너형식승인

선박에 적재되어 화물운송에 사용되는 컨테이너의 경우 그 바닥의 면적이 해양수산부령이 정하는 면적 이상인 컨테이너를 제조하고자 하는 자는 해양수산부장관으로부터 형식에 관한 승인(이하 "컨테이너형식승인"이라 한다)을 얻어야 한다(법 제23조 제1항). 법 제23조 제1항의 규정에 따른 컨테이너형식승인을 얻고자 하는 자는 해양수산부장관이 지정하여 고시하는 시험기관(이하 "컨테이너지정시험기관"이라 한다)의 형식승인시험을 거쳐야 한다(법 제23조 제2항). 법 제23조 제1항 및 제2항의 규정에 따라 컨테이너형식승인을 얻은 자가 그 내용을 변경하고자 하는 경우에는 해양수산부장관으로부터 변경승인을 얻어야 한다. 이 경우 컨테이너의 성능에 영향을 미치는 사항을 변경하는 때에는 해당 변경 부분에 대하여 제2항의 규정에 따른 별도의 형식승인시험을 거쳐야 한다(법 제23조 제3항).

> ※ 「선박안전법 시행규칙」
>
> **제55조(컨테이너형식승인 대상)** 법 제23조 제1항에서 "해양수산부령이 정하는 면적 이상인 컨테이너"란 바닥면적이 7제곱미터(윗부분에 모서리끼움쇠가 없는 컨테이너인 경우에는 14제곱미터) 이상인 컨테이너를 말한다.
> **제56조(컨테이너형식승인의 신청)** ① 법 제23조 제7항에 따라 컨테이너형식승인을 받으려는 자는 컨테이너의 형식별로 별지 제57호서식의 컨테이너형식승인신청서를 지방해양항만청장에게 제출하여야 한다.
> ② 지방해양항만청장은 제1항에 따른 신청을 받은 경우에는 제58조 제4항에 따라 컨테이너지정시험기관이 지방해양항만청장에게 제출한 서류(전자문서를 포함한다)를 확인하고 이상이 없으면 별지 제58호서식의 컨테이너형식승인증서를 신청인에게 발급하여야 한다.

2. 컨테이너검정증서 등

법 제23조 제1항 및 제3항의 규정에 따라 컨테이너형식승인 또는 그 변경승인을 얻은 자는 당해 컨테이너에 대하여 해양수산부장관이 정하여 고시하는 검정기준에 따라 해양수산부장관의 검정(이하 "컨테이너검정"이라 한다)을 받아야 한다. 이 경우 해양수산부장관은 컨테이너검정에 합격한 컨테이너에 대하여는 컨테이너검정증서를 교부하여야 한다(법 제23조 제4항). 컨테이너의 제조자는 법 제23조 제3항의 규정에 따라 컨테이너검정에 합격한 컨테이너에 컨테이너형식승인을 얻었음을 나타내는 형식승인판(이하 "컨테이너형식승인판"이라 한다)을 부착하여야 하며, 해양수산부장관은 동 컨테이너형식승인판에 컨테이너검정에 합격하였음을 나타내는 확인표시를 하여야 한다(법 제23조 제5항).

3. 컨테이너형식승인의 취소

해양수산부장관은 제1항의 규정에 따라 컨테이너형식승인을 얻은 자가 다음 각 호의 어느 하나에 해당하는 때에는 그 형식승인을 취소하거나 6개월 이내의 기간을 정하여 그 효력을 정지시킬 수 있다. 다만, 제1호에 해당하는 때에는 이를 취소하여야 한다(법 제23조 제6항).

1. 거짓 그 밖의 부정한 방법으로 컨테이너형식승인 또는 그 변경승인을 얻은 때
2. 거짓 그 밖의 부정한 방법으로 컨테이너검정을 받은 때
3. 컨테이너형식승인 또는 그 변경승인을 얻은 후 2년 이상 계속하여 컨테이너를 제조하지 아니한 때

4. 컨테이너형식승인 등의 절차

법 제23조 제1항 내지 제6항의 규정에 따른 컨테이너형식승인 및 그 변경승인의 절차, 컨테이너지정시험기관의 지정기준 및 절차, 형식승인시험의 기준, 컨테이너형식승인을 얻은 자 및 컨테이너지정시험기관에 대한 지도·감독 등에 관하여 필요한 사항은 해양수산부령으로 정한다(법 제23조 제7항). 선박소유자 또는 선장은 법 제23조 제5항의 규정에 따른 컨테이너형식승인판이 부착되지 아니한 컨테이너를 선박에 적재하여서는 아니 된다(법 제23조 제8항).

※「선박안전법 시행규칙」

제57조(컨테이너형식승인의 변경 신청 등) ① 법 제23조 제7항에 따라 컨테이너형식승인을 받은 내용을 변경하려는 경우에는 별지 제59호서식의 컨테이너형식승인사항변경승인신청서를 지방해양항만청장에게 제출하여야 한다.

② 지방해양항만청장은 제1항에 따른 컨테이너형식승인사항 변경승인신청을 받은 경우에는 제58조 제4항에 따라 컨테이너지정시험기관이 지방해양항만청장에게 제출한 서류(전자문서를 포함한다)를 확인하고 이상이 없으면 별지 제60호서식의 컨테이너형식승인사항변경승인서를 신청인에게 발급하여야 한다. 다만, 해당 변경사항이 성능에 영향을 미치지 아니하는 변경인 경우 지방해양항만청장은 확인한 후 별지 제60호서식의 컨테이너형식승인사항변경승인서를 발급하여야 한다.

제58조(컨테이너형식승인시험의 신청) ① 법 제23조 제7항에 따라 컨테이너의 형식승인시험을 받으려는 자는 별지 제61호서식의 컨테이너형식승인시험신청서(전자문서로 된 신청서를 포함한다)에 다음 각 호의 서류(형식승인사항의 변경을 위한 형식승인시험시에는 성능에 영향을 미치는 부분에 대한 서류만 첨부한다)를 첨부하여 컨테이너지정시험기관에 제출하여야 한다.
  1. 컨테이너의 제조사양서, 구조도면 및 사용방법에 관한 설명서
  2. 컨테이너의 제조 및 검사설비개요서

② 컨테이너지정시험기관은 제1항에 따른 신청을 받은 경우에는 해양수산부장관이 정하여 고시하는 컨테이너형식승인시험기준에 따라 시험을 하여야 한다.

③ 컨테이너형식승인시험을 신청하는 자는 형식승인시험을 받으려는 컨테이너 및 재료를 컨테이너지정시험기관이 지정하는 장소에 제출하고, 컨테이너형식승인시험에 필요한 비용을 컨테이너지정시험기관에 내야 한다. 이 경우 그 시험비용은 컨테이너지정시험기관이 별표 27의 산출기준에 따라 산출한 금액으로 한다.

④ 컨테이너지정시험기관은 컨테이너형식승인시험에 합격한 컨테이너에 대하여 별지 제62호서식의 컨테이너형식승인시험합격증서, 제2항에 따라 실시한 컨테이너형식승인시험성적서(이하 "컨테이너시험성적서"라 한다) 및 제1항 각 호의 서류에 컨테이너지정시험기관이 날인 또는 각인한 서류를 신청인에게 발급하고, 컨테이너형식승인시험합격증서, 컨테이너형식승인시험성적서 및 제1항 각 호의 서류(전자문서를 포함한다) 각 1부를 관할 지방해양항만청장에게 제출하여야 한다.

제59조(컨테이너검정의 신청 등) ① 법 제23조 제7항에 따라 컨테이너검정을 받으려는 자는 별지 제63호서식의 컨테이너검정신청서를 해양수산부장관에게 제출하여야 한다.

② 해양수산부장관은 제1항에 따른 컨테이너검정 신청을 받은 경우에는 해당 컨테이너가 법 제23조 제4항에 따른 컨테이너검정기준에 적합한지 여부를 확인하고 별지 제64호서식의 컨테이너검정증서를 발급하여야 한다.

③ 법 제23조 제7항에 따른 컨테이너형식승인판은 별지 제65호서식과 같으며, 그 컨테이너형식승인판에 컨테이너검정의 합격을 나타내는 확인표시는 별표 28과 같다.

제60조(컨테이너형식승인 취소 및 효력정지) ① 법 제23조 제7항에 따른 컨테이너형식승인의 취소 및 효력정지 처분의 기준은 별표 29와 같다.

② 지방해양항만청장은 위반행위의 동기, 내용 및 횟수 등을 고려하여 제1항에 따른 효력정지기간을 2분의 1의 범위에서 가중하거나 감경할 수 있다. 이 경우 가중한 기간을 합산한 기간은 6개월을 초과할 수 없다.

③ 지방해양항만청장은 제1항과 제2항에 따라 승인취소 또는 효력정지 처분을 한 경우에는 지체 없이 그 사실을 고시하여야 한다.

제61조(컨테이너지정시험기관의 지정기준 및 절차) ① 법 제23조 제7항에 따른 컨테이너지정시험기관의 지정기준은 다음 각 호와 같다.
  1. 공단 또는 선급법인일 것
  2. 컨테이너형식승인시험·검사를 담당할 검사원이 있을 것

② 컨테이너지정시험기관으로 지정받으려는 자는 다음 각 호의 사항을 적은 신청서를 해양수산부장관에게 제출하여야 한다.
  1. 주된 사무소와 분사무소의 명칭 및 소재지

  2. 법인의 정관
  3. 임원의 성명
  4. 컨테이너형식승인시험·검사를 담당할 조직의 인력 구성
  5. 컨테이너형식승인시험의 방법 및 절차
 ③ 해양수산부장관은 제2항에 따른 신청을 받은 경우에는 해당 컨테이너지정시험기관이 대행할 업무의 범위와 기간을 정하여 신청인에게 통지하고 그 사실을 고시하여야 한다.
제62조(지도·감독) ① 지방해양항만청장은 컨테이너지정시험기관의 컨테이너시험성적서를 검토하여 적합하지 아니하다고 인정하면 해양수산부장관에게 보고하여야 한다.
 ② 해양수산부장관은 제1항에 따라 지방해양항만청장으로부터 보고를 받은 경우 법 제23조 제7항에 따라 해당 컨테이너지정시험기관을 방문하여 시험의 방법 및 절차 등을 확인하고 필요한 경우에는 개선·보완을 요청할 수 있다.

제2관 안전점검 등

1. 컨테이너의 안전점검

컨테이너의 소유자는 해양수산부장관으로부터 자체 안전점검방법의 승인을 얻어 스스로 안전점검을 실시하여야 한다. 이 경우 컨테이너의 소유자는 안전점검업무를 수행하는 안전점검사업자로 하여금 이를 대행하게 할 수 있다(법 제24조 제1항). 법 제24조 제1항 후단의 규정에 따라 안전점검업무를 대행하는 자는 해양수산부령이 정하는 바에 따른 자격을 갖추어야 한다(법 제24조 제2항). 법 제24조 제1항의 규정에 따른 안전점검의 기준·방법·승인절차, 안전점검사업자의 기준 및 안전점검사업자에 대한 지도·감독 등에 관하여 필요한 사항은 해양수산부령으로 정한다(법 제24조 제3항).

※「선박안전법 시행규칙」

제63조(안전점검사업자의 자격 요건) 법 제24조 제2항에 따른 안전점검업무를 대행하는 자는 다음 각 호의 요건에 적합한 자격을 갖추어야 한다.
  1. 안전점검업무를 수행하기 위한 주된 사무소 및 분사무소를 가지고 있을 것
  2. 삭제
  3. 안전점검에 필요한 시설 및 설비를 갖추고 있을 것
  4. 다음 각 목의 어느 하나에 해당하는 점검인력이 있을 것
    가. 대학의 조선·항해·기계·기관·용접·금속재료 등에 관한 학과(이하 이 조에서 "관련학과"라 한다)를 졸업하고 컨테이너의 제조 또는 검사업무(이하 이 조에서 "관련업무"라 한다)에 6개월 이상 종사한 자

나. 대학의 관련학과 외의 이공계 학과를 졸업한 자 또는 전문대학의 관련학과를 졸업한 자로서 관련업무에 1년 이상 종사한 자
　　다. 공업계고등학교의 관련학과를 졸업하고 관련업무에 2년 이상 종사한 자
　　라. 가목부터 다목까지 외의 자로서 관련업무에 3년 이상 종사한 자
제64조(안전점검의 기준) ① 컨테이너의 소유자는 법 제24조 제3항에 따라 다음 각 호의 어느 하나에 해당하는 점검방법에 대하여 제65조에 따라 지방해양항만청장의 승인을 받은 후 점검하여야 한다.
　1. 정기점검방법 :「안전한 컨테이너를 위한 국제협약」부속서Ⅰ 제2규칙제2항에 따른 점검연월에 하는 안전점검
　2. 계속점검방법 :「안전한 컨테이너를 위한 국제협약」부속서Ⅰ 제2규칙제3항에 따른 점검연월에 하는 안전점검
　② 제1항에 따른 정기점검방법 또는 계속점검방법을 위한 법 제24조 제3항의 안전점검기준은 해양수산부장관이 정하여 고시한다.
제65조(컨테이너의 안전점검방법의 승인 등) ① 법 제24조 제3항에 따라 컨테이너의 점검방법의 승인을 받으려는 자는 별지 제66호서식의 컨테이너정기(계속)점검방법승인신청서에 다음 각 호의 서류를 첨부하여 관할 지방해양항만청장에게 제출하여야 한다.
　1. 회사의 연혁·조직 및 업무분장 등 회사의 개요를 설명하는 서류
　2. 다음의 각 목의 사항을 적은 서류
　　가. 컨테이너의 종류별·규격별 보유현황
　　나. 정기(계속)점검계획(조직 및 실시요령을 포함한다)
　　다. 정기(계속)점검기준(점검항목 및 판정기준을 포함한다)
　　라. 정기(계속)점검기록, 정기(계속)점검에 필요한 컨테이너의 구조·강도 등에 관한 서류의 관리방법
3. 법 제24조 제1항 후단에 따라 안전점검사업자로 하여금 컨테이너 안전점검을 대행하게 하는 경우에는 제63조에 따른 자격요건에 적합함을 증명하는 서류
　② 지방해양항만청장은 제1항에 따른 신청을 받은 경우에는 제64조에 따른 안전점검의 기준에 적합한지 여부를 확인하고 적합한 경우에는 별지 제67호서식의 컨테이너정기(계속)점검방법승인서에 제1항 각 호의 서류 사본을 첨부하여 발급하여야 한다.
제66조(지도·감독) 지방해양항만청장은 안전점검방법의 승인을 받은 자가 법 제24조 제3항에 따라 승인받은 사항대로 점검하고 있는지에 대한 지도·감독을 연 1회 이상 하여야 한다.

2. 컨테이너의 사용금지 등

　누구든지 법 제24조의 규정에 따른 컨테이너의 안전점검을 실시하지 아니한 컨테이너를 선박에 적재하여 해상화물운송에 사용하여서는 아니 된다(법 제25조 제1항). 누구든지 파손·부식 또는 균열이나 유해한 변형 등으로 인하여 인명과 선박의 안전에 위협이 될 수 있는 컨테이너를 발견하면 지체 없이 해양수산부장관에게 신고하여야 한다(법 제25조 제2항). 해양수산부장관은 법 제25조 제2항의 규정에 따른 컨테이너를 발견하거나 또는 신고를 받은 때에는 해당컨테이너를 개방하고 이를 수리하거나, 컨테이너에 적재된 화물의 이적(移積) 또는 폐기 등 안전에 필요한 조치를 취할 수 있다(법 제25조 제3항). 해양수산부장

관은 법 제25조 제3항의 규정에 따른 조치에 소요된 비용을 컨테이너의 소유자에게 청구할 수 있다(법 제25조 제4항). 해양수산부장관은 법 제25조 제4항의 규정에 따른 컨테이너의 소유자를 알 수 없거나 소재를 모르는 경우 해당컨테이너 및 적재된 화물을 공매하여 법 제25조 제3항의 규정에 따른 조치에 소요된 비용에 충당할 수 있다. 이 경우 비용에 충당하고 남은 금액이 있는 때에는 이를 공탁하여야 한다(법 제25조 제5항). 법 제25조 제3항 내지 제5항의 규정에 따른 컨테이너 안전에 필요한 조치, 비용의 청구절차 및 충당절차 등에 관하여 필요한 사항은 해양수산부령으로 정한다(법 제25조 제6항).

※「선박안전법 시행규칙」

제67조(컨테이너의 안전조치) ① 지방해양항만청장이 법 제25조 제6항에 따라 컨테이너의 안전에 필요한 조치를 하려는 경우에는「행정대집행법」제3조, 제5조 및 제6조와 같은 법 시행령 제1조 및 제3조부터 제5조까지의 규정을 준용한다. 이 경우 해당 컨테이너의 소유자, 점유자 또는 이해관계인을 알 수 없거나 소재를 모르는 경우에는 다음 각 호의 사항을 해당 컨테이너가 방치된 현장에 7일간 공고한 후 법 제25조 제3항에 따른 조치를 할 수 있다.
  1. 컨테이너의 종류 및 화물의 내용
  2. 컨테이너가 소재하는 위치
  3. 제거일시
  4. 제거방법

② 지방해양항만청장은 제1항 전단에 따라 컨테이너 및 적재된 화물을 처분하는 경우 법 제25조 제5항에 따른 공매를 하되, 공매를 하려는 경우에는 다음 각 호의 사항을 14일 이상 공고하여야 한다.
  1. 공매할 컨테이너 및 적재화물의 종류 및 내용
  2. 공매의 장소 및 일시
  3. 입찰보증금을 받는 경우에는 그 금액

③ 지방해양항만청장은 법 제25조 제5항에 따라 공탁하는 경우에는「공탁법」에 따라야 한다.

제68조(컨테이너 안전조치 비용의 청구) ① 지방해양항만청장은 법 제25조 제6항에 따라 컨테이너의 소유자에게 그 비용을 청구하려는 경우에는 별지 제68호서식의 컨테이너안전조치비용납부통지서에 따르되, 별지 제69호서식의 컨테이너안전조치비용납부고지서를 첨부하여야 한다.

② 제1항에 따른 컨테이너안전조치비용납부통지서를 받은 자는 컨테이너안전조치비용납부고지서에 명시된 고지일부터 15일 이내에 해당 금액을 내야 한다.

③ 지방해양항만청장은 소속 공무원으로 하여금 컨테이너안전조치비용의 청구 및 수납사항을 별지 제70호서식의 컨테이너안전조치비용수납관리대장에 기록·관리하게 하여야 한다.

제5절 선박시설의 기준 등

1. 시설기준의 고시

선박시설은 해양수산부장관이 정하여 고시하는 선박시설기준에 적합하여야 한다(법 제26조).

2. 만재흘수선의 표시 등

다음 각 호의 어느 하나에 해당하는 선박소유자는 해양수산부장관이 정하여 고시하는 기준에 따라 만재흘수선의 표시를 하여야 한다. 다만, 잠수선 및 그 밖에 해양수산부령이 정하는 선박에 대하여는 만재흘수선의 표시를 생략할 수 있다(법 제27조 제1항).

1. 국제항해에 취항하는 선박
2. 해양수산부령으로 정하는 방법에 따른 선박의 길이(이하 "선박길이"라 한다)가 12미터 이상인 선박
3. 선박길이가 12미터 미만인 선박으로서 다음 각 목의 어느 하나에 해당하는 선박
   가. 여객선
   나. 법 제41조의 규정에 따른 위험물을 산적하여 운송하는 선박

누구든지 법 제27조 제1항의 규정에 따라 표시된 만재흘수선을 초과하여 여객 또는 화물을 운송하여서는 아니 된다(법 제27조 제2항).

☸ 「선박안전법 시행규칙」

제69조(만재흘수선의 표시 등) 법 제27제1항 각 호 외의 부분 단서에서 "해양수산부령이 정하는 선박"이란 다음 각 호의 어느 하나에 해당하는 선박을 말한다.
1. 수중익선, 공기부양선, 수면비행선박 및 부유식 해상구조물(제3조 제1호 및 제2호는 제외한다)
2. 운송업에 종사하지 아니하는 유람 범선(帆船)
3. 국제항해에 종사하지 아니하는 선박으로서 선박길이가 24미터 미만인 예인·해양사고구조·준설 또는 측량에 사용되는 선박
4. 법 제11조 제2항에 따라 임시항해검사증서를 발급받은 선박
5. 시운전을 위하여 항해하는 선박
6. 만재흘수선을 표시하는 것이 구조상 곤란하거나 적당하지 아니한 선박으로서 해양수산부장관이 인정하는 선박

제70조(선박길이의 산정방법) 법 제27조 제1항 제2호에 따른 선박길이의 산정방법은 「선박법 시행규칙」 제11조 제1항 제9호에 따른다.

3. 복원성의 유지

다음 각 호의 어느 하나에 해당하는 선박소유자는 해양수산부장관이 정하여 고시하는 기준에 따라 복원성을 유지하여야 한다. 다만, 예인·해양사고구조·준설 또는 측량에 사용되는 선박 등 해양수산부령이 정하는 선박에 대하여는 그러하지 아니하다(법 제28조 제1항).

1. 여객선
2. 선박길이가 12미터 이상인 선박

선박소유자는 법 제28조 제1항의 규정에 따른 선박의 복원성과 관련하여 그 적합 여부에 대하여 복원성자료를 제출하여 해양수산부장관의 승인을 얻어야 하며, 승인을 얻은 복원성자료를 당해 선박의 선장에게 제공하여야 한다(법 제28조 제2항). 법 제28조 제2항의 규정에 따른 승인에 있어서 복원성 계산을 위하여 컴퓨터프로그램을 사용한 때에는 해양수산부장관이 정하여 고시하는 복원성 계산방식에 따라야 한다(법 제28조 제3항). 법 제28조 제2항 및 제3항의 규정에 따른 복원성과 관련된 승인의 기준·절차, 복원성자료 및 복원성 계산용 컴퓨터프로그램의 작성요령 등에 관하여 필요한 사항은 해양수산부장관이 정하여 고시한다(법 제28조 제4항).

※ 「선박안전법 시행규칙」

제71조(복원성기준 제외 선박) 법 제28조 제1항 각 호 외의 부분 단서에서 "해양수산부령이 정하는 선박"이란 다음 각 호의 어느 하나에 해당하는 선박을 말한다.
1. 국제항해에 종사하지 아니하는 선박으로서 선박길이가 24미터 미만인 다음 각 목의 선박
   가. 예인·해양사고구조·준설 또는 측량에 사용되는 선박
   나. 부선
2. 여객선이 아니거나 카페리선이 아닌 선박으로서 호소·하천 및 항내의 수역에서만 항해하는 선박
3. 부유식 해상구조물(제3조 제1호 및 제2호는 제외한다)
4. 복원성 시험이 구조상 곤란하거나 적당하지 아니한 선박으로서 해양수산부장관이 인정하는 선박

4. 무선설비

다음 각 호의 어느 하나에 해당하는 선박소유자는 「해상에서의 인명안전을 위한 국제협약」에 따른 세계 해상조난 및 안전제도의 시행에 필요한 무선설비를 갖추어야 한다. 이 경우 무선설비는 「전파법」에 따른 성능과 기준에 적합하여야 한다(법 제29조 제1항).

1. 국제항해에 취항하는 여객선
2. 제1호의 선박 외에 국제항해에 취항하는 총톤수 300톤 이상의 선박

법 제29조 제1항 각 호의 규정에 따른 선박 외에 해양수산부령이 정하는 선박에 대하여는 해양수산부령이 정하는 기준에 따른 무선설비를 갖추어야 한다. 이 경우 무선설비는 「전파법」에 따른 성능과 기준에 적합하여야 한다(법 제29조 제2항). 법 제29조 누구든지 제1항 및 제2항의 규정에 따른 무선설비를 갖추지 아니하고 선박을 항해에 사용하여서는 아니 된다. 다만, 임시항해검사증서를 가지고 1회의 항해에 사용하는 경우 또는 시운전을 하는 경우에는 그러하지 아니하다(법 제29조 제3항).

「선박안전법 시행규칙」

제72조(무선설비의 설치) ① 법 제29조 제2항에서 "해양수산부령이 정하는 선박"이란 다음 각 호의 선박을 제외한 선박을 말한다.
 1. 총톤수 2톤 미만의 선박
 2. 추진기관을 설치하지 아니한 선박
 3. 호소·하천 및 항내의 수역에서만 항해하는 선박
 4. 「유선 및 도선사업법」에 따른 도선으로서 출발항으로부터 도착항까지의 항해거리(경유지를 포함한다)가 2해리 이내인 선박
② 법 제29조 제2항에 따른 선박이 갖추어야 하는 무선설비의 설치기준은 별표 30과 같다.

5. 선박위치발신장치

선박의 안전운항을 확보하고 해양사고 발생시 신속한 대응을 위하여 해양수산부령이 정하는 선박의 소유자는 해양수산부장관이 정하여 고시하는 기준에 따라 선박의 위치를 자동으로 발신하는 장치(이하 "선박위치발신장치"라 한다)를 갖추고 이를 작동하여야 한다(법 제30조 제1항). 법 제29조 제1항 또는 제2항의 규정에 따른 무선설비가 선박위치발신장치의 기능을 가지고 있는 때에는 선박위치발신장치를 갖춘 것으로 본다(법 제30조 제2항). 선박의 선장은 해적 또는 해상강도의 출몰 등으로 인하여 선박의 안전을 위협할 수 있다고 판단되는 경우 선박위치발신장치의 작동을 중단할 수 있다. 이 경우 선장은 그 상황을 항해일지 등에 기재하여야 한다(법 제30조 제3항).

> ※ 「선박안전법 시행규칙」

제73조(선박위치발신장치 설치 대상선박) 법 제30조 제1항에서 "해양수산부령이 정하는 선박"이란 다음 각 호의 선박을 말한다. 다만, 호소·하천에서만 항해하는 선박은 제외한다.
1. 총톤수 2톤 이상의 다음 각 목의 선박
   가. 「해운법」에 따른 여객선
   나. 「유선 및 도선사업법」에 따른 유선. 다만, 해가 뜨기 30분 전부터 해가 진 후 30분까지 사이에 운항하는 선박으로서 제15조 제1항 제1호에 따른 평수구역만을 항해하는 항해예정시간이 2시간 미만인 선박은 그러하지 아니하다.
   다. 삭제
2. 여객선이 아닌 선박으로서 국제항해에 취항하는 총톤수 300톤 이상의 선박
3. 여객선이 아닌 선박으로서 국제항해에 취항하지 아니하는 총톤수 500톤 이상의 선박
4. 연해구역 이상을 항해하는 총톤수 50톤 이상의 예선, 유조선 및 위험물산적운송선
5. 삭제

제6절 안전항해를 위한 조치

제1관 항해안전을 위한 조치

1. 선장의 권한

누구든지 선박의 안전을 위한 선장의 전문적인 판단을 방해하거나 간섭하여서는 아니 된다(법 제31조).

선박안전을 확보하기 위하여 선장의 전문적인 판단을 존중하여야 한다는 원칙을 규정한 규정이다. 「선박안전법」에서는 과태료 외에는 처벌규정이 없지만 이 규정에 위반하여 해양사고가 발생한 경우 형사범죄의 고의·과실판단의 기준이 되는 경우에는 형사범죄를 구성할 수도 있다.

2. 항해용 간행물의 비치

선박소유자는 해양수산부령이 정하는 해도(海圖) 및 조석표(潮汐表) 등 항해용 간행물을 해양수산부령이 정하는 바에 따라 선박에 비치하여야 한다(법 제32조).

> **「선박안전법 시행규칙」**
>
> **제74조(항해용 간행물의 종류)** 법 제32조에서 "해양수산부령이 정하는 해도(海圖) 및 조석표(潮汐表) 등 항해용 간행물"이란 해도(승인된 전자해도를 포함한다), 조석표, 등대표 및 항로고시의 항해도서를 말한다.
>
> **제75조(항해용 간행물의 비치)** ① 제74조에 따른 승인된 전자해도를 선박에 비치하는 경우에는 해양수산부장관이 인정하는 백업장치 또는 예비목적의 최신화된 해도를 비치하여야 한다.
> ② 선박에 비치하는 항해용 간행물은 수로정보에 따른 최신의 것이어야 한다.
> ③ 항해용 간행물의 요건 등은 법 제26조에 따른 선박시설기준에 적합하여야 한다.
> ④ 항해용 간행물은 선장이나 선원이 즉시 꺼내어 확인할 수 있는 적당한 장소에 비치하여야 한다.

3. 조타실의 시야확보 등

선박소유자는 당해 선박의 조타실에 대하여 해양수산부장관이 정하여 고시하는 기준에 따른 충분한 시야를 확보할 수 있도록 필요한 조치를 하여야 한다(법 제33조 제1항). 선박소유자는 당해 선박의 조타실과 조타기(操舵機)가 설치된 장소 사이에 해양수산부장관이 정하여 고시하는 기준에 따라 통신장치를 설치하여야 한다(법 제33조 제2항).

제2관 하역설비에 대한 안전조치

1. 하역설비의 확인 등

하역장치 및 하역장구(이하 "하역설비"라 한다)를 갖춘 선박의 소유자는 해양수산부령이 정하는 기준에 따라 제한하중·제한각도 및 제한반경(이하 "제한하중등"이라 한다)의 사항에 대하여 해양수산부장관의 확인을 받아야 한다(법 제34조 제1항). 해양수산부장관은 법 제34조 제1항의 규정에 따라 제한하중 등의 확인을 한 때에는 해양수산부령이 정하는 제한하중등확인서를 교부하여야 한다(법 제34조 제2항). 법 제34조 제1항의 규정에 따라 확인을 받은 선박소유자는 해당하역설비에 해양수산부령이 정하는 바에 따라 확인받은 제한하중등의 사항을 표시하여야 한다(법 제34조 제3항). 법 제34조 제1항의 규정에 따라 확인을 받은 선박소유자는 확인받은 제한하중등의 사항을 위반하여 하역설비를 사용하여서는 아니 된다(법 제34조 제4항).

⚓ 「선박안전법 시행규칙」

제76조(하역설비의 확인) 법 제34조 제1항에 따라 하역설비에 대한 제한하중등을 확인하기 위한 기준은 별표 31과 같다.
제77조(하역설비의 확인신청) ① 법 제34조 제1항에 따라 1톤 이상의 화물의 하역에 사용되는 하역설비에 대하여 다음 각 호의 어느 하나에 해당하는 제한하중등의 확인을 받으려는 선박소유자는 별지 제71호서식의 제한하중등신청서를 해양수산부장관에게 제출하여야 한다.
  1. 데릭(Derrick)장치 : 제한하중 및 제한각도
  2. 지브크레인(Jib Crane) : 제한하중 및 제한반경
  3. 그 밖의 하역장치 : 제한하중
  4. 하역장치에 처음으로 사용되는 하역장구와 용접 등에 의하여 수리를 한 하역장구 : 제한하중
② 법 제34조 제2항에 따른 제한하중등확인서는 별지 제72호서식과 같다.
③ 법 제34조 제3항에 따른 제한하중등의 표시는 하역설비의 잘 보이는 곳에 금속제 판을 고정시키거나 용접 등 항구적인 방법으로 하여야 한다.

2. 하역설비검사기록 및 비치

해양수산부장관은 하역설비에 대하여 정기검사 또는 중간검사를 한 때에는 해양수산부령이 정하는 바에 따라 하역설비검사기록부를 작성하고 그 내용을 기재하여야 한다(법 제35조 제1항). 선박소유자는 법 제35조 제1항의 규정에 따른 하역설비검사기록부 등 하역설비에 대한 검사와 관련된 해양수산부령이 정하는 서류를 선박에 비치하여야 한다(법 제35조 제2항).

⚓ 「선박안전법 시행규칙」

제78조(하역설비에 관한 검사의 기록) ① 법 제35조 제1항에 따른 하역설비검사기록부는 별지 제73호서식과 같다.
② 법 제35조 제2항에서 "해양수산부령이 정하는 서류"란 다음 각 호와 같다.
  1. 제한하중등확인서
  2. 하역설비검사기록부
③ 선박소유자나 선장은 제2항에 따른 서류를 제시할 수 있도록 적절한 장소에 보관하여야 한다.

제3관 화물관리에서의 안전조치

1. 화물정보의 제공

선박 또는 그 승선자에게 위해를 미칠 수 있는 화물을 운송하고자 하는 화주(貨主)

는 해당화물을 적재하기 전에 그 화물에 관한 정보를 선장에게 제공하여야 한다(법 제36조 제1항). 법 제36조 제1항의 규정에 따라 정보를 제공하여야 하는 화물의 종류 및 제공되는 정보의 내용은 해양수산부령으로 정한다(법 제36조 제2항).

> ☸ 「선박안전법 시행규칙」
>
> **제79조(화물에 관한 정보)** 법 제36조 제2항에 따른 화물의 종류별 정보는 다음 각 호와 같다.
> 1. 일반화물과 화물유니트에 의하여 운송되는 화물인 경우
>   가. 화물명세
>   나. 화물중량
>   다. 화물특성
> 2. 산적화물인 경우
>   가. 제1호 각 목의 정보
>   나. 화물의 적하계수(무게 1톤에 대하여 세제곱미터로 표시된 부피를 말한다) 및 짐 고르기 방법
>   다. 선적 후 화물표면 경사각도를 포함한 화물 이동의 특성
>   라. 응집되거나 액화될 수 있는 화물의 경우 화물 수분량 및 운송허용 수분값
> 3. 해를 입힐 수 있는 화학성질을 가진 산적화물인 경우
>   가. 제1호 각 목 및 제2호 각 목의 정보
>   나. 화학성질에 관한 정보

화물을 적재하기 전에 화물과 관련한 정보를 선장에게 제공하도록 하는 등 필요한 조치를 마련할 필요가 있다는 점을 반영한 것이다. 이와 관련하여 해양수산부령으로 「특수화물 선박운송규칙」이 제정되어 있다.

2. 유독성가스농도 측정기의 제공 등

선박소유자는 유독성가스를 발생하거나 또는 산소의 결핍을 일으킬 수 있는 화물을 산적(散積)하여 운송하는 경우에는 해양수산부장관이 정하여 고시하는 바에 따른 유독성가스 또는 산소의 농도를 측정할 수 있는 기기(機器) 및 그 사용설명서를 선장에게 제공하여야 한다(법 제37조).

3. 소독약품 사용에 따른 안전조치

선장은 선박의 소독을 위하여 살충제 등 소독약품을 사용하는 경우에는 해양수산부장관이 정하여 고시하는 바에 따라 안전조치를 하여야 한다(법 제38조).

4. 화물의 적재·고박방법 등

선박소유자는 화물을 선박에 적재(積載)하거나 고박(固縛)하기 전에 화물의 적재·고박의 방법을 정한 자체의 화물적재고박지침서를 마련하고, 해양수산부령이 정하는 바에 따라 해양수산부장관의 승인을 얻어야 한다(법 제39조 제1항). 선박소유자는 화물과 화물유니트(차량 및 이동식탱크 등과 같이 선박에 부착되어 있지 아니하는 운송용 기구를 말한다) 및 화물유니트 안에 실린 화물을 적재 또는 고박하는 때에는 법 제39조 제1항의 규정에 따라 승인된 화물적재고박지침서에 따라야 한다(법 제39조 제2항). 선박소유자는 차량 등 운반선박(육상교통에 이용되는 차량 등을 적재·운송할 수 있는 갑판이 설치되어 있는 선박을 말한다)에 차량 및 화물 등을 적재하는 경우에는 법 제39조 제1항의 규정에 따라 승인된 화물적재고박지침서에 따르되, 해양수산부령이 정하는 바에 따라 필요한 안전조치를 하여야 한다(법 제39조 제3항). 선박소유자는 컨테이너에 화물을 수납·적재하는 경우에는 법 제39조 제1항의 규정에 따라 승인된 화물적재고박지침서에 따르되, 컨테이너형식승인판에 표시된 최대총중량을 초과하여 화물을 수납·적재하여서는 아니 된다(법 제39조 제4항). 법 제39조 제1항 내지 제4항의 규정에 따른 화물의 적재·고박방법 등에 관하여 필요한 사항은 해양수산부령으로 정한다(법 제39조 제5항).

이와 관련하여 해양수산부령으로 「특수화물 선박운송규칙」이 제정되어 있다. 이 규칙은 「선박안전법」 제39조 제5항 및 제40조 제3항에 따라 선박에 곡류나 그 밖의 특수화물을 적재(積載)하여 운송하는 경우에 항해상의 위험을 방지하기 위하여 필요한 사항과 「1974년 해상에서의 인명안전을 위한 국제협약」(이하 "국제협약"이라 한다) 제6장을 시행하기 위하여 필요한 사항을 규정함을 목적으로 한다(동규칙 제1조).

5. 산적화물의 운송

선박소유자는 산적화물을 운송하기 전에 당해 선박의 선장에게 선박의 복원성·화물의 성질 및 적재방법에 관한 정보를 제공하여야 한다(법 제40조 제1항). 산적화물을 운송하고자 하는 선박소유자는 필요한 안전조치를 하여야 한다(법 제40조 제2항). 법 제40조 제1항 및 제2항의 규정에 따른 선박의 복원성·화물의 성질 및 적재방법의 내용, 안전조치 등에 관하여 필요한 사항은 해양수산부령으로 정한다(법 제40조 제3항).

6. 위험물의 운송

선박으로 위험물을 적재·운송하거나 저장하고자 하는 자는 항해상의 위험방지 및 인명안전에 적합한 방법에 따라 적재·운송 및 저장하여야 한다(법 제41조 제1항). 법 제41조 제1항의 규정에 따라 위험물을 적재·운송하거나 저장하고자 하는 자는 그 방법의 적합 여부에 관하여 해양수산부장관의 검사를 받거나 승인을 얻어야 한다(법 제41조 제2항). 법 제41조 제1항 및 제2항의 규정에 따른 위험물의 종류와 그 용기·포장, 적재·운송 및 저장의 방법, 검사 또는 승인 등에 관하여 필요한 사항은 해양수산부령으로 정한다(법 제41조 제3항). 법 제41조 제1항 내지 제3항의 규정에 불구하고 방사성물질을 운송하는 선박과 액체의 위험물을 산적하여 운송하는 선박의 시설기준 등은 해양수산부장관이 정하여 고시한다(법 제41조 제4항).

위험화물의 운송과 관련해서는 「위험물 선박운송 및 저장규칙」이 해양수산부령으로 제정되어 있다. 이 규칙은 「선박안전법」 제41조, 제41조의2 및 제65조에 따른 선박에 의한 위험물의 운송 및 저장, 위험물 취급자에 대한 위험물 안전운송 교육과 상용위험물의 취급에 관한 사항을 규정함을 목적으로 한다(통 규칙 제1조).

제4관 안전운송 교육 및 검사 등

1. 위험물 안전운송 교육 등

가. 안전교육의 시행

선박으로 운송하는 위험물을 제조·운송·적재하는 등의 업무에 종사하는 자(이하 "위험물취급자"라 한다)는 위험물 안전운송에 관하여 해양수산부장관이 실시하는 교육을 받아야 한다(제41조의2 제1항). 해양수산부장관은 위험물취급자에 대한 교육을 효율적으로 수행하기 위하여 위험물 안전운송에 관한 교육을 전문적으로 실시하는 교육기관(이하 "위험물 안전운송 전문교육기관"이라 한다)을 지정하여 위험물취급자에 대한 교육을 실시하게 할 수 있다(제41조의2 제2항).

나. 전문교육기관의 지정기준

법 제41조의2 제2항에 따라 위험물 안전운송 전문교육기관으로 지정받고자 하는 자는 그 시설·설비 및 인력 등 해양수산부령으로 정하는 기준을 갖추어야 한다(제41조의2 제3항).

☸ 「위험물 선박운송 및 저장규칙」

제239조(전문교육기관의 지정기준 등) ① 법 제41조의2제2항에 따라 위험물 안전운송 전문교육기관(이하 "전문교육기관"이라 한다)으로 지정받으려는 자는 다음 각 호의 서류를 구비하여 해양수산부장관에게 신청하여야 한다.
  1. 사무소의 명칭과 소재지
  2. 법인의 정관(법인의 경우만 해당한다)
  3. 성명(법인의 경우 대표자의 성명을 말한다)
  4. 다음 각 목의 사항이 포함된 교육계획서
     가. 교육과정과 교육방법
     나. 교육전담요원의 자격, 경력, 정원 등의 현황
     다. 교육시설 및 교육장비의 개요
     라. 교육평가의 방법
     마. 연간 교육계획
     바. 제4항 제2호에 따른 자체 교육규정
② 법 제41조의2제3항에 따른 전문교육기관의 지정기준은 별표 1과 같다.
③ 해양수산부장관은 제1항에 따른 신청을 받은 경우 제2항의 지정기준에 적합하다고 인정하는 때에는 신청인을 전문교육기관으로 지정 및 통지하고 공고하여야 한다.
④ 제3항에 따라 지정된 전문교육기관은 다음 각 호에 따라 교육을 실시하여야 한다.
  1. 교육은 초기교육과 재교육으로 구분하여 실시할 것
  2. 법 제41조의2제6항에 따라 고시하는 교육내용 등을 반영하여 자체 교육규정을 제정·운영할 것
  3. 연간 교육계획을 수립하여 해양수산부장관에게 보고할 것
⑤ 전문교육기관은 교육 이수자의 명단을 보관하고, 해양수산부장관이 요청할 때에는 제출하여야 한다.
⑥ 해양수산부장관은 전문교육기관이 제2항의 지정기준에 적합한지 여부를 매년 심사해야 한다.
⑦ 전문교육기관이 별표 1에 따른 교육시설, 장비 및 인력 등에 관한 사항을 변경한 경우에는 즉시 해양수산부장관에게 보고하여야 한다.

다. 전문교육기관의 지정취소 등

해양수산부장관은 위험물 안전운송 전문교육기관이 다음 각 호의 어느 하나에 해당하는 때에는 그 지정을 취소하거나 6개월 이내의 기간을 정하여 그 업무의 전부 또는 일부를 정지시킬 수 있다. 다만, 제1호에 해당하는 때에는 위험물 안전운송 전문교육기관의 지정을 취소하여야 한다(제41조의2 제4항).

  1. 거짓이나 그 밖의 부정한 방법으로 위험물 안전운송 전문교육기관의 지정을 받

은 경우

2. 해당 위험물 안전운송 전문교육기관이 법 제41조의2 제3항에 따른 지정기준에 미달하게 된 경우

법 제41조의2 제4항에 따른 처분의 세부기준은 해양수산부령으로 정한다(법 제29조 제3항∼제41조의2 제5항). 법 제41조의2 제1항에 따른 위험물 안전운송에 관한 교육을 받아야 하는 위험물취급자의 구체적인 범위, 교육내용 등에 관하여 필요한 사항은 해양수산부장관이 정하여 고시한다(제41조의2 제6항).

> ⚓ 「위험물 선박운송 및 저장규칙」
>
> **제240조(전문교육기관의 지정의 취소 등)** ① 법 제41조의2제5항에 따른 전문교육기관의 지정 취소 및 업무정지 처분기준은 별표 2와 같다.
> ② 해양수산부장관은 위반행위의 정도, 횟수 등을 고려하여 별표 2에서 정한 업무정지 기간을 2분의 1의 범위에서 가중 또는 경감할 수 있다. 다만, 가중하는 경우 그 기간은 6개월을 초과할 수 없다.

「국제해상위험물규칙」(IMDG Code: International Maritime Dangerous Goods Code)이 개정되어 2010년 1월 1일부터 국내에 발효하게 됨에 따라 이를 국내법에 수용하기 위한 규정이다.

2. 유조선 등에 대한 강화검사

유조선·산적화물선 및 위험물산적운송선(액화가스산적운송선을 제외한다)의 선박소유자는 건조검사 및 선박검사 외에 선체구조를 구성하는 재료의 두께확인 등 해양수산부령이 정하는 사항에 대하여 해양수산부장관의 검사(이하 "강화검사"라 한다)를 받아야 한다. 다만, 국제항해를 하지 아니하는 선박으로서 해양수산부령이 정하는 선박은 그러하지 아니하다(법 제42조 제1항). 해양수산부장관은 강화검사에 합격한 유조선 등에 대하여는 법 제8조 제2항의 규정에 따른 선박검사증서에 그 검사결과를 표기하여야 한다(법 제42조 제2항). 법 제42조 제1항의 규정에 따른 강화검사의 방법과 절차는 해양수산부령으로 정한다(법 제42조 제3항).

❈ 「선박안전법 시행규칙」

제80조(강화검사) ① 법 제42조 제1항에 따른 강화검사를 받으려는 선박소유자는 별지 제4호서식의 선박검사신청서를 해양수산부장관에게 제출하여야 한다.
② 법 제42조 제1항 본문에서 해양수산부령으로 정하는 사항과 법 제42조 제3항에 따른 강화검사의 방법 및 절차 등에 관한 사항에 대하여는 해양수산부장관이 정하여 고시하는 바에 따른다.
③ 법 제42조 제1항 단서에서 "해양수산부령이 정하는 선박"이란 다음 각 호의 선박을 말한다.
 1. 선령 5년 미만의 선박
 2. 제1호 외의 선박 중 총톤수 300톤 미만의 선박
④ 법 제42조 제2항에 따른 검사결과는 선박검사증서의 뒤 쪽에 검사사항 및 선박검사관의 성명을 적어야 한다.

3. 예인선에 대한 예인선항해검사

예인선의 선박소유자가 부선 및 구조물 등을 예인하고자 하는 때에는 해양수산부령이 정하는 바에 따라 해양수산부장관의 검사(이하 "예인선항해검사"라 한다)를 받아야 한다(법 제43조 제1항). 해양수산부장관은 예인선항해검사에 합격한 예인선에 대하여 해양수산부령이 정하는 예인선항해검사증서를 교부하여야 한다(법 제43조 제2항). 예인선의 선박소유자는 법 제43조 제2항의 규정에 따른 예인선항해검사증서를 당해 예인선에 비치하여야 한다(법 제43조 제3항). 법 제15조 제1항의 규정은 법 제43조 제1항의 규정에 따라 예인선항해검사를 받은 예인선에 대하여 이를 준용한다. 이 경우 "건조검사 또는 선박검사"는 "예인선항해검사"로 본다(법 제43조 제4항).

❈ 「선박안전법 시행규칙」

제81조(예인선항해검사) ① 법 제43조 제1항에 따른 예인선항해검사는 예인선이 부선과 구조물 등을 예인하기 위하여 갖추어 둔 예인설비 등에 대하여 1년마다 예인선항해검사증서의 유효기간이 끝나는 날 전후 3개월 이내에 검사를 받아야 한다. 다만, 압항부선과 결합하여 운항하는 예인선과 평수구역에서만 운항하는 예인선의 경우에는 예인선항해검사를 받지 아니한다.
② 제1항에 따른 예인설비의 비치 및 검사에 관한 사항은 별표 32와 같다.
③ 제1항에 따른 예인선항해검사증서의 유효기간 기산방법은 영 제5조 제3항 각 호에 따른 선박검사증서의 유효기간 기산방법을 준용한다. 이 경우 "정기검사"는 "예인선항해검사"로, "선박검사증서"는 "예인선항해검사증서"로 본다.
④ 법 제43조 제1항에 따라 예인선항해검사를 받으려는 예인선의 소유자는 별지 제4호서식의 선박검사신청서를 작성하여 해양수산부장관에게 제출하여야 한다.
⑤ 법 제43조 제2항에 따른 예인선항해검사증서는 별지 제76호서식과 같다.

예인선은 그 특성상 크고 무거운 화물을 적재한 부선을 그 능력의 범위 안에서 예인하여야 하나, 능력 이상의 부선을 예인함으로써 예인에 사용되는 줄이 항해 중 절단되어 부선이 항로상에서 표류·침몰하는 등 해양사고를 유발하는 경우가 많아 검사를 강화할 필요가 있다.12)

예인선의 선박소유자가 부선 및 구조물 등을 예인하려는 경우에는 예인설비 및 항해조건 등을 감안하여 특정 부선 또는 구조물 등의 예인이 가능한지 여부에 대하여 예인선검사를 받도록 함으로써, 과도한 무게의 예인 등으로 인하여 발생할 수 있는 표류·침몰 등 예인과 관련된 해양사고를 예방을 목적으로 한 규정이다.13)

4. 고인화성 연료유 등의 사용제한

누구든지 선박에서는 해양수산부장관이 정하여 고시하는 인화성이 높은 연료유·윤활유 등을 사용하여서는 아니 된다(법 제44조).

제7절 선박안전기술공단

제1관 공단의 조직과 운영

1. 선박안전기술공단의 설립과 사업내용

가. 공단의 설립과 법적 성질

해양수산부장관의 업무를 위탁받거나 대행하여 선박의 항해와 관련한 안전을 확보하고 선박 또는 선박시설에 관한 기술을 연구·개발 및 보급하기 위하여 선박안전기술공단(이하 "공단"이라 한다)을 설립한다(법 제45조 제1항). 공단은 법인으로 한다(법 제45조 제2항).

---

12) 정영석,「해사법규강의(제6판)」, (텍스트북스, 2016), 142쪽.
13) 정영석,「해사법규강의(제6판)」, (텍스트북스, 2016), 142쪽.

나. 공단의 사업내용

공단은 다음 각 호의 사업을 행한다(법 제46조).

1. 선박 또는 선박용물건의 도면승인 업무의 대행
2. 선박 또는 선박용물건에 대한 검사업무의 대행
3. 지정사업장에서 제조 또는 정비된 선박용물건 또는 소형선박에 대한 확인업무의 대행
4. 선박용물건 또는 소형선박·컨테이너에 대한 검정업무의 대행
5. 화물의 적재·고박 등에 관한 승인업무의 대행
5의2.「해운법」에 따른 여객선 안전운항관리
6. 선박의 감항성 확보와 해상에서의 인명의 안전확보를 위한 조사·시험·연구 및 이와 관련한 기술의 개발과 보급
7. 선박안전에 관한 국제협약에 따른 기술기준의 연구 및 분석
8. 선박의 설계·건조감리 등 용역의 수탁업무
9. 해양사고방지를 위한 연구·교육 및 홍보활동
10. 법령에 따라 정부 또는 지방자치단체가 대행하게 하거나 위탁하는 업무
11. 그 밖에 공단의 설립목적을 달성하기 위하여 필요한 사업으로서 공단의 정관으로 정하는 사업

2. 공단의 조직

가. 임원

공단에는 임원으로 이사장을 포함한 9명의 이사와 1명의 감사를 둔다. 이 경우 이사장과 이사 3명은 상임으로 하고, 감사와 이사 5명은 비상임으로 한다(법 제48조 제1항). 이사장은 공단을 대표하고, 그 업무를 총괄한다(법 제48조 제2항).

나. 대리인의 선임

이사장은 정관이 정하는 바에 따라 직원 중에서 공단의 업무에 관한 재판상 또는 재판 외의 행위를 할 수 있는 권한을 가진 대리인을 선임할 수 있다(법 제50조).

다. 직원의 임면

공단의 직원은 정관이 정하는 바에 따라 이사장이 임면한다(법 제54조).

3. 공단의 운영

가. 자금의 조달

공단의 운영 및 사업에 소요되는 자금의 조달은 다음 각 호에 따른다(법 제55조).
1. 정부의 보조금 또는 융자금
2. 법 제46조의 사업 수행에 따른 수입금
3. 자산운영수익금
4. 그 밖의 부대사업 수입

나. 경비의 보조 등

국가는 공단에 대하여 법 제46조의 규정에 따른 사업의 수행에 필요한 경비를 예산의 범위 안에서 보조할 수 있다(법 제56조 제1항). 국가는 공단의 운영을 위하여 필요한 경우에는 「국유재산법」 및 「물품관리법」의 규정에 따라 공단에 국유재산과 물품을 무상으로 대여하거나 사용·수익하게 할 수 있다(법 제56조 제2항).

다. 업무의 지도·감독

해양수산부장관은 공단의 업무 중 다음 각 호의 사항에 대하여 감독한다(법 제58조).
1. 법 제46조에 따른 사업의 적절한 수행에 관한 사항
2. 그 밖에 다른 법령에서 정하는 사항

라. 비밀엄수의 의무

공단의 임원이나 직원 또는 그 직에 있었던 자는 그 직무상 알게 된 비밀을 누설하거나 도용하여서는 아니된다(법 제58조의2).

마. 유사명칭의 사용금지

이 법에 따른 공단이 아닌 자는 선박안전기술공단 또는 이와 유사한 명칭을 사용하

지 못한다(법 제58조의3).

바. 「민법」의 준용

공단에 관하여 이 법과 「공공기관의 운영에 관한 법률」에서 정한 것 외에는 「민법」 중 재단법인에 관한 규정을 준용한다(법 제59조).

제2관 검사업무의 대행 등

1. 검사 등 업무의 대행

가. 검사 등 업무의 대행

해양수산부장관은 다음 각 호에 해당하는 건조검사·선박검사 및 도면의 승인 등에 관한 업무(이하 "검사등업무"라 한다)를 공단에게 대행하게 할 수 있다. 이 경우 해양수산부장관은 대통령령이 정하는 바에 따라 협정을 체결하여야 한다(법 제60조 제1항).

1. 법 제7조 제1항·제2항 및 제4항의 규정에 따른 건조검사, 건조검사증서의 교부 및 별도건조검사
2. 법 제8조 제1항 및 제2항의 규정에 따른 정기검사 및 선박검사증서의 교부
3. 법 제9조 제1항의 규정에 따른 중간검사
4. 법 제10조 제1항 및 제3항의 규정에 따른 임시검사 및 임시변경증의 교부
5. 법 제11조 제1항 및 제2항의 규정에 따른 임시항해검사 및 임시항해검사증서의 교부
6. 법 제12조 제1항·제2항 및 제4항의 규정에 따른 국제협약검사 및 국제협약증서의 교부
7. 법 제13조 제1항 및 제2항의 규정에 따른 도면의 승인 및 승인표시
8. 법 제14조 제2항의 규정에 따른 선체두께의 측정
9. 법 제16조 제2항의 규정에 따른 선박검사증서 및 국제협약증서의 유효기간 연장
10. 법 제18조 제6항 및 제7항의 규정에 따른 선박용물건 또는 소형선박의 검정, 검정증서의 교부 및 합격을 나타내는 표시

11. 법 제20조 제3항 단서 및 제4항 단서의 규정에 따른 선박용물건 또는 소형선박의 확인, 확인서의 교부 및 확인을 나타내는 표시

12. 법 제22조 제1항 내지 제3항의 규정에 따른 예비검사, 도면의 승인 및 승인표시, 예비검사증서의 교부 및 합격을 나타내는 표시

13. 법 제28조 제2항 및 제3항의 규정에 따른 복원성자료의 승인

14. 법 제34조 제1항 및 제2항의 규정에 따른 제한하중등의 확인 및 제한하중등확인서의 교부

15. 법 제35조 제1항의 규정에 따른 하역설비검사기록부의 작성 및 내용기재

16. 법 제39조 제1항의 규정에 따른 화물적재고박지침서의 승인

17. 법 제42조 제1항의 규정에 따른 강화검사

18. 법 제43조 제1항 및 제2항의 규정에 따른 예인선항해검사 및 예인선항해검사증서의 교부

해양수산부장관은 선박보험의 가입·유지를 위하여 선박의 등록 및 감항성에 관한 평가의 업무(이하 "선급업무(船級業務)"라 한다)를 하는 법인으로서 해양수산부장관이 지정하여 고시하는 법인(이하 "선급법인"이라 한다)에게 해당선급법인이 관리하는 명부에 등록하였거나 등록하고자 하는 선박(이하 "선급등록선박"이라 한다)에 한하여 법 제60조 제1항 각 호의 검사등업무를 대행하게 할 수 있다. 이 경우 해양수산부장관은 대통령령이 정하는 바에 따라 협정을 체결하여야 한다(^{법 제60조}_{제2항}). 법 제60조 제1항 각 호 외의 부분 후단 및 제2항 후단의 규정에 따른 협정의 기간은 5년 이내로 하며, 해양수산부령이 정하는 바에 따라 이를 연장할 수 있다(^{법 제60조}_{제3항}). 법 제60조 제1항 및 제2항의 규정에 따라 공단 및 선급법인이 검사등업무의 대행을 하는 때에는 대행과 관련된 자체검사규정을 제정하여 해양수산부장관의 승인을 얻어야 한다(^{법 제60조}_{제4항}).

⚓ 「선박안전법 시행령」

제10조(검사등업무의 대행 등) ① 법 제60조 제1항 각 호 외의 부분 후단 및 제2항 후단에 따라 검사등업무의 대행에 대하여 협정을 체결하려는 공단 또는 법 제60조 제2항 본문에 따라 지정·고시된 선박의 등록 및 감항성에 관한 평가의 업무를 하는 법인(이하 "선급법인"이라 한다)은 해양수산부령으로 정하는 협정신청서를 작성하여 해양수산부장관에게 협정체결을 신청하여야 한다.
② 해양수산부장관은 제1항에 따른 신청을 받은 경우 공단 또는 선급법인이 검사등업무를 대행할

수 있는 능력이 있다고 인정될 때에 해당 공단 또는 선급법인과 협정을 체결하여야 한다. 이 경우 협정의 기간은 5년으로 한다.
③ 제1항 및 제2항에 따라 체결하는 협정에 포함되어야 할 내용은 별표 1과 같다.
④ 해양수산부장관은 제1항 및 제2항에 따라 협정을 체결한 경우 지체 없이 그 내용을 고시하여야 한다.

「선박안전법 시행규칙」

제83조(협정의 체결신청) 영 제10조 제1항에 따라 해양수산부장관과 협정을 체결하려는 공단 또는 선급법인은 별지 제78호서식의 협정신청서에 다음 각 호의 사항을 적은 서류를 첨부하여 해양수산부장관에게 제출하여야 한다.
1. 주된 사무소와 분사무소의 명칭 및 소재지
2. 임원의 성명
3. 선박검사원의 수
4. 정관 및 예산
5. 등록된 선박의 수 및 검사기준
6. 수수료의 기준
7. 검사등업무의 대행계획서
8. 영 제10조 제3항에 따른 내용을 확인할 수 있는 서류

제84조(협정기간의 연장) 법 제60조 제3항에 따라 협정기간을 연장하려는 공단 또는 선급법인은 협정기간의 종료일 전 90일까지 별지 제78호서식의 협정신청서에 제83조 각 호에 따른 서류를 첨부하여 해양수산부장관에게 제출하여야 한다. 다만, 종전의 협정체결 당시와 달라진 내용이 없거나 해양수산부장관의 승인을 받은 사항에 관하여는 서류제출을 생략할 수 있다.

나. 대행업무의 차질에 따른 조치

해양수산부장관은 공단 및 선급법인이 법 제60조 제1항 및 제2항의 규정에 따른 검사등업무의 대행을 함에 있어 차질이 발생하거나 발생할 우려가 있다고 인정되는 때에는 해양수산부장관이 직접 이를 수행하거나 해양수산부장관이 지정하는 자로 하여금 대행하게 할 수 있다(법 제61조).

다. 대행업무에 관한 감독

해양수산부장관은 공단 및 선급법인이 법 제60조 제1항 각 호 외의 부분 후단 및 제2항 후단의 규정에 따른 협정에 위반한 때에는 해당업무의 대행을 취소하거나 정지할 수 있다(법 제62조 제1항). 법 제62조 제1항의 규정에 따른 대행의 취소나 정지의 요건에 관하여 필요한 사항은 대통령령으로 정한다(법 제62조 제2항).

⚓ 「선박안전법 시행규칙」

제11조(대행업무의 취소 등) ① 법 제62조 제2항에 따라 공단 및 선급법인이 별표 1에 따른 협정의 내용을 위반하는 경우에는 해당 업무의 대행을 취소하거나 6개월의 범위에서 그 업무를 정지시킬 수 있다.
② 제1항에 따른 행정처분의 기준 및 절차 등에 필요한 사항은 해양수산부령으로 정한다.

⚓ 「선박안전법 시행규칙」

제85조(대행업무의 취소 등의 처분기준) ① 영 제11조 제2항에 따른 공단 및 선급법인의 대행취소 및 업무정지 처분의 기준은 별표 33과 같다.
② 해양수산부장관은 위반행위의 동기, 내용 및 횟수 등을 고려하여 제1항에 따른 업무정지기간을 2분의 1의 범위에서 가중하거나 감경할 수 있다. 이 경우 가중한 기간을 합산한 기간은 6개월을 초과할 수 없다.
③ 해양수산부장관은 제1항과 제2항에 따라 대행취소 또는 업무정지 처분을 한 경우에는 지체 없이 그 사실을 고시하여야 한다.

2. 선체두께 측정의 대행

해양수산부장관은 법 제14조 제2항의 규정에 따른 선체두께 측정을 해양수산부장관이 정하여 고시하는 지정기준에 적합한 두께측정업체로서 해양수산부장관이 정하여 고시하는 자(이하 "두께측정대행업체"라 한다)로 하여금 대행하게 할 수 있다. 다만, 해외수역에서의 장기간 항해·조업 등 부득이한 사유로 인하여 국내에서 선체두께를 측정할 수 없는 경우에는 해양수산부령이 정하는 바에 따라 외국의 두께측정업체로 하여금 측정하게 할 수 있다(법 제63조 제1항). 법 제63조 제1항의 규정에 따른 두께측정대행업체의 대행 및 대행취소 등에 관한 사항은 대통령령으로 정하고, 두께측정대행업체의 지도·감독 등에 관하여 필요한 사항은 해양수산부령으로 정한다(법 제63조 제2항).

⚓ 「선박안전법 시행령」

제12조(두께측정대행업체의 취소 등) ① 법 제63조 제2항에 따라 두께측정대행업체가 다음 각 호의 어느 하나에 해당하는 경우에는 해당 업무의 대행을 취소하거나 6개월의 범위에서 그 업무를 정지시킬 수 있다. 다만, 제1호부터 제3호까지의 어느 하나에 해당하면 이를 취소하여야 한다.
1. 거짓 그 밖의 부정한 방법으로 대행지정을 받은 경우
2. 거짓 그 밖의 부정한 방법으로 선체두께를 측정한 경우
3. 대행지정을 받은 자가 그 사업을 폐업한 경우
4. 법 제63조 제1항에 따라 해양수산부장관이 고시한 지정기준에 미달하게 된 경우

5. 정당한 사유 없이 계속하여 1년 이상 선체두께 측정 업무를 하지 아니한 경우
6. 법 제75조 제1항에 따른 보고·자료제출명령을 따르지 아니한 경우
② 제1항에 따른 행정처분의 기준 및 절차 등에 필요한 사항은 해양수산부령으로 정한다.

⚓ 「선박안전법 시행규칙」

제86조(외국의 두께측정대행업체) ① 법 제63조 제1항 단서에서 "해양수산부령이 정하는 바"란 공단 또는 선급법인이 인정하는 외국의 두께측정업체에 의한 두께측정을 말한다.
② 공단 또는 선급법인이 제1항에 따라 외국의 두께측정업체를 인정하려는 경우에는 해양수산부장관과 협의를 하여야 한다.
제87조(두께측정대행업체의 대행취소 등의 처분기준) ① 영 제12조 제2항에 따른 두께측정대행업체의 대행취소 및 업무정지 처분의 기준은 별표 34와 같다.
② 해양수산부장관은 위반행위의 동기, 내용 및 횟수 등을 고려하여 제1항에 따른 업무정지기간을 2분의 1의 범위에서 가중하거나 감경할 수 있다. 이 경우 가중한 기간을 합산한 기간은 6개월을 초과할 수 없다.
③ 해양수산부장관은 제1항과 제2항에 따라 취소 또는 업무정지 처분을 한 경우에는 지체 없이 그 사실을 고시하여야 한다.

3. 컨테이너검정 등의 대행

해양수산부장관은 다음 각 호에 해당하는 업무를 해양수산부장관이 정하여 고시하는 지정기준에 적합한 자로서 해양수산부장관이 정하여 고시하는 대행기관(이하 "컨테이너검정등대행기관"이라 한다)으로 하여금 대행하게 할 수 있다(법 제64조 제1항).

1. 법 제23조 제4항의 규정에 따른 컨테이너검정
2. 법 제23조 제5항의 규정에 따른 컨테이너형식승인판의 확인표시

법 제64조 제1항의 규정에 따른 컨테이너검정등대행기관의 대행 및 대행의 취소 등에 관한 사항은 대통령령으로 정하고, 컨테이너검정등대행기관의 지도·감독 등에 관하여 필요한 사항은 해양수산부령으로 정한다(법 제64조 제2항).

⚓ 「선박안전법 시행령」

제13조(컨테이너검정등대행기관의 취소 등) ① 법 제64조 제2항에 따라 컨테이너검정등대행기관이 다음 각 호의 어느 하나에 해당하는 경우에는 해당 업무의 대행을 취소하거나 6개월의 범위에서 그 업무를 정지시킬 수 있다. 다만, 제1호부터 제3호까지의 어느 하나에 해당하면 이를 취소하여야 한다.
1. 거짓 그 밖의 부정한 방법으로 대행지정을 받은 경우
2. 거짓 그 밖의 부정한 방법으로 검정 등을 한 경우
3. 대행지정을 받은 자가 그 사업을 폐업한 경우

4. 법 제64조 제1항에 따라 해양수산부장관이 고시한 지정기준에 미달하게 된 경우
5. 정당한 사유 없이 계속하여 1년 이상 검정 등의 업무를 하지 아니한 경우
6. 법 제75조 제1항에 따른 보고·자료제출명령을 따르지 아니한 경우
② 제1항에 따른 행정처분의 기준 및 절차 등에 필요한 사항은 해양수산부령으로 정한다.

「선박안전법 시행규칙」

제88조(컨테이너검정등대행기관의 대행취소 등의 처분기준) ① 영 제13조 제2항에 따른 컨테이너검정등대행기관의 대행취소 및 업무정지 처분의 기준은 별표 35와 같다.
② 해양수산부장관은 위반행위의 동기, 내용 및 횟수 등을 고려하여 제1항에 따른 업무정지기간을 2분의 1의 범위에서 가중하거나 감경할 수 있다. 이 경우 가중한 기간을 합산한 기간은 6개월을 초과할 수 없다.
③ 해양수산부장관은 제1항과 제2항에 따라 대행취소 또는 업무정지 처분을 한 경우에는 지체 없이 그 사실을 고시하여야 한다.

4. 위험물 관련 검사·승인의 대행

해양수산부장관은 법 제41조 제2항의 규정에 따른 위험물의 적재·운송 및 저장 등에 관한 검사 및 승인에 대한 업무를 해양수산부장관이 정하여 고시하는 지정기준에 적합한 자로서 해양수산부장관이 정하여 고시하는 대행기관(이하 "위험물검사등대행기관"이라 한다)으로 하여금 대행하게 할 수 있다(법 제65조 제1항). 법 제65조 제1항의 규정에 따른 위험물검사등대행기관의 대행 및 대행의 취소 등에 관한 사항은 대통령령으로 정하고, 위험물검사등대행기관의 지도·감독 등에 관하여 필요한 사항은 해양수산부령으로 정한다(법 제65조 제2항).

「선박안전법 시행령」

제14조(위험물검사등대행기관의 취소 등) ① 법 제65조 제2항에 따라 위험물검사등대행기관이 다음 각 호의 어느 하나에 해당하는 경우에는 해당 업무의 대행을 취소하거나 6개월의 범위에서 그 업무를 정지시킬 수 있다. 다만, 제1호부터 제3호까지의 어느 하나에 해당하면 이를 취소하여야 한다.
1. 거짓 그 밖의 부정한 방법으로 대행지정을 받은 경우
2. 거짓 그 밖의 부정한 방법으로 검사 또는 승인을 한 경우
3. 대행지정을 받은 자가 그 사업을 폐업한 경우
4. 법 제65조 제1항에 따라 해양수산부장관이 고시한 지정기준에 미달하게 된 경우
5. 정당한 사유 없이 계속하여 1년 이상 검사 및 승인 업무를 하지 아니한 경우
6. 법 제75조 제1항에 따른 보고·자료제출명령을 따르지 아니한 경우
② 제1항에 따른 행정처분의 기준 및 절차 등에 필요한 사항은 해양수산부령으로 정한다.

☸ 「선박안전법 시행규칙」

제89조(위험물검사등대행기관의 대행취소 등의 처분기준) ① 영 제14조 제2항에 따른 위험물검사등대행기관의 대행취소 및 업무정지 처분의 기준은 별표 36과 같다.
② 해양수산부장관은 위반행위의 동기, 내용 및 횟수 등을 고려하여 제1항에 따른 업무정지기간을 2분의 1의 범위에서 가중하거나 감경할 수 있다. 이 경우 가중한 기간을 합산한 기간은 6개월을 초과할 수 없다.
③ 해양수산부장관은 제1항과 제2항에 따라 대행취소 또는 업무정지 처분을 한 경우에는 지체 없이 그 사실을 고시하여야 한다.

☸ 「위험물 선박운송 및 저장규칙」

제208조(위험물검사등대행기관의 지정신청) ① 법 제65조 제1항에 따른 위험물검사등대행기관 지정 검사기관은 영리를 목적으로 하지 아니하는 법인이어야 한다. 다만, 제205조의2에 따라 용기·포장검사를 할 수 있는 위험물검사등대행기관은 「국가표준기본법」 제23조에 따라 인정받은 시험·검사기관이어야 한다.
② 제1항에 따른 위험물검사등대행기관의 지정을 받으려는 자는 다음의 서류를 첨부하여 해양수산부장관에게 신청하여야 한다.
 1. 주된 사무소와 출장소의 명칭 및 소재지
 2. 법인의 정관
 3. 임원의 성명
 4. 종사원의 성명 및 이력
 5. 검사절차 등에 관한 기준

제209조(위험물검사등대행기관의 지정·고시) ① 해양수산부장관은 제208조 제2항의 신청을 받은 경우에는 이를 심사하여 신청인이 법 제65조 제1항에 따른 검사 또는 승인업무의 대행(이하 "검사대행"이라 한다)을 할 능력이 있다고 인정될 경우에는 해당 신청인이 행할 검사대행의 범위 등을 정하여 신청인에게 통지하고 고시하여야 한다.
② 위험물검사등대행기관은 분기별 검사대행실적을 매 분기 종료일부터 10일 이내에 해양수산부장관에게 보고하여야 한다.

5. 외국정부 등이 행한 검사의 인정

외국선박의 해당소속 국가에서 시행 중인 선박안전과 관련되는 법령의 내용이 이 법의 기준과 동등하거나 그 이상에 해당하는 때에는 해당 외국정부 또는 그 외국정부가 지정한 대행기관(이하 "외국정부등"이라 한다)이 행한 해당외국선박에 대한 검사등업무는 이 법에 따른 검사등업무로 본다(법 제66조 제1항). 법 제66조 제1항의 규정에 따라 외국정부등이 검사등업무를 행하고 교부한 증서는 이 법에 따라 교부한 증서와 동일한 효력을 가진 것으로 본다. 다만, 이 법에 따라 교부한 증서의 효력을 인정하지 아니하는 국가의 외국정부등이 발행한 증서에 대하여는 그러하지 아니하다(법 제66조 제2항).

6. 대행검사기관의 배상책임

국가는 공단, 선급법인, 컨테이너검정등대행기관 및 위험물검사등대행기관(이하 "대행검사기관"이라 한다)이 해당대행업무를 수행함에 있어 위법하게 타인에게 손해를 입힌 때에는 그 손해를 배상하여야 한다(법 제67조 제1항). 국가는 법 제67조 제1항의 규정에 따른 손해배상에 있어 대행검사기관에 고의 또는 중대한 과실이 있는 경우에는 해당대행검사기관에 구상할 수 있다(법 제67조 제2항). 법 제67조 제2항의 규정에 따른 대행검사기관에 대한 구상은 대통령령이 정하는 금액을 한도로 한다(법 제67조 제3항).

> ⚓ 「선박안전법 시행령」
>
> **제15조(대행검사기관에 대한 구상)** 법 제67조 제3항에서 "대통령령이 정하는 금액"이란 다음 각 호의 구분에 따른 금액을 말한다.
>   1. 공단 : 3억원
>   2. 선급법인 : 50억원
>   3. 컨테이너검정등대행기관 : 3억원
>   4. 위험물검사등대행기관 : 3억원

제8절 항만국통제 등

1. 항만국통제

해양수산부장관은 외국선박의 구조·시설 및 선원의 선박운항지식 등이 대통령령이 정하는 선박안전에 관한 국제협약에 적합한지 여부를 확인하고 그에 필요한 조치(이하 "항만국통제"라 한다)를 할 수 있다(법 제68조 제1항). 해양수산부장관은 법 제68조 제1항의 규정에 따른 항만국통제를 하는 경우 소속 공무원으로 하여금 대한민국의 항만에 입항하거나 입항예정인 외국선박에 직접 승선하여 행하게 할 수 있다. 이 경우 당해 선박의 항해가 부당하게 지체되지 아니하도록 하여야 한다(법 제68조 제2항).

「선박안전법 시행령」

제16조(항만국통제의 시행) ① 법 제68조 제1항에서 "대통령령이 정하는 선박안전에 관한 국제협약"이란 다음 각 호와 같다.
1. 「해상에서의 인명안전을 위한 국제협약」
2. 「만재흘수선에 관한 국제협약」
3. 「국제해상충돌예방규칙협약」
4. 「선박톤수측정에 관한 국제협약」
5. 「상선의 최저기준에 관한 국제협약」
6. 「선박으로부터의 오염방지를 위한 국제협약」
7. 「선원의 훈련·자격증명 및 당직근무에 관한 국제협약」

② 제1항 제5호의「상선의 최저기준에 관한 국제협약」을 적용할 때 1994년 3월31일 이전에 용골(龍骨)이 거치된 선박에 대하여는 같은 협약의 적용으로 인하여 선박의 구조 또는 거주설비의 변경이 초래되지 아니하는 범위에서 항만국통제를 실시한다.

2. 조치사항 및 이의신청

해양수산부장관은 법 제68조 제1항의 규정에 따른 항만국통제의 결과 외국선박의 구조·설비 및 선원의 선박운항지식 등이 법 제68조 제1항의 규정에 따른 국제협약의 기준에 미달되는 것으로 인정되는 때에는 해당선박에 대하여 수리 등 필요한 시정조치를 명할 수 있다(법 제68조 제3항). 해양수산부장관은 법 제68조 제1항의 규정에 따른 항만국통제 결과 선박의 구조·설비 및 선원의 선박운항지식 등과 관련된 결함으로 인하여 당해 선박 및 승선자에게 현저한 위험을 초래할 우려가 있다고 판단되는 때에는 출항정지를 명할 수 있다(법 제68조 제4항). 외국선박의 소유자는 법 제68조 제3항 및 제4항에 따른 시정조치명령 또는 출항정지명령에 불복하는 경우에는 해당명령을 받은 날부터 90일 이내에 그 불복사유를 기재하여 해양수산부장관에게 이의신청을 할 수 있다(법 제68조 제5항). 법 제68조 제5항의 규정에 따라 이의신청을 받은 해양수산부장관은 소속 공무원으로 하여금 당해 시정조치명령 또는 출항정지명령의 위법·부당 여부를 직접 조사하게 하고 그 결과를 신청인에게 60일 이내에 통보하여야 한다. 다만, 부득이한 사정이 있는 때에는 30일 이내의 범위에서 통보시한을 연장할 수 있다(법 제68조 제6항). 시정조치명령 또는 출항정지명령에 대하여 불복이 있는 자는 법 제68조 제5항 및 제6항의 규정에 따른 이의신청의 절차를 거치지 아니하고는 행정소송을 제기할 수 없다. 다만, 「행정소송법」 제18조 제2항 및 제3항의 규정에 해당되는 경우에는 그러하지 아니하다(법 제68조 제7항). 법 제68

조 제3항 내지 제7항의 규정에 따른 외국선박에 대한 조치 및 이의신청 등에 관하여 필요한 사항은 대통령령으로 정한다(법 제68조 제8항).

⚓ 「선박안전법 시행령」

제17조(항만국통제에 따른 조치 등) ① 해양수산부장관은 법 제68조 제3항 및 제4항에 따른 시정조치명령 또는 출항정지명령을 하려는 경우 해당 선박의 선장에게 해양수산부령으로 정하는 항만국통제점검보고서를 발급하여야 한다. 이 경우 해당 서류에는 법 제68조 제5항에 따른 이의신청에 대한 안내문이 포함되어야 한다.
② 해양수산부장관은 법 제68조 제4항에 따른 출항정지를 명한 경우 해양수산부령으로 정하는 바에 따라 그 사실을 해당 선박이 등록된 국가의 정부 또는 영사에게 알려야 한다.
③ 법 제68조 제5항에 따른 이의신청을 하려는 자는 그 사유 및 이를 증명하는 서류를 갖추어 해양수산부장관에게 제출하여야 한다.
④ 해양수산부장관은 제3항에 따른 이의신청을 받은 경우 해당 선박의 선장·선박소유자·선급법인 또는 선박이 등록된 국가 등에 필요한 자료를 요청하거나 관계 전문가의 의견을 들을 수 있다.
⑤ 해양수산부장관은 제3항에 따른 이의신청이 타당하다고 인정되는 경우 지체 없이 해당 시정조치명령 또는 출항정지명령을 철회하여야 한다.

☸ 「선박안전법 시행규칙」

제27조(국제협약 위반 선박에 대한 조사방법 등) 법 제12조 제5항에 따른 국제협약 위반 선박에 대한 조사방법은 법 제68조 및 법 제69조에 따른 항만국통제 및 특별점검을 말한다.
제90조(항만국통제에 따른 조치 등) ① 영 제17조 제1항에 따른 항만국통제점검보고서는 별지 제79호서식과 같다.
② 영 제17조 제2항에서 "해양수산부령이 정하는 바"란 모사전송 및 전자우편 등의 방법을 말한다.

3. 외국의 항만국통제 등

선박소유자는 외국 항만당국의 항만국통제에 의하여 선박의 결함이 지적되지 아니하도록 관련되는 국제협약 규정을 준수하여야 한다(법 제69조 제1항). 해양수산부장관은 외국 항만당국의 항만국통제에 의하여 출항정지 처분을 받은 대한민국 선박이 국내에 입항할 경우 해양수산부령이 정하는 바에 따라 관련되는 선박의 구조·설비 등에 대하여 점검(이하 "특별점검"이라 한다)을 할 수 있다. 다만, 외국정부에서 확인을 요청하는 경우 등 필요한 경우에는 외국에서 특별점검을 할 수 있다(법 제69조 제2항).

해양수산부장관은 다음 각 호의 대한민국 선박에 대하여 외국항만에 출항정지를 예방하기 위한 조치가 필요하다고 인정되는 경우 해양수산부령이 정하는 바에 따라 관련되는 선박의 구조·설비 등에 대하여 특별점검을 할 수 있다(법 제69조 제3항).

1. 선령이 15년을 초과하는 산적화물선·위험물운반선
2. 그 밖에 해양수산부령이 정하는 선박

해양수산부장관은 법 제69조 제2항 및 제3항의 규정에 따른 특별점검의 결과 선박의 안전확보를 위하여 필요하다고 인정되는 경우에는 해당선박의 소유자에 대하여 해양수산부령이 정하는 바에 따라 항해정지명령 또는 시정·보완 명령을 할 수 있다(법 제69조 제4항).

> ⚓ 「선박안전법 시행규칙」
>
> **제91조(특별점검)** ① 법 제69조 제2항 및 제3항에 따라 특별점검을 하려는 경우에는 그 점검대상선박 및 점검시기 등을 선박소유자에게 알려야 한다.
> ② 법 제69조 제3항 제2호에서 "해양수산부령이 정하는 선박"이란 다음 각 호의 선박을 말한다.
> 1. 최근 3년 이내에 외국 항만당국의 항만국통제로 인하여 출항이 정지된 선박
> 2. 최근 3년간 외국 항만당국의 항만국통제로 인하여 소속 선박의 출항정지율이 대한민국 선박의 평균 출항정지율을 초과하는 선박소유자의 선박
> 3. 그 밖에 외국 항만당국의 항만국통제로 인하여 출항정지율이 특별히 높은 선박 등 해양수산부장관이 정하여 고시하는 선박
> ③ 해양수산부장관은 법 제69조 제4항에 따라 선박소유자에게 항해정지명령 또는 시정·보완명령을 하려는 경우에는 다음 각 호의 서류를 발급하여야 한다.
> 1. 항해정지명령서 : 별지 제80호서식
> 2. 시정·보완명령서 : 별지 제81호서식

4. 조치사항의 공표

해양수산부장관은 외국 항만당국의 항만국통제로 인하여 출항정지명령을 받은 대한민국 선박에 대하여는 대통령령이 정하는 바에 따라 당해 선박의 선박명·총톤수, 출항정지 사실 등을 공표할 수 있다(법 제70조).

> ⚓ 「선박안전법 시행령」
>
> **제18조(공표)** ① 해양수산부장관은 법 제70조에 따라 외국의 항만당국으로부터 출항정지명령을 받은 사실을 통보받은 경우 제2항에 따른 해당 선박의 명세를 해양수산부의 게시판(인터넷 홈페이지를 포함한다) 또는 일간신문 등에 3개월의 범위에서 공표하거나 다음 각 호의 단체에 배포할 수 있다.
> 1. 공단, 선급법인, 두께측정대행업체, 컨테이너검정등대행기관 및 위험물검사등대행기관

2. 「한국해운조합법」에 따른 한국해운조합 또는 「민법」 제32조에 따라 설립된 한국선주협회
3. 「선주상호보험조합법」에 따른 한국선주상호보험조합 또는 「민법」 제32조에 따라 설립된 손해보험협회
② 제1항에 따른 출항정지명령을 받은 선박의 명세에는 다음 각 호의 사항이 포함되어야 한다.
1. 선박명(한글 또는 영어로 표기)
2. 총톤수
3. 선박번호 및 국제해사기구번호
4. 선박소유자 성명(법인의 경우에는 법인명을, 용선의 경우에는 선박운항자의 명칭을 말한다)
5. 외국 항만당국의 점검일, 항만명, 출항정지기간 및 출항정지 원인
③ 해양수산부장관은 선박의 명세를 공표하는 경우 공표 대상자에 대한 부당한 침해가 없도록 하여야 한다.

제9절 보칙

제1관 기타 행정사항

1. 결함신고에 따른 확인 등

누구든지 선박의 감항성 및 안전설비의 결함을 발견한 때에는 해양수산부령이 정하는 바에 따라 그 내용을 해양수산부장관에게 신고하여야 한다(법 제74조 제1항). 해양수산부장관은 법 제74조 제1항의 규정에 따라 신고를 받은 때에는 해양수산부령이 정하는 바에 따라 소속 공무원으로 하여금 지체 없이 그 사실을 확인하게 하여야 한다(법 제74조 제2항). 해양수산부장관은 법 제74조 제2항의 규정에 따른 확인 결과 결함의 내용이 중대하여 해당선박을 항해에 계속하여 사용하는 것이 당해 선박 및 승선자에게 위험을 초래할 우려가 있다고 인정되는 경우에는 해양수산부령이 정하는 바에 따라 해당결함이 시정될 때까지 출항정지를 명할 수 있다(법 제74조 제3항). 누구든지 법 제74조 제1항의 규정에 따라 신고한 자의 인적사항 또는 신고자임을 알 수 있는 사실을 다른 사람에게 알려주거나 공개 또는 보도하여서는 아니 된다(법 제74조 제4항).

> ※ 「선박안전법 시행규칙」
>
> **제95조(선박의 결함신고)** ① 법 제74조 제1항에 따른 신고는 별지 제85호서식의 선박결함신고서에 따르며, 긴급한 경우에는 전화 등을 통하여 구두로 신고할 수 있다.
> ② 지방해양항만청장은 법 제74조 제2항에 따라 선박의 결함신고를 받으면 그 신고내용을 별지 제86호서식의 선박결함신고기록부에 적고 그 사실을 확인하여야 한다.
> ③ 지방해양항만청장은 선박의 결함신고를 한 자의 신원과 관련된 내용은 별지 제87호서식의 선박결함신고자명부에 적어 「보안업무규정 시행규칙」 제7조 제3항에 따른 대외비로 관리하여야 한다.
> ④ 법 제74조 제3항에 따라 출항정지를 명하려는 경우에는 해당 선박의 선박소유자에게 별지 제88호서식의 출항정지명령서를 발급하여야 한다.

선박의 감항성 및 안전성과 관련한 결함사항이 있는 경우 정부에서 이를 확인하고 시정하도록 할 수 있게 함으로써 선박의 결함으로 인한 해양사고의 발생을 방지할 필요가 있다. 누구든지 선박의 감항성 및 안전설비의 결함을 발견한 때에는 신고할 수 있고, 신고를 받은 해양수산부장관은 소속 공무원으로 하여금 사실을 확인하게 하여 해당선박을 항해에 계속 사용하는 것이 그 승선자에게 위험을 초래할 우려가 있다고 인정되는 때에는 출항정지를 명할 수 있도록 하였다. 선박의 감항성 및 안전설비에 대한 결함에 대하여 효과적으로 사실확인 및 시정조치가 가능하게 되어 기준미달 선박 등으로 인한 선박안전사고의 감소를 목적으로 한 규정이다.

2. 보고·자료제출명령 등

가. 보고 또는 자료제출명령

해양수산부장관은 다음 각 호의 어느 하나에 해당하는 경우에는 선박소유자, 법 제18조 제1항의 규정에 따른 형식승인을 받은 자, 법 제18조 제3항의 규정에 따른 지정시험기관, 제20조 제1항의 규정에 따른 지정사업장의 지정을 받은 자, 제23조 제1항의 규정에 따른 컨테이너형식승인을 받은 자, 제24조 제1항 후단의 규정에 따른 안전점검사업자, 공단, 선급법인, 두께측정대행업체, 컨테이너검정등대행기관, 위험물검사등대행기관(이하 이 조에서 "선박소유자등"이라 한다)에 대하여 필요한 보고를 명하거나 자료를 제출하게 할 수 있다(법 제75조 제1항).

1. 법 제18조 제8항(형식승인 및 검정), 제20조 제5항(지정사업장의 지정), 제23조 제7항(컨테이너의 형식승인 및 검정 등), 제24조 제3항(컨테이너의 안전점검), 제63

조 제2항(선체두께 측정의 대행), 제64조 제2항(컨테이너검정 등의 대행) 및 제65조 제2항(위험물 관련 검사·승인의 대행)의 규정에 따른 지도·감독과 관련하여 필요한 경우

2. 선박의 감항성과 인명안전을 위한 시설 및 항해상의 위험방지 조치와 관련하여 필요한 경우

3. 법 제60조 제1항 및 제2항의 규정(검사등업무의 대행)에 따른 감독과 관련하여 필요한 경우

나. 선박 등의 조사

해양수산부장관은 법 제74조 제1항의 규정에 따른 보고내용 및 제출된 자료의 내용을 검토한 결과 법 제75조 제1항 각 호의 목적달성이 어렵다고 인정되는 때에는 소속 공무원으로 하여금 직접 해당 선박 또는 사업장에 출입하여 장부·서류 및 시설을 조사하게 할 수 있다(법 제75조 제2항). 해양수산부장관은 법 제74조 제2항의 규정에 따른 조사를 하는 경우에는 조사 7일 전까지 조사자, 조사 일시·이유 및 내용 등이 포함된 조사계획을 선박소유자등에게 통보하여야 한다. 다만, 선박의 항해일정 등에 따라 긴급을 요하거나 사전통보를 하는 경우 증거인멸 등으로 인하여 법 제74조 제1항 각 호의 목적달성이 어렵다고 인정되는 경우에는 그러하지 아니하다(법 제75조 제3항). 법 제74조 제2항의 규정에 따른 조사를 하는 공무원은 그 권한을 표시하는 증표를 지니고 이를 관계인에게 내보여야 하며, 해당 선박 또는 사업장에 출입시 성명·출입시간·출입목적 등이 표시된 문서를 관계인에게 주어야 한다(법 제75조 제4항). 해양수산부장관은 법 제74조 제2항의 규정에 따라 선박 또는 사업장을 조사한 결과 이 법 또는 이 법에 따른 명령을 위반한 사실이 있다고 인정되는 때에는 해당 선박 또는 사업장에 대하여 대통령령이 정하는 바에 따라 항해정지명령 또는 수리·보완과 관련된 처분을 할 수 있다(법 제75조 제5항). 법 제74조 제5항의 규정에 따라 항해정지명령 등을 한 경우에는 그 사유가 해소되는 즉시 이를 해제하여야 한다(법 제74조 제6항).

⚓ 「선박안전법 시행령」

제20조(항해정지 등의 조치) 해양수산부장관은 법 제75조 제5항에 따라 항해정지명령 또는 수리·보완과 관련된 처분을 하려는 경우 해양수산부령으로 정하는 항해정지명령서 또는 시정·보완명령서를 발급하여야 한다.

3. 청문

해양수산부장관은 이 법에 따라 지정받은 사업장이나 대행검사기관 등의 업무를 정지하거나 지정을 취소하고자 하는 경우, 형식승인을 받은 선박용물건·소형선박 및 컨테이너에 대하여 형식승인의 효력을 정지하거나 취소하고자 하는 경우 또는 선박검사원에 대한 직무정지의 요청 등을 하고자 하는 경우에는 해양수산부령이 정하는 바에 따라 청문을 실시하여야 한다(법 제78조).

⚓ 「선박안전법 시행규칙」

제98조(청문) 법 제78조에 따른 청문에 관하여는 「행정절차법」14)에 따른다.

4. 조사 및 연구

해양수산부장관은 선박의 감항성 및 인명안전의 확보와 선박안전과 관련한 국제협약에 관한 효과적인 업무수행을 위하여 필요한 조사 및 연구를 할 수 있다(법 제79조).

5. 수수료

가. 검사수수료 등

다음 각 호의 어느 하나에 해당하는 자는 해양수산부령이 정하는 바에 따라 해양수산부장관에게 수수료를 납부하여야 한다. 다만, 대행검사기관이 이 법에 따른 검사·확인·검정 및 승인 등의 업무를 대행하는 경우에는 해당대행검사기관이 정하는 수수료를 당해 기관에게 납부하여야 한다(법 제80조 제1항).

---

14) 「행정절차법」은 행정절차에 관한 공통적인 사항을 규정하여 국민의 행정 참여를 도로함으로써 행정의 공정성·투명성 및 신뢰성을 확보하고 국민의 권익을 보호함으로 목적으로 제정되었다(동 법 제1조).

1. 건조검사, 선박검사, 별도건조검사 또는 국제협약검사를 신청하는 자
2. 법 제13조 제1항의 규정에 따른 도면의 승인을 신청하는 자
3. 법 제15조 제2항의 규정에 따른 변경허가를 신청하는 자
4. 법 제18조 제1항 및 제4항의 규정에 따른 형식승인 또는 그 변경승인을 신청하는 자
5. 법 제18조 제6항의 규정에 따른 선박용물건 또는 소형선박의 검정을 신청하는 자
6. 법 제20조 제1항의 규정에 따른 지정사업장의 지정을 신청하는 자
7. 법 제20조 제3항 단서의 규정에 따른 확인을 신청하는 자
8. 법 제22조 제1항의 규정에 따른 예비검사를 신청하는 자
9. 법 제22조 제2항의 규정에 따른 도면의 승인을 신청하는 자
10. 법 제23조 제1항 및 제3항의 규정에 따른 컨테이너형식승인 또는 그 변경승인을 신청하는 자
11. 법 제23조 제4항의 규정에 따른 컨테이너검정을 신청하는 자
12. 법 제24조 제1항의 규정에 따른 안전점검방법의 승인을 신청하는 자
13. 법 제28조 제2항의 규정에 따른 복원성자료의 승인을 신청하는 자
14. 법 제34조 제1항의 규정에 따른 제한하중등의 확인을 신청하는 자
15. 법 제39조 제1항의 규정에 따른 화물적재고박지침서의 승인을 신청하는 자
16. 법 제41조 제2항의 규정에 따른 위험물의 적합 여부에 관한 검사 또는 승인을 신청하는 자
17. 강화검사 또는 예인선항해검사를 신청하는 자
18. 법 제7조 제2항, 제8조 제2항, 제10조 제3항, 제11조 제2항, 제12조 제2항·제4항, 제18조 제7항, 제20조 제4항, 제22조 제3항, 제23조 제4항 후단, 제34조 제2항 및 제43조 제2항의 규정에 따른 증서 등의 교부 또는 재교부를 신청하는 자

나. 선체두께측정 수수료

공단 및 선급법인이 법 제60조 제1항 및 제2항의 규정에 따라 선체두께를 측정하는 경우 또는 제63조의 규정에 따라 두께측정대행업체가 선체두께를 측정하는 경우에는 해양수산부령이 정하는 바에 따라 두께측정업무에 따른 수수료를 받을 수 있다(법 제80조 제2항). 대행검사기관 또는 두께측정대행업체가 법 제80조 제1항 단서 및 제2항의 규정에 따

라 수수료를 징수하는 경우에는 그 기준을 정하여 해양수산부장관의 승인을 얻어야 한다. 승인을 얻은 사항을 변경하고자 하는 때에도 또한 같다(법 제80조 제3항). 대행검사기관 또는 두께측정대행업체가 법 제80조 제1항 단서 및 제2항의 규정에 따라 수수료를 징수하는 경우 그 수입은 대행검사기관 또는 두께측정대행업체의 수입으로 한다(법 제80조 제4항). 해양수산부장관은 법 제68조의 규정에 따른 항만국통제 결과 결함이 발견되어 동조 제3항 및 제4항의 규정에 따라 시정조치명령 또는 출항정지명령을 받은 선박에 대하여 해양수산부령이 정하는 바에 따라 그 결함의 시정 여부 확인 등에 필요한 수수료를 징수할 수 있다(법 제80조 제5항). 법 제69조 제2항 단서의 규정에 따라 외국에서 특별점검을 하는 경우 해양수산부장관은 항공료 등 필요한 설비의 수수료를 징수할 수 있다(법 제80조 제6항).

6. 권한의 위임 등

이 법에 따른 해양수산부장관의 권한은 그 일부를 대통령령이 정하는 바에 따라 지방해양항만청장(지방해양항만청장 소속으로 두는 해양사무소의 장을 포함한다. 이하 같다)에게 위임할 수 있다(법 제81조 제1항).

⚓ 「선박안전법 시행령」

제21조(권한의 위임) ① 해양수산부장관은 법 제81조 제1항에 따라 다음 각 호의 업무에 관한 권한을 관할 구역에 따라 지방해양항만청장(지방해양항만청장 소속 해양사무소의 장을 포함한다)에게 위임한다.
1. 법 제11조 제1항에 따른 임시항해검사(국내의 조선소에서 건조된 외국선박(국내의 조선소에서 건조된 후 외국에서 등록하였거나 외국에서 등록할 예정인 선박을 말한다)이 시운전을 하려는 경우로 한정한다}
2. 법 제15조 제2항에 따른 변경허가
3. 법 제18조 제1항 및 제4항에 따른 형식승인 및 그 변경승인
4. 법 제19조 제1항에 따른 형식승인의 취소 또는 그 정지처분
5. 법 제20조 제1항·제2항 및 제5항에 따른 지정사업장의 지정, 자체검사기준 등의 승인과 그 변경승인 및 지도·감독
6. 법 제21조 제1항에 따른 지정사업장의 지정취소 또는 그 정지처분
7. 법 제23조 제1항·제3항 및 제6항에 따른 컨테이너형식승인과 그 변경승인 및 컨테이너형식승인의 취소 또는 정지처분
8. 법 제25조 제3항부터 제5항까지의 규정에 따른 컨테이너 안전에 필요한 조치, 비용청구 및 비용 충당
 8의2. 법 제63조 제1항 본문에 따른 두께측정대행업체의 지정 및 고시
 8의3. 법 제63조 제2항에 따른 두께측정대행업체에 대한 지도·감독

9. 법 제68조에 따른 항만국통제
10. 법 제72조 제1항 및 제2항에 따른 재검사·재검정 및 재확인. 다만, 법 제76조에 따른 선박검사관이 행하는 업무를 제외한다.
11. 법 제74조 제2항 및 제3항에 따른 사실 확인 및 출항정지명령
12. 법 제75조 제1항에 따른 보고·자료제출명령
13. 법 제75조 제2항에 따른 출입·조사
14. 법 제75조 제3항에 따른 조사계획의 통보
15. 법 제75조 제5항에 따른 항해정지명령 또는 수리·보완과 관련된 처분
16. 법 제80조 제1항 각 호 외의 부분 본문 및 제5항에 따른 수수료의 징수
17. 법 제89조 제4항에 따른 과태료의 부과·징수
② 삭제

제2관 규제의 재검토

「선박안전법 시행규칙」

제101조(규제의 재검토) ① 해양수산부장관은 다음 각 호의 사항에 대하여 다음 각 호의 기준일을 기준으로 3년마다(매 3년이 되는 해의 기준일과 같은 날 전까지를 말한다) 그 타당성을 검토하여 개선 등의 조치를 하여야 한다.
  1. 제47조에 따른 지정사업장의 지정 및 설비기준: 2014년 1월 1일
  2. 제54조에 따른 예비검사: 2014년 1월 1일
  3. 제73조에 따른 선박위치발신장치 설치 대상선박: 2014년 1월 1일
  4. 제93조에 따른 재검사 등: 2014년 1월 1일
② 해양수산부장관은 제79조에 따른 화물에 관한 정보에 대하여 2015년 1월 1일을 기준으로 2년마다(매 2년이 되는 해의 1월 1일 전까지를 말한다) 그 타당성을 검토하여 개선 등의 조치를 하여야 한다.

제3장

해사안전법

제1절 총론
제2절 해사안전관리계획
제3절 수역 안전관리
제4절 해상교통 안전관리
제5절 선박 및 사업장의 안전관리
제6절 선박의 항법 등
제7절 보칙

제1절 총론

제1관 입법 목적

「해사안전법」은 선박의 안전운항을 위한 안전관리체계를 확립하여 선박항행과 관련된 모든 위험과 장해를 제거함으로써 해사안전(海事安全) 증진과 선박의 원활한 교통에 이바지함을 목적으로 한다(법제1조).

이 법에서 "해사안전관리"란 선원·선박소유자 등 인적 요인, 선박·화물 등 물적 요인, 항행보조시설·안전제도 등 환경적 요인을 종합적·체계적으로 관리함으로써 선박의 운용과 관련된 모든 일에서 사고가 발생할 위험을 줄이는 활동을 말한다(법제2조제1호). 이 법은 2011년 법률 제10801호로 「해상교통안전법」을 전부개정하여 「해사안전법」으로 명명한 것으로, 「1972년 국제해상충돌예방규칙협약」(COLREG Convetion 72; International Regulations for Preventing Collisions at Sea, 1972)을 모태로 하고 있다.[1]

법률의 명칭을 변경하고 전부개정한 이유는 ① IMO의 회원국 감사제도에서 요구하고 있는 해사안전정책의 수립·시행·평가 및 환류체계를 확립함으로써 해사안전정책의 실효성을 높이고, ② 「해양법에 관한 국제연합협약」 등에서 연안국의 권한으로 규정하고 있는 영해 밖 해양시설의 안전관리에 관한 사항, ③ 난파물 처리에 관한 사항의 수용 등을 들 수 있다. 전부개정으로 인하여 항법 중심의 선박충돌예방법적 성질이 강하던 구 「해상교통안전법」에 비하여 해상교통안전정책을 포괄한 종합적인 해상교통법규의 성격을 띠게 되었다.[2]

결국 이 법의 목적은 ① 해상교통의 안전을 고도의 수준으로 유지하기 위하여 선박 등이 해상을 항행함에 있어서 상호간의 충돌을 사전에 예방함으로써 해양에서의 인명 및 재산의 안전 확보, ② 해사안전정책, ③ 영해 밖 해양시설의 안전관리, ④ 난파물

---

1) 정영석, 「해사법규강의(제6판)」, (텍스트북스, 2016), 413쪽.
2) 정영석, 「해사법규강의(제6판)」, (텍스트북스, 2016), 413쪽.

처리제도 확립 등이다.[3]

그러므로 제1차적으로는 선박 등의 충돌예방, 제2차적으로는 이 법의 규정에 의한 항법, 등화, 신호 등에 관한 규정에 따라 선박충돌 방지수단을 강구한 결과로서 충돌에 의한 손해의 경감 등을 기대효과로 볼 수 있다.[4]

제2관 용어의 정의

이 법에서 사용하는 용어의 뜻은 다음과 같다(법 제2조).

1. "해사안전관리"란 선원·선박소유자 등 인적 요인, 선박·화물 등 물적 요인, 항행보조시설·안전제도 등 환경적 요인을 종합적·체계적으로 관리함으로써 선박의 운용과 관련된 모든 일에서 사고가 발생할 위험을 줄이는 활동을 말한다.
2. "선박"이란 물에서 항행수단으로 사용하거나 사용할 수 있는 모든 종류의 배(물 위에서 이동할 수 있는 수상항공기와 수면비행선박을 포함한다)를 말한다.
3. "수상항공기"란 물 위에서 이동할 수 있는 항공기를 말한다.
4. "수면비행선박"이란 표면효과 작용을 이용하여 수면 가까이 비행하는 선박을 말한다.
5. "대한민국선박"이란 「선박법」 제2조 각 호에 따른 선박을 말한다.
6. "위험화물운반선"이란 선체의 한 부분인 화물창(貨物倉)이나 선체에 고정된 탱크 등에 해양수산부령으로 정하는 위험물을 싣고 운반하는 선박을 말한다.

> ⚓ 「해사안전법 시행규칙」
>
> **제2조(위험물의 범위)** ① 「해사안전법」(이하 "법"이라 한다) 제2조 제6호에서 "해양수산부령으로 정하는 위험물"이란 다음 각 호의 어느 하나에 해당하는 것을 말한다. 다만, 해당 선박에서 연료로 사용되는 것은 제외한다.
>   1. 별표 1에 해당하는 화약류로서 총톤수 300톤 이상의 선박에 적재된 것
>   2. 고압가스 중 인화성 가스로서 총톤수 1천톤 이상의 선박에 산적된 것
>   3. 인화성 액체류로서 총톤수 1천톤 이상의 선박에 산적된 것

---

[3] 정영석, 「해사법규강의(제6판)」, (텍스트북스, 2016), 413쪽.
[4] 민성규·임동철, 「새 국제해상충돌예방규칙」, (한국해양대학 해사도서출판부, 1984), 15쪽 참조.

4. 200톤 이상의 유기과산화물로서 총톤수 300톤 이상의 선박에 적재된 것
  5. 제2호 및 제3호에 따른 위험물을 산적한 선박에서 해당 위험물을 내린 후 선박 내에 남아 있는 인화성 가스로서 화재 또는 폭발의 위험이 있는 것
  ② 제1항에 따른 화약류·고압가스·인화성 액체류 및 유기과산화물의 정의는「위험물 선박운송 및 저장규칙」제2조에 따른다.

7. "거대선"(巨大船)이란 길이 200미터 이상의 선박을 말한다.

8. "고속여객선"이란 시속 15노트 이상으로 항행하는 여객선을 말한다.

9. "동력선"(動力船)이란 기관을 사용하여 추진(推進)하는 선박을 말한다. 다만, 돛을 설치한 선박이라도 주로 기관을 사용하여 추진하는 경우에는 동력선으로 본다.

10. "범선"(帆船)이란 돛을 사용하여 추진하는 선박을 말한다. 다만, 기관을 설치한 선박이라도 주로 돛을 사용하여 추진하는 경우에는 범선으로 본다.

11. "어로에 종사하고 있는 선박"이란 그물, 낚싯줄, 트롤망, 그 밖에 조종성능을 제한하는 어구(漁具)를 사용하여 어로(漁撈) 작업을 하고 있는 선박을 말한다.

12. "조종불능선"(操縱不能船)이란 선박의 조종성능을 제한하는 고장이나 그 밖의 사유로 조종을 할 수 없게 되어 다른 선박의 진로를 피할 수 없는 선박을 말한다.

13. "조종제한선"(操縱制限船)이란 다음 각 목의 작업과 그 밖에 선박의 조종성능을 제한하는 작업에 종사하고 있어 다른 선박의 진로를 피할 수 없는 선박을 말한다.
  가. 항로표지, 해저전선 또는 해저파이프라인의 부설·보수·인양 작업
  나. 준설(浚渫)·측량 또는 수중 작업
  다. 항행 중 보급, 사람 또는 화물의 이송 작업
  라. 항공기의 발착(發着)작업
  마. 기뢰(機雷)제거작업
  바. 진로에서 벗어날 수 있는 능력에 제한을 많이 받는 예인(曳引)작업

14. "흘수제약선"(吃水制約船)이란 가항(可航)수역의 수심 및 폭과 선박의 흘수와의 관계에 비추어 볼 때 그 진로에서 벗어날 수 있는 능력이 매우 제한되어 있는 동력선을 말한다.

15. "해양시설"이란 자원의 탐사·개발, 해양과학조사, 선박의 계류(繫留)·수리·하역, 해상주거·관광·레저 등의 목적으로 해저(海底)에 고착된 교량·터널·케이

블·인공섬·시설물이거나 해상부유 구조물로서 선박이 아닌 것을 말한다.
16. "해상교통안전진단"이란 해상교통안전에 영향을 미치는 다음 각 목의 사업(이하 "안전진단대상사업"이라 한다)으로 발생할 수 있는 항행안전 위험 요인을 전문적으로 조사·측정하고 평가하는 것을 말한다.
    가. 항로 또는 정박지의 지정·고시 또는 변경
    나. 선박의 통항을 금지하거나 제한하는 수역(水域)의 설정 또는 변경
    다. 수역에 설치되는 교량·터널·케이블 등 시설물의 건설·부설 또는 보수
    라. 항만 또는 부두의 개발·재개발
    마. 그 밖에 해상교통안전에 영향을 미치는 사업으로서 대통령령으로 정하는 사업

「해사안전법 시행령」

제1조의2(해상교통안전에 영향을 미치는 사업) 「해사안전법」(이하 "법"이라 한다) 제2조 제16호마목에서 "대통령령으로 정하는 사업"이란 다음 각 호의 어느 하나에 해당하는 사업으로서 최고 속력이 시속 60노트 이상인 선박을 사용하는 사업을 말한다.
  1. 「해운법」 제2조 제2호에 따른 해상여객운송사업
  2. 「해운법」 제2조 제3호에 따른 해상화물운송사업

17. "항행장애물"(航行障碍物)이란 선박으로부터 떨어진 물건, 침몰·좌초된 선박 또는 이로부터 유실(遺失)된 물건 등 해양수산부령으로 정하는 것으로서 선박항행에 장애가 되는 물건을 말한다.

「해사안전법 시행규칙」

제4조(항행장애물) 법 제2조 제17호에서 "해양수산부령으로 정하는 것"이란 다음 각 호의 어느 하나에 해당하는 것을 말한다.
  1. 선박으로부터 수역에 떨어진 물건
  2. 침몰·좌초된 선박 또는 침몰·좌초되고 있는 선박
  3. 침몰·좌초가 임박한 선박 또는 침몰·좌초가 충분히 예견되는 선박
  4. 제2호 및 제3호의 선박에 있는 물건
  5. 침몰·좌초된 선박으로부터 분리된 선박의 일부분

18. "통항로"(通航路)란 선박의 항행안전을 확보하기 위하여 한쪽 방향으로만 항행할 수 있도록 되어 있는 일정한 범위의 수역을 말한다.
19. "제한된 시계"란 안개·연기·눈·비·모래바람 및 그 밖에 이와 비슷한 사유로

시계(視界)가 제한되어 있는 상태를 말한다.
20. "항로지정제도"란 선박이 통항하는 항로, 속력 및 그 밖에 선박 운항에 관한 사항을 지정하는 제도를 말한다.
21. "선박교통관제"란 선박교통의 안전 및 효율성을 증진하고 해양환경과 해양시설을 보호하기 위하여 선박의 위치를 탐지하고 선박과 통신할 수 있는 설비를 설치·운영함으로써 선박의 동정을 관찰하며 선박에 대하여 안전에 관한 정보를 제공하는 것을 말한다.
22. "항행 중"이란 선박이 다음 각 목의 어느 하나에 해당하지 아니하는 상태를 말한다.

　가. 정박(碇泊)

　나. 항만의 안벽(岸壁) 등 계류시설에 매어 놓은 상태[계선부표(繫船浮標)나 정박하고 있는 선박에 매어 놓은 경우를 포함한다]

　다. 얹혀 있는 상태

23. "길이"란 선체에 고정된 돌출물을 포함하여 선수(船首)의 끝단부터 선미(船尾)의 끝단 사이의 최대 수평거리를 말한다.
24. "폭"이란 선박 길이의 횡방향 외판의 외면으로부터 반대쪽 외판의 외면 사이의 최대 수평거리를 말한다.
25. "통항분리제도"란 선박의 충돌을 방지하기 위하여 통항로를 설정하거나 그 밖의 적절한 방법으로 한쪽 방향으로만 항행할 수 있도록 항로를 분리하는 제도를 말한다.
26. "분리선"(分離線) 또는 "분리대"(分離帶)란 서로 다른 방향으로 진행하는 통항로를 나누는 선 또는 일정한 폭의 수역을 말한다.
27. "연안통항대"(沿岸通航帶)란 통항분리수역의 육지 쪽 경계선과 해안 사이의 수역을 말한다.
28. "예인선열"(曳引船列)이란 선박이 다른 선박을 끌거나 밀어 항행할 때의 선단(船團) 전체를 말한다.
29. "대수속력"(對水速力)이란 선박의 물에 대한 속력으로서 자기 선박 또는 다른 선박의 추진장치의 작용이나 그로 인한 선박의 타력(惰力)에 의하여 생기는 것을 말한다.

제3관 적용범위와 적용순위

1. 적용범위

가. 물적 적용범위와 장소적 적용범위

이 법은 다음 각 호의 어느 하나에 해당하는 선박과 해양시설에 대하여 적용한다(법 제3조 제1항).
1. 대한민국의 영해, 내수(해상항행선박이 항행을 계속할 수 없는 하천·호수·늪 등은 제외한다. 이하 같다)에 있는 선박이나 해양시설. 다만, 대한민국선박이 아닌 선박(이하 "외국선박"이라 한다) 중 다음 각 목에 해당하는 외국선박에 대하여 법 제46조부터 제50조까지의 규정을 적용할 때에는 대통령령으로 정하는 바에 따라 이 법의 일부를 적용한다.
   가. 대한민국의 항(港)과 항 사이만을 항행하는 선박
   나. 국적의 취득을 조건으로 하여 선체용선(船體傭船)으로 차용한 선박
2. 대한민국의 영해 및 내수를 제외한 해역에 있는 대한민국선박
3. 대한민국의 배타적경제수역에서 항행장애물을 발생시킨 선박
4. 대한민국의 배타적경제수역 또는 대륙붕에 있는 해양시설

⚓ 「해사안전법 시행령」

제2조(외국선박에 대한 적용범위) 법 제3조 제1항 제1호 각 목 외의 부분 단서에 따라 대한민국선박이 아닌 선박(법 제3조 제1항 제1호가목 및 나목에 따른 선박을 말한다)에 대해서는 법 제46조 제2항·제4항, 제47조, 제49조 및 제50조를 적용한다. 다만, 법 제3조 제1항 제1호나목에 따른 선박 중 그 선박의 소속 국가 또는 그 소속 국가가 인정하는 인증기관이 발급한 인증심사증서를 갖춘 선박에 대해서는 그러하지 아니하다.

나. 인적 적용범위

이 법 또는 이 법에 따른 명령 중 선박소유자에 관한 규정은 선박을 공유하는 경우로서 선박관리인을 임명하였을 때에는 그 선박관리인에게 적용하고, 선박을 임차(賃借)하였을 때에는 그 선박임차인에게 적용하며, 선장에 관한 규정은 선장을 대신하여 그 직무를 수행하는 자에게도 적용한다(법 제3조 제2항). 이 법 또는 이 법에 따른 명령 중 해양시설의 소유자에 관한 규정은 해양시설을 임대차한 경우에는 그 임차인에게 적용한다(법 제3조 제3항).

구「해상교통안전법」이 영해 및 내수(內水)에만 적용되고 있어 배타적경제수역에서 발생한 난파물의 처리 또는 배타적경제수역 등에 설치된 해양시설의 안전관리 등을 위한 법적 근거가 취약한 문제점이 있었기 때문에, 이 법은 대한민국의 배타적경제수역에서 난파물을 발생시킨 모든 선박과 배타적경제수역 또는 대륙붕상에 있는 해양시설에도 이 법이 적용되도록 하였다는 점에 의미가 있다. 따라서 배타적경제수역과 대륙붕상 해역에서 발생하는 해사안전 관련 문제에 대하여 우리나라가 관할권을 행사할 수 있도록 국내법상의 근거를 마련하였다.[5]

2. 적용순위

구「해상교통안전법」은 '선박의 충돌방지와 안전관리 등에 관하여 조약에 다른 규정이 있는 경우에는 그 규정에서 정하는 바에 따른다(별제5조)'라고 규정하여 국제협약 우선적용의 원칙을 선언하였으나,「해사안전법」에서는 이러한 규정을 삭제하고 있다. 구「해상교통안전법」제5조의 규정은「1972년 국제해상충돌예방규칙협약」제1조 제(a)항[6]의 규정의 취지에 따라 국제법 우선적용의 원칙을 선언한 것이었다. 이는 해상에서 선박의 충돌예방을 위한 규칙이 국가나 지역에 따라 달리 적용될 경우 소위 해상교통법규가 서로 다름으로 인하여 충돌을 회피할 수 없기 때문이다. 따라서「국제해상충돌예방협약」제1조 제(b)항은 '묘박지(錨泊地), 항내, 하천, 호수 및 내수로' 등 특정한 수역에서는 관할관청의 특별규칙의 제정을 금하는 것은 아니지만 가능한 한 국제규칙에 일치되도록 하고 있다. 국제협약의 취지는 항행규칙의 성질상 당연한 것으로 보기 때문에 국제협약 우선의 원칙은 국제법으로 확립된 원칙이라고 본다.[7]

구「해상교통안전법」제5조의 규정을 삭제함으로써「해사안전법」은 대한민국 선박에 대하여는 국내외 모든 수역에서, 외국선박의 경우에도 대한민국의 영해와 배타적

---

5) 정영석,「해사법규강의(제6판)」, (텍스트북스, 2016), 418-419쪽.

6)
「1972년 국제해상충돌예방규칙협약」
제1조(적용범위)
제(a)항 : 이 규칙은, 항해선(航海船)이 항행할 수 있는 해양과 이와 접속한 모든 수역의 수상에 있는 모든 선박에 적용한다.

7) 정영석,「해사법규강의(제6판)」, (텍스트북스, 2016), 419쪽.

경제수역에서는「해사안전법」이 적용되는 것으로 해석될 수 있어서 문제가 될 수 있다.「해사안전법」제6장의 선박의 항법 등의 규정은 국제협약과 동일한 일반항법에 해당하는 것으로 국제협약 제1조 제(b)항의 규정과는 그 성격이 전혀 다르다. 따라서 국제협약의 체약국으로서 대한민국은 국제협약의 준수의무가 있기도 하기 때문에 같은 법 제6장의 규정보다 국제협약이 우선적용되도록 개정이 필요하다.[8]

제4관 책무

1. 국가 등의 책무

국가 및 지방자치단체는 해양을 이용하거나 보존하기 위한 시책을 수립하는 경우에는 해사안전에 관한 사항을 고려하여야 한다(법 제4조 제1항). 국가는 국민의 안전한 해양이용을 촉진하기 위하여 국민에 대한 해사안전 지식·정보의 제공, 해사안전 교육 및 해사안전 문화의 홍보에 노력하여야 한다(법 제4조 제2항). 국가는 외국 및 국제기구 등과 해사안전에 관한 기술협력, 정보교환, 공동 조사·연구를 위한 기구설치 등 효율적인 국제협력을 추진하기 위하여 노력하여야 하며, 해사안전 관련 산업의 진흥 및 국제화에 필요한 지원을 하여야 한다(법 제4조 제3항).

2. 선박·해양시설 소유자의 책무

선박·해양시설 소유자는 국가의 해사안전에 관한 시책에 협력하여 자기가 소유·관리하거나 운영하는 선박·해양시설로부터 해양사고 등이 발생하지 아니하도록 종사

---

[8] 일본의 해상교통법규에도 국제협약의 우선적용을 규정한 조항은 없다. 그러나 일본의 해상교통법규는「국제해상충돌예방규칙협약」(Colreg)의 적용을 목적으로 그 규칙의 항법, 등화, 형상물 표시 등의 규정을 그대로 옮겨 놓은 법률로서「해상충돌예방법」이 가장 일반법에 속한다. 이 법은 국제협약 우선의 원칙을 달리 규정하지 않았더라도 국제협약의 내용이 그대로 적용되는 것을 목적으로 제정된 법률이기 때문에 국제법우선의 원칙이 적용되는 것과 같은 결과를 가져 오게 된다. 이 법률이 우리나라의「해사안전법」제6장에 해당한다.
또「해상교통안전법」은 동경만과 이세만에서만 적용되는 법령으로 국제규칙 제1조 제(b)항에 해당하는 법령으로 볼 수 있어서, 우리나라의「선박의 입항 및 출항 등에 관한 법률」에 해당하는「港則法」과 함께 법의 충돌시「해상충돌예방법」의 규정에 우선적용된다(해상충돌예방법 제41조) : 卷幡竹夫·有山昭二,「海上交通三法の解說」, 改訂版, 東京, 成山堂書店, 1999) 참조.

자에 대한 교육·훈련 등을 실시하고 제반 안전규정을 준수하여야 한다(법제5조).

제2절 해사안전관리계획

1. 국가해사안전기본계획

해양수산부장관은 해사안전 증진을 위한 국가해사안전기본계획(이하 "기본계획"이라 한다)을 5년 단위로 수립하여야 한다. 다만, 기본계획 중 항행환경개선에 관한 계획은 10년 단위로 수립할 수 있다(법 제6조 제1항). 해양수산부장관은 법 제6조 제1항에 따른 기본계획을 수립하는 경우 관계 행정기관의 장과 협의하여야 한다(법 제6조 제2항). 법 제6조 제1항에 따른 기본계획의 수립 및 시행에 필요한 사항은 대통령령으로 정한다(법 제6조 제3항).

⚓ 「해사안전법 시행령」

제3조(국가해사안전기본계획) ① 법 제6조 제1항에 따른 국가해사안전기본계획(이하 "기본계획"이라 한다)에는 다음 각 호의 사항이 포함되어야 한다.
  1. 해사안전정책의 추진목표 및 기본방향
  2. 해사안전정책 환경의 변화 및 전망에 관한 사항
  3. 선박·해양시설 및 여객·승무원 등의 안전 증진에 관한 사항
  4. 수역의 설정, 교통환경 조사 및 사고 위해요소 개선에 관한 사항
  5. 선박의 항행 관련 항행보조시설·장비·정보통신체제 등의 설치·운영에 관한 사항
  6. 해사안전 관련 인력의 양성·수급에 관한 사항
  7. 해사안전 지식의 보급 및 문화의 증진에 관한 사항
  8. 해사안전 관련 기술의 연구·개발에 관한 사항
  9. 해사안전 관련 산업의 육성에 관한 사항
  10. 해사안전 관련 국제협력에 관한 사항
  11. 해사안전 관련 제도·여건의 개선에 관한 사항
  12. 해사안전 관련 투자 및 재원 조달에 관한 사항
  13. 부문별·기관별·연차별 사업계획의 추진 및 시행에 관한 사항
  14. 그 밖에 해사안전에 관한 사항으로서 해양수산부장관이 필요하다고 인정하는 사항
② 해양수산부장관은 기본계획을 수립하거나 변경하기 위하여 필요하다고 인정하는 경우에는 관계 중앙행정기관의 장, 특별시장·광역시장·도지사·특별자치도지사(이하 "시·도지사"라 한다), 시장·군수·구청장(자치구의 구청장을 말한다. 이하 같다), 「공공기관의 운영에 관한 법률」 제4조에 따른 공공기관의 장(이하 "공공기관의 장"이라 한다) 또는 해사안전과 관련된 기관·단체 또는 개인에 대하여 관련 자료의 제출, 의견의 진술 또는 그 밖에 필요한 협력을 요청할 수 있다.
③ 해양수산부장관은 기본계획을 수립하거나 변경한 경우에는 관보에 고시하여야 한다.

2. 해사안전시행계획

해양수산부장관은 기본계획을 시행하기 위하여 매년 해사안전시행계획(이하 "시행계획"이라 한다)을 수립하여야 한다(법 제7조 제1항). 해양수산부장관은 시행계획의 수립을 위하여 필요할 경우 관계 행정기관의 장, 「공공기관의 운영에 관한 법률」 제4조에 따른 공공기관의 장, 그 밖의 관계인에게 자료의 제출, 의견의 진술 또는 그 밖에 필요한 협력을 요청할 수 있다(법 제7조 제2항). 법 제7조 제1항에 따른 시행계획에 포함할 내용과 수립 절차·방법 등에 필요한 사항은 대통령령으로 정한다(법 제7조 제3항).

⚓ 「해사안전법 시행령」

제4조(해사안전시행계획) ① 해양수산부장관은 법 제7조 제1항에 따른 해사안전시행계획(이하 "시행계획"이라 한다)을 수립하려는 경우에는 시행계획의 수립지침을 작성하여 관계 중앙행정기관의 장, 시·도지사, 시장·군수·구청장 및 공공기관의 장(이하 이 조에서 "기관별 작성권자"라 한다)에게 통보하여야 한다.
② 기관별 작성권자는 제1항에 따라 수립지침을 통보받은 경우에는 매년 10월 31일까지 다음 연도의 기관별 해사안전시행계획(이하 이 조에서 "기관별 시행계획"이라 한다)을 작성하여 해양수산부장관에게 제출하여야 한다.
③ 해양수산부장관은 제2항에 따라 제출받은 기관별 시행계획이 기본계획에 위반되거나 그 보완이 필요하다고 인정하는 경우에는 해당 시행계획의 수정이나 보완 등을 요청할 수 있다. 이 경우 기관별 작성권자는 특별한 사유가 없으면 그 수정이나 보완 등에 관한 사항을 반영하여 지체 없이 해양수산부장관에게 제출하여야 한다.
④ 해양수산부장관은 제2항 및 제3항에 따라 제출받은 기관별 시행계획을 종합·조정하여 시행계획을 확정한 후 관보에 고시하여야 한다.
⑤ 기관별 작성권자는 매년 2월 말일까지 전년도 시행계획의 추진실적을 해양수산부장관에게 제출하여야 한다.

IMO에서 각 회원국에게 해사안전 전략계획의 수립·이행·평가 및 환류체제 구축을 요구하고 이에 대한 감사를 계획하고 있으나 국내에서는 그에 대한 대응이 미흡한 문제점이 있었다. 이에 해양수산부장관이 5년 단위로 국가해사안전기본계획, 매년 해사안전시행계획을 수립하도록 하였다. 법령별·부서별로 수립·시행되고 있는 개별정책을 일원화된 법적 근거 하에서 체계적으로 수립하도록 함으로써 정책의 시너지 효과를 거두고, IMO의 회원국감사제도에 대비할 수 있게 하였다.[9]

---

9) 정영석, 「해사법규강의(제6판)」, (텍스트북스, 2016), 422쪽.

제3절 수역 안전관리

제1관 해양시설의 보호수역 설정 및 관리

1. 보호수역의 설정 및 입역허가

해양수산부장관은 해양시설 부근 해역에서 선박의 안전항행과 해양시설의 보호를 위한 수역(이하 "보호수역"이라 한다)을 설정할 수 있다(법 제8조 제1항). 누구든지 보호수역에 입역(入域)하기 위하여는 해양수산부장관의 허가를 받아야 하며, 해양수산부장관은 해양시설의 안전 확보에 지장이 없다고 인정하거나 공익상 필요하다고 인정하는 경우 보호수역의 입역을 허가할 수 있다(법 제8조 제2항). 해양수산부장관은 법 제8조 제2항에 따른 입역허가에 필요한 조건을 달 수 있다(법 제8조 제3항). 해양수산부장관은 법 제8조 제2항에 따른 입역허가에 관하여 필요하면 관계 행정기관의 장과 협의하여야 한다(법 제9조 제4항). 보호수역의 범위는 대통령령으로 정하고, 보호수역 입역허가 등에 필요한 사항은 해양수산부령으로 정한다(법 제8조 제5항).

> ⚓ 「해사안전법 시행령」
>
> **제5조(보호수역의 고시 등)** ① 해양수산부장관은 법 제8조 제1항에 따라 보호수역을 설정하는 경우에는 해당 보호수역의 위치 및 범위를 고시하고 해도(海圖)에 표시하여야 한다. 보호수역을 변경하거나 폐지하는 경우에도 또한 같다.
> ② 법 제8조 제5항에 따른 보호수역의 범위는 법 제3조 제1항 제4호에 따른 해양시설 부근 해역의 선박교통량 및 「해양법에 관한 국제연합 협약」에 따른 국제적인 기준을 고려하여 정한다.

> ☼ 「해사안전법 시행규칙」
>
> **제5조(보호수역 입역허가)** ① 법 제8조 제2항에 따라 보호수역 입역허가를 받으려는 자는 별지 제1호 서식의 보호수역 입역허가 신청서를 관할 지방해양수산청장에게 제출하여야 한다.
> ② 지방해양수산청장은 제1항에 따른 입역허가 신청이 적합하다고 인정하는 경우에는 그 기간을 정하여 입역을 허가하여야 한다.

2. 보호수역의 입역

법 제8조 제2항에도 불구하고 다음 각 호의 어느 하나에 해당하면 해양수산부장관의 허가를 받지 아니하고 보호수역에 입역할 수 있다(법 제9조 제1항).
1. 선박의 고장이나 그 밖의 사유로 선박 조종이 불가능한 경우
2. 해양사고를 피하기 위하여 부득이한 사유가 있는 경우
3. 인명을 구조하거나 또는 급박한 위험이 있는 선박을 구조하는 경우
4. 관계 행정기관의 장이 해상에서 안전 확보를 위한 업무를 하는 경우
5. 해양시설을 운영하거나 관리하는 기관이 그 해양시설의 보호수역에 들어가려고 하는 경우

법 제9조 제1항에 따른 입역 등에 필요한 사항은 해양수산부령으로 정한다(법 제9조 제2항).

「해사안전법 시행규칙」

제6조(보호수역 입역통지) ① 법 제9조 제1항에 따라 보호수역에 입역한 자는 지체 없이 그 입역 사유를 관할 지방해양수산청장에게 통지하여야 한다.
② 제1항에 따라 입역한 자는 그 입역 사유가 해소된 경우에는 관할 지방해양수산청장에게 통지한 후 지체 없이 보호수역으로부터 나와야 한다.

이어도 해양과학기지, 울산 외해 가스탐사시설 등 영해 밖에 설치된 해양시설의 보호를 위하여 보호수역 설정하고 해양수산부장관의 허가 없이 보호수역을 통항할 경우 처벌하도록 하였다. 영해 외 관할해역에서의 해양시설 보호의 실효성 확보를 목적으로 한 규정이다.[10]

제2관 교통안전특정해역 등의 설정과 관리

1. 교통안전특정해역의 설정 등

해양수산부장관은 다음 각 호의 어느 하나에 해당하는 해역으로서 대형 해양사고가 발생할 우려가 있는 해역(이하 "교통안전특정해역"이라 한다)을 설정할 수 있다(법 제10조 제1항).

---

10) 정영석, 「해사법규강의(제6판)」, (텍스트북스, 2016), 424쪽.

1. 해상교통량이 아주 많은 해역
2. 거대선, 위험화물운반선, 고속여객선 등의 통항이 잦은 해역

해양수산부장관은 관계 행정기관의 장의 의견을 들어 해양수산부령으로 정하는 바에 따라 교통안전특정해역 안에서의 항로지정제도를 시행할 수 있다(법 제10조 제2항). 교통안전특정해역의 범위는 대통령령으로 정한다(법 제10조 제3항).

「해사안전법 시행령」

제6조(교통안전특정해역의 범위) 법 제10조 제3항에 따른 교통안전특정해역의 범위는 별표 1과 같다.

[별표 1]
교통안전특정해역의 범위(제6조 관련)

구분	특정해역의 범위
인천구역	다음 각 호의 기점을 순차적으로 연결한 선 안의 해역 1. 북위 37도18분55초, 동경 126도28분48초(남장자서) 2. 북위 37도21분38초, 동경 126도26분29초(해리도) 3. 북위 37도20분04초, 동경 126도20분01초 4. 북위 37도18분58초, 동경 126도17분59초 5. 북위 37도17분52초, 동경 126도16분03초 6. 북위 37도16분40초, 동경 126도14분14초 7. 북위 37도12분33초, 동경 126도11분41초(대금도) 8. 북위 37도11분34초, 동경 126도11분01초(진두타도) 9. 북위 37도09분44초, 동경 126도09분17초 10. 북위 37도09분03초, 동경 126도10분33초 11. 북위 37도11분50초, 동경 126도12분35초(동백도) 12. 북위 37도15분59초, 동경 126도15분17초 13. 북위 37도19분08초, 동경 126도20분34초 14. 북위 37도20분07초, 동경 126도26분47초 15. 북위 37도16분48초, 동경 126도23분59초 16. 북위 37도14분26초, 동경 126도23분59초(서어벌) 17. 북위 37도12분16초, 동경 126도23분03초(부도) 18. 북위 37도11분10초, 동경 126도22분03초(통서) 19. 북위 37도09분04초, 동경 126도19분19초(금도) 20. 북위 37도07분28초, 동경 126도18분13초 21. 북위 37도07분00초, 동경 126도19분53초 22. 북위 37도08분58초, 동경 126도20분53초(부도) 23. 북위 37도09분40초, 동경 126도22분29초(적초) 24. 북위 37도13분24초, 동경 126도25분37초 25. 북위 37도15분41초, 동경 126도25분41초

	26. 북위 37도16분28초, 동경 126도25분59초 27. 북위 37도18분30초, 동경 126도27분31초 28. 북위 37도18분55초, 동경 126도28분48초(남장자서)
부산구역	오륙도와 생도를 잇는 항계선과 오륙도 등대(북위35도05분27초, 동경129도07분38초)로부터 043도선 및 생도(북위35도02분13초, 동경129도05분36초)로부터 198도선이 북위35도03분59초, 동경129도07분52초를 중심으로 하는 반지름 6.0마일 원호(圓弧)와 이루는 해역
울산구역	북위 35도24분37초, 동경 129도27분52초를 중심으로 반지름 6.0마일의 원호 및 울산항 항계선이 이루는 해역
포항구역	다음 각 호의 기점을 순차적으로 연결한 선 안의 해역 1. 북위 36도07분16초, 동경 129도28분24초 2. 북위 36도07분16초, 동경 129도29분45초 3. 북위 36도03분21초, 동경 129도29분45초 4. 북위 36도06분33초, 동경 129도33분32초 5. 북위 36도04분36초, 동경 129도36분05초 6. 북위 36도00분11초, 동경 129도36분47초 7. 북위 36도00분11초, 동경 129도43분52초 8. 북위 36도19분11초, 동경 129도43분52초 9. 북위 36도19분11초, 동경 129도27분04초 10. 북위 36도07분16초, 동경 129도28분24초
여수구역	다음 각 호의 기점을 순차적으로 연결한 선 안의 해역 1. 북위 34도50분23초, 동경 127도46분52초 2. 북위 34도43분15초, 동경 127도49분13초 3. 북위 34도40분18초, 동경 127도54분40초 4. 북위 34도35분41초, 동경 127도55분22초 5. 북위 34도35분41초, 동경 127도59분52초 6. 북위 34도39분47초, 동경 127도59분40초 7. 북위 34도43분05초, 동경 127도53분22초 8. 북위 34도43분16초, 동경 127도51분34초 9. 북위 34도44분01초, 동경 127도50분34초 10. 북위 34도44분57초, 동경 127도49분58초 11. 북위 34도46분13초, 동경 127도49분55초 12. 북위 34도50분53초, 동경 127도48분22초 13. 북위 34도50분23초, 동경 127도46분52초

「해사안전법 시행규칙」

제7조(교통안전특정해역에서의 항로지정제도) ① 법 제10조 제2항에 따라 교통안전특정해역(법 제10조 제1항에 따른 교통안전특정해역을 말한다. 이하 같다)에서의 항로지정제도는 다음 각 호의 구분에 따라 운영한다.
 1. 교통안전특정해역 지정항로의 범위: 별표 2

2. 교통안전특정해역 지정항로에서의 속력: 별표 3. 다만, 해양사고를 피하거나 인명이나 선박을 구조하기 위하여 부득이한 경우에는 그러하지 아니하다.
3. 교통안전특정해역 지정항로에서의 항법: 별표 4

② 제1항 제1호에도 불구하고 다음 각 호의 어느 하나에 해당하는 경우에는 별표 2에 따른 지정항로를 이용하지 아니하고 교통안전특정해역을 항행할 수 있다. 이 경우 해당 지정항로를 이용하고 있는 다른 선박의 안전한 통항을 방해하여서는 아니 된다.
1. 해양경비·해양오염방제 및 항로표지의 설치 등을 위하여 긴급히 항행할 필요가 있는 경우
2. 해양사고를 피하거나 인명이나 선박을 구조하기 위하여 부득이한 경우
3. 교통안전특정해역과 접속된 항구에 입·출항하지 아니하는 경우

[별표 2]
교통안전특정해역 지정항로의 범위(제7조 제1항 제1호 관련)

항로명	구분	적용수역
인천항출입 항로	입항항로 (제1항로, 동수도 항로)	• 다음 각 호의 기점을 순차적으로 연결한 선 안의 해역 1. 북위 37도20분22초, 동경 126도27분32초 2. 북위 37도16분49초, 동경 126도24분25초 3. 북위 37도13분13초, 동경 126도24분29초 4. 북위 37도10분56초, 동경 126도22분17초 5. 북위 37도09분22초, 동경 126도20분02초 6. 북위 37도07분56초, 동경 126도19분06초 7. 북위 37도07분30초, 동경 126도19분53초 8. 북위 37도09분07초, 동경 126도20분37초 9. 북위 37도10분01초, 동경 126도22분14초 10. 북위 37도13분08초, 동경 126도25분11초 11. 북위 37도15분44초, 동경 126도25분09초 12. 북위 37도18분10초, 동경 126도26분43초 13. 북위 37도19분44초, 동경 126도28분08초
	출항항로(제2항로, 서수도 항로)	• 다음 각 호의 기점을 순차적으로 연결한 선 안의 해역 1. 북위 37도20분56초, 동경 126도27분09초 2. 북위 37도20분22초, 동경 126도27분32초 3. 북위 37도19분53초, 동경 126도28분14초 4. 북위 37도19분25초, 동경 126도27분49초 5. 북위 37도20분14초, 동경 126도26분35초 6. 북위 37도19분22초, 동경 126도20분17초 7. 북위 37도16분38초, 동경 126도15분43초 8. 북위 37도09분28초, 동경 126도10분37초 9. 북위 37도09분49초, 동경 126도09분50초 10. 북위 37도12분28초, 동경 126도11분56초 11. 북위 37도16분31초, 동경 126도14분26초 12. 북위 37도19분52초, 동경 126도20분05초 13. 북위 37도20분40초, 동경 126도23분27초
	신항	• 다음 각 호의 기점을 순차적으로 연결한 선 안의 해역

	출입항로(제3항로, 북장자 서항로)	1. 북위 37도18분10초, 동경 126도26분43초 2. 북위 37도18분45초, 동경 126도27분44초 3. 북위 37도19분42초, 동경 126도28분28초 4. 북위 37도19분53초, 동경 126도28분14초
	주의해역	• 다음 각 호의 기점을 순차적으로 연결한 선 안의 해역 1. 북위 37도20분22초, 동경 126도27분32초 2. 북위 37도19분53초, 동경 126도28분14초 3. 북위 37도19분25초, 동경 126도27분49초 4. 북위 37도19분54초, 동경 126도27분07초 5. 북위 37도20분22초, 동경 126도27분32초
부산항출입 항로	분리대	• 다음 각 호의 기점을 순차적으로 연결한 선 안의 해역 1. 북위 35도04분29초, 동경 129도07분02초(항계선) 2. 북위 35도03분31초, 동경 129도08분13초 3. 북위 35도03분51초, 동경 129도08분29초
	입항항로	• 분리대와 다음 각 호의 기점을 순차적으로 연결한 선 안의 해역 1. 북위 35도04분42초, 동경 129도07분10초(항계선) 2. 북위 35도04분25초, 동경 129도09분03초
	출항항로	• 분리대와 다음 각 호의 기점을 순차적으로 연결한 선 안의 해역 1. 북위 35도04분12초, 동경 129도06분51초(항계선) 2. 북위 35도02분53초, 동경 129도07분37초
광양만출입 항로	분리대	• 다음 각 호의 기점을 순차적으로 연결한 선 안의 해역 1. 북위 34도35분41초, 동경 127도56분37초 2. 북위 34도35분41초, 동경 127도56분48초 3. 북위 34도39분32초, 동경 127도56분05초 4. 북위 34도39분32초, 동경 127도55분48초
	입항항로제1구간	• 분리대와 다음 각 호의 기점을 순차적으로 연결한 선 안의 해역 1. 북위 34도35분41초, 동경 127도58분02초 2. 북위 34도39분32초, 동경 127도57분05초
	출항항로제1구간	• 분리대와 다음 각 호의 기점을 순차적으로 연결한 선 안의 해역 1. 북위 34도35분41초, 동경 127도55분22초 2. 북위 34도39분32초, 동경 127도54분47초
	제1 주의해역	• 다음 각 호의 기점을 순차적으로 연결한 선 안의 해역 1. 북위 34도39분32초, 동경 127도54분47초 2. 북위 34도39분32초, 동경 127도57분05초 3. 북위 34도40분34초, 동경 127도56분50초 4. 북위 34도40분18초, 동경 127도54분40초

	분리선	• 다음 각 호의 기점을 순차적으로 연결한 선
		  1. 북위 34도40분26초, 동경 127도55분45초
		  2. 북위 34도43분15초, 동경 127도50분12초

	입항항로
	제2구간
		• 분리선과 다음 각 호의 기점을 순차적으로 연결한 선 안의 해역
		  1. 북위 34도40분34초, 동경 127도56분50초
		  2. 북위 34도41분22초, 동경 127도56분38초
		  3. 북위 34도43분05초, 동경 127도53분22초
		  4. 북위 34도43분16초, 동경 127도51분34초
		  5. 북위 34도44분01초, 동경 127도50분34초

	출항항로
	제2구간
		• 분리선과 다음 각 호의 기점을 순차적으로 연결한 선 안의 해역
		  1. 북위 34도40분18초, 동경 127도54분40초
		  2. 북위 34도42분50초, 동경 127도49분59초

	제2
	주의해역
		• 다음 각 호의 기점을 순차적으로 연결한 선 안의 해역
		  1. 북위 34도42분50초, 동경 127도49분59초
		  2. 북위 34도44분01초, 동경 127도50분34초
		  3. 북위 34도44분57초, 동경 127도49분58초
		  4. 북위 34도45분46초, 동경 127도49분56초
		  5. 북위 34도45분32초, 동경 127도48분39초
		  6. 북위 34도43분15초, 동경 127도49분13초

	깊은 수심 항로
	제1구간
		• 다음 각 호의 기점을 순차적으로 연결한 선 안의 해역
		  1. 북위 34도45분37초, 동경 127도49분06초
		  2. 북위 34도45분41초, 동경 127도49분28초
		  3. 북위 34도46분38초, 동경 127도49분13초
		  4. 북위 34도47분44초, 동경 127도48분46초
		  5. 북위 34도47분41초, 동경 127도48분29초

	입항항로
	제3구간
		• 깊은수심항로 제1구간과 다음 각 호의 기점을 순차적으로 연결한 선 안의 해역
		  1. 북위 34도45분46초, 동경 127도49분56초
		  2. 북위 34도46분13초, 동경 127도49분55초
		  3. 북위 34도48분05초, 동경 127도49분18초
		  4. 북위 34도48분02초, 동경 127도49분00초
		  5. 북위 34도47분46초, 동경 127도49분04초

	출항항로
	제3구간
		• 깊은수심항로 제1구간과 다음 각 호의 기점을 순차적으로 연결한 선 안의 해역
		  1. 북위 34도45분32초, 동경 127도48분39초
		  2. 북위 34도47분37초, 동경 127도48분08초

	항행 금지구역	• 다음 각 호의 기점을 순차적으로 연결한 선 안의 해역 1. 북위 34도47분44초, 동경 127도48분46초

		2. 북위 34도47분46초, 동경 127도49분04초 3. 북위 34도48분02초, 동경 127도49분00초 4. 북위 34도48분01초, 동경 127도48분48초
	제3 주의해역	• 다음 각 호의 기점을 순차적으로 연결한 선 안의 해역 1. 북위 34도47분37초, 동경 127도48분08초 2. 북위 34도47분44초, 동경 127도48분46초 3. 북위 34도48분01초, 동경 127도48분48초 4. 북위 34도48분02초, 동경 127도49분00초 5. 북위 34도48분05초, 동경 127도49분18초 6. 북위 34도48분38초, 동경 127도49분07초 7. 북위 34도48분28초, 동경 127도47분54초
	깊은수심항로 제2구간	• 다음 각 호의 기점을 순차적으로 연결한 선 안의 해역 1. 북위 34도48분31초, 동경 127도48분18초 2. 북위 34도48분34초, 동경 127도48분41초 3. 북위 34도50분00초, 동경 127도48분16초 4. 북위 34도50분00초, 동경 127도47분53초
	입항항로제4구간	• 깊은수심항로 제2구간과 다음 각 호의 기점을 순차적으로 연결한 선 안의 해역 1. 북위 34도48분38초, 동경 127도49분07초 2. 북위 34도50분00초, 동경 127도48분40초
	출항항로제4구간	• 깊은수심항로 제2구간과 다음 각 호의 기점을 순차적으로 연결한 선 안의 해역 1. 북위 34도48분28초, 동경 127도47분54초 2. 북위 34도50분00초, 동경 127도47분29초
	제4 주의해역	• 다음 각 호의 기점을 순차적으로 연결한 선 안의 해역 1. 북위 34도50분00초, 동경 127도47분29초 2. 북위 34도50분00초, 동경 127도48분40초 3. 북위 34도50분53초, 동경 127도48분22초 4. 북위 34도50분32초, 동경 127도47분20초

[별표 3]

교통안전특정해역 지정항로에서의 속력(제7조 제1항 제2호 본문 관련)

항로명	구간	속력 (대수속력을 말한다)
부산항 출입항로	다음 각 호의 기점을 순차적으로 연결한 선 안의 구간 1. 북위 35도04분42초, 동경 129도07분10초(항계선) 2. 북위 35도04분25초, 동경 129도09분03초 3. 북위 35도02분53초, 동경 129도07분37초 4. 북위 35도04분12초, 동경 129도06분51초(항계선)	10노트
광양항 출입항로	다음 각 호의 기점을 순차적으로 연결한 선 안의 구간 1. 북위 34도45분11초, 동경 127도49분57초	14노트 (위험화물운반선은

	2. 북위 34도45분11초, 동경 127도48분34초 3. 북위 34도50분23초, 동경 127도46분52초 4. 북위 34도50분53초, 동경 127도48분22초 5. 북위 34도46분13초, 동경 127도49분55초	12노트)

[별표 4]

교통안전특정해역 지정항로에서의 항법(제7조 제1항 제3호 관련)

항로명	항법
인천항 출입항로	1. 선박이 인천항에 입항하고자 하는 경우에는 별표 2에 따른 인천항 출입항로의 입항항로(제1항로, 동수도항로)로 항행하여야 하고, 출항하고자 하는 경우에는 출항항로(제2항로, 서수도항로)로 항행하여야 한다. 2. 제1호에도 불구하고 길이 30미터 미만의 선박 또는 범선은 입항항로 및 출항항로의 바깥해역을 이용하여 출항하거나 입항할 수 있으며, 덕적도 서북쪽 해역에서 인천항으로 항행하는 선박은 출항항로의 바깥해역을 안전하게 항행할 수 있는 경우에는 출항항로의 바깥해역을 항행할 수 있으나 입항항로 또는 출항항로를 따라 항행하는 다른 선박의 안전한 통항을 방해하여서는 아니 된다. 3. 제2호에 따라 덕적도 서북쪽 해역에서 인천항으로 항행하고자 하는 선박은 낮에는 제1대표기 밑에 엔(N)기를 게양하여야 하며, 밤에는 음향신호, 발광신호 또는 무선전화 등을 이용하여 항로를 정상적으로 항행하고 있는 다른 선박이 충분히 식별할 수 있도록 적절한 조치를 취하여야 한다.
부산항 출입항로	1. 선박이 부산항에 입항하고자 하는 경우에는 별표 2에 따른 부산항 출입항로의 입항항로로 항행하여야 하고, 출항하고자 하는 경우에는 출항항로로 항행하여야 한다. 2. 제1호에도 불구하고 길이 20미터 미만의 선박 또는 범선은 부산항 출입항로의 바깥해역을 이용하여 입항하거나 출항할 수 있으나, 입항항로 또는 출항항로를 따라 항행하는 다른 선박의 안전한 통항을 방해하여서는 아니 된다.
광양만 출입항로	1. 선박이 별표 2에 따른 광양만 출입항로를 항행하고자 하는 경우에는 입항선박은 입항항로로 항행하여야 하고, 출항선박은 출항항로로 항행하여야 한다. 2. 제1호에도 불구하고 길이 20미터 미만의 선박 또는 범선은 광양만 출입항로의 바깥해역을 이용하여 입항하거나 출항할 수 있으나, 입항항로 또는 출항항로를 따라 항행하는 다른 선박의 안전한 통항을 방해하여서는 아니 된다. 3. 흘수제약선은 깊은수심항로가 설정된 수역에서는 동 항로를 따라 항행하여야 하고 항로 안에서 마주칠 우려가 있는 경우에는 깊은수심항로의 오른편으로 항행하여야 한다. 다만, 흘수제약을 받지 아니하는 선박은 급박한 위험을 피하기 위한 경우를 제외하고는 깊은수심항로를 항행하여서는 아니 된다.
	4. 제1호에 따라 항로지정방식에 따라 항행하는 선박이 서로 충돌의 위험이 있을 경우에는 흘수제약을 받지 아니하는 선박이 흘수제약선의 진로를 피하여야 한다. 5. 주의해역에서 항행하는 모든 선박은 충돌을 회피하기 위한 최상의 조종 준비상태를 유지하여야 하고, 통상적인 통항흐름에 따라 항행하여야 한다.

※ 비고

위 표에서 정한 항법 외의 사항에 대하여는 법 제68조에 따른 통항분리수역에서의 항법에 따른다. 이 경우, 법 제68조 제4항 및 제10항에 따른 선박에는 길이 30미터 미만의 선박을 포함한다.

2. 거대선 등의 항행안전확보 조치

해양경비안전서장은 거대선, 위험화물운반선, 그 밖에 해양수산부령으로 정하는 선박이 교통안전특정해역을 항행하려는 경우 항행안전을 확보하기 위하여 필요하다고 인정하면 선장이나 선박소유자에게 다음 각 호의 사항을 명할 수 있다(법 제11조).

1. 통항시각의 변경
2. 항로의 변경
3. 제한된 시계의 경우 선박의 항행 제한
4. 속력의 제한
5. 안내선의 사용
6. 그 밖에 해양수산부령으로 정하는 사항

「해사안전법 시행규칙」

제8조(항행안전확보조치가 필요한 선박) 법 제11조 각 호 외의 부분에서 "그 밖에 해양수산부령으로 정하는 선박"이란 다음 각 호의 어느 하나에 해당하는 선박을 말한다.
1. 흘수제약선
2. 수면비행선박
3. 선박 또는 물체를 끌거나 미는 선박 중 그 예인선열(曳引船列)의 길이가 200미터 이상인 경우에 해당하는 선박

3. 어업의 제한 등

교통안전특정해역에서 어로 작업에 종사하는 선박은 항로지정제도에 따라 그 교통안전특정해역을 항행하는 다른 선박의 통항에 지장을 주어서는 아니 된다(법 제12조 제1항).11)

---
11) 대법원 2000.11.28. 선고, 2000추43. 판결 : 「해상교통안전법」 제2조 제13호, 제13조, 제45조 및 제47조 제1항, 같은 법 시행령 제4조 [별표 2], 같은 법 시행규칙(1999. 11. 26. 해양수산부령 제149호로 개정되기 전의 것) 제8조 제1항, 제4항과 [별표 3] 및 [별표 5]의 규정에 의하면, 모든 선박은 주위의 상황 및 다른 선박과의 충돌의 위험을 충분히 판단할 수 있도록 시각·청각 및 당시의 상황에 적합한 이용할 수 있는 모든 수단에 의하여 항상 적절한 경계를 하게 되어 있는 한편, 특히 대형 해양사고가 발생할 우려가 있는 해역에 대하여는 선박의 항행 안전을 위하여 그 해역을 '교통안전 특정해역'으로 정하여 선박이 통항하는 항로 등의 사항을 지정하는 항로지정방식과 같은 조치를 취할 수 있고, 여수구역 교통안전 특정해역은 그와 같은 해역의 하나로서 그 해역 내에서는 흘수제약(吃水制約)을 받지 아니하는 선박의 경우 선(線)으로 정하여진 깊은 수심 항로의 오른 편으로 항행하거나 멀리 떨어져 항행하여야 하는 것으로 항로지정방식이 정하여져 있으며, 그 해역 내에서 어로에 종사하는 선박은 그와 같은

교통안전특정해역에서는 어망 또는 그 밖에 선박의 통항에 영향을 주는 어구 등을 설치하거나 양식어업을 하여서는 아니 된다(법 제12조 제2항). 교통안전특정해역으로 정하여지기 전에 그 해역에서 면허를 받은 어업권을 행사하는 경우에는 해당 어업면허의 유효기간이 끝나는 날까지 법 제12조 제2항을 적용하지 아니한다(법 제12조 제3항). 특별자치도지사·시장·군수·구청장(자치구의 구청장을 말한다)이 교통안전특정해역에서 어업면허를 허가(어업면허의 유효기간 연장허가를 포함한다)하려는 경우에는 미리 국민안전처장관과 협의하여야 한다(법 제12조 제4항).

4. 공사 또는 작업

교통안전특정해역에서 해저전선이나 해저파이프라인의 부설, 준설, 측량, 침몰선 인양작업 또는 그 밖에 선박의 항행에 지장을 줄 우려가 있는 공사나 작업을 하려는 자는 국민안전처장관의 허가를 받아야 한다. 다만, 관계 법령에 따라 국가가 시행하는 항로표지 설치, 수로 측량 등 해사안전에 관한 업무의 경우에는 그러하지 아니하다(법 제13조 제1항). 국민안전처장관은 법 제13조 제1항에 따른 허가를 하면 그 사실을 해양수산부장관에게 보고하여야 하며, 해양수산부장관은 이를 고시하여야 한다(법 제13조 제2항).

국민안전처장관은 법 제13조 제1항에 따라 공사 또는 작업의 허가를 받은 자가 다음 각 호의 어느 하나에 해당하면 그 허가를 취소하거나 6개월의 범위에서 공사나 작업의 전부 또는 일부의 정지를 명할 수 있다. 다만, 제1호 또는 제4호에 해당하는 경우에는 그 허가를 취소하여야 한다(법 제13조 제3항).

1. 거짓이나 그 밖의 부정한 방법으로 제1항에 따른 허가를 받은 경우
2. 공사나 작업이 부진하여 이를 계속할 능력이 없다고 인정되는 경우
3. 법 제13조 제1항에 따라 허가를 할 때 붙인 허가조건 또는 허가사항을 위반한 경우
4. 정지명령을 위반하여 정지기간 중에 공사 또는 작업을 계속한 경우

법 제13조 제1항에 따라 허가를 받은 자는 해당 허가기간이 끝나거나 허가가 취소

항로지정방식에 따라 항행하는 다른 선박의 통항에 지장을 주어서는 아니 되는데, 여기서 말하는 항로지정방식에 따른 항행에 해당하기 위하여는 진로가 위와 같은 깊은 수심 항로의 방향과 거의 일치하고 있는 상태라야 하는 것으로 풀이된다.

되었을 때에는 해당 구조물을 제거하고 원래 상태로 복구하여야 한다(법 제13조 제4항). 법 제13조 제1항에 따른 공사나 작업의 허가, 제3항에 따른 행정처분의 세부기준과 절차, 그 밖에 필요한 사항은 총리령으로 정한다(법 제13조 제5항).

제3관 유조선통항금지해역의 설정 및 관리

1. 유조선의 통항 제한

가. 통항 제한

다음 각 호의 어느 하나에 해당하는 석유 또는 유해액체물질을 운송하는 선박(이하 "유조선"이라 한다)의 선장이나 항해당직을 수행하는 항해사는 유조선의 안전운항을 확보하고 해양사고로 인한 해양오염을 방지하기 위하여 유조선의 통항을 금지한 해역(이하 "유조선통항금지해역"이라 한다)에서 항행하여서는 아니 된다(법 제14조 제1항).

1. 원유, 중유, 경유 또는 이에 준하는 「석유 및 석유대체연료 사업법」 제2조 제2호 가목에 따른 탄화수소유, 같은 조 제10호에 따른 가짜석유제품, 같은 조 제11호에 따른 석유대체연료 중 원유·중유·경유에 준하는 것으로 해양수산부령으로 정하는 기름 1천500킬로리터 이상을 화물로 싣고 운반하는 선박

2. 「해양환경관리법」 제2조 제7호에 따른 유해액체물질을 1천500톤 이상 싣고 운반하는 선박

유조선통항금지해역의 범위는 대통령령으로 정한다(법 제14조 제2항).

⚓ 「해사안전법 시행령」

제7조(유조선통항금지해역의 범위) 법 제14조 제2항에 따른 유조선통항금지해역의 범위는 별표 2와 같다.

[별표 2]
유조선통항금지해역의 범위(제7조 관련)

> 다음 각 호의 기점을 순차적으로 연결한 선 안의 해역
>   1. 북위 36도38분58초, 동경 126도17분53초

2. 북위 36도38분58초, 동경 126도00분23초(옹도)
3. 북위 36도13분41초, 동경 125도57분23초(황도)
4. 북위 36도07분29초, 동경 125도57분59초(어청도)
5. 북위 35도39분29초, 동경 126도05분59초(상왕등도)
6. 북위 35도20분11초, 동경 125도59분05초(횡도)
7. 북위 35도12분41초, 동경 125도53분53초(소비치도)
8. 북위 34도47분11초, 동경 125도46분53초(칠발도)
9. 북위 34도37분11초, 동경 125도47분53초(우이도)
10. 북위 34도14분41초, 동경 125도53분53초(서거차도)
11. 북위 34도14분41초, 동경 125도55분41초(동거차도)
12. 북위 34도05분48초, 동경 126도36분11초(자개도)
13. 북위 34도10분12초, 동경 127도21분23초(역만도)
14. 북위 34도14분30초, 동경 127도32분04초(대두역서)
15. 북위 34도24분47초, 동경 127도54분10초(작도)
16. 북위 34도29분47초, 동경 128도04분52초(세존도)
17. 북위 34도29분47초, 동경 128도28분28초(고암)
18. 북위 34도40분11초, 동경 128도46분28초(남여도)
19. 북위 35도00분11초, 동경 129도07분52초
20. 북위 35도23분23초, 동경 129도28분32초
21. 북위 36도00분11초, 동경 129도38분52초
22. 북위 36도07분11초, 동경 129도35분52초
23. 북위 36도11분11초, 동경 129도27분52초
24. 북위 36도30분11초, 동경 129도30분52초
25. 북위 36도46분11초, 동경 129도31분52초
26. 북위 37도03분11초, 동경 129도28분52초
27. 북위 37도14분10초, 동경 129도24분52초
28. 북위 37도41분10초, 동경 129도06분52초
29. 북위 37도41분10초, 동경 129도02분52초

「해사안전법 시행규칙」

제10조(원유 등에 준하는 기름) 법 제14조 제1항 제1호에서 "해양수산부령으로 정하는 기름"이란 「산업표준화법」 제12조에 따른 한국산업표준의 석유제품 증류시험방법에 따라 시험하는 경우에 섭씨 266도 이하에서는 그 부피의 50퍼센트를 초과하는 양이 유출되지 아니하는 탄화수소유, 가짜석유제품 및 석유대체연료를 말한다.

나. 통항의 허용

유조선은 다음 각 호의 어느 하나에 해당하면 법 제14조 제1항에도 불구하고 유조선통항금지해역에서 항행할 수 있다(법 제14조 제3항).

1. 기상상황의 악화로 선박의 안전에 현저한 위험이 발생할 우려가 있는 경우

2. 인명이나 선박을 구조하여야 하는 경우

3. 응급환자가 생긴 경우

4. 항만을 입항·출항하는 경우. 이 경우 유조선은 출입해역의 기상 및 수심, 그 밖의 해상상황 등 항행여건을 충분히 헤아려 유조선통항금지해역의 바깥쪽 해역에서부터 항구까지의 거리가 가장 가까운 항로를 이용하여 입항·출항하여야 한다.

구 「해상교통안전법」은 경유나 중유를 운반하는 선박의 유조선통항금지구역 진입을 금지하고 있으나, 유출사고 시 해양 환경에 많은 피해를 줄 수 있는 원유, 중유, 이에 준하는 탄화수소유를 운반하는 선박은 유조선통항금지구역을 통항할 수 있는 문제점이 있었다. 이 법에서는 경유나 중유 외에 원유나 이에 준하는 탄화수소유를 운반하는 선박도 유조선통항금지구역 진입을 금지함으로써 원유나 탄화수소유 등에 의한 해양오염사고 발생 시 연안에 미치는 피해가 최소화될 수 있도록 통항금지규정을 강화하였다.[12]

제4절 해상교통 안전관리

제1관 해상교통안전진단

1. 해상교통안전진단

해양수산부장관은 안전진단대상사업을 하려는 자(국가기관의 장 또는 지방자치단체의 장인 경우는 제외한다. 이하 "사업자"라 한다)에게 해양수산부령으로 정하는 안전진단기준에 따른 해상교통안전진단을 실시하도록 하여야 한다(법 제15조 제1항). 사업자는 안전진단대상사업에 대하여 「항만법」, 「공유수면 관리 및 매립에 관한 법률」 및 「선박의 입항 및 출항 등에 관한 법률」 등 해양의 이용 또는 보존과 관련된 관계 법령에 따른 허가·인가·승인·신고 등(이하 "허가등"이라 한다)을 받으려는 경우 법 제15조 제

---

[12] 정영석, 「해사법규강의(제6판)」, (텍스트북스, 2016), 434쪽.

1항에 따라 실시한 해상교통안전진단의 결과(이하 "안전진단서"라 한다)를 허가등의 권한을 가진 행정기관(이하 "처분기관"이라 한다)의 장에게 제출하여야 한다(법 제15조제2항). 법 제15조 제1항 및 제2항에 따라 해상교통안전진단을 실시하고 안전진단서를 제출하여야 하는 안전진단대상사업의 범위는 대통령령으로 정한다(법 제15조제3항). 법 제15조 제2항에 따라 안전진단서를 제출받은 처분기관은 허가등을 하기 전에 사업자로부터 이를 제출받은 날부터 10일 이내에 해양수산부장관에게 제출하여야 한다(법 제15조제4항). 해양수산부장관은 처분기관으로부터 안전진단서를 제출받은 날부터 45일 이내에 안전진단서를 검토한 후 해양수산부령으로 정하는 바에 따라 그 의견(이하 "검토의견"이라 한다)을 처분기관에 통보하여야 한다. 이 경우 안전진단서의 서류를 보완하거나 관계 기관과의 협의에 걸리는 기간은 통보기간에 산입하지 아니한다(법 제15조제5항). 처분기관은 해양수산부장관으로부터 검토의견을 통보받은 날부터 10일 이내에 이를 사업자에게 통보하여야 한다(법 제15조제6항). 법 제15조 제1항부터 제5항까지에서 규정한 사항 외에 안전진단서의 작성, 제출시기, 검토, 공개 및 진단기술인력에 대한 교육 등 해상교통안전진단에 필요한 사항은 해양수산부령으로 정한다(법 제15조제7항).

⚓「해사안전법 시행령」

제7조의2(안전진단대상사업의 범위) 법 제15조 제3항에 따른 안전진단대상사업(이하 "안전진단대상사업"이라 한다)의 범위는 별표 2의2와 같다.
[별표 2의2]

안전진단대상사업의 범위(제7조의2 관련)

구분	안전진단대상사업의 범위

1.
항로 또는 정박지의 지정·고시 또는 변경
	가. 길이 100미터 이상의 선박이 통항하는 수역에 다음의 어느 하나에 해당하는 항로를 지정·고시하려는 경우
	  1) 법 제31조 제1항에 따른 항로
	  2) 「선박의 입항 및 출항 등에 관한 법률」 제10조에 따른 항로
	  3) 「항만법」 제2조 제5호가목(1)에 따른 항로
	나. 가목에 따른 항로를 다음의 범위 이상으로 변경하려는 경우
	  1) 거대선이 이용하는 항로: 항로의 길이, 중심선의 교각(交角) 또는 폭을 10퍼센트 이상 변경하려는 경우
	  2) 그 밖의 항로: 항로의 길이, 중심선의 교각 또는 폭을 20퍼센트 이상 변경하려는 경우
	다. 길이 100미터 이상의 선박이 통항하는 수역에 다음의 어느 하나에 해당하는 정박지를 지정·고시하려는 경우

	1) 「선박의 입항 및 출항 등에 관한 법률」 제5조에 따른 정박구역 또는 정박지
	2) 「항만법」 제2조 제5호가목(1)에 따른 정박지
	라. 다목에 따른 정박지(정박구역을 포함한다)를 다음의 범위 이상으로 변경하려는 경우
	  1) 거대선이 이용하는 정박지: 정박지의 면적을 10퍼센트 이상 변경하려는 경우
	  2) 그 밖의 정박지: 정박지의 면적을 20퍼센트 이상 변경하려는 경우

2.
선박의 통항을 금지하거나 제한하는 수역의 설정 또는 변경
	가. 길이 100미터 이상의 선박이 통항하는 수역에 다음의 어느 하나에 해당하는 구역 등을 설정·지정하는 사업을 실시하려는 경우. 다만, 해당 수역의 해도에 표시된 수심이 4미터 미만인 경우는 제외한다.
	  1) 「광업법」 제3조 제3호의3에 따른 채굴권을 설정하여 광물을 채취하려는 경우
	  2) 「골재채취법」 제21조의2 또는 같은 법 제34조에 따라 골재채취 예정지 또는 골재채취단지를 지정하거나 같은 법 제22조에 따른 골재채취 허가를 받아 골재를 채취하려는 경우
	나. 가목에 해당하는 구역 등의 면적을 10퍼센트 이상 확장하려는 경우

3.
수역에 설치되는 교량·터널·케이블 등 시설물의 건설·부설 또는 보수
	가. 길이 100미터 이상의 선박이 통항하는 수역에 「도로법」 등에 따른 교량을 건설하거나 터널(수심이 변경되거나 해상공사가 이루어지는 경우에 한정한다)을 부설하려는 경우. 다만, 해당 수역의 수심이 4미터 미만인 경우는 제외한다.
	나. 가목에 해당하는 교량(교각을 포함한다)이나 터널의 위치, 교량의 수면상 높이 또는 터널의 수면하 깊이를 변경하려는 보수
	다. 이 법, 「선박의 입항 및 출항 등에 관한 법률」 또는 「항만법」에 따라 지정·고시된 항로 또는 정박지(정박구역을 포함한다)를 횡단하는 해월(海越)케이블을 설치하려는 경우. 다만, 해당 수역의 수심이 4미터 미만인 경우는 제외한다.
	라. 다목에 해당하는 해월케이블의 위치 또는 수면상 높이 또는 터널의 수면하 깊이를 변경하려는 보수
	마. 다음의 어느 하나에 해당하는 시설물(선박 계류시설은 제외한다)을 설치하는 사업으로서 공유수면의 점용·사용 또는 공유수면 매립 수역의 길이가 200미터 이상이거나 면적이 2만 제곱미터 이상인 경우. 다만, 해당 수역의 수심이 4미터 미만인 경우는 제외한다.
	  1) 「공유수면 관리 및 매립에 관한 법률」 제8조에 따른 공유수면 점용·사용의 허가를 받아야 하는 시설물을 설치하는 사업
	  2) 「공유수면 관리 및 매립에 관한 법률」 제10조에 따른 공유수면의 점용·사용 협의 또는 승인을 받아야 하는 시설물을 설치하는 사업
	  3) 「공유수면 관리 및 매립에 관한 법률」 제28조에 따른 공유수면 매립면허를 받아야 하는 시설물을 설치하는 사업
	  4) 「공유수면 관리 및 매립에 관한 법률」 제35조에 따른 공유수면 매립협의 또는 승인을 받아야 하는 시설물을 설치하는 사업
	바. 마목에 해당하는 시설물의 점용·사용 수역 면적 또는 매립 수역 면적을 10퍼센트 이상 확장하려는 경우

4. 항만 또는 부두의 개발·재개발	가. 「항만법」 제3조 제1항에 따른 무역항 또는 연안항을 새로지정하려는 경우 나. 「항만법」 제3조 제1항 제1호에 따른 무역항의 항만구역 또는 무역항의 항만구역으로부터 10킬로미터 이내의 수역에 다음의 어느 하나에 해당하는 항만

	을 지정하려는 경우
	  1) 「마리나항만의 조성 및 관리 등에 관한 법률」 제2조 제1호에 따른 마리나항만
	  2) 「어촌·어항법」 제2조 제3호가목에 따른 국가어항
	다. 길이 100미터 이상 선박이 이용하는 계류시설의 건설
	라. 다목에 해당하는 계류시설의 변경
	  1) 거대선이 이용하는 계류시설: 해당 계류시설의 길이 또는 접안능력을 10퍼센트 이상 연장하거나 상향하려는 경우
	  2) 그 밖의 계류시설: 해당 계류시설의 길이 또는 접안능력을 20퍼센트 이상 연장하거나 상향하려는 경우
	마. 이 표에 따라 안전진단대상사업의 범위에 포함되는 항로, 정박지, 계류시설로부터 해당 항로, 정박지, 계류시설을 이용하는 최대 선박의 길이의 3배 안의 수역에 방파제·파제제(波除堤)·방조 제를 건설하려는 경우. 다만, 사업을 하려는 수역의 해도에 표시된 수심이 4미터 미만인 경우는 제외한다.
	바. 마목에 해당하는 방파제·파제제·방조 제의 길이 또는 면적을 10퍼센트 이상 확장하려는 경우

5. 그 밖에 해상교통 안전에 영향을 미치는 사업	가. 최고 속력이 60노트 이상인 선박을 투입하여 「해운법」 제2조 제2호에 따른 해상여객운송사업을 하려는 경우 나. 최고 속력이 60노트 이상인 선박을 투입하여 「해운법」 제2조 제3호에 따른 해상화물운송사업을 하려는 경우

비고

1. "길이 100미터 이상의 선박이 통항하는 수역"이란 길이 100미터 이상의 선박이 1일 평균 4회 이상 통항하는 수역을 말한다. 이 경우 선박의 통항량이나 규모를 알 수 없는 경우에는 「기상법 시행령」 제8조 제2항에 따른 폭풍해일주의보·지진해일주의보·태풍주의보·풍랑주의보 또는 폭풍해일경보·지진해일경보·태풍경보·풍랑경보의 기상특보가 발효되지 않은 3일 이상의 기간에 「선박안전법」 제30조에 따른 선박위치발신장치의 위치정보를 사용한 교통조사를 실시하여 길이 100미터 이상의 선박이 1일 평균 4회 이상 통항하는 것으로 확인되면 길이 100미터 이상의 선박이 통항하는 수역으로 본다.
2. 제1호에도 불구하고 위 표 제3호가목 또는 나목에 따라 교량의 건설, 위치 변경 또는 수면상 높이를 변경하려는 경우에 길이 100미터 이상의 선박이 통항하는 수역인지 여부는 「항만법」 제5조에 따른 항만기본계획, 같은 법 제51조에 따른 항만재개발기본계획 또는 「신항만건설 촉진법」 제3조에 따른 신항만건설기본계획에 따라 길이 100미터 이상의 선박이 대상수역을 통항할 가능성을 고려하여 판단한다.
3. 다른 법령에 따라 허가·인가 등을 받은 것으로 의제(擬制)되는 사업이 위 표에 따른 안전진단 대상사업의 범위에 포함되는 경우에는 안전진단대상사업으로 본다.

※ 「해사안전법 시행규칙」

제11조(안전진단서의 작성 및 제출 등) ① 법 제15조 제1항에 따른 해상교통안전진단기준은 별표 5와 같고, 법 제15조 제2항에 따른 해상교통안전진단의 결과(이하 "안전진단서"라 한다)의 작성기준은 별표 6과 같다.

② 법 제15조 제2항에 따라 안전진단대상사업을 하려는 자(국가기관의 장 또는 지방자치단체의 장인 경우를 제외한다. 이하 "사업자"라 한다)가 안전진단대상사업에 대한 허가·인가·승인·신고 등(이하

"허가등"이라 한다)의 권한을 가진 행정기관(이하 "처분기관"이라 한다)에 안전진단서를 제출하여야 하는 시기 및 법 제18조의2 제1항에 따라 국가기관의 장 또는 지방자치단체의 장(이하 "국가기관 등의 장"이라 한다)이 해양수산부장관에게 안전진단서를 제출하고 협의를 요청하여야 하는 시기는 별표 6의2와 같다.

③ 법 제15조 제4항에 따라 안전진단서의 검토를 요청하려는 처분기관이나 법 제18조의2 제1항에 따라 안전진단서를 제출하고 협의를 요청하려는 국가기관 등의 장은 별지 제4호서식의 해상교통안전진단 검토(협의)요청서에 안전진단서 17부를 첨부하여 해양수산부장관에게 제출하여야 한다.

④ 해양수산부장관은 제3항에 따라 안전진단서의 검토 또는 협의를 요청받은 경우에는 별표 5 및 별표 6에 따른 기준에의 적합여부를 심사한 후 이에 대한 검토의견을 처분기관 또는 국가기관 등의 장에게 통보하여야 한다. 이 경우 해양수산부장관은 안전진단서의 세부적 검토를 위하여 관련 분야의 전문가 또는 전문기관의 의견을 들을 수 있다.

⑤ 해양수산부장관은 해사안전의 증진에 필요하다고 인정하는 경우에는 제2항에 따른 안전진단서 및 제4항에 따른 검토의견을 인터넷 홈페이지 또는 그 밖의 다른 정보통신망을 통하여 공개할 수 있다.

⑥ 제1항부터 제5항까지의 규정에 따른 안전진단서의 작성·검토 및 공개 등에 필요한 세부사항은 해양수산부장관이 정하여 고시할 수 있다.

[별표 5]

해상교통안전진단기준(제11조 제1항 관련)

구분	진단기준
1. 공통사항	가. 진단대상사업이 시행되는 수역의 물리적·사회적 특성에 대한 충분한 검토 나. 진단대상사업이 선박통항에 미치는 영향의 최소화 다. 진단대상사업자와 해상이용자의 의견 대립의 최소화 라. 안전여유(Safety Margin)를 고려한 설계 마. 진단대상사업에 따른 잠재적 위험요인의 최소화 바. 충분한 통항안전대책 수립 사. 적정한 항로표지 설치
2. 수역	가. 선박의 조종성능(선회성·정지거리)을 고려한 배치 나. 현재 해상교통 및 항만개발계획 등을 고려한 장래 교통흐름의 추정 다. 인근 항만 출입항 선박의 안전한 통항을 고려한 수역시설 배치
3. 수역 내 시설물	가. 다른 시설과 최대한 이격하여 설치 나. 항로횡단교량은 항로와 수직으로 설치하고, 전후 충분한 직선거리 확보 다. 시설물 건설·부설에 따른 공사단계별 충분한 안전대책 마련
4. 항만 또는 부두	가. 선박의 조종성능(선회성·정지거리)을 고려한 설계 나. 항만의 지형·자연특성을 충분히 고려한 설계 다. 장래 교통량 예측을 통한 계획적인 설계

※ 비고
  위 표에 따른 진단기준의 적용에 필요한 세부기준, 내용 및 방법 등에 관하여 필요한 사항은 해양수산부장관이 정하여 고시한다.

[별표 6]

안전진단서 작성기준(제11조 제1항 관련)

1. 진단항목별 포함내용

항목	포함되어야 하는 내용
해상교통현황조사	가. 사업개요 나. 설계기준 다. 자연환경 라. 항행여건 마. 해상교통 조사 바. 해양사고 발생현황
해상교통현황측정	가. 해상교통특성 나. 해역이용자의 의견 다. 해상교통혼잡도 라. 현행 해상교통류
해상교통시스템 적정성평가	가. 통항안전성(通航安全性) 나. 접이안안전성(接離岸安全性) 다. 계류안전성(繫留安全性) 라. 해상교통류(海上交通流) 마. 종합평가
해상교통안전대책	가. 진단결과에 따른 안전대책 - 공사 중 안전대책 - 완공 후 안전대책 나. 필요한 경우, 안전진단대상사업 시행을 위한 대안 제시

2. 진단항목별 설정기준

가. 통항안전성 및 접이안안전성

항목	설정기준
자연환경	1) 바람 가) 풍속: 해당 항만의 입출항 한계 풍속 또는 14m/s 나) 풍향: 해당 해역의 특성을 고려한 선박 조종에 가장 불리한 방향
	2) 조류: 해당 해역에 작용하는 최강창조류 및 최강낙조류 3) 수심: 현행 해도상의 수심 또는 장래계획상 준설수심 4) 파랑 가) 파고: 해당 해역의 특성을 분성하여 실제 선박의 입출항이 가능한 파고 나) 평균 파향: 해당 해역의 특성을 분석하여 선박 조종에 불리한 파향 5) 안개: 해당 항만의 입출항 제한 최저 시계 또는 별표 10에 따른 해당 선박의 출항통제 적용 시계 중 선박 조정에 불리한 시계
통항환경	1) 통항 형태: 해당 해역에서 선박 양방향 통항(교행)을 기본원칙으로 설정 2) 통항 규제: 해당 해역의 각종 통항 규제 3) 예선 운용: 해당 항만의 예선 운용 세칙 4) 표준 조선법: 현지 교통조사 결과 또는 해상이용자 의견 5) 대상 선박의 조종성능: IMO의 조종성 기준을 최소기준으로 설정

선박운항자	1) 해기면허를 소지한 해기사 2) 도선구 적용구역의 경우 일정 비율 이상 도선사 참여
평가기법	1) 근접도 평가: 통항에 지장을 초래하는 장애물과의 충돌(침범)확률 2) 제어도 평가: 타각과 엔진 등에 대한 사용량 3) 운항자(주관적) 평가: 선박 운항자가 심리적으로 느끼는 부담 또는 위험도에 대한 의견수렴 결과 4) 종합평가: 위의 3가지 평가 방법에 대한 종합 평가

나. 계류안전성 평가

항목	작성기준
자연환경	1) 바람: 순간 최대풍속 및 풍향 2) 조류: 해당 해역에 작용하는 최강창조류 및 최강낙조류 3) 파랑 　가) 파고: 설계파 최대파고 　나) 파향: 선박 계류에 영향을 미치는 주요 방향 　다) 파주기: 설계파 주기 및 관측된 장주기파
선박시스템 동요 해석	1) 선박: 자유도 운동에 대한 시계열 동요 해석 2) 계류삭(繫留索): 선박거동에 따른 계류삭 장력의 시계열 해석 3) 방현재(防舷材): 선박거동에 따른 방현재 반력의 시계열 해석
하역 한계	1) 하역가능한계: 선박동요 요소별 하역한계 2) 항만가동률: 자연환경 분석을 통한 항만가동일수 및 가동률

다. 해상교통혼잡도 평가

항목	작성기준
해상교통량	장래 물동량: 과거 물동량을 바탕으로 장래 물동량 추정
해상교통혼잡도	1) 교통량: 기본교통량, 가능교통량, 실용교통량으로 구분하여 교통량의 혼잡도 모델링 평가 2) 환산교통량: 통항 선박의 제원을 활용한 환산교통량 평가 3) 교통혼잡도 분석: 주요 항로별 항로폭의 혼잡도지수 범위에 따른 교통혼잡도 분석

라. 교통류시뮬레이션 평가

항목	작성기준
종합환경스트레스 또는 위험도	1) 조건설정: 해역별 해상교통 환경조건 설정 및 해상교통 특성 2) 스트레스값: 해상교통환경·조선환경 스트레스값 및 종합환경 스트레스값 산출 또는 이와 유사한 형태의 위험도 산출
해역안전성	1) 안전성평가: 종합환경 스트레스값 분석을 통하여 산출된 대상해역 및 항로의 안전성 2) 위험해역 도출: 종합환경 스트레스값 분석을 통하여 산출된 교통량 밀집 위험해역

※ 비고
위 표에 따른 진단항목 및 그 설정기준의 적용과 관련된 세부기준, 내용 및 방법 등에 관하여 필요한 사항은 해양수산부장관이 정하여 고시한다.

[별표 6의2]
안전진단서의 제출시기(제11조 제2항 관련)

구분	안전진단서 제출시기
가. 항로 또는 정박지의 지정·고시 또는 변경	항로나 정박지의 지정·고시 또는 변경 전
나. 선박의 통항을 금지하거나 제한하는 수역의 설정 또는 변경	1)「광업법」제42조에 따른 채굴계획의 인가 전 - 변경의 경우 채굴계획 변경에 대한 인가 전 2)「골재채취법」제21조의2에 따른 골재채취 예정지의 지정 전, 같은 법 제34조에 따른 골재채취단지의 지정 전 또는 같은 법 제22조에 따른 골재채취 허가 전 - 변경의 경우 변경사항의 지정 전 또는 골재채취 허가의 변경 승인 전
다. 수역에 설치되는 교량·터널·케이블 등 시설물의 건설·부설 또는 보수	1) 교량 또는 터널의 건설·보수의 경우「도로법」제25조 등에 따른 도로구역의 결정 또는 이에 해당하는 처분 전 - 그 밖의 변경 또는 보수의 경우 실시계획의 인가 또는 승인 등에 해당하는 처분이나 결정 전 2) 해월케이블을 설치·부설하거나 변경하려는 경우「전원개발촉진법」제5조에 따른 전원개발사업 실시계획의 승인 등 그 밖의 공사 계획의 인가 전 3) 그 밖에「공유수면 관리 및 매립에 관한 법률」제8조 또는 제28조에 따른 공유수면의 점용·사용 또는 매립의 허가 신청 전, 협의 또는 승인 대상이 되는 시설물을 설치하거나 변경하려는 경우에는 공유수면의 점용·사용 또는 매립의 허가, 협의 또는 승인 전 - 변경의 경우 변경허가의 신청 또는 변경사항의 협의·승인 전
라. 항만 또는 부두의 개발·재개발	1) 무역항 또는 연안항을 신규 지정하려는 경우「항만법」제8조에 따른 항만기본계획의 고시 전 2)「마리나항만의 조성 및 관리 등에 관한 법률」제10조에 따른 마리나항만의 지정·고시 전 3)「어촌·어항법」제17조에 따른 국가어항의 지정·고시 전 4) 길이 100미터 이상의 선박이 이용하는 계류시설의 건설 또는 변경 -「항만법」제10조에 따른 항만공사실시계획의 수립·공고 전(관리청이 아닌 자가 항만공사를 실시하는 경우에는 항만공사실시계획 승인 전) - 항만공사실시계획의 수립·공고 또는 승인을 받지 아니하고「공유수면 관리 및 매립에 관한 법률」제8조 또는 제28조 등에 따른 공유수면의 점용·사용 또는 매립의 허가신청, 협의 또는 승인 대상이 되는 경우에는 허가, 협의 또는 승인 전 - 계류시설에 대한 증축·개축 없이 접안능력을 상향하려는 경우 시설능력의 변경 지정 전 5) 방파제·파제제 및 방조제의 건설 또는 변경

		- 「항만법」 제10조에 따른 항만공사실시계획의 수립·공고 전(관리청이 아닌 자가 항만공사를 하는 경우에는 항만공사실시계획 승인 전) - 항만공사실시계획의 수립·공고 또는 승인을 받지 아니하고 「공유수면 관리 및 매립에 관한 법률」 제8조 또는 제28조 등에 따른 공유수면의 점용·사용 또는 매립의 허가신청, 협의 또는 승인 대상이 되는 경우에는 허가, 협의 또는 승인 전
마. 그 밖의 사업		최고 속력이 시속 60노트 이상인 선박을 투입하여 해상운송사업을 하려는 경우 「해운법」 제4조에 따른 해상여객운송사업 면허 전 또는 같은 법 제24조에 따른 해상화물운송사업 등록 전

비고
1. 하나의 사업이 둘 이상의 대상사업의 범위에 해당되는 경우 안전진단서의 제출시기는 가장 먼저 도래하는 시기로 한다.
2. 다른 법령에 따라 허가·협의·승인 등이 의제(擬制)되는 사업의 경우에는 의제처리되기 전까지 안전진단서를 제출하여야 한다.

제12조(해상교통안전진단사업의 지원 등) ① 해양수산부장관은 해상교통안전진단업무의 효율적 수행을 위하여 필요하다고 인정하는 경우에는 관계 전문인력의 지도 및 교육 등에 관한 시책을 수립·추진할 수 있다.
② 해양수산부장관은 해상교통안전진단업무와 관련된 정보를 종합적·체계적으로 유지·관리하기 위하여 해상교통안전정보관리체계를 구축·운영할 수 있다.

2. 안전진단서 제출이 면제되는 사업 등

사업자는 법 제15조 제2항에도 불구하고 안전진단대상사업이 다음 각 호의 어느 하나에 해당하여 안전진단서 제출이 필요하지 아니하다고 판단하는 경우 해양수산부령으로 정하는 바에 따라 해당 사업의 목적, 내용, 안전진단서 제출이 필요하지 아니한 사유 등이 포함된 의견서를 해양수산부장관에게 제출하여야 한다(법 제16조 제1항).
1. 선박통항안전, 재난대비 또는 복구를 위하여 긴급히 시행하여야 하는 사업
2. 그 밖에 선박의 통항에 미치는 영향이 적은 사업으로 해양수산부장관이 정하여 고시하는 사업

법 제16조 제1항에 따라 의견서를 제출받은 해양수산부장관은 해양수산부령으로 정하는 바에 따라 의견서를 검토한 후 의견서를 제출받은 날부터 30일 이내에 안전진단서 제출 필요성 여부를 결정하여 그 결과를 통보하여야 한다. 이 경우 의견서의 서류를 보완하는 데 걸리는 기간은 통보기간에 산입하지 아니한다(법 제16조 제2항). 해양수산부장

관이 법 제16조 제2항에 따라 사업자에게 안전진단서를 제출하라고 통보한 경우 사업자는 해양수산부장관에게 안전진단서를 제출하여야 한다(법 제16조 제3항). 해양수산부장관은 사업자로부터 안전진단서를 제출받은 날부터 45일 이내에 안전진단서를 검토한 후 검토의견을 사업자에게 통보하여야 한다. 이 경우 안전진단서의 서류를 보완하거나 관계기관과의 협의에 걸리는 기간은 통보기간에 산입하지 아니한다(법 제16조 제4항).

> ※ 「해사안전법 시행규칙」
>
> 제13조(안전진단서의 제출 면제) ① 법 제16조 제1항 또는 법 제18조의2 제8항에 따라 안전진단서의 제출을 면제받으려는 사업자 또는 국가기관 등의 장은 다음 각 호의 사항이 포함된 의견서를 관할 지방해양수산청장에게 제출하여야 한다.
> 1. 사업의 목적
> 2. 사업의 내용
> 3. 안전진단서 제출이 필요하지 아니한 사유
> 4. 사업이 해상교통에 미치는 영향 및 안전대책
> 5. 그 밖에 해상안전 및 선박항행의 안전을 위하여 해양수산부장관이 정하여 고시하는 사항
> ② 지방해양수산청장은 제1항에 따라 의견서를 제출받은 경우에는 해당 사업이 법 제16조 제1항 각 호의 어느 하나에 해당하는지 여부를 검토한 후 그 결과를 사업자 또는 국가기관 등의 장에게 통보하여야 한다.

3. 검토의견에 대한 이의신청

검토의견에 이의가 있는 사업자는 처분기관을 경유하여 해양수산부장관에게 이의신청을 할 수 있다. 이 경우 사업자는 검토의견을 통보받은 날부터 30일 이내에 처분기관에 이의신청서를 제출하여야 한다. 다만, 천재지변 등 부득이한 사정이 있을 때에는 그 기간을 제출기간에 산입하지 아니한다(법 제17조 제1항). 해양수산부장관은 법 제17조 제1항에 따른 이의신청 내용의 타당성을 검토하여 그 결과(이하 "검토결과"라 한다)를 해양수산부령으로 정하는 바에 따라 20일 이내에 처분기관을 거쳐 이의신청을 한 자에게 통보하여야 한다. 다만, 천재지변 등 부득이한 사정이 있을 때에는 10일의 범위에서 통보기간을 연장할 수 있다(법 제17조 제2항). 법 제17조 제1항에 따른 이의신청의 방법, 절차 등에 필요한 사항은 해양수산부령으로 정한다(법 제17조 제3항).

> **「해사안전법 시행규칙」**
>
> **제14조(이의신청)** ① 법 제17조 제1항 본문에 따라 이의신청을 하려는 사업자는 다음 각 호의 사항이 포함된 이의신청서를 처분기관에 제출하여야 한다.
>   1. 이의신청의 내용 및 사유
>   2. 제11조 제4항에 따른 검토의견에 대한 수정의견
>   3. 제2호에 따른 수정의견에 대한 타당성 분석 자료
> ② 처분기관은 제1항에 따른 이의신청서를 제출받은 경우에는 그 제출받은 날부터 10일 이내에 해양수산부장관에게 해당 서류를 송부하여야 한다.
> ③ 해양수산부장관은 제2항에 따라 송부받은 경우에는 다음 각 호의 사항이 포함된 이의신청 검토결과를 처분기관을 경유하여 이의신청을 한 자에게 통보하여야 한다.
>   1. 이의신청에 대한 수용 여부
>   2. 이의신청의 내용 및 사유에 대한 타당성 분석결과
>   3. 추가적인 해양안전의 확보방안(필요한 경우만 해당한다)

4. 처분기관의 허가등

처분기관은 이의신청이 없는 검토의견 또는 검토결과를 반영하여 허가등을 하여야 하며, 허가등을 하였을 때에는 해양수산부장관에게 통보하여야 한다(법 제18조 제1항). 처분기관은 이의신청이 없는 검토의견 또는 검토결과대로 사업자가 사업을 시행하는지를 확인하여야 하며, 이를 위하여 사업자에게 이행에 관련된 자료의 제출을 요구하거나 현장조사를 실시할 수 있다(법 제18조 제2항). 처분기관은 사업자가 이의신청이 없는 검토의견 또는 검토결과대로 이행하지 아니한 사실이 확인된 경우에는 서면으로 이행 시한을 명시하여 이행할 것을 명하여야 한다(법 제18조 제3항). 처분기관은 사업자가 법 제18조 제3항에 따른 명령을 이행하지 아니하여 해상교통안전에 중대한 영향을 미칠 것으로 판단될 경우에는 그 사업의 전부 또는 일부에 대하여 사업중지명령을 하여야 한다(법 제18조 제4항). 해양수산부장관은 처분기관이 법 제15조 제2항부터 제5항까지의 규정에 따른 절차를 거치지 아니하고 허가등을 하였을 때에는 그 허가등의 취소, 사업의 중지, 인공구조물의 철거, 운영정지 및 원상회복 등 필요한 조치를 취할 것을 그 처분기관에 요청할 수 있다. 이 경우 그 처분기관은 특별한 사유가 없으면 그 요청에 따라야 한다(법 제18조 제5항).

> ⚓ 「해사안전법 시행령」
>
> **제8조(처분기관의 조치 등)** 법 제15조 제2항에 따른 처분기관이 법 제18조 제4항에 따른 사업중지명령을 한 경우에는 지체 없이 그 내용을 해양수산부장관에게 통보하여야 한다.

5. 국가기관 또는 지방자치단체의 해상교통안전진단 등

법 제15조에도 불구하고 국가기관의 장 또는 지방자치단체의 장은 안전진단대상사업을 시행하려는 경우에는 해양수산부장관에게 안전진단서를 제출하고 협의를 요청하여야 한다(법 제18조의2 제1항). 법 제18조의2 제1항에 따라 협의를 요청받은 해양수산부장관은 협의를 요청받은 날부터 45일 이내에 안전진단서를 검토한 후 그 검토의견을 협의를 요청한 국가기관의 장 또는 지방자치단체의 장에게 통보하여야 한다(법 제18조의2 제2항). 법 제18조의2 제2항에 따른 검토의견에 이의가 있는 국가기관의 장 또는 지방자치단체의 장은 검토의견을 통보받은 날부터 30일 이내에 이의의 내용·사유 등을 적어 해양수산부장관에게 재협의를 요청할 수 있다. 다만, 천재지변 등 부득이한 사정이 있을 때에는 그 기간을 재협의 요청기간에 산입하지 아니한다(법 제18조의2 제3항). 해양수산부장관은 법 제18조의2 제3항에 따른 재협의 요청을 받은 경우 그 타당성을 검토한 후 그 검토결과를 재협의를 요청받은 날부터 20일 이내에 재협의를 요청한 국가기관의 장 또는 지방자치단체의 장에게 통보하여야 한다. 다만, 천재지변 등 부득이한 사정이 있을 때에는 10일 이내의 범위에서 통보기간을 연장할 수 있다(법 제18조의2 제4항). 국가기관의 장 또는 지방자치단체의 장은 해양수산부장관의 검토의견 또는 검토결과에 따라 안전진단대상사업을 시행하여야 한다(법 제18조의2 제5항). 법 제18조의2 제1항부터 제5항까지에서 규정한 사항 외에 국가기관의 장 또는 지방자치단체의 장의 안전진단서 제출, 협의·재협의 요청의 방법, 절차 등에 필요한 사항은 대통령령으로 정한다(법 제18조의2 제6항). 해양수산부장관은 국가기관의 장 또는 지방자치단체의 장이 법 제18조의2 제1항부터 제4항까지의 규정에 따른 절차를 거치지 아니하거나 제5항에 따른 해양수산부장관의 검토의견 또는 검토결과에 따르지 아니하고 안전진단대상사업을 시행하는 경우에는 사업계획의 취소, 사업의 중지, 인공구조물의 철거, 운영정지 및 원상회복 등 필요한 조치를 할 것을 해당 국가기관의 장 또는 지방자치단체의 장에게 요청할 수 있다. 이 경우 국가기관의 장 또는 지방자치단체의 장은 특별한 사유가 없으면 해양수산부장관의 요청에 따라야 한다(법 제18조의2 제7항). 법 제18조의2 제1항에도 불구하고 국가기관의 장 또는 지방자치단체의 장은 시행하려는 안전진단대상사업이 법 제16조 제1항 각 호의 어느 하나에 해당하여 안전진단서 제출이 필요하지 아니하다고 판단하는 경우 해당 사업의 목적, 내용, 안전진단서 제출이 필요하지 아니한 사유 등이 포함된 의견서를 해양수산부장관에게 제출하고 협의하여야 한다(법 제18조의2 제8항). 법 제18조의2 제8항에서 규정한 사항 외에 의견서의 작성, 검토 및 검토결과의 통보 등에 필요한 사항은 대통령령으로 정한다(법 제18조의2 제9항).

> ⚓ 「해사안전법 시행령」
>
> **제8조의2(국가기관 또는 지방자치단체의 해상교통안전진단 등)** ① 법 제18조의2 제1항에 따라 국가기관의 장 또는 지방자치단체의 장(이하 "국가기관 등의 장"이라 한다)이 별표 2의2에 따른 안전진단대상사업을 시행하려는 경우에는 법 제15조 제1항에 따른 안전진단기준에 따라 해상교통안전진단을 실시하고, 해상교통안전진단의 결과(이하 "안전진단서"라 한다)를 해양수산부령으로 정하는 바에 따라 해양수산부장관에게 제출하고 협의를 요청하여야 한다.
> ② 법 제18조의2 제3항 본문에 따라 해양수산부장관에게 재협의를 요청하려는 국가기관 등의 장은 다음 각 호의 사항이 포함된 이의신청서를 해양수산부장관에게 제출하여야 한다.
> 1. 법 제18조의2 제2항에 따른 해양수산부장관의 검토의견에 대한 이의의 내용 및 사유
> 2. 법 제18조의2 제2항에 따른 해양수산부장관의 검토의견에 대한 수정 의견
> 3. 제2호에 따른 수정 의견에 대한 타당성 분석 자료
> ③ 법 제18조의2 제4항 본문에 따른 해양수산부장관의 검토결과에는 다음 각 호의 사항이 포함되어야 한다.
> 1. 법 제18조의2 제3항에 따라 국가기관 등의 장이 제출한 이의의 수용 여부 및 그 타당성 분석 결과
> 2. 안전진단대상사업의 시행과 관련하여 해사안전을 확보하기 위하여 추가적인 조치 등이 필요한 경우에는 그 조치 등의 내용
> ④ 법 제18조의2 제8항에 따른 의견서를 제출받은 해양수산부장관은 의견서를 제출받은 날부터 30일 이내에 안전진단서 제출이 필요한지 여부를 검토하고, 그 결과를 의견서를 제출한 국가기관 등의 장에게 통보하여야 한다. 이 경우 의견서의 서류 보완에 걸리는 기간은 통보기간에 산입하지 아니한다.
> ⑤ 제1항부터 제4항까지에서 규정한 사항 외에 국가기관 등의 장의 안전진단서, 이의신청서, 의견서의 작성 및 제출에 필요한 사항은 해양수산부령으로 정한다.

6. 해상교통안전진단의 대행

법 제15조 제1항에 따른 사업자나 제18조의2 제1항에 따라 해양수산부장관에게 협의를 요청하여야 하는 국가기관의 장 또는 지방자치단체의 장은 법 제19조 제2항에 따라 등록한 안전진단대행업자로 하여금 해상교통안전진단을 대행하게 할 수 있다

(법 제19조 제1항). 해상교통안전진단을 대행하려는 자(이하 "안전진단대행업자"라 한다)는 해양수산부령으로 정하는 기술인력·장비 등 자격을 갖추어 해양수산부장관에게 등록하여야 한다. 등록한 사항 중 해양수산부령으로 정하는 사항을 변경하려는 경우에도 또한 같다(법 제19조 제2항). 법 제19조 제2항에서 규정한 사항 외에 등록절차 및 등록증의 발급 등에 필요한 사항은 해양수산부령으로 정한다(법 제19조 제3항).

☸ 「해사안전법 시행규칙」

제15조(안전진단대행업자의 등록) ① 법 제19조 제2항에 따른 안전진단대행업자(이하 "안전진단대행업자"라 한다)의 등록기준은 별표 7과 같다.
② 법 제19조 제2항 전단에 따라 안전진단대행업자로 등록하려는 자는 별지 제5호서식의 안전진단대행업자 등록(변경등록) 신청서에 별표 7에 따른 등록기준에 적합함을 증명하는 서류를 첨부하여 해양수산부장관에게 제출하여야 한다. 이 경우 해양수산부장관은 「전자정부법」 제36조 제1항에 따라 행정정보의 공동이용을 통하여 법인 등기사항증명서(법인인 경우만 해당한다)를 확인하여야 한다.
③ 해양수산부장관은 제2항 전단에 따른 등록신청이 별표 7의 등록기준에 적합하다고 인정하는 경우에는 별지 제6호서식의 안전진단대행업자 등록증을 발급하여야 한다.
④ 해양수산부장관은 제3항에 따라 안전진단대행업자 등록증을 발급한 경우에는 별지 제7호서식의 안전진단대행업자 등록대장에 그 내용을 기록하고 관리하여야 한다.
제16조(등록사항의 변경) ① 법 제19조 제2항 후단에서 "해양수산부령으로 정하는 사항"이란 기술인력 또는 장비의 보유현황에 관한 사항을 말한다.
② 안전진단대행업자는 법 제19조 제2항 후단에 따라 변경등록을 하려는 경우에는 그 변경이 있는 날부터 30일 이내에 별지 제5호서식의 안전진단대행업자 등록(변경등록) 신청서에 안전진단대행업자 등록증 사본 및 그 변경내용을 증명하는 서류를 첨부하여 해양수산부장관에게 제출하여야 한다.
③ 안전진단대행업자는 다음 각 호의 어느 하나에 해당하는 변경이 있는 경우에는 그 변경이 있는 날부터 10일 이내에 해양수산부장관에게 그 변경사실을 알려야 한다.
 1. 업체의 명칭 또는 대표자 성명의 변경
 2. 사업자 등록번호의 변경
 3. 주사무소 또는 분사무소의 주소 변경
④ 제2항에 따른 변경등록신청, 변경등록증의 발급 및 변경등록의 기록·관리에 관하여는 제15조 제3항 및 제4항을 준용한다.

7. 안전진단대행업자의 결격사유

다음 각 호의 자는 안전진단대행업자로 등록할 수 없다(법 제20조).

1. 피성년후견인·피한정후견인 또는 미성년자
2. 이 법을 위반하거나 「형법」 제186조에 따른 등대·표지 손괴 또는 선박의 교통을 방해함으로써 금고 이상의 실형을 선고받고 그 집행이 끝나거나(집행이 끝난 것

으로 보는 경우를 포함한다) 집행이 면제된 날부터 2년이 지나지 아니한 자

3. 이 법을 위반하거나 「형법」 제186조에 따른 등대·표지 손괴 또는 선박의 교통을 방해함으로써 금고 이상의 형의 집행유예를 선고받고 그 유예기간 중에 있는 자

4. 법 제23조에 따라 등록이 취소된 날부터 2년이 지나지 아니한 자

8. 권리와 의무의 승계

법 제19조에 따른 안전진단대행업자로 등록한 자가 그 영업을 양도하거나 법인이 합병한 경우에는 그 양수인 또는 합병 후에 존속하는 법인이나 합병으로 설립되는 법인은 그 등록에 따른 권리와 의무를 승계한다(법 제21조 제1항). 법 제21조 제1항에 따라 권리와 의무를 승계한 자는 승계한 날부터 30일 이내에 해양수산부령으로 정하는 바에 따라 해양수산부장관에게 신고하여야 한다(법 제21조 제2항). 법 제21조 제1항에 따라 안전진단대행업을 승계한 자에 관하여는 법 제20조를 준용한다(법 제21조 제3항).

※ 「해사안전법 시행규칙」

제17조(권리·의무의 승계신고) ① 법 제21조 제2항(법 제53조 제1항에서 준용하는 경우를 포함한다)에 따라 권리·의무의 승계 신고를 하려는 자는 그 사유가 발생한 날부터 1개월 이내에 다음 각 호의 구분에 따라 해양수산부장관(안전관리대행업의 경우에는 지방해양수산청장을 말한다. 이하 이 조에서 같다)에게 신고하여야 한다.
1. 양수의 경우: 다음 각 목의 서류를 제출할 것
   가. 별지 제8호서식의 안전진단대행업·안전관리대행업 양도·양수 신고서(전자문서로 된 신고서를 포함한다)
   나. 양도·양수계약서 사본 등 권리·의무의 승계를 증명하는 서류
2. 합병의 경우: 다음 각 목의 서류를 제출할 것
   가. 별지 제9호서식의 안전진단대행업·안전관리대행업 합병 신고서(전자문서로 된 신고서를 포함한다)
   나. 합병계약서 사본 등 권리·의무의 승계를 증명하는 서류

② 제1항에 따른 신고를 받은 해양수산부장관은 「전자정부법」 제36조 제1항에 따라 행정정보의 공동이용을 통하여 사업자등록증 또는 법인 등기사항증명서(법인인 경우만 해당한다)를 확인하여야 한다.

---

9. 사업의 휴업 또는 폐업의 신고

안전진단대행업자로 등록한 자는 그 사업을 휴업하거나 폐업하려면 해양수산부령으로 정하는 바에 따라 해양수산부장관에게 신고하여야 한다(법 제22조).

☸ 「해사안전법 시행규칙」

제18조(휴업·폐업의 신고) 법 제22조(법 제53조 제2항에 따라 준용하는 경우를 포함한다)에 따라 휴업 또는 폐업 신고를 하려는 자는 별지 제10호서식의 안전진단대행업·안전관리대행업 휴업(폐업)신고서를 해양수산부장관(안전관리대행업의 경우에는 지방해양수산청장을 말한다)에게 제출하여야 한다. 이 경우 사업자등록증 등의 확인에 관하여는 제17조 제2항을 준용한다.

10. 안전진단대행업자의 등록 취소 등

해양수산부장관은 안전진단대행업자가 다음 각 호의 어느 하나에 해당하면 그 등록을 취소하거나 6개월 이내의 기간을 정하여 영업의 정지를 명할 수 있다. 다만, 제1호부터 제3호까지, 제11호 또는 제12호에 해당하면 그 등록을 취소하여야 한다(법 제23조 제1항).

1. 법 제15조 제1항에 따른 안전진단기준을 따르지 아니하거나, 해상교통안전진단 업무를 수행하지 아니하고 거짓으로 안전진단서를 작성한 경우
2. 거짓이나 그 밖의 부정한 방법으로 등록하거나 변경등록을 한 경우
3. 법 제19조 제2항 전단에 따른 해양수산부령으로 정한 자격을 갖추지 못하게 된 경우
4. 법 제19조 제2항 후단에 따른 변경등록을 하지 아니한 경우
5. 법인의 대표자가 법 제20조 각 호의 어느 하나에 해당하게 된 경우. 다만, 법인의 대표자가 법 제20조 각 호의 어느 하나에 해당하게 된 날부터 6개월이 되는 날까지 시정한 경우에는 그 등록을 취소하지 아니한다.
6. 법 제21조 제2항을 위반하여 권리·의무에 대한 승계신고를 하지 아니한 경우
7. 법 제22조를 위반하여 사업의 휴업 또는 폐업 신고를 하지 아니한 경우
8. 법 제58조 제1항 제1호에 따른 출석 또는 진술을 거부·방해하거나 기피한 경우
9. 법 제58조 제1항 제2호에 따른 출입·검사·확인·조사 또는 점검을 거부·방해하거나 기피한 경우
10. 법 제58조 제1항 제3호에 따른 서류제출 또는 보고를 하지 아니하거나 거짓으로 서류제출 또는 보고를 한 경우
11. 영업정지 명령을 위반하여 정지기간 중에 해상교통안전진단 대행 업무를 계속한 경우
12. 다른 안전진단대행업자로 하여금 해상교통안전진단을 하게 한 경우

법 제23조 제1항에 따른 처분의 세부기준과 절차, 그 밖에 필요한 사항은 해양수산부령으로 정한다(법 제23조 제2항).

☸ 「해사안전법 시행규칙」

제19조(안전진단대행업자에 대한 행정처분의 기준) 법 제23조 제2항에 따른 안전진단대행업자에 대한 행정처분의 기준은 별표 8과 같다.

[별표 8]

행정처분의 기준(제19조, 제42조 및 제48조 관련)

1. 일반기준

  가. 각각의 처분기준이 다른 둘 이상의 위반행위가 있는 경우에는 그 중 무거운 처분기준에 따른다. 다만, 둘 이상의 처분기준이 모두 업무정지인 경우에는 각 처분기준을 합산한 기간을 넘지 아니하는 범위에서 무거운 처분기준의 2분의 1 범위에서 가중할 수 있다.
  나. 위반행위의 횟수에 따른 처분의 기준은 최근 1년간 같은 위반행위로 처분을 받은 경우에 적용한다. 이 경우 처분 기준의 적용은 같은 위반행위에 대하여 최초로 처분을 한 날을 기준으로 한다.
  다. 처분권자는 위반행위의 동기·내용·회수 및 위반의 정도 등 다음 각 목에 해당하는 사유를 고려하여 그 처분을 감경할 수 있다. 이 경우 그 처분이 업무정지인 경우에는 그 처분기준의 2분의 1 범위에서 감경할 수 있고, 등록취소인 경우에는 30일 이상의 업무정지 처분으로 감경(법 제23조 제1항 제1호·제2호·제3호·제4호·제11호·제12호, 제48조 제5항 제1호·제6호 또는 제54조 제1항 제1호·제4호·제12호에 해당하는 경우는 제외한다)할 수 있다.
   1) 위반행위가 고의나 중대한 과실이 아닌 사소한 부주의나 오류로 인한 것으로 인정되는 경우
   2) 위반의 내용·정도가 경미하여 안전진단대상사업자 또는 선박소유자 등에게 미치는 피해가 적다고 인정되는 경우
   3) 위반 행위자가 처음으로 해당 위반행위를 한 경우로서, 3년 이상 사업을 모범적으로 해 온 사실이 인정된 경우

2. 위반행위별 행정처분기준

  가. 안전진단대행업자에 대한 행정처분기준

위반사항	근거법령	행정처분기준			
		1차위반	2차위반	3차위반	4차위반
1) 법 제15조 제1항에 따른 안전진단기준을 따르지 아니하거나, 해상교통안전진단업무를 수행하지 아니하고 거짓으로 안전진단서를 작성한 경우	법 제23조 제1항 제1호	등록취소			
2) 거짓, 그 밖의 부정한 방법으로 법 제19조 제2항에 따른 등록 또는 변경등록을 한 경우	법 제23조 제1항 제2호	등록취소			
3) 법 제19조 제2항 전단에 따른 자격을 갖추지 못하게 된 경우	법 제23조 제1항 제3호	등록취소			

위반사항	근거법령			
4) 법 제19조 제2항 후단에 따른 변경등록을 하지 않은 경우	법 제23조 제1항 제4호	개선명령	영업정지 1개월	영업정지 3개월	등록취소
5) 법인의 대표자가 법 제20조 각 호의 어느 하나에 해당하게 된 경우	법 제23조 제1항 제5호	경고	등록취소		
6) 법 제21조 제2항을 위반하여 권리·의무에 대한 승계신고를 하지 아니한 경우	법 제23조 제1항 제6호	경고	영업정지 1개월		
7) 법 제22조를 위반하여 휴업신고를 하지 아니한 경우	법 제23조 제1항 제7호	경고	영업정지 1개월	영업정지 3개월	등록취소
8) 법 제22조를 위반하여 폐업신고를 하지 아니한 경우	법 제23조 제1항 제7호	경고	등록취소		
9) 법 제23조 제1항 제12호를 위반하여 다른 안전진단대행업자로 하여금 해상교통안전진단을 하게 한 경우	법 제23조 제1항 제12호	등록취소			
10) 법 제58조 제1항 제1호에 따른 출석 또는 진술을 거부·방해하거나 기피한 경우	법 제23조 제1항 제8호	경고	영업정지 3개월	영업정지 6개월	
11) 법 제58조 제1항 제2호에 따른 출입·검사·확인·조사 또는 점검을 거부·방해하거나 기피한 경우	법 제23조 제1항 제9호	경고	영업정지 3개월	영업정지 6개월	
12) 법 제58조 제1항 제3호에 따른 서류의 제출 또는 보고를 하지 아니하거나 거짓으로 서류제출 또는 보고를 한 경우	법 제23조 제1항 제10호	경고	영업정지 3개월	영업정지 6개월	
13) 영업정지 명령을 위반하여 정지기간 중에 해상교통안전진단 대행 업무를 계속한 경우	법 제23조 제1항 제11호	등록취소			

나. 정부대행기관에 대한 행정처분기준

위반사항		근거법령	행정처분기준			
			1차위반	2차위반	3차위반	4차위반
1) 거짓, 그 밖의 부정한 방법으로 법 제48조 제1항에 따른 지정이 된 경우		법 제48조 제5항 제1호	등록취소			
2) 법 제48조 제2항을 위반하여 지정기준을 못 미치게 된 때	가) 조직·인원 및 사무소 등 지정기준	법 제48조 제5항 제2호	개선명령	영업정지 1개월	영업정지 3개월	등록취소
	나) 심사업무에 종사하는 사람의 자격		개선명령	영업정지 3개월	영업정지 6개월	등록취소

위반사항	근거법령	1차위반	2차위반	3차위반	4차위반
다) 그 밖에 등록기준을 충족하지 못 하게 된 경우		개선명령	영업정지 3개월	영업정지 6개월	등록취소
3) 법 제48조 제4항을 위반하여 해양수산부의 승인 없이 수수료를 정하거나 변경한 경우	법 제48조 제5항 제4호	업무정지 1개월	업무정지 2개월	업무정지 3개월	영업정지 6개월
4) 법 제48조 제5항을 위반하여 대행업무에 관한 보고를 하지 아니한 경우	법 제48조 제5항 제5호	경고	영업정지 1개월	영업정지 3개월	영업정지 6개월
5) 업무정지명령을 위반하여 정지기간 중에 대행업무를 계속한 경우	법 제48조 제5항 제6호	등록취소			

다. 안전관리대행업자에 대한 행정처분기준

위반사항		근거법령	행정처분기준			
			1차위반	2차위반	3차위반	4차위반
1) 거짓, 그 밖의 부정한 방법으로 법 제51조 제1항에 따른 등록 또는 변경등록을 한 경우		법 제54조 제1항 제1호	등록취소			
2) 법 제51조 제1항 후단을 위반하여 변경등록을 하지 아니한 경우		법 제54조 제1항 제2호	개선명령	영업정지 1개월	영업정지 3개월	등록취소
3) 법 제51조 제2항에 따른 사업장 안전관리체제를 갖추지 못하게 된 경우	가) 법 제49조 제1항 또는 제2항에 따른 증서의 효력이 정지된 경우	법 제54조 제1항 제3호	영업정지 1개월	등록취소		
	나) 그 밖의 안전관리체제를 갖추지 못한 경우		개선명령	영업정지 1개월	영업정지 3개월	등록취소
4) 법인의 대표자가 법 제52조 제1항에 따른 결격사유에 해당하게 된 경우		법 제54조 제1항 제4호	등록취소			
5) 안전관리체제의 수립과 시행에 관한 업무를 수행하지 아니하고 거짓으로 서류를 작성한 경우		법 제54조 제1항 제5호	영업정지 1개월	영업정지 3개월	등록취소	
6) 법 제53조 제1항을 위반하여 권리·의무에 대한 승계신고를 하지 아니한 경우		법제54조 제1항 제6호	경고	영업정지 1개월		
7) 법 제53조 제2항을 위반하여 휴업신고를 하지 아니한 경우		법 제54조 제1항 제7호	경고	영업정지 1개월	영업정지 3개월	등록취소
8) 법 제53조 제2항을 위반하여 폐업신고를 하지 아니한 경우		법 제54조 제1항 제7호	경고	등록취소		

9) 법 제58조 제1항 제1호에 따른 출석 또는 진술을 거부·방해하거나 기피한 경우	법 제54조 제1항 제8호	경고	영업정지 3개월	영업정지 6개월	
10) 법 제58조 제1항 제2호에 따른 출입·검사·확인·조사 또는 점검을 거부·방해하거나 기피한 경우	법 제54조 제1항 제9호	경고	영업정지 3개월	영업정지 6개월	
11) 법 제58조 제1항 제3호에 따른 서류의 제출 또는 보고를 하지 아니하거나 거짓으로 서류제출 또는 보고를 한 경우	법 제54조 제1항 제10호	경고	영업정지 3개월	영업정지 6개월	
12) 법 제59조에 따른 개선명령을 이행하지 아니한 경우	법 제54조 제1항 제11호	영업정지 1개월	영업정지 3개월	등록취소	
13) 영업정지 명령을 위반하여 정지기간 중에 안전관리대행업의 영업을 계속한 경우	법 제54조 제1항 제12호	등록취소			

11. 안전진단대행업자의 업무계속

안전진단대행업자는 법 제23조에 따른 등록취소 또는 영업정지 처분에도 불구하고 그 처분 전에 체결한 해상교통안전진단 대행 업무를 계속하여 수행할 수 있다. 다만, 법 제23조 제1항 제1호부터 제3호까지, 제11호 또는 제12호에 따라 등록취소의 처분을 받은 경우에는 그러하지 아니하다(법 제24조 제1항). 법 제24조 제1항에 따라 해상교통안전진단 대행 업무를 계속 수행할 수 있는 자는 그 업무를 끝낼 때까지 이 법에 따른 안전진단대행업자로 본다(법 제24조 제2항). 법 제23조 제1항에 따라 등록취소 또는 영업정지의 처분을 받은 안전진단대행업자는 그 사실을 등록취소 또는 영업정지 처분을 받은 날부터 10일 이내에 해상교통안전진단을 의뢰한 자에게 통지하여야 한다(법 제24조 제3항). 해상교통안전진단을 의뢰한 자는 특별한 사유가 있는 경우를 제외하고는 그 안전진단대행업자로부터 법 제24조 제3항에 따른 통지를 받거나 등록취소 또는 영업정지의 처분이 있었던 사실을 안 날부터 30일 이내에만 그 해상교통안전진단의 대행에 관한 계약을 해지할 수 있다(법 제24조 제4항).

제2관 항행장애물의 처리

1. 항행장애물의 보고 등

다음 각 호의 어느 하나에 해당하는 항행장애물을 발생시킨 선박의 선장, 선박소유자 또는 선박운항자(이하 "항행장애물제거책임자"라 한다)는 해양수산부령으로 정하는 바에 따라 해양수산부장관에게 지체 없이 그 항행장애물의 위치와 법 제27조에 따른 위험성 등을 보고하여야 한다(법 제25조 제1항).

1. 떠다니거나 침몰하여 다른 선박의 안전운항 및 해상교통질서에 지장을 주는 항행장애물
2. 「항만법」 제2조 제1호에 따른 항만의 수역, 「어촌·어항법」 제2조 제3호에 따른 어항의 수역, 「하천법」 제2조 제1호에 따른 하천의 수역(이하 "수역등"이라 한다)에 있는 시설 및 다른 선박 등과 접촉할 위험이 있는 항행장애물

대한민국선박이 외국의 배타적경제수역에서 항행장애물을 발생시켰을 경우 항행장애물제거책임자는 그 해역을 관할하는 외국 정부에 지체 없이 보고하여야 한다(법 제25조 제2항). 법 제25조 제1항의 보고를 받은 해양수산부장관은 항행장애물 주변을 항행하는 선박과 인접 국가의 정부에 항행장애물의 위치와 내용 등을 알려야 한다(법 제25조 제3항).

> ※ 「해사안전법 시행규칙」
>
> **제20조(항행장애물의 보고)** 법 제25조 제1항에 따라 항행장애물을 발생시킨 선박의 선장, 선박소유자 또는 선박운항자(이하 "항행장애물제거책임자"라 한다)가 보고하여야 하는 사항에는 다음 각 호의 사항이 포함되어야 한다.
> 1. 선박의 명세에 관한 사항
> 2. 선박소유자 및 선박운항자의 성명(명칭) 및 주소에 관한 사항
> 3. 항행장애물의 위치에 관한 사항
> 4. 항행장애물의 크기·형태 및 구조에 관한 사항
> 5. 항행장애물의 상태 및 손상의 형태에 관한 사항
> 6. 선박에 선적된 화물의 양과 성질에 관한 사항(항행장애물이 선박인 경우만 해당한다)
> 7. 선박에 선적된 연료유 및 윤활유를 포함한 기름의 종류와 양에 관한 사항(항행장애물이 선박인 경우만 해당한다)

2. 항행장애물의 표시 등

항행장애물제거책임자는 항행장애물이 다른 선박의 항행안전을 저해할 우려가 있는 경우에는 지체 없이 항행장애물에 위험성을 나타내는 표시를 하거나 다른 선박에게 알리기 위한 조치를 하여야 한다. 다만, 항행장애물 중 침몰·좌초된 선박에 대하여는 「항로표지법」 제8조 제1항에 따라 조치하여야 한다(법 제26조 제1항). 해양수산부장관은 항행장애물제거책임자가 법 제26조 제1항에 따른 표시나 조치를 하지 아니하는 경우 항행장애물제거책임자에게 그 표시나 조치를 하도록 명할 수 있다(법 제26조 제2항). 항행장애물제거책임자가 법 제26조 제2항에 따른 명령을 이행하지 아니하거나 시급히 표시하지 아니하면 선박의 항행안전에 위해(危害)를 미칠 우려가 큰 경우 해양수산부장관은 직접 항행장애물에 표시할 수 있다(법 제26조 제3항).

3. 항행장애물의 위험성 결정

해양수산부장관은 항행장애물이 선박의 항행안전이나 해양환경에 중대한 영향을 끼치는지를 고려하여 항행장애물의 위험성을 결정하여야 한다(법 제27조 제1항). 항행장애물의 위험성 결정에 필요한 사항은 해양수산부령으로 정한다(법 제27조 제2항).

※ 「해사안전법 시행규칙」

제21조(항행장애물의 위험성 결정) 법 제27조 제2항에 따른 항행장애물의 위험성 결정에 필요한 사항은 다음 각 호와 같다.
 1. 항행장애물의 크기·형태 및 구조
 2. 항행장애물의 상태 및 손상의 형태
 3. 항행장애물에 선적된 화물의 성질·양과 연료유 및 윤활유를 포함한 기름의 종류·양
 4. 침몰된 항행장애물의 경우에는 그 침몰된 상태(음파 및 자기적 측정 결과 등에 따른 상태를 포함한다)
 5. 해당 수역의 수심 및 해저의 지형
 6. 해당 수역의 조차·조류·해류 및 기상 등 수로조사 결과
 7. 해당 수역의 주변 해양시설과의 근접도
 8. 선박의 국제항해에 이용되는 통항대(通航帶) 또는 설정된 통항로와의 근접도
 9. 선박 통항의 밀도 및 빈도
 10. 선박 통항의 방법
 11. 항만시설의 안전성
 12. 국제해사기구에서 지정한 특별민감해역 또는 「1982년 해양법에 관한 국제연합협약」 제211조 제6항에 따른 특별규제조치가 적용되는 수역

배타적경제수역에서 난파물을 발생시킨 선박에 대하여 난파물 제거명령 또는 처리비용에 대한 재정보증의 요구 등을 위한 법적 근거가 미약한 문제점이 있었다. 선박소유자나 선장 등에게 난파물 발생 시 보고 및 제거 의무를 부여하고, 국비로 직접 제거하여야 하는 경우에 비용징수를 담보하기 위하여 보험증서 등 관련 서류를 제출하도록 하였다. 배타적경제수역에서 발생한 난파물이 신속히 처리됨으로써 선박의 안전한 통항로 확보 및 해양환경 보호에 기여할 것으로 본다.[13]

4. 항행장애물 제거

항행장애물제거책임자는 항행장애물을 제거하여야 한다(법 제28조 제1항). 항행장애물제거책임자가 법 제28조 제1항에 따라 항행장애물을 제거하지 아니하는 때에는 해양수산부장관은 그 항행장애물제거책임자에게 항행장애물을 제거하도록 명할 수 있다(법 제28조 제2항). 항행장애물제거책임자가 법 제28조 제2항에 따른 명령을 이행하지 아니하거나 항행장애물이 법 제27조에 따라 위험성이 있다고 결정된 경우 해양수산부장관이 직접 항행장애물을 제거할 수 있다(법 제28조 제3항). 법 제28조 제1항부터 제3항까지에서 규정한 사항 외에 항행장애물 제거에 필요한 사항은 해양수산부령으로 정한다(법 제28조 제4항).

> **「해사안전법 시행규칙」**
>
> **제22조(항행장애물 제거)** ① 지방해양수산청장 또는 시·도지사는 법 제28조 제2항에 따라 항행장애물제거를 명하는 경우에는 그 제거기한을 정하여야 한다.
> ② 지방해양수산청장 또는 시·도지사는 법 제28조 제3항에 따라 항행장애물을 직접 제거하려는 경우에는 항행장애물제거책임자에게 그 제거계획을 알려야 한다.
> ③ 지방해양수산청장 또는 시·도지사는 법 제28조 제1항부터 제3항까지의 규정에 따라 항행장애물이 제거된 경우에는 주변 수역을 항행하는 선박과 인접한 국가에 대하여 그 제거 내용을 알려야 한다.

해양수산부장관이 장애물의 소유자 등에게 제거를 명할 수 있도록 하고, 이에 따르지 아니할 경우 행정기관이 장애물을 직접 제거할 수 있도록 하였다. 장애물을 신속히 이동시키거나 제거하여 안전한 해상교통로를 확보함으로써 해양사고 예방에 기여할 것을 기대할 수 있다.[14]

---

13) 정영석,「해사법규강의(제6판)」, (텍스트북스, 2016), 454쪽.
14) 정영석,「해사법규강의(제6판)」, (텍스트북스, 2016), 455쪽.

5. 비용징수 등

해양수산부장관은 법 제26조 제3항 및 제28조 제3항에 따른 항행장애물의 표시·제거에 드는 비용의 징수에 대비하여 필요한 경우에는 선박소유자에게 비용 지불을 보증하는 서류의 제출을 요구할 수 있다(법 제29조 제1항). 법 제26조 제3항 및 제28조 제3항에 따른 항행장애물의 표시·제거에 쓰인 비용은 항행장애물제거책임자의 부담으로 하되, 항행장애물제거책임자를 알 수 없는 경우에는 대통령령으로 정하는 바에 따라 그 항행장애물 또는 항행장애물을 발생시킨 선박을 처분하여 비용에 충당할 수 있다(법 제29조 제2항).

⚓ 「해사안전법 시행령」

제9조(비용징수) ① 해양수산부장관은 법 제29조 제2항에 따라 항행장애물 또는 항행장애물을 발생시킨 선박을 처분하는 경우에는 공매(公賣)에 의하여 처분한다. 다만, 항행장애물 또는 항행장애물을 발생시킨 선박의 가액(價額)이 공매비용에 미치지 못할 우려가 있는 경우에는 그러하지 아니하다.
② 해양수산부장관은 제1항 본문에 따라 항행장애물 또는 항행장애물을 발생시킨 선박을 공매하는 경우에는 다음 각 호의 사항을 게시판 또는 인터넷 홈페이지에 7일 동안 공고하여야 한다.
 1. 공매할 물건의 명칭 및 내용
 2. 공매의 장소 및 일시
 3. 입찰보증금을 받는 경우에는 그 금액
③ 해양수산부장관은 제1항에 따른 공매로 취득한 금액 중에서 해당 물건의 표시·제거와 공매 등에 든 비용을 제외하고 남은 금액이 있는 경우에는 「공탁법」에 따라 공탁하여야 한다.

6. 국내항의 입항·출항 등 거부

해양수산부장관은 법 제29조 제1항의 요구에 응하지 아니하는 선박에 대하여는 국내항의 입항·출항을 거부하거나 국내계류시설의 사용을 허가하지 아니할 수 있다(법 제30조).

제3관 항해 안전관리

1. 항로 및 수역의 안전관리

가. 항로의 지정 등

해양수산부장관은 선박이 통항하는 수역의 지형·조류, 그 밖에 자연적 조건 또는 선박 교통량 등으로 해양사고가 일어날 우려가 있다고 인정하면 관계 행정기관의 장의 의견을 들어 그 수역의 범위, 선박의 항로 및 속력 등 선박의 항행안전에 필요한 사항을 해양수산부령으로 정하는 바에 따라 고시할 수 있다(법 제31조 제1항). 해양수산부장관은 태풍 등 악천후를 피하려는 선박이나 해양사고 등으로 자유롭게 조종되지 아니하는 선박을 위한 수역 등을 지정·운영할 수 있다(법 제31조 제2항).

> ☸ 「해사안전법 시행규칙」
>
> **제23조(항로의 고시 등)** ① 지방해양수산청장이 법 제31조 제1항에 따라 선박의 항행안전에 필요한 사항을 고시하는 경우에는 다음 각 호의 사항이 포함되어야 한다.
>   1. 선박의 항로·속력 및 항법
>   2. 선박의 교통량
>   3. 수역의 범위
>   4. 기상여건
>   5. 그 밖에 해상교통 및 선박의 항행안전을 위하여 해양수산부장관이 필요하다고 인정하는 사항
> ② 제1항에 따라 지방해양수산청장이 고시한 수역 안을 통항하는 선박은 해당 고시에 따른 항로·항법 및 속력 등을 따라야 한다.

나. 항로 등의 보전

(1) 금지행위

누구든지 항로에서 다음 각 호의 어느 하나에 해당하는 행위를 하여서는 아니 된다(법 제34조 제1항).
1. 선박의 방치
2. 어망 등 어구의 설치나 투기

해양경비안전서장은 법 제34조 제1항을 위반한 자에게 방치된 선박의 이동·인양 또는 어망 등 어구의 제거를 명할 수 있다(법 제34조 제2항).

(2) 체육시설 등의 허가

누구든지 「항만법」 제2조 제1호에 따른 항만의 수역 또는 「어촌·어항법」 제2조 제3호에 따른 어항의 수역 중 대통령령으로 정하는 수역에서는 해상교통의 안전에 장애가 되는 스킨다이빙, 스쿠버다이빙, 윈드서핑 등 대통령령으로 정하는 행위를 하여서는 아니 된다. 다만, 해상교통안전에 장애가 되지 아니한다고 인정되어 해양경비안전서장의 허가를 받은 경우와 「체육시설의 설치·이용에 관한 법률」 제20조에 따라 신

고한 체육시설업과 관련된 해상에서 행위를 하는 경우에는 그러하지 아니하다(법 제34조 제3항).

⚓ 「해사안전법 시행령」

제10조(해상교통장애행위) ① 법 제34조 제3항 본문에서 "대통령령으로 정하는 수역"이란 해상안전 및 해상교통 여건 등을 고려하여 해양경비안전서장이 정하여 고시하는 수역을 말하고, "대통령령으로 정하는 행위"란 스킨다이빙, 스쿠버다이빙 또는 윈드서핑을 하거나 다음 각 호의 어느 하나에 해당하는 레저기구나 장비를 이용하는 행위를 말한다.
 1. 요트
 2. 수상오토바이
 3. 수상자전거
 4. 스쿠터
 5. 수상스키
 6. 패러세일링 보트
 7. 고무보트
 8. 모터보트
 9. 조정
 10. 잠수장비
 11. 카약
 12. 카누
 13. 호버크래프트
 14. 워터슬레드
 15. 노보트
 16. 서프보드
 ② 해양경비안전서장은 제1항에 따른 수역을 정하여 고시하는 경우에는 해당 수역을 이용하는 사람이 보기 쉬운 장소에 그 사실을 게시하여야 한다.

⚓ 「해사안전법 시행규칙」

제27조(해양레저활동의 허가신청) ① 법 제34조 제3항 단서 및 영 제11조 제1항에 따라 해양레저활동의 허가를 받으려는 자는 별지 제11호서식의 해양레저활동 허가 신청서(전자문서로 된 신청서를 포함한다)를 관할 해양경비안전서장에게 제출하여야 한다.
 ② 해양경비안전서장은 제1항에 따른 허가 신청이 적합하다고 인정하는 경우에는 신청인에게 별지 제12호서식의 해양레저활동 허가서를 발급하여야 한다.

(3) 체육시설 등의 허가의 취소 등

해양경비안전서장은 법 제34조 제3항에 따라 허가를 받은 사람이 다음 각 호의 어느 하나에 해당하면 그 허가를 취소하거나 해상교통안전에 장애가 되지 아니하도록 시정할 것을 명할 수 있다. 다만, 제3호에 해당하는 경우에는 그 허가를 취소하여야 한다(법 제34조 제4항).

1. 항로나 정박지 등 해상교통 여건이 달라진 경우
2. 허가 조건을 위반한 경우
3. 거짓이나 그 밖의 부정한 방법으로 허가를 받은 경우

법 제34조 제3항에 따른 허가에 필요한 사항은 대통령령으로 정한다(법 제34조 제5항).

⚓ 「해사안전법 시행령」

제11조(해양레저활동의 허가) ① 법 제34조 제3항 단서에 따른 허가를 받으려는 사람은 구명설비 등 안전에 필요한 장비를 갖추고 해양수산부령으로 정하는 바에 따라 관할 해양경비안전서장에게 허가신청서(전자문서로 된 신청서를 포함한다)를 제출하여야 한다.
② 해양경비안전서장은 제1항에 따른 허가신청을 받은 경우에는 해상교통안전에의 장애 여부 및 해상교통 여건을 종합적으로 고려하여 허가 여부를 결정하여야 한다.
③ 해양경비안전서장은 제2항에 따라 허가를 하는 경우에는 해양수산부령으로 정하는 허가서를 발급하여야 한다.
④ 제3항에 따라 허가를 받은 사람은 제10조 제1항에 따른 행위를 하려면 그 허가서를 지녀야 하며, 국민안전처 소속 공무원의 제시 요구가 있으면 이에 따라야 한다.
⑤ 제4항에 따라 허가서 제시를 요구하는 공무원은 그 권한을 표시하는 증표를 관계인에게 내보여야 한다.

다. 수역등 및 항로의 안전 확보

누구든지 수역등 또는 수역등의 밖으로부터 10킬로미터 이내의 수역에서 선박 등을 이용하여 수역등이나 항로를 점거하거나 차단하는 행위를 함으로써 선박 통항을 방해하여서는 아니 된다(법 제35조 제1항). 해양경비안전서장은 법 제35조 제1항을 위반하여 선박 통항을 방해한 자 또는 방해할 우려가 있는 자에게 일정한 시간 내에 스스로 해산할 것을 요청하고, 이에 따르지 아니하면 해산을 명할 수 있다(법 제35조 제2항). 법 제35조 제2항에 따른 해산명령을 받은 자는 지체 없이 물러가야 한다(법 제35조 제3항).

라. 항행보조시설의 설치와 관리

해양수산부장관은 선박의 항행안전에 필요한 항로표지·신호·조명 등 항행보조시설을 설치하고 관리·운영하여야 한다(법 제43조 제1항). 국민안전처장관은 선박의 항행안전을 위하여 선박관제에 관련된 항행보조시설을 설치하고 관리·운영하여야 한다(법 제44조 제1항).

국민안전처장관, 지방자치단체의 장 또는 운항자는 다음 각 호의 수역에 「항로표지법」 제2조 제1항 제1호에 따른 항로표지를 설치할 필요가 있다고 인정하면 해양수산

부장관에게 그 설치를 요청할 수 있다(법 제44조 제1항).

1. 선박교통량이 아주 많은 수역
2. 항행상 위험한 수역

2. 외국 선박의 운항관리

가. 외국선박의 통항

외국선박은 해양수산부장관의 허가를 받지 아니하고는 대한민국의 내수에서 통항할 수 없다(법 제32조 제1항).

법 제32조 제1항에도 불구하고 「영해 및 접속수역법」 제2조 제2항에 따른 직선기선에 따라 내수에 포함된 해역에서는 정박·정류(停留)·계류 또는 배회(徘徊)함이 없이 계속적이고 신속하게 통항할 수 있다. 다만, 다음 각 호의 경우에는 그러하지 아니하다(법 제32조 제2항).

1. 불가항력이나 조난으로 인하여 필요한 경우
2. 위험하거나 조난상태에 있는 인명·선박·항공기를 구조하기 위한 경우
3. 그 밖에 대한민국 항만에의 입항 등 해양수산부령으로 정하는 경우

법 제32조 제1항에 따른 허가에 필요한 서류의 제출 등 관련 조치에 관하여 필요한 사항은 해양수산부령으로 정한다(법 제32조 제3항).

> ☸ 「해사안전법 시행규칙」
>
> **제24조(외국선박의 내수 통항허가)** ① 법 제32조 제1항에 따라 내수 통항의 허가를 받으려는 외국선박은 다음 각 호의 서류를 관할 지방해양수산청장에게 제출하여야 한다.
>   1. 선박의 명세
>   2. 선박소유자 및 선박운항자의 성명(명칭) 또는 주소
>   3. 내수 통항이 필요한 사유
>   4. 통항 위치 및 일정 등을 기재한 통항계획서
>   5. 해상교통에 미치는 영향 및 안전대책
> ② 지방해양수산청장은 제1항에 따른 허가신청을 받은 경우에는 내수 통항이 필요한 사유 및 해상교통안전에 미치는 영향 등을 종합적으로 고려하여 허가 여부를 결정한 후 그 결과를 통보하여야 한다.
> ③ 지방해양수산청장은 제2항에 따라 허가를 하는 경우에 필요하다고 인정하는 때에는 해상교통안전의 확보에 관한 조건을 붙일 수 있다.
> **제25조(외국선박의 통항)** 법 제32조 제2항 제3호에서 "해양수산부령으로 정하는 경우"란 다음 각 호

의 어느 하나에 해당하는 경우를 말한다.
1. 「선박의 입항 및 출항 등에 관한 법률」 제4조에 따른 허가를 받거나 신고를 하고 무역항의 수상구역등에 출입하기 위하여 대기하는 경우
2. 「선박법」 제6조 단서에 따라 불개항장에서의 기항 허가를 받고 대기하는 경우

나. 특정선박에 대한 안전조치

대한민국의 영해 또는 내수를 통항하는 외국선박 중 다음 각 호의 선박(이하 "특정선박"이라 한다)은 「해상에서의 인명안전을 위한 국제협약」 등 관련 국제협약에서 정하는 문서를 휴대하거나 해양수산부령으로 정하는 특별예방조치를 준수하여야 한다(법 제33조 제1항).

1. 핵추진선박
2. 핵물질 등 위험화물운반선

해양수산부장관은 특정선박에 의한 해양오염 방지, 경감 및 통제를 위하여 필요하면 통항로를 지정하는 등 안전조치를 명할 수 있다(법 제33조 제2항).

> ※ 「해사안전법 시행규칙」
>
> **제26조(특정선박에 대한 안전조치)** 법 제33조 제1항 각 호 외의 부분에서 "해양수산부령으로 정하는 특별예방조치"란 「해상에서의 인명안전을 위한 국제협약」에서 정한 안전조치를 말한다.

외국선박의 무허가 내수 통항 금지 및 「해양법에 관한 국제연합협약」에서 정하는 바에 따라 위험화물운반선·핵추진선박 등의 영해 내 통항 시 안전조치 준수의무 등을 규정할 필요가 있다. 이에 외국선박이 대한민국의 내수를 항행하는 경우에는 허가를 받도록 하고, 위험물운반선 등이 영해를 통과할 경우에는 특별예방조치를 준수하도록 규정하였다. 외국 선박의 무단 정박 등이 방지됨으로써 내수에서 선박의 통항이 원활해지고, 위험선박에 대한 통제가 효율적으로 이루어질 것으로 본다.[15]

3. 선박교통관제

가. 선박교통관제의 시행 등

국민안전처장관은 선박교통의 안전을 도모하기 위하여 총리령으로 정하는 구역에

---

15) 정영석, 「해사법규강의(제6판)」, (텍스트북스, 2016), 461쪽.

대하여 해양수산부장관의 의견을 들어 선박교통관제를 시행하여야 한다(법 제36조 제1항). 법 제36조 제1항에 따라 선박교통관제를 시행하는 구역(이하 "관제구역"이라 한다)을 출입·통항하는 선박의 선장은 선박교통관제에 따라야 한다. 다만, 선박을 안전하게 운항할 수 없는 명백한 사유가 있는 경우에는 선박교통관제에 따르지 아니할 수 있다(법 제36조 제2항). 선장은 선박교통관제에도 불구하고 그 선박의 안전운항에 대한 책임을 면제받지 아니한다(법 제36조 제3항). 총리령으로 정하는 선박의 선장은 관제구역을 출입하려는 때에 해당 관제구역을 관할하는 선박교통관제관서에 신고하여야 한다(법 제36조 제4항). 선박은 관제구역을 출입·통항하는 때에는 총리령으로 정하는 무선설비를 갖추고 법 제36조의2 제1항에 따른 선박교통관제사와의 상호 호출응답용 관제통신을 항상 청취·응답하여야 한다(법 제36조 제5항). 선박교통관제를 시행한 기관과 총리령으로 정하는 선박은 법 제36조 제5항에 따른 관제통신을 녹음하여 보존하여야 한다(법 제36조 제6항). 법 제36조 제1항부터 제6항까지에서 규정한 사항 외에 선박교통관제의 시행절차와 대상선박 및 시설관리, 신고절차, 관제구역별 관제통신의 제원(諸元), 관제통신 녹음방법과 보존기간 등에 필요한 사항은 총리령으로 정한다(법 제36조 제7항).

나. 선박교통관제사

법 제36조 제1항에 따른 선박교통관제를 담당하는 자(이하 이 조에서 "선박교통관제사"라 한다)는 총리령으로 정하는 공무원 중에서 선박교통관제사 교육을 이수하고 평가를 통과한 사람으로 한다(법 제36조의2 제1항).

선박교통관제사는 다음 각 호의 업무를 수행한다(법 제36조의2 제2항).

1. 관제구역에서 운항하는 선박에 대한 관찰확인·안전정보제공·조언 및 지시
2. 기상특보의 발표나 혼잡한 교통상황의 발생을 예방하기 위한 정보의 제공
3. 그 밖에 선박교통 안전과 효율성 증진을 위하여 총리령으로 정하는 업무

선박교통관제사는 직무수행에 필요한 정기적인 교육 및 평가를 받아야 한다(법 제36조의2 제3항). 법 제36조의2 제1항 및 제3항에 따른 선박교통관제사의 교육 및 평가 등에 필요한 사항은 총리령으로 정한다(법 제36조의2 제4항).

4. 선박의 운항관리

가. 선박위치정보의 공개 제한 등

항해자료기록장치 등 해양수산부령으로 정하는 전자적 수단으로 선박의 항적(航跡) 등을 기록한 정보(이하 "선박위치정보"라 한다)를 보유한 자는 다음 각 호의 경우를 제외하고는 선박위치정보를 공개하여서는 아니 된다(법 제37조 제1항).

1. 선박위치정보의 보유권자가 그 보유 목적에 따라 사용하려는 경우
2. 「해양사고의 조사 및 심판에 관한 법률」 제16조에 따른 조사관 등이 해양사고의 원인을 조사하기 위하여 요청하는 경우
3. 「재난 및 안전관리 기본법」 제3조 제7호에 따른 긴급구조기관이 급박한 위험에 처한 선박 또는 승선자를 구조하기 위하여 요청하는 경우
4. 6개월 이상의 기간이 지난 선박위치정보로서 해양수산부령으로 정하는 경우

직무상 선박위치정보를 알게 된 선박소유자, 선장 및 해원(海員) 등은 선박위치정보를 누설·변조·훼손하여서는 아니 된다(법 제37조 제2항).

「해사안전법 시행규칙」

제29조(자료기록장치 등) 법 제37조 제1항 각 호외의 부분에서 "해양수산부령으로 정하는 전자적 수단"이란 「선박안전법」 제26조에 따라 선박설비기준에서 정하는 항해자료기록장치를 말한다.
제30조(선박위치정보의 공개) 법 제37조 제1항 제4호에서 "해양수산부령으로 정하는 경우"란 다음 각 호의 어느 하나에 해당하는 경우를 말한다.
  1. 「해양사고의 조사 및 심판에 관한 법률」에 따라 조사·심판이 종료된 경우
  2. 선원에 대한 교육용으로 사용하는 경우
  3. 해상교통안전진단을 위하여 필요한 경우
  4. 그 밖에 해사안전의 증진 및 선박의 원활한 교통 확보를 위하여 해양수산부장관이 필요하다고 인정하는 경우

국제항해선박의 필수탑재장비인 항적기록장치(블랙박스)에 기록된 정보는 정부의 해양사고 조사관이 보유하도록 IMO에서 결의하였다. 어선·컨테이너선 등의 위치정보는 선박소유자의 영업비밀과 같이 취급되고 있으므로 해당 정보를 보호할 필요성이 있다. 따라서 전자적 수단으로 선박의 항적 등을 기록한 정보를 보유한 자는 승선원 구조, 해양사고 원인조사 등의 경우를 제외하고는 공개할 수 없도록 규정하였다. 이에

선박위치정보의 무분별한 공개를 금지함으로써 해양사고의 증거 유출 또는 훼손이 방지되고 선박 영업활동의 비밀이 보장될 수 있도록 하였다.16)

나. 선박 출항통제

해양수산부장관은 해상에 대하여 기상특보가 발표되거나 제한된 시계 등으로 선박의 안전운항에 지장을 줄 우려가 있다고 판단할 경우에는 선박소유자나 선장에게 선박의 출항통제를 명할 수 있다(법 제38조 제1항). 법 제38조 제1항에 따른 출항통제의 기준·방법 및 절차 등에 필요한 사항은 해양수산부령으로 정한다(법 제38조 제2항).

※「해사안전법 시행규칙」

제31조(선박출항통제) 법 제38조 제2항에 따른 선박출항통제의 기준 및 절차는 별표 10과 같다.

[별표 10]

선박출항통제의 기준 및 절차(제31조 관련)
1. 여객선(어선을 포함한다) 외의 선박

기상상태		출항통제선박	통제절차
풍랑·해일 주의보		1.「선박안전법 시행령」제2조 제1항 제3호가목에 따른 평수구역(이하 이 표에서 "평수구역"이라 한다)밖을 운항하는 선박 중 총톤수 250톤 미만으로서 길이 35미터 미만의 내항선박 2. 국제항해에 종사하는 예부선 결합선박 3. 수면비행선박(여객용 수면비행선박은 제외한다)	출항통제권자는 해당 기상특보가 발효되거나 시계제한시 출항신고 선박의 총톤수·길이·항행구역 등을 확인하여 통제대상 여부를 판단한 후 해당 선박의 출항을 통제하여야 한다.
풍랑·해일 경보		1. 총톤수 1,000톤 미만으로서 길이 63미터 미만의 내항선박 2. 국제항해에 종사하는 예부선 결합선박	
태풍주의보 및 경보		1. 총톤수 7,000톤 미만의 내항선박 2. 국제항해에 종사하는 예부선 결합선박	
시계 제한시	시정 0.5킬로미터 이내	1. 화물을 적재한 유조선·가스운반선 또는 화학제품운반선(향도선을 활용하는 경우를 제외한다) 2. 레이더 및 VHF 통신설비를 갖추지 아니한 선박	
	시정	수면비행선박(여객용 수면비행선박은 제외	

---

16) 정영석,「해사법규강의(제6판)」, (텍스트북스, 2016), 463쪽.

| | 11킬로미터 이내 | 한다) | |

- 출항통제권자: 지방해양수산청장
- 비고
  1. 출항통제권자는 다음의 경우에 출항통제를 완화할 수 있다.
     가. 법 제47조에 따른 안전관리체제(별표 11 제1호에 따른 안전관리체제를 말한다) 인증심사에 합격한 경우
     나. 그 밖에 선박의 안전운항 확보를 위하여 지방해양수산청장이 필요하다고 인정하는 경우
  2. "총톤수" 및 "길이"란 선박국적증서 또는 선적증서상에 기재된 톤수 및 길이를 말한다. 이 경우 예부선 결합선박(압항부선은 제외한다)은 예선톤수만을 말한다.
  3. 기상특보의 발표기준은 「기상법 시행령」 제9조에 따른다.
  4. "여객용 수면비행선박"이란 「해운법」 제3조 제1호 또는 제2호의 내항 정기여객운송사업 또는 내항 부정기 여객운송사업에 종사하는 수면비행선박을 말한다. 이하 이 표에서 같다.

2. 여객선(여객용 수면비행선박을 포함한다)

기상상태		출항통제선박	통제절차
풍랑·해일 주의보		1. 평수구역 밖을 운항하는 내항여객선 및 여객용 수면비행선박. 다만, 「기상법 시행령」 제8조 제1항에 따른 해상예보구역 중 앞바다(이하 이 표에서 "앞바다"라고 한다)에서 운항하는 여객선과 총톤수 2,000톤 이상 여객선은 해당 항로의 실제 해상상태를 감안하여 출항을 허용할 수 있다.	• 「해운법」 제22조에 따른 운항관리자(이하 이 표에서 "운항관리자"라 한다)는 풍랑·해일주의보 발효 시 기상상황을 종합분석할 것 • 「해운법」 제21조에 따른 운항관리규정에 따른 해당 선박의 출항정지조건을 확인하고 선장의 의견을 들을 것 • 운항관리자는 앞바다에서 운항하는 여객선 및 총톤수 2,000톤 이상 여객선에 대하여 출항을 허용하고자 하는 경우에는 출항통제권자에게 보고할 것 • 출항통제권자는 해상상태 및 운항관리자의 보고 등을 고려하여 해당 선박의 출항 여부를 결정할 것
		2. 평수구역 안에서 운항하는 내항여객선. 다만, 해당 항로의 실제 해상상태가 안전운항에 위험이 있다고 판단될 경우에만 운항을 통제할 수 있다.	• 운항관리자는 평수구역을 운항하는 선박의 안전운항에 지장이 있다고 판단되어 선박운항을 통제하고자 하는 경우에는 출항통제권자에게 보고할 것 • 출항통제권자는 해상상태 및 운항관리자의 보고 등을 고려하여 해당 선박의 출항 여부를 결정할 것
풍랑·해일 경보, 태풍 주의보·경보		모든 내항여객선	출항통제권자는 해당 기상특보가 발효되거나 시계제한시 출항신고 선박의 통제대상 여부를 판단한 후 해당 선박의 출항을 통제하여야 한다.
시계 제한시	시정 1킬로미터 이내	모든 내항여객선(여객용 수면비행선박은 제외한다)	

	시정 11킬로미터 이내	여객용 수면비행선박	

- 출항통제권자: 해양경비안전서장
- 적용제외: 총톤수 2천톤 이상 여객선 중 법 제47조에 따른 안전관리체제(별표 11 제1호에 따른 안전관리체제를 말한다) 인증심사에 합격한 여객선은 출항통제대상에서 제외할 것. 이 경우 선박회사가 자율적으로 관리하도록 조치하여야 한다.

5. 선박운항관리상 해양경비안전본부의 직무

가. 순찰

해양경비안전서장은 선박 통항의 안전과 질서를 유지하기 위하여 소속 경찰공무원에게 수역등·항로 또는 보호수역을 순찰하게 하여야 한다(법 제39조).

나. 정선 등

해양경비안전서장은 이 법 또는 이 법에 따른 명령을 위반하였거나 위반한 혐의가 있는 사람이 승선하고 있는 선박에 대하여 정선(停船)하거나 회항(回航)할 것을 명할 수 있다(법 제40조 제1항). 법 제40조 제1항에 따른 정선명령이나 회항명령은 대통령령으로 정하는 방법으로 그 선박에서 항해당직을 수행하고 있는 사람에게 알려야 한다(법 제40조 제2항).

> ⚓ 「해사안전법 시행령」
>
> 제13조(정선명령·회항명령의 고지) 법 제40조 제2항에 따른 정선명령이나 회항명령은 음성·음향·수기(手旗)·발광(發光)·기류(旗旒) 신호·무선통신 등 해당 선박에서 항해당직을 수행하고 있는 사람이 알 수 있는 방법으로 하여야 한다.

6. 음주 등의 상태에서 조타기 조작의 금지

가. 술에 취한 상태에서의 조타기 조작 등 금지

술에 취한 상태에 있는 사람은 운항을 하기 위하여 「선박직원법」 제2조 제1호에 따른 선박[총톤수 5톤 미만의 선박과 같은 호 나목 및 다목에 해당하는 외국선박을 포함하고, 시운전선박(국내 조선소에서 건조 또는 개조하여 진수 후 인도 전까지 시운전하는 선박을 말한다) 및 이동식 시추선·수상호텔 등 「선박안전법」 제2조 제1호에 따라 해양수산부령으로 정하는 부유식 해상구조물은 제외한다. 이하 이 조 및 제41조의2에서 같다)에 따른 선박의 조타기(操舵機)를 조작하거나 조작할 것을 지시하는 행위 또는 「도선법」 제2조 제1호에 따른 도선(이하 "도선"이라 한다)을 하여서는 아니 된다(법 제41조 제1항).

나. 음주측정

국민안전처 소속 경찰공무원은 다음 각 호의 어느 하나에 해당하는 경우에는 운항을 하기 위하여 조타기를 조작하거나 조작할 것을 지시하는 사람(이하 "운항자"라 한다) 또는 법 제41조 제1항에 따른 도선을 하는 사람(이하 "도선사"라 한다)이 술에 취하였는지 측정할 수 있으며, 해당 운항자 또는 도선사는 국민안전처 소속 경찰공무원의 측정 요구에 따라야 한다. 다만, 제3호에 해당하는 경우에는 반드시 술에 취하였는지를 측정하여야 한다(법 제41조 제2항).

 1. 다른 선박의 안전운항을 해치거나 해칠 우려가 있는 등 해상교통의 안전과 위험방지를 위하여 필요하다고 인정되는 경우
 2. 법 제41조 제1항을 위반하여 술에 취한 상태에서 조타기를 조작하거나 조작할 것을 지시하였거나 도선을 하였다고 인정할 만한 충분한 이유가 있는 경우
 3. 해양사고가 발생한 경우

법 제41조 제2항에 따라 술에 취하였는지를 측정한 결과에 불복하는 사람에 대하여는 해당 운항자 또는 도선사의 동의를 받아 혈액채취 등의 방법으로 다시 측정할 수 있다(법 제41조 제3항).

다. 조타의 금지 등

해양경비안전서장은 운항자 또는 도선사가 법 제41조 제1항을 위반한 경우에는 그 운항자가 정상적으로 조타기를 조작하거나 조작할 것을 지시할 수 있는 상태가 될 때까지 조타기 조작 또는 조작 지시를 못하게 명령하거나 도선을 하지 못하게 명령하는 등 필요한 조치를 취할 수 있다(법 제41조 제4항). 법 제41조 제1항에 따른 술에 취한 상태의 기준은 혈중알코올농도 0.03퍼센트 이상으로 한다(법 제41조 제5항). 법 제41조 제1항부터 제5항까

지의 규정에 따른 측정에 필요한 세부 절차 및 측정기록의 관리 등에 필요한 사항은 총리령으로 정한다(법 제41조 제6항).

라. 약물복용 등의 상태에서 조타기 조작 등 금지

약물(「마약류 관리에 관한 법률」 제2조 제1호에 따른 마약류를 말한다. 이하 같다)·환각물질(「화학물질관리법」 제22조 제1항에 따른 환각물질을 말한다. 이하 같다)의 영향으로 인하여 정상적으로 다음 각 호의 행위를 하지 못할 우려가 있는 상태에서는 해당 행위를 하여서는 아니 된다(법 제41조의2).

1. 「선박직원법」 제2조 제1호에 따른 선박(총톤수 5톤 미만의 선박을 포함한다) 또는 같은 조 제2호에 따른 외국선박의 조타기를 조작하거나 조작할 것을 지시하는 행위
2. 「선박직원법」 제2조 제1호에 따른 선박(총톤수 5톤 미만의 선박을 포함한다) 또는 같은 조 제2호에 따른 외국선박의 도선

마. 해기사면허의 취소·정지 요청

국민안전처장관은 「선박직원법」 제4조에 따른 해기사면허를 받은 자가 다음 각 호의 어느 하나에 해당하는 경우 해양수산부장관에게 해당 해기사면허를 취소하거나 1년의 범위에서 해기사면허의 효력을 정지할 것을 요청할 수 있다(법 제42조).

1. 법 제41조 제1항을 위반하여 술에 취한 상태에서 운항을 하기 위하여 조타기를 조작하거나 그 조작을 지시한 경우
2. 법 제41조 제2항 제2호를 위반하여 술에 취한 상태에서 조타기를 조작하거나 조작할 것을 지시하였다고 인정할 만한 상당한 이유가 있음에도 불구하고 국민안전처 소속 경찰공무원의 측정요구에 따르지 아니한 경우
3. 법 제41조의2를 위반하여 약물·환각물질의 영향으로 인하여 정상적으로 조타기를 조작하거나 그 조작을 지시하지 못할 우려가 있는 상태에서 조타기를 조작하거나 그 조작을 지시한 경우

7. 해양사고가 일어난 경우의 조치

선장이나 선박소유자는 해양사고가 일어나 선박이 위험하게 되거나 다른 선박의 항행안전에 위험을 줄 우려가 있는 경우에는 위험을 방지하기 위하여 신속하게 필요한 조치를 취하고, 해양사고의 발생 사실과 조치 사실을 지체 없이 해양경비안전서장이나 지방해양수산청장에게 신고하여야 한다(법 제43조 제1항). 지방해양수산청장은 법 제43조 제1항에 따른 신고를 받으면 지체 없이 그 사실을 해양경비안전서장에게 통보하여야 한다(법 제43조 제2항). 해양경비안전서장은 선장이나 선박소유자가 법 제43조 제1항에 따라 신고한 조치 사실을 적절한 수단을 사용하여 확인하고, 조치를 취하지 아니하였거나 취한 조치가 적당하지 아니하다고 인정하는 경우에는 그 선박의 선장이나 선박소유자에게 해양사고를 신속하게 수습하고 해상교통의 안전을 확보하기 위하여 필요한 조치를 취할 것을 명하여야 한다(법 제43조 제3항). 해양경비안전서장은 해양사고가 일어나 선박이 위험하게 되거나 다른 선박의 항행안전에 위험을 줄 우려가 있는 경우 필요하면 구역을 정하여 다른 선박에 대하여 선박의 이동·항행 제한 또는 조업중지를 명할 수 있다(법 제43조 제4항).

> ⚓ 「해사안전법 시행규칙」
>
> **제32조(해양사고신고 절차 등)** ① 선장 또는 선박소유자는 법 제43조 제1항에 따른 해양사고가 발생한 경우에는 다음 각 호의 사항을 관할 해양경비안전서장 또는 지방해양수산청장(이하 이 조에서 "관할관청"이라 한다)에게 신고하여야 한다. 다만, 외국에서 발생한 해양사고의 경우에는 선적항 소재지의 관할관청에 신고하여야 한다.
>   1. 해양사고의 발생일시 및 발생장소
>   2. 선박의 명세
>   3. 사고개요 및 피해상황
>   4. 조치사항
>   5. 그 밖에 해양사고의 처리 및 항행안전을 위하여 해양수산부장관이 필요하다고 인정하는 사항
> ② 선장 또는 선박소유자는 제1항에 따른 신고 후에 해당 해양사고에 대하여 추가로 조치한 사항이 있는 경우에는 지체 없이 관할관청에 알려야 한다.

제5절 선박 및 사업장의 안전관리

제1관 선박의 안전관리체제

1. 선장의 권한

누구든지 선박의 안전을 위한 선장의 전문적인 판단을 방해하거나 간섭하여서는 아니 된다(법 제45조).

2. 선박의 안전관리체제 수립 등

가. 시책의 수립

해양수산부장관은 법 제46조 제2항에 따른 선박을 운항하는 선박소유자가 그 선박과 사업장에 대하여 해양수산부령으로 정하는 바에 따라 선박의 안전운항 등을 위한 관리체제(이하 "안전관리체제"라 한다)를 수립하고 시행하는 데 필요한 시책을 강구하여야 한다(법 제46조 제1항).

나. 안전관리체제의 수립

다음 각 호의 어느 하나에 해당하는 선박(해저자원을 채취·탐사 또는 발굴하는 작업에 종사하는 이동식 해상구조물을 포함한다. 이하 이 조 및 법 제47조부터 제54조까지의 규정에서 같다)을 운항하는 선박소유자는 안전관리체제를 수립하고 시행하여야 한다. 다만, 「해운법」 제21조에 따른 운항관리규정을 작성하여 해양수산부장관으로부터 심사를 받고 시행하는 경우에는 안전관리체제를 수립하여 시행하는 것으로 본다(법 제46조 제2항).

1. 「해운법」 제3조에 따른 해상여객운송사업에 종사하는 선박
2. 「해운법」 제23조에 따른 해상화물운송사업에 종사하는 선박으로서 총톤수 500톤 이상의 선박[기선(機船)과 밀착된 상태로 결합된 부선(艀船)을 포함한다]과 그 밖의 선박으로서 대통령령으로 정하는 선박
3. 국제항해에 종사하는 총톤수 500톤 이상의 어획물운반선과 이동식 해상구조물

4. 수면비행선박

> ⚓ 「해사안전법 시행령」
>
> **제15조(안전관리체제를 수립하여야 하는 선박 등)** ①법 제46조 제2항 제2호에서 "대통령령으로 정하는 선박"이란 다음 각 호의 어느 하나에 해당하는 선박을 말한다.
>   1. 「해운법」 제23조에 따른 해상화물운송사업에 종사하는 선박으로서 총톤수 100톤 이상 500톤 미만의 유류·가스류 및 화학제품류를 운송하는 선박(기선과 밀착된 상태로 결합된 부선을 포함한다)
>   2. 「선박안전법 시행령」 제2조 제1항 제3호가목 본문에 따른 평수(平水)구역 밖을 운항하는 선박으로서 다음 각 목의 어느 하나에 해당하는 부선이나 구조물을 끌거나 미는 선박
>   가. 총톤수가 2천톤 이상이거나 길이가 100미터 이상인 부선
>   나. 길이가 100미터 이상인 구조물
>   다. 각각의 부선의 총톤수의 합이 2천톤 이상인 2척 이상의 부선
>   라. 밀리거나 끌리는 각각의 구조물의 길이의 합이 100미터 이상인 2개 이상의 구조물
>   마. 밀리거나 끌리는 부선이나 구조물의 길이의 합이 100미터 이상인 부선과 구조물
> ② 법 제46조 제4항 각 호 외의 부분 단서에서 "대통령령으로 정하는 선박"이란 제1항 제2호에 따른 선박을 말한다.

다. 안전관리의 대행

법 제46조 제2항에 따라 안전관리체제를 수립·시행하여야 하는 선박소유자는 제51조에 따른 안전관리대행업자에게 이를 위탁할 수 있다. 이 경우 선박소유자는 그 사실을 10일 이내에 해양수산부장관에게 알려야 한다(법 제46조 제3항).

라. 안전관리체제의 내용

안전관리체제에는 다음 각 호의 사항이 포함되어야 한다. 다만, 법 제46조 제2항 제2호에 따른 선박 중 대통령령으로 정하는 선박의 안전관리체제에는 해양수산부령으로 정하는 바에 따라 그 일부를 포함시키지 아니할 수 있다(법 제46조 제4항).

1. 해상에서의 안전과 환경 보호에 관한 기본방침
2. 선박소유자의 책임과 권한에 관한 사항
3. 법 제46조 제5항에 따른 안전관리책임자와 안전관리자의 임무에 관한 사항
4. 선장의 책임과 권한에 관한 사항
5. 인력의 배치와 운영에 관한 사항
6. 선박의 안전관리체제 수립에 관한 사항
7. 선박충돌사고 등 발생 시 비상대책의 수립에 관한 사항

8. 사고, 위험 상황 및 안전관리체제의 결함에 관한 보고와 분석에 관한 사항
9. 선박의 정비에 관한 사항
10. 안전관리체제와 관련된 지침서 등 문서 및 자료 관리에 관한 사항
11. 안전관리체제에 대한 선박소유자의 확인·검토 및 평가에 관한 사항

마. 안전관리자

법 제46조 제2항에 따라 안전관리체제를 수립·시행하여야 하는 선박소유자는 안전관리체제의 시행을 위하여 안전관리책임자와 안전관리자를 두어야 한다(법 제46조 제5항). 법 제46조 제5항에 따른 안전관리책임자와 안전관리자의 자격기준·인원 등 필요한 사항은 대통령령으로 정한다(법 제46조 제6항).

⚓ 「해사안전법 시행령」

제16조(안전관리책임자 및 안전관리자의 자격기준 등) 법 제46조 제6항에 따른 안전관리책임자 및 안전관리자의 자격기준·인원 등은 별표 3과 같다.

[별표 3]
안전관리책임자 및 안전관리자의 자격기준 및 인원(제16조 관련)

구분			국제항해에 종사하는 선박 (이하 "외항선"이라 한다)의 사업장	국제항해에 종사하지 아니하는 선박(이하 "내항선"이라 한다)의 사업장
자격 기준	경력 기준	안전관리 책임자	다음 각 호의 어느 하나에 해당하는 경력이 있는 사람 1. 2급 항해사, 2급 기관사 또는 2급 운항사 이상의 면허를 가지고 외항선 또는 해당 사업장에서 3년 이상 근무한 경력 2. 외항선 안전관리자로 3년 이상 근무한 경력	5급 항해사, 5급 기관사 또는 5급 운항사 이상의 면허를 가지고 선박 또는 해당 사업장에서 2년 이상 근무한 경력
		안전관리자	3급 항해사, 3급 기관사 또는 3급 운항사 이상의 면허를 가지고 외항선 또는 해당 사업장에서 2년 이상 근무한 경력	
	교육 기준	안전관리 책임자	다음 각 호의 내용이 포함된 교육을 16시간 이상 수료한 사람 1. 안전관리체제 수립·운영 관련 국제협약 및 국내법령 2. 조사, 질문, 평가 등 심사기법	다음 각 호의 내용이 포함된 교육을 14시간 이상 수료한 사람 1. 안전관리체제 수립·운영 관련 국내법령 2. 조사, 질문, 평가 등 심사기법

			및 안전경영의 기술 3. 안전관리체제에 대한 내부 심사의 이론 및 기법 4. 해운·선박운항의 지식 및 육해상 직원 간의 효과적인 의사소통	및 안전경영의 기술 3. 안전관리체제에 대한 내부 심사의 이론 및 기법 4. 해운·선박운항의 지식 및 육해상 직원 간의 효과적인 의사소통
		안전관리자	다음 각 호의 내용이 포함된 교육을 14시간 이상 수료한 사람 1. 안전관리체제 수립·운영 관련 국제협약 및 국내법령 2. 조사, 질문, 평가 등 심사기법 및 안전경영의 기술 3. 안전관리체제에 대한 내부 심사의 이론 및 기법	다음 각 호의 내용이 포함된 교육을 12시간 이상 수료한 사람 1. 안전관리체제 수립·운영 관련 국내법령 2. 조사, 질문, 평가 등 심사기법 및 안전경영의 기술 3. 안전관리체제에 대한 내부 심사의 이론 및 기법
인원	안전관리책임자		1명 이상	1명 이상
	안전관리자		4척 이하: 2척당 1명 이상 5척 이상: 3척당 1명 이상	8척 이하: 4척당 1명 이상 9척 이상 15척 이하: 5척당 1명 이상 16척 이상: 6척당 1명 이상

비고
 1. 안전관리책임자 및 안전관리자의 자격기준은 위 표에 따른 경력기준 및 교육기준을 모두 갖추어야 한다.
 2. 위 표의 근무경력에는 1년 이상의 승선경력을 포함하여야 한다.
 3. 위 표의 교육기준에 따른 교육은 정부대행기관에서 해양수산부장관이 정하여 고시하는 바에 따라 실시한다.
 4. 안전관리책임자는 안전관리자를 겸임할 수 있다.
 5. 사업장 소속 선박이 1척(내항선은 2척 이하)인 경우에는 선박소유자가 경력기준을 충족하지 아니하여도 안전관리책임자의 업무를 수행할 수 있다.
 6. 하나의 사업장에 외항선과 내항선이 동시에 있는 경우의 안전관리책임자의 자격기준 및 인원은 다음 각 목의 구분에 따른다.
   가. 안전관리책임자: 외항선의 기준을 적용한다.
   나. 안전관리자: 내항선 및 외항선의 자격기준 및 인원을 각각 적용한다.

「해사안전법 시행규칙」

제33조(안전관리체제의 수립 및 시행) 법 제46조 제1항 및 같은 조 제4항에 따른 선박의 안전운항 등을 위한 관리체제(이하 "안전관리체제"라 한다)의 수립 및 시행은 별표 11에 따른다.

[별표 11]
안전관리체제의 수립·시행(제33조 관련)
 1. 여객선 및 국제항해에 종사하는 500톤 이상의 여객선 외의 선박

구분	내용

가.
해상에서의 안전 및 환경보호에 관한 기본방침
	1) 다음 사항을 포함하는 안전관리목표가 수립되어야 한다.
	  가) 선박의 안전운항 및 안전한 작업환경의 제공
	  나) 식별된 모든 위험에 대한 안전장치의 수립
	  다) 안전 및 환경보호에 대한 비상대책을 포함하여 육상직원 및 해상종사원의 지속적인 안전관리기술의 향상
	2) 1)에 따라 수립된 안전관리목표를 달성하기 위한 방침을 수립하고, 육상직원 및 해상종사원이 이를 이행·유지하고 있는지 여부를 확인하여야 한다.

나. 선박소유자의 책임 및 권한에 관한 사항	1) 안전관리체제와 관련된 육상직원 및 해상종사원의 책임·권한 및 상호관계를 규정하고 문서화하여야 한다. 2) 안전관리책임자 및 안전관리자의 임무수행에 필요한 자원 및 육상지원을 적절하게 제공하여야 한다.
다. 안전관리책임자의 선임 및 임무에 관한 사항	1) 최고경영자와 직접 협의할 수 있는 권한을 가진 육상직원으로서 영 제16조 및 별표 3에서 정한 자격요건을 갖춘 자를 안전관리책임자 및 안전관리자로 선임하여야 한다. 2) 안전관리책임자는 안전관리자를 지휘하고, 선박의 안전운항 및 오염방지활동을 감시하며, 필요한 자원과 육상지원이 적절하게 제공되는지 여부를 확인하여야 한다. 3) 안전관리자는 2)에서 규정한 임무와 관련하여 안전관리책임자를 보좌한다.

라.
선장의 책임 및 권한에 관한 사항
	1) 다음 사항에 대하여 선장의 책임을 명확히 규정하여야 한다.
	  가) 안전관리목표 및 방침의 시행
	  나) 해상종사원이 안전관리체제를 준수하는데 필요한 동기의 부여
	  다) 간단명료한 지시 및 지침의 시달
	  라) 안전관리체제의 준수여부 확인
	  마) 안전관리체제의 검토 및 그에 대한 결함사항의 안전관리책임자에게의 보고
	2) 다음 사항에 대하여 선장의 최우선적인 결정권한과 책임을 규정하여야 한다.
	  가) 선박의 안전 및 오염방지를 위한 대응조치
	  나) 필요시 회사에 대한 지원요청

마.
인력의 배치 및 운영에 관한 사항
	1) 선장에 대하여 다음 사항을 확인하여야 한다.
	  가) 해상종사원을 지휘할 수 있는 적절한 자격보유
	  나) 회사의 안전관리체제에 대한 숙지
	  다) 선장의 임무를 안전하게 수행하는데 필요한 지원의 제공
	2) 회사는 다음 사항을 보장하여야 한다.
	  가) 관련 국제협약 및 국내법에 따라 자격이 인정되고 해당 자격증서를 가진 건강한 해상종사원의 승선
	  나) 모든 측면에서 선박의 안전운항을 유지하기 위하여 필요한 적정한 해상종사원의 승선
	3) 신규채용되거나 임무가 변경된 종사원이 안전관리체제와 관련하여 해당 업무에 익숙할 수 있도록 절차를 수립하여야 하며, 모든 해상종사원에 대하여 해당 선박의 출항 전에 필수적으로 제공되어야 하는 지침을 문서화하여 제공하여야 한다.
	4) 안전관리체제와 관련된 종사원들이 관련 법령·규칙·규약 및 지침을 충분히 이

	해하고 있는지 여부를 확인하여야 한다. 5) 안전관리체제를 지원하는데 필요한 훈련절차를 수립·유지하고 관련된 종사원이 훈련을 받을 수 있도록 하여야 한다. 6) 안전관리체제와 관련된 필요한 정보를 해상종사원들이 사용하거나 이해할 수 있는 언어로 제공할 수 있도록 절차를 수립하고, 그들이 임무를 수행하는데 효과적으로 의사소통을 할 수 있도록 하여야 한다.
바. 선상운용(船上運用)계획의 수립에 관한사항	1) 선박의 안전과 오염방지에 관한 주요 선상운용계획 및 지침을 작성하는 절차를 수립하여야 한다. 2) 1)에 따른 업무는 명확히 규정되고 자격이 있는 자에게 부여하여야 한다.
사. 비상대책의 수립에 관한 사항	1) 선박의 잠재적인 비상상황을 파악하고 이에 대한 대응절차를 수립하여야 한다. 2) 1)에 따른 비상상황에 대응하기 위한 훈련 및 연습계획을 수립하여야 한다. 3) 선박과 관련한 위험·사고 및 비상상황에 대하여 선박 및 사업장의 조직이 언제든지 대응할 수 있는 조치계획을 수립하여야 한다.
아. 사고, 위험상황 및 안전관리체제의 결함에 관한 보고와 분석에 관한 사항	1) 안전관리체제를 개선하기 위하여 부적합사항, 사고 및 위험발생에 대하여 보고하고, 조사·분석하는 절차를 수립하여야 한다. 2) 1)에 따른 조사·분석의 결과에 대한 시정조치 절차를 수립하여야 한다.
자. 선박의 정비에 관한 사항	1) 선박이 관련 법령 및 자체수립한 정비계획에 따라 정비·유지되고 있는지 여부를 확인하는 절차를 수립하여야 한다. 2) 1)에 따른 절차 수립에는 다음 사항이 포함되어야 한다. 가) 주기적인 검사 나) 가)의 검사에 관한 모든 부적합사항(추정원인을 포함한다)의 보고 및 시정조치 다) 가) 및 나)의 활동에 대한 기록유지 3) 갑자기 작동이 정지될 경우를 대비하여 선박의 안전과 관련하여 중요한 설비 및 기능을 식별할 수 있는 절차를 수립하여야 한다. 4) 3)에 따른 절차 수립에는 설비 및 기술적 체계를 향상시키는 방법과 지속적으로 사용하지 아니하는 예비설비 및 기술적 체계에 대한 정기적인 시험이 포함되어야 한다. 5) 2)가)에 따른 주기적인 검사 및 4)에 따른 설비 및 기술적 체계의 향상방법은 선박의 일상적인 운항정비에 포함하여야 한다.
차. 문서 및 자료관리에 관한 사항	1) 안전관리체제와 관련된 모든 문서 및 자료를 관리하는 절차를 수립하여야 한다. 2) 문서관리와 관련하여 다음 사항을 시행하여야 한다. 가) 모든 관련 부서에서는 안전관리체제와 관련하여 효력이 있는 문서만을 사용할 것 나) 문서의 개정은 권한을 부여받은 자가 검토·승인할 것 다) 무효화된 문서는 신속히 폐기할 것 3) 문서는 가장 효과적인 방법으로 관리되어야 하며, 해당 선박과 관련되는 모든 문서를 선내에 비치하여야 한다.

카. 안전관리체제에 대한 선박소유자의 확인·검토 및 평가에 관한 사항	1) 안전 및 오염방지활동이 안전관리체제에 적합한지 여부를 확인하기 위하여 정기적인 인증심사 시행 전에 내부심사를 시행하여야 한다. 2) 회사는 안전관리체제와 관련하여 회사의 업무를 위임받은 종사자 등이 이 표에서 규정하는 회사의 책임을 이행하는지를 주기적으로 검증하여야 한다. 3) 1)의 내부심사를 시행한 후 안전관리체제의 효율성에 대하여 정기적으로 평가 및 검토를 하여야 한다. 4) 내부심사와 시정조치는 문서화된 절차에 따라 시행하여야 한다. 5) 내부심사를 실시하는 자는 사업장의 규모 및 특성상 부득이한 경우를 제외하고는 심사를 받는 부서와 독립된 자이어야 한다. 6) 내부심사 결과 및 안전관리체제에 대한 효율성 검토 결과는 관련 부서의 책임 있는 모든 종사원에게 통보되어야 한다. 7) 내부심사 시 발견된 부적합사항에 대하여 책임 있는 자는 그 사항을 적절한 기간 내에 시정조치를 하여야 한다.

※비고
1. 수면비행선박의 안전관리체제에 대하여는 제3호에 따른다.
2. 국제항해에 종사하지 아니하는 선박 및 국제항해에 종사하는 총톤수 500톤 미만의 선박

구분	내용
가. 해상에서의 안전 및 환경보호에 관한 기본방침	1) 선박의 안전운항 및 안전한 작업환경의 제공을 포함하는 안전관리목표가 수립되어야 한다. 2) 1)에 따라 수립된 안전관리목표를 달성하기 위한 방침을 수립하고, 육상직원 및 해상종사원이 이를 이행·유지하고 있는지 여부를 확인하여야 한다.
나. 선박소유자의 책임 및 권한에 관한 사항	1) 안전관리체제와 관련된 육상직원 및 해상종사원의 책임·권한 및 상호관계를 규정하고 문서화하여야 한다. 2) 안전관리책임자 및 안전관리자의 임무수행에 필요한 자원 및 육상지원을 적절하게 제공하여야 한다.
다. 안전관리책임자의 선임 및 임무에 관한 사항	1) 최고경영자와 직접 협의할 수 있는 권한을 가진 육상직원으로서 영 제16조 및 별표 3에서 정한 자격요건을 갖춘 자를 안전관리책임자 및 안전관리자로 선임하여야 한다. 2) 안전관리책임자는 안전관리자를 지휘하고, 선박의 안전운항 및 오염방지활동을 감시하며, 필요한 자원과 육상지원이 적절하게 제공되는지 여부를 확인하여야 한다. 3) 안전관리자는 2)에서 규정한 임무와 관련하여 안전관리책임자를 보좌한다.
라. 선장의 책임 및 권한에 관한 사항	1) 안전관리목표 및 방침의 시행에 대하여 선장의 책임을 명확히 규정하여야 한다. 2) 다음 사항에 대하여 선장의 최우선적인 결정권한과 책임을 규정하여야 한다. 가) 선박의 안전 및 오염방지를 위한 대응조치 나) 필요시 회사에 대한 지원요청
마. 인력의 배치 및 운영에 관한 사항	1) 선장에 대하여 다음 사항을 확인하여야 한다. 가) 해상종사원을 지휘할 수 있는 적절한 자격보유 나) 회사의 안전관리체제에 대한 숙지 2) 회사는 다음 사항을 보장하여야 한다.

	가) 관련 국내법에 따라 자격이 인정되고 해당 자격증서를 가진 건강한 해상종사원의 승선 나) 모든 측면에서 선박의 안전운항을 유지하기 위하여 필요한 적정한 해상종사원의 승선 3) 안전관리체제를 지원하는데 필요한 훈련절차를 수립·유지하고 관련된 종사원이 훈련을 받을 수 있도록 하여야 한다.
바. 선상운용(船上運用)계획의 수립에 관한사항	1) 선박의 안전과 오염방지에 관한 주요 선상운용계획 및 지침을 작성하는 절차를 수립하여야 한다. 2) 1)에 따른 업무는 명확히 규정되고 자격이 있는 자에게 부여하여야 한다. 3) 해상기상상태별 자체운항통제기준을 설정하여야 한다. 4) 자체운항통제기준에는 운항 중 기상악화 시의 피항 등의 대응계획 및 절차와 기상특보 시 운항 및 입출항을 통제하기 위한 기준이 포함되어야 한다.
사. 비상대책의 수립에 관한 사항	1) 선박의 잠재적인 비상상황을 파악하고 이에 대한 대응절차를 수립하여야 한다. 2) 1)에 따른 비상상황에 대응하기 위한 훈련 및 연습계획을 수립하여야 한다.
아. 사고, 위험상황 및 안전관리체제의 결함에 관한 보고와 분석에 관한 사항	1) 안전관리체제를 개선하기 위하여 부적합사항(사업장에 한함), 사고 및 위험발생에 대하여 보고하고, 조사·분석하는 절차를 수립하여야 한다. 2) 1)에 따른 조사·분석의 결과에 대한 시정조치 절차를 수립하여야 한다.
자. 선박의 정비에 관한 사항	1) 선박이 관련 법령에 따라 정비·유지되고 있는지 여부를 확인하는 절차를 수립하여야 한다. 2) 1)에 따른 절차 수립에는 주기적인 검사가 포함되어야 한다. 3) 갑자기 작동이 정지될 경우를 대비하여 선박의 안전과 관련하여 중요한 설비 및 기능을 식별할 수 있는 절차를 수립하여야 한다.
차. 문서 및 자료관리에 관한 사항	1) 안전관리체제와 관련된 모든 문서 및 자료를 관리하는 절차를 수립하여야 한다. 2) 무효화된 문서는 신속히 폐기하여야 한다. 3) 문서는 가장 효과적인 방법으로 관리되어야 하며, 해당 선박과 관련되는 모든 문서를 선내에 비치하여야 한다.
카. 안전관리체제에 대한 선박소유자의 확인·검토 및 평가에 관한 사항	1) 안전 및 오염방지활동이 안전관리체제에 적합한지 여부를 확인하기 위하여 정기적인 인증심사 시행 전에 사업장에 대한 내부심사를 시행하여야 한다. 2) 회사는 안전관리체제와 관련하여 회사의 업무를 위임받은 종사자 등이 이 표에서 규정하는 회사의 책임을 이행하는지를 주기적으로 검증하여야 한다. 3) 안전관리책임자 또는 안전관리자는 매월 선박을 방문하여 선박의 안전 및 오염방지 활동이 안전관리체제에 적합한지 여부를 확인하여야 한다 4) 내부심사와 시정조치는 문서화된 절차에 따라 시행하여야 한다.

※비고
  1. 영 제15조 제2항의 적용을 받는 선박에 대해서는 다음 각 목에서 정하는 내용만을 적용한다.
    가. 나목 1) 및 2): 바목 3) 및 4)의 자체운항통제기준의 시행을 위하여 필요한 육상직원 및 해상

종사원의 책임과 권한 관계의 규정, 문서화 및 육상지원의 제공
　나. 라목 1) 및 2) 가): 바목 3) 및 4)의 자체운항통제기준의 시행을 위한 선장의 안전관리 목표 및 방침의 시행과 이를 위한 선장의 최우선적인 결정권한 및 책임의 규정
　다. 마목 1) 나): 바목 3) 및 4)의 자체운항통제기준의 시행에 필요한 선장의 권한과 책임을 보장한 회사규정의 숙지
　라. 바목 3) 및 4): 자체운항통제기준에 관한 사항
　마. 사목 1): 기상악화 시 자체 입출항통제 또는 운항 중 피항 등에 대한 비상대응절차의 수립
2. 영 제15조 제2항의 적용을 받는 선박 외의 선박은 다음 각 목의 사항을 적용하지 아니한다.
　가. 마목 1)나)
　나. 바목 3) 및 4)
3. 여객선의 안전관리체제에 대하여는 제1호에 따르고, 수면비행선박의 안전관리체제에 대하여는 제3호에 따른다.

3. 수면비행선박

구분		내용
가. 해상에서의 안전 및 환경보호에 관한 기본방침	운항선·시운전선	1) 다음 사항을 포함하는 안전관리목표가 수립되어야 한다. 　가) 선박의 안전운항 및 안전한 작업환경의 제공 　나) 식별된 모든 위험에 대한 안전장치의 수립 　다) 안전 및 환경보호에 대한 비상대책을 포함하여 육상직원 및 해상종사원의 지속적인 안전관리기술의 향상 　라) 안전과 관련된 준해양사고 등의 보고를 장려하는 방침 　마) 안전문화 2) 1)에 따라 수립된 안전관리목표를 달성하기 위한 방침과 안전성과지표를 수립하고, 육상직원 및 해상종사원이 이를 이행·유지하고 있는지 여부를 확인하여야 한다.
나. 선박소유자의 책임 및 권한에 관한 사항	운항선·시운전선	1) 안전관리업무를 총괄적으로 수행하고 지원하는 안전관리전담조직을 구성하여야 한다. 2) 안전관리체제와 관련된 육상직원 및 해상종사원의 책임·권한 및 상호관계를 규정하고 문서화하여야 한다. 3) 안전관리책임자 및 안전관리자의 임무수행에 필요한 자원 및 육상지원을 적절하게 제공하여야 한다.
다. 안전관리책임자의 선임 및 임무에 관한 사항	운항선·시운전선	1) 최고경영자와 직접 협의할 수 있는 권한을 가진 육상직원으로서 영 제16조 및 별표 3에서 정한 자격요건과 수면비행선박의 지식과 경험을 충분히 갖춘 자를 안전관리책임자 및 안전관리자로 선임하여야 한다. 2) 안전관리책임자는 안전관리자를 지휘하고, 선박의 안전운항 및 오염방지활동을 감시하며, 필요한 자원과 육상지원이 적절하게 제공되는지 여부를 확인하여야 한다. 3) 안전관리자는 2)에서 규정한 임무와 관련하여 안전관리책임자를 보좌한다.

라. 선장의 책임 및 권한에 관한 사항	운항선	1) 다음 사항에 대하여 선장의 책임을 명확히 규정하여야 한다. 　가) 안전관리목표 및 방침의 시행 　나) 해상종사원이 안전관리체제를 준수하는데 필요한 동기의 부여 　다) 간단명료한 지시 및 지침의 시달 　라) 안전관리체제의 준수여부 확인 　마) 안전관리체제의 검토 및 그에 대한 결함사항의 안전관리책임자에게의 보고 2) 다음 사항에 대하여 선장의 최우선적인 결정권한과 책임을 규정하여야 한다. 　가) 선박의 안전 및 오염방지를 위한 대응조치 　나) 필요시 회사에 대한 지원요청
	시운전선	1) 다음 사항에 대하여 선장의 최우선적인 결정권한과 책임을 규정하여야 한다. 　가) 선박의 안전 및 오염방지를 위한 대응조치 　나) 필요시 회사에 대한 지원요청
마. 인력의 배치 및 운영에 관한 사항	운항선·시운전선	1) 선장에 대하여 다음 사항을 확인하여야 한다. 　가) 해상종사원을 지휘할 수 있는 적절한 자격보유 　나) 회사의 안전관리체제에 대한 숙지 　다) 선장의 임무를 안전하게 수행하는데 필요한 지원의 제공 2) 회사는 다음 사항을 보장하여야 한다. 　가) 관련 국제협약 및 국내법에 따라 자격이 인정되고 해당 자격증서를 가진 건강한 해상종사원의 승선 　나) 모든 측면에서 선박의 안전운항을 유지하기 위하여 필요한 적정한 해상종사원의 승선 3) 신규채용되거나 임무가 변경된 종사원이 안전관리체제와 관련하여 해당 업무에 익숙할 수 있도록 절차를 수립하여야 하며, 모든 해상종사원에 대하여 해당 선박의 출항 전에 필수적으로 제공되어야 하는 지침을 문서화하여 제공하여야 한다. 4) 안전관리체제와 관련된 종사원들이 관련 법령·규칙·규약 및 지침을 충분히 이해하고 있는지 여부를 확인하여야 한다. 5) 안전관리체제를 지원하는데 필요한 훈련절차를 수립·유지하고 관련된 종사원이 훈련을 받을 수 있도록 하여야 한다. 6) 안전관리체제와 관련된 필요한 정보를 해상종사원들이 사용하거나 이해할 수 있는 언어로 제공할 수 있도록 절차를 수립하고, 그들이 임무를 수행하는데 효과적으로 의사소통을 할 수 있도록 하여야 한다. 7) 안전관리체제와 관련된 종사원들 간에 의사소통절차를 수립하여야 하며 절차에는 다음 사항이 포함되어야 한다. 　가) 안전관리업무와 관련된 중요 사항에 대한 협의·조정 및 심의·결정 등을 위한 안전위원회의 구성 　나) 안전관리체제 운용 목적의 이해, 중요 안전정보의 전달, 제도의 신설·변경 등 협의를 위한 의사소통체제
바. 선상운용 (船上運用)	운항선	1) 선박의 안전과 오염방지에 관한 주요 선상운용계획 및 지침을 작성하는 절차를 수립하여야 하며 선상운용계획 및 지침에는 다음 사항이 포함되어야 한다. 　가) 운항관리일반

계획의 수립에 관한 사항		나) 기상 다) 선원의 휴식 및 건강상태 관리 라) 수면효과 고도 한계, 임시 상승 고도 한계 및 임시 상승 고도에서 체공시간의 한계 등을 포함한 운항안전에 관한 사항 마) 보안 바) 위험물 사) 통신 및 보고 아) 탑재관리 자) 여객관리 2) 1)에 따른 업무는 명확히 규정되고 자격이 있는 자에게 부여하여야 한다. 3) 해상기상상태별 자체운항통제기준을 설정하여야 한다. 4) 자체운항통제기준에는 운항 중 기상악화 시의 피항 등의 대응계획 및 절차와 기상특보 시 운항 및 입출항을 통제하기 위한 기준이 포함되어야 한다. 5) 여객을 운송하는 선박의 경우 출항 전 여객의 안전 및 비상시 행동요령 등 여객 친숙화 절차를 수립하여야 한다.
	시운전선	1) 선박의 안전과 오염방지에 관한 주요 시운전계획 및 지침을 작성하는 절차를 수립하여야 하며 시운전계획 및 지침에는 다음 사항이 포함되어야 한다. 가) 시운전 해역 나) 시운전 항해계획 다) 시운전 업무 라) 시운전 단계 별 안전 확인 및 보고 사항 마) 시운전 제한 및 중단 사항 2) 1)에 따른 업무는 명확히 규정되고 자격이 있는 자에게 부여하여야 한다. 3) 시운전 전 대상 선박에 대해 자체적으로 감항성을 증명하는 절차를 수립하고 이행하여야 하며, 그 절차에는 다음 사항이 포함되어야 한다. 가) 해당 선박이 기술자료에 합치하는지 여부 나) 선박 중량의 한계 다) 탑재 및 분배 한계 라) 무게 및 양력 중심 한계 마) 속도의 한계 바) 수면효과 고도 한계 사) 선박 분류에 따른 임시 상승 고도 한계 아) 임시 상승 고도에서 체공시간의 한계 자) 운전 및 기기 사용의 제한 차) 인적 및 물적 자원의 보장 4) 수면비행선박의 안전한 시운전 실행을 위하여 통신 및 보고 체계를 수립하여야 한다. 5) 해상기상상태별 자체운항통제기준을 설정하여야 한다. 6) 자체운항통제기준에는 운항 중 기상악화 시의 피항 등의 대응계획 및 절차와 기상특보 시 운항 및 입출항을 통제하기 위한 기준이 포함되어야 한다.
사. 비상대책	운항	1) 선박의 잠재적인 비상상황을 파악하고 이에 대한 대응절차를 수립하여야 하며 대응절차에는 다음 사항이 포함되어야 한다.

의 수립에 관한 사항	선	가) 비상상황 발생 시 업무수행을 위한 비상 운영체제
		나) 비상상황을 총괄하는 책임자 지정 및 책임자 업무범위
		다) 비상상황 발생 시 대응활동
		2) 1)에 따른 비상상황에 대응하기 위한 훈련 및 연습계획을 수립하고 이행하여야 한다.
		3) 비상상황의 식별에는 다음 사항이 포함되어야 한다.
		  가) 충돌
		  나) 퇴선
		  다) 오염
		  라) 좌초
		  마) 화재 및 폭발
		  바) 안정성 상실
		  사) 조종통제 불능
		  아) 구조결함 발생
		  자) 운항 중 결함 발생
		  차) 여객 및 해상종사원의 안전 위해 발생
		4) 선박과 관련한 위험·사고 및 비상상황에 대하여 선박 및 사업장의 조직이 언제든지 대응할 수 있는 조치계획을 수립하여야 하며 유관기관과의 협조체계를 유지하여야 한다.

	시운전선	1) 시운전 선박의 잠재적 비상상황을 파악하고 이에 대한 대응 절차를 수립하여야 하며 비상상황의 식별에는 다음 사항이 포함되어야 한다.
		  가) 충돌
		  나) 퇴선
		  다) 오염
		  라) 좌초
		  마) 화재 및 폭발
		  바) 안정성 상실
		  사) 조종통제 불능
		  아) 구조결함 발생
		  자) 운항 중 결함 발생
		  차) 해상종사원의 안전 위해 발생
		2) 1)에 따른 비상상황에 대응하기 위한 훈련 및 연습계획을 수립하고 이행하여야 한다.
		3) 선박과 관련한 위험·사고 및 비상상황에 대하여 선박 및 사업장의 조직이 언제든지 대응할 수 있는 조치계획을 수립하여야 하며 유관기관과의 협조체계를 유지하여야 한다.

아.
사고, 위험상황 및 안전관리체제의 결함에 관한
	운항선·시운	1) 안전관리체제를 개선하기 위하여 부적합사항, 사고, 준해양사고 및 위험발생에 대하여 자체 안전보고절차를 수립 및 운영하여야 하며 절차에는 다음 사항이 포함되어야 한다.
		  가) 항해안전정보의 수집, 분석, 활용을 위한 자체 자율보고
		  나) 자체 안전보고절차에 따라 보고 받은 자료에 대한 조사, 자료화, 분석 및 피드백 등 정보 처리절차

보고와 분석에 관한 사항	전선	2) 선박, 인원 및 환경에 대하여 식별된 모든 위험성에 대한 평가 및 위험성 감소대책 절차를 수립하여야 한다. 3) 1)에 따른 자체 안전보고 결과를 분석하여 재발방지대책을 포함한 시정조치 절차를 수립 하여야 한다

자. 선박의 정비에 관한 사항	운항선	1) 선박이 관련 법령 및 자체수립한 정비계획에 따라 정비·유지되고 있는지 여부를 확인하는 절차를 수립하여야 한다.
		2) 1)에 따른 절차 수립에는 다음 사항이 포함되어야 한다.
		  가) 주기적인 검사
		  나) 가)의 검사에 관한 모든 부적합사항(추정원인을 포함한다)의 보고 및 시정조치
		  다) 가) 및 나)의 활동에 대한 기록유지
		3) 갑자기 작동이 정지될 경우를 대비하여 선박의 안전과 관련하여 중요한 설비 및 기능을 식별할 수 있는 절차를 수립하여야 한다.
		4) 3)에 따른 절차 수립에는 설비 및 기술적 체계를 향상시키는 방법과 지속적으로 사용하지 아니하는 예비설비 및 기술적 체계에 대한 정기적인 시험이 포함되어야 한다.
		5) 2) 가)에 따른 주기적인 검사 및 4)의 규정에 의한 설비 및 기술적 체계의 향상방법은 선박의 일상적인 운항정비에 포함하여야 한다
		6) 선박 검사 및 정비를 위해 충분한 지식과 경험이 있는자로 구성된 검사·정비 조직을 갖추어야한다.

	시운전선	1) 시운전 실행 전 선박의 선체 및 기기들의 안전한 상태를 확인하기 위한 절차를 수립하고 이행하여야 한다.

차. 문서 및 자료 관리에 관한 사항	운항선	1) 안전관리체제와 관련된 모든 문서 및 자료를 관리하는 절차를 수립하여야 한다.
		2) 문서관리와 관련하여 다음 사항을 시행하여야 한다.
		  가) 모든 관련 부서에서는 안전관리체제와 관련하여 효력이 있는 문서만을 사용할 것
		  나) 문서의 개정은 권한을 부여받은 자가 검토·승인할 것
		  다) 무효화된 문서는 신속히 폐기할 것
		3) 문서는 가장 효과적인 방법으로 관리되어야 하며, 선박에서 필수 보유하여야 할 문서를 목록화하고 선내에 비치하여야 한다.

	시운전선	1) 시운전 안전관리체제 활동은 기록되어야 하며 기록에는 다음 사항이 포함되어야 한다.
		  가) 인력의 배치와 운영에 관한 사항
		  나) 선상운용(船上運用)계획의 수립에 관한사항
		  다) 비상대책의 수립에 관한 사항
		  라) 사고, 위험상황 및 안전관리체제의 결함에 관한 보고와 분석에 관한 사항
		  마) 선박의 정비에 관한 사항
		  바) 안전관리체제에 대한 선박소유자의 확인·검토 및 평가에 관한 사항

카.	운	1) 안전 및 오염방지활동이 안전관리체제에 적합한지 여부를 확인하기 위하여 정

안전관리체제에 대한 선박소유자의 확인·검토 및 평가에 관한 사항	항선	기적인 인증심사 시행 전에 내부심사를 시행하여야 한다.
		2) 회사는 안전관리체제와 관련하여 회사의 업무를 위임받은 종사자 등이 이 표에서 규정하는 회사의 책임을 이행하는지를 주기적으로 검증하여야 한다.
		3) 1)의 내부심사를 시행한 후 안전관리체제의 효율성에 대하여 정기적으로 평가 및 검토를 하여야 한다.
		4) 내부심사와 시정조치는 문서화된 절차에 따라 시행하여야 한다.
		5) 내부심사를 실시하는 자는 사업장의 규모 및 특성상 부득이한 경우를 제외하고는 심사를 받는 부서와 독립된 자이어야 한다.
		6) 내부심사 결과 및 안전관리체제에 대한 효율성 검토 결과는 관련 부서의 책임 있는 모든 종사원에게 통보되어야 한다.
		7) 내부심사 시 발견된 부적합사항에 대하여 책임있는 자는 그 사항을 적절한 기간 내에 시정조치 하여야 한다.
		8) 안전관리체제 활동이 유효하게 이루어지는지 확인을 위한 모니터링 및 측정 절차를 수립하여야 하며 절차에는 다음 사항이 포함되어야 한다.
		  가) 자료수집, 보고, 분석, 평가 및 피드백의 절차
		  나) 안전관리체제 활동 저해 요인에 대한 주기적인 원인 분석 및 대책마련 절차
		9) 운항해역, 운전절차, 장비 및 시스템 등의 변경 시 잠재적 위험을 식별하고 대응하기 위한 변경관리절차를 수립하여야 한다.

	시운전선	1) 계획된 시운전 완료 후 시운전 안전관리체제 이행 기록을 검토하여 개선하는 절차를 수립하고 이행하여야 한다. 2) 시운전 해역, 시운전 절차, 장비 및 시스템 등의 변경 시 잠재적 위험을 식별하고 대응하기 위한 변경관리절차를 수립하여야 한다.

※비고
1. "운항선"이란 제1회 정기검사 완료 후 교통환경 안전성 검증을 위하여 항만 또는 인근해역에서 항행하는 수면비행선박과 「해운법」 제2조 제2호 또는 제3호의 해상여객운송사업 또는 해상화물운송사업에 종사하는 수면비행선박을 말한다.
2. "시운전선"이란 자체 성능시험과 이 규칙 제37조 제1호 및 제2호에 따라 시운전을 하는 수면비행선박을 말한다.
3. 「해운법」 제3조 제1호 또는 제2호의 내항 정기 여객운송사업 또는 내항 부정기 여객운송사업에 종사하는 수면비행선박은 위 표의 안전관리체제를 적용하지 아니한다.

3. 인증심사

선박소유자는 법 제46조 제2항에 따라 안전관리체제를 수립·시행하여야 하는 선박이나 사업장에 대하여 다음 각 호의 구분에 따라 해양수산부장관으로부터 안전관리체제에 대한 인증심사(이하 "인증심사"라 한다)를 받아야 한다(법 제47조 제1항).

1. 최초인증심사 : 안전관리체제의 수립·시행에 관한 사항을 확인하기 위하여 처음으로 하는 심사

2. 갱신인증심사 : 선박안전관리증서 또는 안전관리적합증서의 유효기간이 끝난 때에 하는 심사

3. 중간인증심사 : 최초인증심사와 갱신인증심사 사이 또는 갱신인증심사와 갱신인증심사 사이에 해양수산부령으로 정하는 시기에 행하는 심사

4. 임시인증심사 : 최초인증심사를 받기 전에 임시로 선박을 운항하기 위하여 다음 각 목의 어느 하나에 대하여 하는 심사

　가. 새로운 종류의 선박을 추가하거나 신설한 사업장

　나. 개조 등으로 선종이 변경되거나 신규로 도입한 선박

5. 수시인증심사 : 제1호부터 제4호까지의 인증심사 외에 선박의 해양사고 및 외국항에서의 항행정지 예방 등을 위하여 해양수산부령으로 정하는 경우에 사업장 또는 선박에 대하여 하는 심사

선박소유자는 인증심사에 합격하지 아니한 선박을 항행에 사용하여서는 아니 된다. 다만, 천재지변 등으로 인하여 인증심사를 받을 수 없다고 인정되는 등 해양수산부령으로 정하는 경우에는 그러하지 아니하다(법 제47조 제2항). 인증심사를 받으려는 자는 해양수산부령으로 정하는 바에 따라 수수료를 내야 한다(법 제47조 제3항). 인증심사의 절차와 심사방법 등에 필요한 사항은 해양수산부령으로 정한다(법 제47조 제4항).

※「해사안전법 시행규칙」

제34조(인증심사의 신청) 법 제47조 제1항에 따른 안전관리체제에 대한 인증심사(이하 "인증심사"라 한다)를 받으려는 자는 별지 제13호서식의 사업장 안전관리체제 인증심사 신청서 또는 별지 제14호서식의 선박 안전관리체제 인증심사 신청서에 다음 각 호의 구분에 따른 서류를 첨부하여 지방해양수산청장 또는 법 제48조 제1항에 따른 인증심사대행기관(이하 "정부대행기관"이라 한다)에 제출하여야 한다.
 1. 최초인증심사를 신청하는 경우
　가. 사업장 : 안전관리체제 관련 서류 목록, 사업개요·조직 및 보유선박 현황에 관한 서류 및 임시안전관리적합증서 사본
　나. 선박 : 안전관리적합증서 사본
 2. 갱신인증심사 또는 중간인증심사를 신청하는 경우
　가. 사업장 : 안전관리적합증서 사본
　나. 선박 : 안전관리적합증서 사본 및 선박안전관리증서 사본
 3. 임시인증심사를 신청하는 경우
　가. 사업장 : 회사 조직도 및 부서별 업무개요에 관한 서류 및 안전관리적합증서 사본

　　　　나. 새로운 종류의 선박을 추가하는 경우에 해당 선박: 새로 추가된 선박을 반영한 임시안전관리적합증서 사본
　　　　다. 같은 종류의 선박을 도입하는 경우에 해당 선박: 기존의 안전관리적합증서 사본
제35조(중간인증심사의 시행시기) 법 제47조 제1항 제3호에서 "해양수산부령으로 정하는 시기"란 다음 각 호의 구분에 따른 시기를 말한다.
　　1. 사업장의 경우 : 안전관리적합증서의 유효기간 개시일부터 매 1년이 되는 날 전후 3개월 이내
　　2. 선박의 경우 : 선박안전관리증서의 유효기간 개시일부터 2년 6개월이 되는 날 전후 6개월 이내. 다만, 선박소유자의 요청이 있는 경우에는 유효기간 개시일부터 매 1년이 되는 날 전후 3개월 이내에 할 수 있다.
제36조(수시인증심사를 받아야 하는 사업장 또는 선박) ① 법 제47조 제1항 제5호에서 "해양수산부령으로 정하는 경우"란 다음 각 호의 어느 하나에 해당하는 경우를 말한다.
　　1. 법 제56조 제1항 및 제2항에 따라 사업장이나 선박에 대한 점검 결과 선박의 안전 확보를 위하여 필요하다고 인정하는 경우
　　2. 법 제58조 제1항에 따른 지도·감독 결과 해양사고를 방지하고 해사안전관리 업무를 효율적으로 수행하기 위하여 필요하다고 인정하는 경우
　　3. 「해양사고의 조사 및 심판에 관한 법률」 제2조 제1호에 따른 해양사고가 발생한 경우로서 해당 선박의 안전 확보를 위하여 필요하다고 인정하는 경우
　② 지방해양수산청장은 법 제47조 제1항 제5호에 따라 수시인증심사를 하려는 경우에는 선박소유자, 안전관리대행업자, 그 밖의 이해관계인에게 심사목적 및 심사시기 등을 서면으로 알려야 한다.
제37조(인증심사에 합격하지 아니한 선박의 항행) 법 제47조 제2항 단서에서 "해양수산부령으로 정하는 경우"란 다음 각 호의 어느 하나에 해당하는 경우를 말한다.
　　1. 「선박안전법」 제8조부터 제12조까지의 규정에 따른 선박의 검사를 받기 위하여 해당 항만 또는 인근해역에서 시운전을 하는 경우(수면비행선박은 제외한다)
　　2. 「선박안전법」 제18조 제1항에 따른 선박의 형식승인을 얻기 위하여 해당 항만 또는 인근해역에서 시운전을 하는 경우(수면비행선박은 제외한다)
　　3. 국제항해에 종사하지 아니하는 선박의 수리를 위하여 국제항해를 왕복하는 경우. 이 경우 왕복 횟수는 1회만 해당한다.
　　4. 외국으로부터 선박을 구입하여 국내로 국제항해를 하는 경우
　　5. 그 밖에 천재지변 및 불가항력 등 해양수산부장관이 정하여 고시하는 불가피한 사유로 인하여 인증심사를 받을 수 없는 경우
제38조(수수료) 법 제47조 제3항에 따른 인증심사 수수료는 별표 12와 같다.
제39조(인증심사의 방법 등) ① 법 제47조 제1항에 따른 인증심사의 방법은 별표 13과 같다.
　② 법 제47조 제1항에 따라 인증심사를 받는 선박소유자는 다음 각 호의 구분에 따른 사람을 인증심사에 참여하도록 하거나 직접 해당 인증심사(사업장에 대한 인증심사의 경우만 해당한다)에 참여하여야 한다. 이 경우 선박소유자는 특별한 사유가 없는 한 인증심사에 필요한 협조를 하여야 한다.
　　1. 사업장에 대한 인증심사의 경우: 선박소유자의 직무를 대행하는 사람
　　2. 선박에 대한 인증심사의 경우: 인증심사의 항목에 따라 선장·기관장 또는 그 직무를 대행하는 「선원법」 제2조 제5호에 따른 직원

[별표 12]

인증심사 수수료(제38조 관련)
　1. 기준수수료

가. 사업장에 대한 인증심사

인증심사 종류	구분		수수료	비고
최초·갱신 인증심사	종업원수	10명 미만	67,360원	• 별표 13에 따른 최초·갱신·중간인증심사 대상 분사무소에 대한 인증심사를 하는 경우에는 사업장에 대한 인증심사수수료와는 별도로 심사대상 분사무소마다 실제 심사소요시간당(1인 기준) 16,840원을 납부하여야 한다. 다만, 분사무소의 인증심사수수료는 사업장의 인증심사수수료를 초과할 수 없다. • 최초인증심사의 수수료는 문서심사에 관한 수수료를 제외한 것이며, 문서심사에 관한 수수료는 다음과 같다. 1) 선박의 종류가 1개인 경우 : 67,360원 2) 선박의 종류가 2개 이상 4개 이하인 경우 : 134,720원 3) 선박의 종류가 5개 이상인 경우 : 202,080원
		10명 이상~30명 미만	84,200원	
		30명 이상~100명 미만	101,040원	
		100명 이상~500명 미만	134,720원	
		500명 이상~1,000명 미만	202,080원	
		1,000명 이상	실제 소요된 심사일수(1인 기준) × 134,720원	
중간 인증심사	종업원수	10명 미만	50,520원	
		10명 이상~30명 미만	67,360원	
		30명 이상~100명 미만	84,200원	
		100명 이상~500명 미만	101,040원	
		500명 이상~1,000명 미만	134,720원	
		1,000명 이상	실제 소요된 심사일수(1인 기준) × 134,720원	
임시 인증심사	수수료 : 50,520원			

나. 선박에 대한 인증심사

인증심사종류	선박의 종류	기본수수료	비고
최초·갱신 인증심사	제1군에 속하는 선박	67,360원	• 선박인증심사수수료는 기본수수료에 톤수계수를 곱하여 산정한다.
	제2군에 속하는 선박	84,200원	
중간인증심사	제1군에 속하는 선박	50,520원	
	제2군에 속하는 선박	67,360원	
임시인증심사	기본수수료: 50,520원		

• 선박종류에 의한 구분

- 제1군: 유조선·화학제품운반선·가스운반선·산적화물선·고속화물선 및 기타화물선
- 제2군: 여객선·고속여객선 및 이동식해양구조물
- 톤수계수
- 총톤수 500톤 미만: 0.8
- 총톤수 500톤 이상 1,600톤 미만: 0.9
- 총톤수 1,600톤 이상: 1

2. 공휴일 심사 및 국외 심사의 수수료
  가. 공휴일에 인증심사를 받고자 하는 자는 기준수수료의 50퍼센트를 가산한 수수료를 납부하여야 한다.
  나. 국외에서 인증심사를 받고자 하는 자는 기준수수료의 4배에 해당하는 수수료를 납부하여야 한다.

※ 비고
  인증심사를 받으려는 자는 해당 인증심사에 종사하는 자의 출장에 소요되는 여비를 부담하여야 한다.

4. 인증심사 업무의 대행 등

가. 인증심사의 대행

해양수산부장관은 다음 각 호의 업무를 해양수산부장관이 지정하는 인증심사대행기관(이하 "정부대행기관"이라 한다)이 대행하게 할 수 있다. 이 경우 해양수산부장관은 대통령령으로 정하는 바에 따라 정부대행기관과 협정을 체결하여야 한다(법 제48조 제1항).

1. 인증심사
2. 법 제49조 제1항 및 제2항에 따른 선박안전관리증서 등의 발급

정부대행기관의 조직·인원 및 사무소 등 지정기준, 심사업무에 종사하는 사람의 자격 등에 필요한 사항은 대통령령으로 정한다(법 제48조 제2항). 정부대행기관이 인증심사를 대행하는 경우 인증심사를 받으려는 자는 정부대행기관이 정하는 수수료를 그 정부대행기관에 내야 한다(법 제48조 제3항). 정부대행기관은 법 제48조 제3항에 따른 수수료의 기준을 정하여 해양수산부장관의 승인을 받아야 한다. 승인받은 사항을 변경하려는 경우에도 또한 같다(법 제48조 제4항).

⚓ 「해사안전법 시행령」

제17조(인증심사대행기관의 지정신청 등) ① 법 제48조에 따라 인증심사대행기관(이하 "정부대행기관"이라 한다)으로 지정받으려는 자는 해양수산부령으로 정하는 바에 따라 지정신청서(전자문서로 된 신청서를 포함한다)에 다음 각 호의 서류(전자문서를 포함한다)를 첨부하여 해양수산부장관에게 제출하여야 한다.
 1. 제18조 제1항 각 호에 따른 지정요건에 적합함을 증명하는 서류
 2. 인증심사 업무의 범위를 적은 사업계획서
 3. 조직 및 업무처리규정
 4. 정관(법인만 해당한다)
 5. 그 밖에 인증심사 업무에 필요하다고 인정하여 해양수산부장관이 고시하는 서류
② 해양수산부장관은 제1항에 따라 정부대행기관의 지정신청을 받은 경우에는 제18조 제1항 각 호에 따른 지정기준에의 적합 여부 및 사업계획의 타당성 등을 종합적으로 검토하여 정부대행기관의 지정 여부를 결정하여야 한다.
③ 해양수산부장관은 제2항에 따라 정부대행기관을 지정한 경우에는 해양수산부령으로 정하는 지정서를 발급하여야 하고, 다음 각 호의 사항을 고시하여야 한다.
 1. 정부대행기관의 명칭과 주소
 2. 대표자의 성명
 3. 주된 사무소와 지방사무소의 소재지
 4. 해외사무소의 소재지(해외사무소가 있는 경우만 해당한다)
 5. 인증심사 업무의 범위
 6. 정부대행기관의 지정 연월일
④ 법 제48조 제1항 각 호 외의 부분 후단에 따라 해양수산부장관 및 정부대행기관 간에 체결하여야 하는 협정에는 다음 각 호의 내용이 포함되어야 한다.
 1. 대행업무의 범위
 2. 대행기간
 3. 그 밖에 인증심사 업무의 대행에 필요하다고 해양수산부장관이 정하여 고시하는 사항

제18조(정부대행기관의 지정기준) ① 법 제48조 제2항에 따른 정부대행기관의 지정기준은 다음 각 호와 같다.
 1. 인증심사 업무를 수행하는 전담조직을 갖출 것
 2. 제2항에 따른 인증심사원을 7명 이상 확보할 것
 3. 11개 이상의 지방사무소를 확보할 것. 이 경우 7개 이상의 광역시·도 또는 특별자치도에 각각 1개 이상의 지방사무소를 확보하여야 한다.
 4. 4개 이상의 해외사무소를 확보할 것(국제항해에 종사하는 선박에 대한 정부대행기관으로 지정받으려는 경우만 해당한다)
② 법 제48조 제2항에 따른 심사업무에 종사하는 사람(이하 "인증심사원"이라 한다)의 자격기준은 별표 4와 같다.

[별표 4]
인증심사원의 자격기준(제18조 제2항 관련)

구분	최초인증심사 또는 갱신인증심사를 할 수 있는 사람	중간인증심사 또는 수시인증심사를 할 수 있는 사람
심사경력	인증심사원이 되기 전에 사업장 또는 선박	인증심사원이 되기 전에 사업장 또는 선박

	에 대한 3회 이상의 최초인증심사 또는 갱신인증심사에 참여한 경력이 있는 사람. 이 경우 사업장 및 선박에 대한 인증심사에 참여한 경력이 각각 1회 이상 포함되어야 한다.	에 대한 각각 1회 이상의 최초인증심사·갱신인증심사 또는 중간인증심사에 참여한 경력이 있는 사람
학력·유사경력	다음 각 호의 어느 하나에 해당하는 경력이 있는 사람 1. 해양계 전문대학 졸업자 또는 이와 같은 수준 이상의 학력이 있는 사람으로서 다음 각 목의 어느 하나에 해당하는 경력이 있는 사람 　가. 국제항해에 종사하는 선박에서 3급 항해사, 3급 기관사 또는 3급 운항사 이상의 직무로 5년 이상 승무한 경력 　나. 해운 관련 사업장에서 선박안전관리 직무와 관련된 분야에 5년 이상 근무한 경력 2. 대학·전문대학의 공학 또는 자연과학에 관한 학과를 졸업한 사람으로서 선박안전관리에 관한 기술 또는 운항 분야에서 5년 이상 근무한 경력이 있는 사람 3. 「선박안전법」 제76조에 따른 선박검사관 또는 같은 법 제77조 제1항에 따른 선박안전기술공단이나 선급법인의 선박검사원으로 5년 이상 근무한 경력이 있는 사람 4. 제1호부터 제3호까지의 규정에 따른 경력을 합산하여 4년 이상의 경력이 있는 사람	다음 각 호의 어느 하나에 해당하는 경력이 있는 사람 1. 해양계 전문대학 졸업자 또는 이와 같은 수준 이상의 학력이 있는 사람으로서 다음 각 목의 어느 하나에 해당하는 경력이 있는 사람 　가. 국제항해에 종사하는 선박에서 3급 항해사, 3급 기관사 또는 3급 운항사 이상의 직무로 3년 이상 승무한 경력 　나. 해운 관련 사업장에서 선박안전관리 직무와 관련된 분야에 3년 이상 근무한 경력 2. 대학·전문대학의 공학 또는 자연과학에 관한 학과를 졸업한 사람으로서 선박안전관리에 관한 기술 또는 운항 분야에서 3년 이상 근무한 경력이 있는 사람 3. 「선박안전법」 제76조에 따른 선박검사관 또는 같은 법 제77조 제1항에 따른 선박안전기술공단이나 선급법인의 선박검사원으로 3년 이상 근무한 경력이 있는 사람 4. 제1호부터 제3호까지의 규정에 따른 경력을 합산하여 3년 이상의 경력이 있는 사람
교육경력	다음 각 호의 교육을 받은 사람으로서 평가결과 총점의 100분의 70 이상을 취득한 사람 1. 「국제안전관리규약」 및 이 규약이 요구하는 용어의 이해: 8시간 2. 해운 관련 법령과 국제해사기구·선박안전기술공단·선급법인 및 해사단체가 발간하는 안내서 등의 이해: 8시간 3. 인증심사에 관한 계획 및 시행에 관한 교육: 8시간 4. 안전관리의 기술적·운영적 측면에 관한 교육: 16시간 5. 해운 및 선박운항의 기본지식: 40시간	

비고
1. 인증심사원의 자격기준은 위 표에 따른 심사경력, 학력·유사경력 및 교육경력을 모두 갖추어야 한다.
2. 사업장 및 선박에 대하여 「품질경영 및 공산품안전관리법」에 따른 품질경영체제 인증심사 업무에 참여한 경력은 심사경력의 인증심사 참여경력으로 본다.
3. 위 표에 따른 교육과 평가는 「한국해양수산연수원법」에 따른 한국해양수산연수원 또는 정부대행기관에서 해양수산부장관이 정하여 고시하는 바에 따라 실시한다.

4. 국제항해에 종사하지 아니하는 선박 및 사업장에 대한 인증심사를 하려는 사람에 대해서는 위 표의 교육경력에 따른 제1호부터 제3호까지의 규정에 따른 교육을 면제하고, 제5호에 따른 교육시간의 2분의 1을 경감한다.
5. 다음 각 목의 어느 하나에 해당하는 사람은 각 목의 구분에 따라 위 표의 교육경력에 따른 일부 교육을 면제한다.
   가. 「국제안전관리규약」에 따른 안전관리체제 인증심사 또는 「품질경영 및 공산품안전관리법」에 따른 품질경영체제 인증심사에 48시간 이상 참여한 사람: 제3호 및 제4호에 관한 교육
   나. 선박검사에 관한 지침 작성 업무에 2년 이상 종사한 경력이 있는 사람: 제2호에 관한 교육
   다. 2년 이상의 선박승무경력 또는 선박운항경력이 있는 사람: 제5호에 관한 교육
6. 인증심사원은 최초인증심사·갱신인증심사 및 중간인증심사 중 어느 하나에 대하여 3년 단위로 2회 이상의 심사경력을 유지하여야 하며, 그 심사경력을 유지하지 못한 인증심사원은 교육경력의 제1호 및 제3호를 내용으로 하는 8시간 이상의 보수교육을 받아야 하고, 3년 이내에 최초인증심사·갱신인증심사 또는 중간인증심사 중 어느 하나에 2회 이상 참여하여야 한다.

※ 「해사안전법 시행규칙」

제40조(정부대행기관의 지정신청) ① 영 제17조 제1항 각 호외의 부분에 따른 정부대행기관 지정신청서(전자문서로 된 신청서를 포함한다)는 별지 제15호서식에 따른다.
② 영 제17조 제1항 제3호에 따른 업무처리규정에는 다음 각 호의 사항이 포함되어야 한다.
1. 인증심사의 절차 및 방법에 관한 사항
2. 심사기준의 체계적인 수립·유지 및 준수에 관한 사항
3. 법 제48조 제2항에 따른 심사업무에 종사하는 사람의 책임·권한·상호관계 및 교육에 관한 사항
4. 인증심사업무의 기록유지에 관한 사항
5. 인증심사업무에 대한 내부감사체제에 관한 사항
③ 영 제17조 제3항에 따른 정부대행기관 지정서는 별지 제16호서식에 따른다.

나. 대행기관의 지정취소 등

해양수산부장관은 정부대행기관이 다음 각 호의 어느 하나에 해당하면 그 지정을 취소하거나 6개월의 범위에서 업무의 전부나 일부를 정지할 것을 명할 수 있다. 다만, 제1호 또는 제6호에 해당하는 경우에는 그 지정을 취소하여야 한다(법 제48조 제5항).

1. 거짓이나 그 밖의 부정한 방법으로 지정을 받은 경우
2. 정부대행기관의 지정기준을 충족하지 못하게 된 경우
3. 인증심사에 관한 업무를 수행할 능력이 없다고 인정된 경우
4. 법 제48조 제4항을 위반하여 수수료의 승인 또는 변경승인을 받지 아니하고 수수료를 징수한 경우
5. 법 제48조 제6항을 위반하여 대행업무에 관한 보고를 하지 아니한 경우

6. 업무정지명령을 위반하여 정지기간 중에 대행업무를 계속한 경우

다. 대행업무의 보고 등

정부대행기관은 대행업무에 관하여 해양수산부령으로 정하는 바에 따라 해양수산부장관에게 보고하여야 한다(법 제48조 제6항). 해양수산부장관은 법 제48조 제6항에 따라 정부대행기관이 보고한 대행업무에 관하여 그 처리 내용을 확인하여야 하며, 법 제48조 제5항 각 호의 위반사항이 발견된 경우에는 정부대행기관 지정의 취소 등 필요한 조치를 하여야 한다(법 제48조 제7항). 법 제48조 제5항에 따른 행정처분의 세부기준과 절차, 그 밖에 필요한 사항은 해양수산부령으로 정한다(법 제48조 제8항).

☸ 「해사안전법 시행규칙」

제41조(정부대행업무의 보고) ① 정부대행기관은 법 제48조 제6항에 따라 매반기 종료일부터 10일 이내에 인증심사 대행업무의 실적을 해양수산부장관에게 보고하여야 한다.
② 정부대행기관은 인증심사 결과 불합격판정을 받은 사업장 및 선박에 관하여는 지체 없이 그 사실을 해양수산부장관에게 보고하여야 한다.
제42조(정부대행기관에 대한 행정처분 기준) 법 제48조 제8항에 따른 정부대행기관에 대한 행정처분의 기준은 별표 8과 같다.

[별표 8]

행정처분의 기준(제19조, 제42조 및 제48조 관련)

1. 일반기준

가. 각각의 처분기준이 다른 둘 이상의 위반행위가 있는 경우에는 그 중 무거운 처분기준에 따른다. 다만, 둘 이상의 처분기준이 모두 업무정지인 경우에는 각 처분기준을 합산한 기간을 넘지 아니하는 범위에서 무거운 처분기준의 2분의 1 범위에서 가중할 수 있다.
나. 위반행위의 횟수에 따른 처분의 기준은 최근 1년간 같은 위반행위로 처분을 받은 경우에 적용한다. 이 경우 처분 기준의 적용은 같은 위반행위에 대하여 최초로 처분을 한 날을 기준으로 한다.
다. 처분권자는 위반행위의 동기·내용·회수 및 위반의 정도 등 다음 각 목에 해당하는 사유를 고려하여 그 처분을 감경할 수 있다. 이 경우 그 처분이 업무정지인 경우에는 그 처분기준의 2분의 1 범위에서 감경할 수 있고, 등록취소인 경우에는 30일 이상의 업무정지 처분으로 감경(법 제23조 제1항 제1호·제2호·제3호·제4호·제11호·제12호, 제48조 제5항 제1호·제6호 또는 제54조 제1항 제1호·제4호·제12호에 해당하는 경우는 제외한다)할 수 있다.
 1) 위반행위가 고의나 중대한 과실이 아닌 사소한 부주의나 오류로 인한 것으로 인정되는 경우
 2) 위반의 내용·정도가 경미하여 안전진단대상사업자 또는 선박소유자 등에게 미치는 피해가 적다고 인정되는 경우
 3) 위반 행위자가 처음으로 해당 위반행위를 한 경우로서, 3년 이상 사업을 모범적으로 해 온 사실이 인정된 경우
2. 위반행위별 행정처분기준

가. 안전진단대행업자에 대한 행정처분기준

위반사항	근거법령	행정처분기준			
		1차위반	2차위반	3차위반	4차위반
1) 법 제15조 제1항에 따른 안전진단기준을 따르지 아니하거나, 해상교통안전진단업무를 수행하지 아니하고 거짓으로 안전진단서를 작성한 경우	법 제23조 제1항 제1호	등록취소			
2) 거짓, 그 밖의 부정한 방법으로 법 제19조 제2항에 따른 등록 또는 변경등록을 한 경우	법 제23조 제1항 제2호	등록취소			
3) 법 제19조 제2항 전단에 따른 자격을 갖추지 못하게 된 경우	법 제23조 제1항 제3호	등록취소			
4) 법 제19조 제2항 후단에 따른 변경등록을 하지 않은 경우	법 제23조 제1항 제4호	개선명령	영업정지 1개월	영업정지 3개월	등록취소
5) 법인의 대표자가 법 제20조 각 호의 어느 하나에 해당하게 된 경우	법 제23조 제1항 제5호	경고	등록취소		
6) 법 제21조 제2항을 위반하여 권리·의무에 대한 승계신고를 하지 아니한 경우	법 제23조 제1항 제6호	경고	영업정지 1개월		
7) 법 제22조를 위반하여 휴업신고를 하지 아니한 경우	법 제23조 제1항 제7호	경고	영업정지 1개월	영업정지 3개월	등록취소
8) 법 제22조를 위반하여 폐업신고를 하지 아니한 경우	법 제23조 제1항 제7호	경고	등록취소		
9) 법 제23조 제1항 제12호를 위반하여 다른 안전진단대행업자로 하여금 해상교통안전진단을 하게 한 경우	법 제23조 제1항 제12호	등록취소			
10) 법 제58조 제1항 제1호에 따른 출석 또는 진술을 거부·방해하거나 기피한 경우	법 제23조 제1항 제8호	경고	영업정지 3개월	영업정지 6개월	
11) 법 제58조 제1항 제2호에 따른 출입·검사·확인·조사 또는 점검을 거부·방해하거나 기피한 경우	법 제23조 제1항 제9호	경고	영업정지 3개월	영업정지 6개월	
12) 법 제58조 제1항 제3호에 따른 서류의 제출 또는 보고를 하지 아니하거나 거짓으로 서류제출 또는 보고를 한 경우	법 제23조 제1항 제10호	경고	영업정지 3개월	영업정지 6개월	
13) 영업정지 명령을 위반하여 정지기간 중에 해상교통안전진단 대행 업무를 계속한 경우	법 제23조 제1항 제11호	등록취소			

나. 정부대행기관에 대한 행정처분기준

위반사항		근거법령	행정처분기준			
			1차위반	2차위반	3차위반	4차위반
1) 거짓, 그 밖의 부정한 방법으로 법 제48조 제1항에 따른 지정이 된 경우		법 제48조 제5항 제1호	등록취소			
2) 법 제48조 제2항을 위반하여 지정기준을 못 미치게 된 때	가) 조직·인원 및 사무소 등 지정기준	법 제48조 제5항 제2호	개선명령	영업정지 1개월	영업정지 3개월	등록취소
	나) 심사업무에 종사하는 사람의 자격		개선명령	영업정지 3개월	영업정지 6개월	등록취소
	다) 그 밖에 등록기준을 충족하지 못 하게 된 경우		개선명령	영업정지 3개월	영업정지 6개월	등록취소
3) 법 제48조 제4항을 위반하여 해양수산부의 승인 없이 수수료를 정하거나 변경한 경우		법 제48조 제5항 제4호	업무정지 1개월	업무정지 2개월	업무정지 3개월	영업정지 6개월
4) 법 제48조 제5항을 위반하여 대행업무에 관한 보고를 하지 아니한 경우		법 제48조 제5항 제5호	경고	영업정지 1개월	영업정지 3개월	영업정지 6개월
5) 업무정지명령을 위반하여 정지기간 중에 대행업무를 계속한 경우		법 제48조 제5항 제6호	등록취소			

다. 안전관리대행업자에 대한 행정처분기준

위반사항		근거법령	행정처분기준			
			1차위반	2차위반	3차위반	4차위반
1) 거짓, 그 밖의 부정한 방법으로 법 제51조 제1항에 따른 등록 또는 변경등록을 한 경우		법 제54조 제1항 제1호	등록취소			
2) 법 제51조 제1항 후단을 위반하여 변경등록을 하지 아니한 경우		법 제54조 제1항 제2호	개선명령	영업정지 1개월	영업정지 3개월	등록취소
3) 법 제51조 제2항에 따른 사업장 안전관리체제를 갖추지 못하게 된 경우	가) 법 제49조 제1항 또는 제2항에 따른 증서의 효력이 정지된 경우	법 제54조 제1항 제3호	영업정지 1개월	등록취소		
	나) 그 밖의안전관리체제를 갖추지 못한 경우		개선명령	영업정지 1개월	영업정지 3개월	등록취소
4) 법인의 대표자가 법 제52조 제1항에 따른 결격사유에 해당하게 된 경우		법 제54조 제1항 제4호	등록취소			
5) 안전관리체제의 수립과 시행에 관한 업무를 수행하지 아니하고 거짓으로 서류를 작성한 경우		법 제54조 제1항 제5호	영업정지 1개월	영업정지 3개월	등록취소	
6) 법 제53조 제1항을 위반하여 권리·의무에 대한 승계신고를 하지 아니한 경우		법 제54조 제1항 제6호	경고	영업정지 1개월		

7) 법 제53조 제2항을 위반하여 휴업신고를 하지 아니한 경우	법 제54조 제1항 제7호	경고	영업정지 1개월	영업정지 3개월	등록취소
8) 법 제53조 제2항을 위반하여 폐업신고를 하지 아니한 경우	법 제54조 제1항 제7호	경고	등록취소		
9) 법 제58조 제1항 제1호에 따른 출석 또는 진술을 거부·방해하거나 기피한 경우	법 제54조 제1항 제8호	경고	영업정지 3개월	영업정지 6개월	
10) 법 제58조 제1항 제2호에 따른 출입·검사·확인·조사 또는 점검을 거부·방해하거나 기피한 경우	법 제54조 제1항 제9호	경고	영업정지 3개월	영업정지 6개월	
11) 법 제58조 제1항 제3호에 따른 서류의 제출 또는 보고를 하지 아니하거나 거짓으로 서류제출 또는 보고를 한 경우	법 제54조 제1항 제10호	경고	영업정지 3개월	영업정지 6개월	
12) 법 제59조에 따른 개선명령을 이행하지 아니한 경우	법 제54조 제1항 제11호	영업정지 1개월	영업정지 3개월	등록취소	
13) 영업정지 명령을 위반하여 정지기간 중에 안전관리대행업의 영업을 계속한 경우	법 제54조 제1항 제12호	등록취소			

5. 선박안전관리증서 등의 발급 등

 해양수산부장관은 최초인증심사나 갱신인증심사에 합격하면 그 선박에 대하여는 선박안전관리증서를 내주고, 그 사업장에 대하여는 안전관리적합증서를 내주어야 한다(법 제49조 제1항). 해양수산부장관은 임시인증심사에 합격하면 그 선박에 대하여는 임시선박안전관리증서를 내주고, 그 사업장에 대하여는 임시안전관리적합증서를 내주어야 한다(법 제49조 제2항). 선박소유자는 그 선박에는 선박안전관리증서나 임시선박안전관리증서의 원본과 안전관리적합증서나 임시안전관리적합증서의 사본을 갖추어 두어야 하며, 그 사업장에는 안전관리적합증서나 임시안전관리적합증서의 원본을 갖추어 두어야 한다(법 제49조 제3항). 법 제49조 제1항에 따른 선박안전관리증서와 안전관리적합증서의 유효기간은 각각 5년으로 하고, 제2항에 따른 임시안전관리적합증서의 유효기간은 1년, 임시선박안전관리증서의 유효기간은 6개월로 한다(법 제49조 제4항). 법 제49조 제1항에 따른 선박안전관리증서는 5개월의 범위에서, 제2항에 따른 임시선박안전관리증서는 6개월의 범위에서 해양수산부령으로 정하는 바에 따라 각각 한 차례만 유효기간을 연장할 수 있다(법 제49조 제5항). 해양수산부장관은 선박소유자가 법 제47조 제1항 제3호에 따른 중간인증심사 또는 같은 항 제5호에 따른 수시인증심사에 합격하지 못하면 그 인증심사에 합격할 때까지 법 제49조 제1항에 따른 안전관리적합증서 또는 선박안전관리증서의 효력을 정지하여야 한다(법 제49조 제6항). 법 제49조 제6항에 따라 안전관리적합증서의 효력이 정지된 경우에는 해당 사업장에 속한 모든 선박의 선박안전관리증서의 효력도 정지된다(법 제49조 제7항). 법 제49조 제4항 및 제5항에 따른 유효기간의 기산(起算) 방법 등에 필요한 사항은 해양수산부령으로 정한다(법 제49조 제8항).

> 「해사안전법 시행규칙」
>
> **제43조(증서)** ① 법 제49조 제1항에 따른 선박안전관리증서는 별지 제17호서식, 안전관리적합증서는 별지 제18호서식에 따른다.
> ② 법 제49조 제2항에 따른 임시선박안전관리증서는 별지 제19호서식, 임시안전관리적합증서는 별지 제20서식에 따른다.
> **제44조(증서의 유효기간 연장)** ① 법 제49조 제5항에 따라 유효기간을 연장하려는 자는 별지 제21호서식의 유효기간 연장 신청서에 선박안전관리증서 또는 임시선박안전관리증서의 사본을 첨부하여 관할 지방해양수산청장 또는 정부대행기관에 제출하여야 한다.
> ② 지방해양수산청장 또는 정부대행기관은 제1항에 따른 연장신청이 적합하다고 인정하는 경우에는 해당 증서에 연장의 뜻을 표기하여야 한다.
> **제45조(증서의 유효기간 기산)** 법 제49조 제8항에 따른 선박안전관리증서 및 안전관리적합증서의 유효기간 기산은 다음 각 호의 구분에 따른다. 다만, 임시선박안전관리증서 및 임시안전관리적합증서의 경우에는 해당 인증심사의 완료일로 한다.
> 1. 최초인증심사를 받은 경우: 해당 인증심사의 완료일
> 2. 유효기간 만료일 전 3개월 이내에 갱신인증심사를 받은 경우: 유효기간 만료일의 다음날
> 3. 유효기간 만료일 3개월 전에 갱신인증심사를 받은 경우: 해당 인증심사의 완료일

6. 인증심사에 대한 이의신청

인증심사에 불복하는 자는 심사결과를 통지받은 날부터 30일 이내에 그 사유를 적어 해양수산부장관이 정하는 바에 따라 이의신청을 할 수 있다(법 제50조 제1항). 인증심사에 관하여 이의가 있는 자는 법 제50조 제1항에 따른 이의신청 여부와 관계없이 「행정심판법」에 따른 행정심판청구 또는 「행정소송법」에 따른 행정소송을 제기할 수 있다(법 제50조 제2항).

✵ 「해사안전법 시행규칙」

제46조(이의신청의 절차 등) ① 법 제50조 제1항에 따라 이의신청을 하려는 자는 별지 제22호서식의 이의신청서에 사유서를 첨부하여 해양수산부장관에게 제출하여야 한다.
② 해양수산부장관은 제1항에 따른 이의신청이 이유 있다고 인정하는 경우에는 해당 인증심사를 행한 지방해양수산청장 또는 정부대행기관으로 하여금 재심사를 하게 할 수 있다.

7. 안전관리대행업의 등록

선박소유자로부터 안전관리체제의 수립과 시행에 관한 업무를 위탁받아 대행하는 업(이하 "안전관리대행업"이라 한다)을 경영하려는 자는 해양수산부장관에게 등록하여야 한다. 등록한 사항 중 해양수산부령으로 정하는 사항을 변경하려는 경우에도 또한 같다(법 제51조 제1항). 안전관리대행업의 등록을 하려는 자는 법인으로서 법 제46조 제2항에 따른 사업장 안전관리체제를 갖추어야 한다(법 제51조 제2항). 안전관리대행업의 등록 절차 등에 필요한 사항은 해양수산부령으로 정한다(법 제51조 제3항).

✵ 「해사안전법 시행규칙」

제47조(안전관리대행업의 등록신청) ① 법 제51조 제1항에 따라 안전관리대행업의 등록 또는 변경등록을 하려는 자는 별지 제23호서식의 안전관리대행업 등록(변경등록) 신청서(전자문서로 된 신청서를 포함한다)에 다음 각 호의 구분에 따른 서류를 첨부하여 지방해양수산청장에게 제출하여야 한다. 이 경우 지방해양수산청장은 「전자정부법」 제36조 제1항에 따라 행정정보의 공동이용을 통하여 법인 등기사항증명서를 확인하여야 한다.
  1. 등록: 다음 각 목의 서류
    가. 정관
    나. 사업계획서(사업의 개요, 조직 및 종사원 현황, 안전관리를 대행하고자 하는 선박의 명세를 포함한다)
    다. 안전관리적합증서 또는 임시안전관리적합증서의 사본
    라. 안전관리대행에 관한 계약서(안전관리를 대행하고자 하는 선박을 확보하지 아니한 경우에는 그 확보방법 및 확보기한을 증명하는 서류를 말한다)
    마. 대표자가 외국인인 경우에는 법 제52조의 결격사유에 해당하지 아니함을 확인할 수 있는 다음의 구분에 따른 서류
      1) 「외국공문서에 대한 인증의 요구를 폐지하는 협약」을 체결한 국가의 경우: 해당 국가의 정부 또는 그 밖에 권한이 있는 기관이 발급한 서류이거나 공증인이 공증한 해당 외국인의 진술서로서 해당 국가의 아포스티유(Apostille) 확인서 발급 권한이 있는 기관이 그 확인서를 발급한 서류
      2) 「외국공문서에 대한 인증의 요구를 폐지하는 협약」을 체결하지 아니한 국가의 경우: 해당 국가의 정부 또는 그 밖에 권한이 있는 기관이 발행한 서류이거나 공증인이 공증한 해당 외국

인의 진술서로서 해당 국가에 주재하는 우리나라 영사가 확인한 서류
　2. 변경등록: 변경사유서
　② 지방해양수산청장은 제1항에 따른 등록 또는 변경등록 신청이 적합하다고 인정하는 경우에는 별지 제24호서식의 안전관리대행업 등록증을 발급하여야 한다.
　③ 법 제51조 제1항 후단에서 "해양수산부령으로 정하는 사항"이란 다음 각 호의 어느 하나에 해당하는 사항을 말한다.
　1. 상호 및 주소
　2. 대표자
　3. 안전관리대행 선박

8. 안전관리대행업의 결격사유

　법인의 대표자가 법 제20조 제1호·제2호 또는 제3호에 해당하면 안전관리대행업을 등록할 수 없다(법 제52조 제1항). 법 제54조에 따라 등록이 취소된 날부터 2년이 지나지 아니한 법인은 안전관리대행업을 등록할 수 없다(법 제52조 제2항).

9. 권리와 의무의 승계 등

　안전관리대행업을 등록한 자의 권리와 의무의 승계에 관하여는 법 제21조 제1항 및 제2항을 준용하며, 안전관리대행업을 승계한 자에 관하여는 법 제52조를 준용한다(법 제53조 제1항). 안전관리대행업의 휴업과 폐업에 관하여는 법 제22조를 준용한다(법 제53조 제2항).

10. 안전관리대행업의 등록 취소 등

　해양수산부장관은 안전관리대행업을 등록한 자가 다음 각 호의 어느 하나에 해당하면 그 등록을 취소하거나 6개월 이내의 기간을 정하여 영업의 전부나 일부를 정지할 것을 명할 수 있다. 다만, 제1호·제4호 또는 제12호에 해당하면 그 등록을 취소하여야 한다(법 제54조 제1항).
　1. 거짓이나 그 밖의 부정한 방법으로 등록한 경우
　2. 법 제51조 제1항 후단을 위반하여 변경등록을 하지 아니한 경우
　3. 법 제51조 제2항에 따른 사업장 안전관리체체를 갖추지 못하게 된 경우
　4. 법인의 대표자가 법 제52조 제1항의 결격사유에 해당하게 된 경우. 다만, 법인의

대표자가 법 제52조 제1항의 결격사유에 해당하게 된 날부터 6개월이 되는 날까지 시정한 경우에는 그 등록을 취소하지 아니한다.
5. 안전관리체제의 수립과 시행에 관한 업무를 수행하지 아니하고 거짓으로 서류를 작성한 경우
6. 법 제53조 제1항을 위반하여 권리·의무에 대한 승계신고를 하지 아니한 경우
7. 법 제53조 제2항을 위반하여 사업의 휴업 또는 폐업 신고를 하지 아니한 경우
8. 법 제58조 제1항 제1호에 따른 출석 또는 진술을 거부·방해하거나 기피한 경우
9. 법 제58조 제1항 제2호에 따른 출입·검사·확인·조사 또는 점검을 거부·방해하거나 기피한 경우
10. 법 제58조 제1항 제3호에 따른 서류제출 또는 보고를 하지 아니하거나 거짓으로 서류제출 또는 보고를 한 경우
11. 법 제59조에 따른 개선명령을 이행하지 아니한 경우
12. 영업정지 명령을 위반하여 정지기간 중에 안전관리대행업의 영업을 계속한 경우

법 제54조 제1항에 따른 처분의 세부기준과 절차, 그 밖에 필요한 사항은 해양수산부령으로 정한다(법 제54조 제2항).

※ 「해사안전법 시행규칙」
제48조(안전관리대행업자에 대한 행정처분의 기준) 법 제54조 제2항에 따른 안전관리대행업자에 대한 행정처분의 기준은 별표 8과 같다.

제2관 선박 점검 및 사업장 안전관리

1. 외국선박 통제

해양수산부장관은 대한민국의 영해에 있는 외국선박 중 대한민국의 항만에 입항하였거나 입항할 예정인 선박에 대하여 선박 안전관리체제, 선박의 구조·시설, 선원의 선박운항지식 등이 대통령령으로 정하는 해사안전에 관한 국제협약의 기준에 맞는지

를 확인할 수 있다(법 제55조 제1항). 해양수산부장관은 법 제55조 제1항에 따른 확인 결과 외국선박의 안전관리체제, 선박의 구조·시설, 선원의 선박운항지식 등이 국제협약의 기준에 미치지 못하는 경우로서, 해당 선박의 크기·종류·상태 및 항행기간을 고려할 때 항행을 계속하는 것이 인명이나 재산에 위험을 불러일으키거나 해양환경 보전에 장해를 미칠 우려가 있다고 인정되는 경우에는 그 선박에 대하여 항행정지를 명하는 등 필요한 조치를 할 수 있다(법 제55조 제2항). 해양수산부장관은 법 제55조 제2항에 따른 위험과 장해가 없어졌다고 인정할 때에는 지체 없이 해당 선박에 대한 조치를 해제하여야 한다(법 제29조 제3항 법 제55조 제3항). 법 제55조 제1항에 따른 확인 및 제2항에 따른 조치에 필요한 사항은 해양수산부령으로 정한다(법 제55조 제4항).

> ⚓ 「해사안전법 시행령」
>
> **제19조(해사안전에 관한 국제협약)** 법 제55조 제1항에서 "대통령령으로 정하는 해사안전에 관한 국제협약"이란 국제해사기구 등에서 채택·시행하고 있는 해사안전에 관한 국제협약으로서 대한민국이 체결·비준한 국제협약을 말한다.

> ☸ 「해사안전법 시행규칙」
>
> **제49조(외국선박 통제의 시행)** ① 지방해양수산청장은 법 제55조 제1항에 따라 외국선박을 확인하려는 경우에는 소속 공무원으로 하여금 직접 승선하여 확인하게 할 수 있다.
> ② 지방해양수산청장은 법 제55조 제2항에 따라 필요한 조치를 하려는 경우에는 해당 선박의 선장에게 별지 제25호서식의 외국선박 통제점검보고서를 발급하여야 한다. 이 경우 해당 서류에는 법 제60조 제1항에 따른 이의신청에 대한 안내문이 포함되어야 한다.
> ③ 지방해양수산청장은 법 제55조 제2항에 따라 항행정지를 명한 경우에는 팩스 및 전자우편 등의 방법으로 해당 선박이 등록된 국가의 정부 또는 영사에게 그 정지사실을 알려야 한다.

2. 선박 점검 등

해양수산부장관은 대한민국선박이 외국 정부의 선박통제에 따라 항행정지 처분을 받은 경우에는 그 선박의 사업장에 대하여 안전관리체제의 적합성 여부를 점검하거나 그 선박이 국내항에 입항할 경우 해양수산부령으로 정하는 바에 따라 관련되는 선박의 안전관리체제, 선박의 구조·시설, 선원의 선박운항지식 등에 대하여 점검을 할 수 있다. 다만, 외국 정부에서 확인을 요청하는 경우 등 필요한 경우에는 외국에서 점검을 할 수 있다(법 제56조 제1항). 해양수산부장관은 외국 정부의 선박통제에 따른 항행정지를 예방하기 위한 조치가 필요하다고 인정하는 경우 해양수산부령으로 정하는 바에 따라 관련되는 선박에 대하여 법 제56조 제1항에 따른 점검(이하 "특별점검"이라 한다)을 할 수 있다(법 제56조 제2항). 해양수산부장관은 특별점검의 결과 선박의 안전 확보를 위하여 필요하다고 인정하면 그 선박의 소유자 또는 해당 사업장에 대하여 해양수산부령으로 정하는 바에 따라 시정·보완 또는 항행정지를 명할 수 있다(법 제56조 제3항).

> **「해사안전법 시행규칙」**
>
> **제50조(선박 점검 등)** ① 지방해양수산청장은 법 제56조 제1항 및 제2항에 따라 점검(이하 "기국통제"라 한다)하려는 경우에는 그 점검대상, 점검시기 및 점검방법 등을 선박소유자에게 알려야 한다.
> ② 지방해양수산청장은 법 제56조 제3항에 따른 시정·보완 또는 항행정지를 명하는 경우에는 해당 선박의 선장에게 별지 제26호서식의 기국통제점검보고서를 발급하여야 한다. 이 경우 해당 서류에는 법 제60조 제1항에 따른 이의신청에 대한 안내문이 포함되어야 한다.

3. 선박의 안전도에 관한 정보의 제공

해양수산부장관은 국민의 선박 이용의 안전을 도모하기 위하여 다음 각 호에서 정하는 선박의 해양사고 발생 건수, 관계 법령이나 국제협약에서 정한 선박의 안전에 관한 기준의 준수 여부 및 그 선박의 소유자·운항자 또는 안전관리대행자 등에 대한 정보를 공표할 수 있다. 다만, 대통령령으로 정하는 중대한 해양사고가 발생한 선박에 대하여는 사고개요, 해당 선박의 명세 및 소유자 등 해양수산부령으로 정하는 정보를 공표하여야 한다(법 제57조 제1항).

1. 「해운법」 제3조에 따른 해상여객운송사업에 종사하는 선박으로서 해양수산부령으로 정하는 선박
2. 「해운법」 제23조에 따른 해상화물운송사업에 종사하는 선박으로서 해양수산부령으로 정하는 선박
3. 대한민국의 항만에 기항(寄港)하는 외국선박으로서 해양수산부령으로 정하는 선박
4. 그 밖에 국제해사기구 등 해사안전과 관련된 국제기구의 요청 등에 따라 해당 선박의 안전도에 대한 정보를 제공할 필요가 있다고 해양수산부장관이 인정하는 선박

법 제57조 제1항에 따른 공표의 절차·방법 등에 필요한 사항은 해양수산부령으로 정한다(법 제57조 제2항).

⚓ 「해사안전법 시행령」

제19조의2(선박안전도정보의 공표) 법 제57조 제1항 각 호 외의 부분 단서에서 "대통령령으로 정하는 중대한 해양사고가 발생한 선박"이란 선박의 구조·설비 또는 운용과 관련하여 다음 각 호의 어느 하나에 해당하는 해양사고가 발생한 선박을 말한다.
 1. 사람이 사망하거나 실종된 사고
 2. 선박이 충돌·좌초·전복(顚覆)·침몰 등으로 멸실되거나 감항능력(堪航能力)을 상실하여 선박에 대한 수난구호 또는 예인(曳引)작업이 이루어진 사고
 3. 다음 각 목의 구분에 따른 유류(油類) 또는 기름이 유출된 사고
  가. 「유류오염손해배상 보장법」 제2조 제5호에 따른 유류: 30킬로리터 이상
  나. 법 제14조 제1항 제1호에 따른 기름(가목에 따른 유류는 제외한다): 100킬로리터 이상

☸ 「해사안전법 시행규칙」

제51조(선박안전도정보의 공표 등) ① 법 제57조 제1항 제1호부터 제3호까지의 규정에서 "해양수산부령으로 정하는 선박"이란 다음 각 호의 어느 하나에 해당하는 선박을 말한다.
 1. 해양사고를 야기한 선박
 2. 법 제55조 제2항에 따라 항행정지명령 등 필요한 조치를 받은 외국선박
 3. 법 제56조 제1항에 따른 외국정부의 항행정지 처분을 받은 선박
 ② 법 제57조 제1항에 따라 해양수산부장관이 공표하는 선박안전도정보에는 다음 각 호의 사항이 포함되어야 한다. 이 경우 그 공표는 인터넷 홈페이지 또는 일간신문 등에 게재하는 방법에 따른다.
 1. 해당 선박의 명세: 선박명, 총톤수, 선박번호, 국제해사기구번호
 2. 해당 선박의 해양사고 발생건수 및 사고개요
 3. 해당 선박의 안전기준 준수 여부 및 위반 실적
 4. 선박소유자, 선박운항자, 안전진단대행업자 및 안전관리대행업자의 성명(상호)
 ③ 해양수산부장관은 선박의 안전을 도모하기 위하여 필요하다고 인정하는 경우에는 제2항에 따른 공표사항을 다음 각 호의 단체에 알릴 수 있다.
 1. 「선박안전법」 제45조 제1항, 제60조 제2항, 제63조 제1항, 제64조 제1항 및 제65조 제1항에 따른 선박안전기술공단, 선급법인, 두께측정대행업체, 컨테이너검정등대행기관 및 위험물검사등대행기관
 2. 「한국해운조합법」에 따른 한국해운조합 또는 「민법」 제32조에 따라 설립된 한국선주협회
 3. 「선주상호보험조합법」에 따른 한국선주상호보험조합 또는 「민법」 제32조에 따라 설립된 손해보험협회

4. 해사안전 우수사업자의 지정 등

가. 지정 요건과 지원

해양수산부장관은 다음 각 호의 어느 하나에 해당하는 자 중 해사안전의 수준 향상

과 해양사고 감소에 기여한 자로서 해양수산부령으로 정하는 기준에 적합한 자를 해사안전 우수사업자로 지정할 수 있다(법 제57조의2 제1항).

1. 「해운법」 제4조 제1항에 따라 해상여객운송사업의 면허를 받은 자
2. 「해운법」 제24조 제1항에 따라 내항 화물운송사업의 등록을 한 자
3. 「해운법」 제24조 제2항에 따라 외항화물운송사업의 등록을 한 자
4. 그 밖에 해사안전관리 또는 해상운송과 관련된 사업으로서 해양수산부장관이 정하여 고시하는 사업을 영위하는 자

해양수산부장관은 해사안전 우수사업자의 지정에 필요한 경우에는 그 지정을 받으려는 자, 관계 행정기관의 장, 「공공기관의 운영에 관한 법률」 제4조에 따른 공공기관의 장이나 그 밖에 해사안전과 관련된 기관·단체 또는 관계인에게 필요한 자료의 제출을 요청할 수 있다(법 제57조의2 제2항). 해양수산부장관은 해사안전 우수사업자로 지정된 자에 대하여 우수사업자로 지정되었음을 나타내는 표지의 제공 등 해양수산부령으로 정하는 지원을 할 수 있다(법 제57조의2 제3항).

나. 지정의 취소 또는 효력정지

해양수산부장관은 해사안전 우수사업자로 지정된 자가 다음 각 호의 어느 하나에 해당하는 경우에는 그 지정을 취소하거나 3개월 이내의 기간을 정하여 지정의 효력을 정지할 수 있다. 다만, 제1호에 해당하는 경우에는 그 지정을 취소하여야 한다(법 제57조의2 제4항).

1. 거짓이나 그 밖의 부정한 방법으로 해사안전 우수사업자의 지정을 받은 경우
2. 법 제57조의2 제1항에 따른 해양수산부령으로 정하는 해사안전 우수사업자의 지정 기준에 적합하지 아니하게 된 경우
3. 해사안전 우수사업자가 다음 각 목의 어느 하나에 해당하는 위반행위를 한 경우
   가. 법 제47조 제2항 본문을 위반하여 인증심사에 합격하지 아니한(법 제49조 제6항 및 제7항에 따라 선박안전관리증서나 안전관리적합증서의 효력이 정지된 경우를 포함한다) 선박을 항행에 사용한 경우
   나. 법 제58조에 따른 지도·감독을 거부·방해하거나 기피한 경우
   다. 법 제59조에 따른 개선명령을 따르지 아니한 경우

다. 지정 및 지정 취지 등의 절차

법 제57조의2 제1항부터 제4항까지에서 규정한 사항 외에 해사안전 우수사업자의 지정·취소 또는 효력정지의 기준 및 절차 등에 필요한 사항은 해양수산부령으로 정한다(법 제57조의2 제5항).

「해사안전법 시행규칙」

제51조의2(해사안전 우수사업자의 지정·취소 기준 등) ① 법 제57조의2 제1항에 따른 해사안전 우수사업자(이하 "해사안전 우수사업자"라 한다)의 지정·취소 또는 지정의 효력정지 기준은 별표 13의2와 같다.
② 해사안전 우수사업자 지정의 유효기간은 지정을 받은 날부터 3년으로 한다.
③ 해양수산부장관은 해사안전 우수사업자를 지정하거나 해사안전 우수사업자에 대하여 지정 취소 또는 효력정지 등을 하는 경우에는 그 내용 등을 적은 서면으로 하여야 한다.
④ 해양수산부장관은 법 제57조의2 제3항에 따라 해사안전 우수사업자에 대하여 다음 각 호의 지원을 할 수 있다.
　1. 해사안전 우수사업자로 지정되었음을 나타내는 표지의 제공 또는 해사안전 우수사업자 관련 포상
　2. 다음 각 호에 해당하는 수수료의 경감 또는 면제
　　가. 법 제47조 제3항 또는 제48조 제3항에 따른 인증심사 수수료
　　나. 「선박안전법」 제80조 제1항 제1호에 따른 수수료(같은 법 제67조에 따른 대행검사기관에 대한 수수료를 포함한다)
　　다. 「국제항해선박 및 항만시설의 보안에 관한 법률」 제43조 제1항 또는 제2항에 따른 수수료
　3. 「해운법」 제38조에 따른 선박확보 등을 위한 재정적 지원 또는 같은 법 제39조 제2항에 따른 선박현대화지원사업 대상자의 선정 시 우대
⑤ 법 제57조의2 제4항 본문에 따라 해사안전 우수사업자의 지정 취소 또는 효력정지의 처분을 받은 자는 해사안전 우수사업자로 지정되었음을 나타내는 표지를 지체 없이 제거하고 이를 해양수산부장관에게 반납하여야 한다.
⑥ 해양수산부장관은 제1항부터 제3항까지에서 정한 사항 외에 해사안전 우수사업자로 지정된 자에 대한 지원 기준의 세부적인 사항을 고시할 수 있다.

5. 지도·감독

해양수산부장관은 해양사고가 발생할 우려가 있거나 해사안전관리의 적정한 시행 여부를 확인하기 위하여 필요한 경우 등 해양수산부령으로 정하는 경우에는 법 제58조 제2항에 따른 해사안전감독관으로 하여금 정기 또는 수시로 다음 각 호의 조치를 하게 할 수 있다. 다만, 「수상레저안전법」에 따른 수상레저기구와 선착장 등 수상레저시설, 「유선 및 도선 사업법」에 따른 유·도선, 유·도선장에 대해서는 그러하지 아니

하다($^{법\ 제58조}_{제1항}$).

1. 선장, 선박소유자, 안전진단대행업자, 안전관리대행업자, 그 밖의 관계인에게 출석 또는 진술을 하게 하는 것
2. 선박이나 사업장에 출입하여 관계 서류를 검사하게 하거나 선박이나 사업장의 해사안전관리 상태를 확인·조사 또는 점검하게 하는 것
3. 선장, 선박소유자, 안전진단대행업자, 안전관리대행업자, 그 밖의 관계인에게 관계 서류를 제출하게 하거나 그 밖에 해사안전관리에 관한 업무를 보고하게 하는 것

법 제58조 제1항에 따른 지도·감독 업무를 수행하기 위하여 해양수산부에 해사안전감독관을 둔다. 다만, 법 제99조 제1항에 따라 해양수산부장관의 지도·감독 권한의 일부를 위임하는 경우에는 그 권한을 위임받은 기관의 장이 소속된 기관에 해사안전감독관을 둔다($^{법\ 제58조}_{제2항}$). 법 제58조 제1항 제1호 또는 제2호의 조치(이하 "지도·감독"이라 한다)를 실시하려는 해사안전감독관은 지도·감독 실시일 7일 전까지 지도·감독의 목적, 내용, 날짜 및 시간 등을 서면으로 해당 지도·감독의 대상이 되는 자에게 알려야 한다. 다만, 긴급한 경우 또는 사전에 지도·감독의 실시를 알리면 증거 인멸 등으로 해당 지도·감독의 목적을 달성할 수 없다고 인정되는 경우에는 그러하지 아니할 수 있다($^{법\ 제58조}_{제3항}$). 법 제58조 제1항에 따라 지도·감독을 실시하는 해사안전감독관은 그 권한을 표시하는 증표를 지니고 이를 관계인에게 내보여야 한다($^{법\ 제58조}_{제4항}$). 법 제58조 제1항에 따라 지도·감독을 실시한 해사안전감독관은 그 결과를 서면으로 해당 지도·감독의 대상이 되는 자에게 알려야 한다($^{법\ 제58조}_{제5항}$). 법 제58조 제2항에 따른 해사안전감독관의 자격·임면 및 직무범위에 관하여 필요한 사항은 대통령령으로 정한다($^{법\ 제58조}_{제6항}$). 법 제58조 제1항부터 제5항까지에서 규정한 사항 외에 지도·감독에 필요한 사항은 해양수산부령으로 정한다($^{법\ 제58조}_{제7항}$).

⚓ 「해사안전법 시행령」

제19조의3(해사안전감독관) ① 법 제58조 제2항에 따른 해사안전감독관(이하 "해사안전감독관"이라 한다)의 자격기준은 별표 4의2와 같다.

② 제1항에도 불구하고 법 제58조 제2항 단서에 따라 해양수산부장관의 지도·감독 권한을 위임받은 기관의 장(지방자치단체의 장으로 한정한다)이 속한 기관에 두는 해사안전감독관에 대하여 해당 기관의 장은 다음 각 호의 어느 하나에 해당되는 경우에는 제1항에 따른 자격기준의 일부를 완화하여

정할 수 있다. 이 경우 해당 기관의 장은 미리 해양수산부장관의 의견을 들어야 한다.
  1. 법 제58조 제1항에 따른 지도·감독의 대상이 되는 선박이나 사업장의 규모 등을 고려할 때 제1항에 따른 자격기준을 완화하여 정하는 것이 필요하다고 인정하는 경우
  2. 제1항에 따른 자격기준을 갖춘 사람을 해사안전감독관으로 채용하기 어려운 경우
  ③ 법 제58조 제2항 본문에 따라 해양수산부에 두는 해사안전감독관은 해양수산부장관이 임면하고, 법 제58조 제2항 단서에 따라 해양수산부장관의 권한을 위임받은 기관의 장이 속한 기관에 두는 해사안전감독관은 해당 기관의 장이 임면한다.
  ④ 해사안전감독관은 다음 각 호의 직무를 수행한다.
  1. 법 제58조 제1항에 따른 지도·감독
  2. 그 밖에 해양수산부장관이 해양사고의 예방 및 해사안전관리의 적정한 시행 여부를 확인하거나, 법 제59조에 따른 개선명령 또는 항행정지명령의 집행 및 이행 확인에 필요하다고 인정하여 정하는 직무

[별표 4의2]
해사안전감독관의 자격기준(제19조의3 제1항 관련)

구 분	자격기준
1. 책임급 해사안전감독관	다음 각 목의 어느 하나에 해당하는 경력을 포함하여 해사안전 관련 분야에서 20년 이상 근무한 경력이 있는 65세 미만의 사람 　가. 1급 항해사나 1급 기관사의 해기사 면허를 소지하고 총톤수 1만톤(여객선의 경우에는 총톤수 3천톤을 말한다. 이하 이 표에서 같다) 이상의 선박에서 선장 또는 기관장으로 5년 이상 근무한 경력 　나. 1급 항해사나 1급 기관사의 해기사 면허를 소지하고 대형 선단(총톤수 1만톤 이상의 선박 7척 이상으로 이루어진 선단을 말한다. 이하 이 표에서 같다)의 안전관리책임자로 7년 이상 또는 안전관리자(안전관리책임자 경력을 포함한다. 이하 이 표에서 같다)로 10년 이상 근무한 경력 　다. 「선박안전법」 제60조 제2항에 따른 선급업무를 수행하는 법인·기관·단체[국제선급연합회(International Associationof Classification Society)의 정회원인 경우로 한정한다. 이하 이 표에서 같다]에서 선박검사원으로 10년 이상 근무한 경력 　라. 선임급 해사안전감독관으로 5년 이상 근무한 경력 　마. 「원양산업발전법」 제6조 제1항에 따른 원양어업허가를 받은 어선에서 선장 또는 기관장으로 10년 이상 근무한 경력
2. 선임급 해사안전감독관	다음 각 목의 어느 하나에 해당하는 경력을 포함하여 해사안전 관련 분야에서 15년 이상 근무한 경력이 있는 65세 미만의 사람 　가. 1급 항해사나 1급 기관사의 해기사 면허를 소지하고 총톤수 1만톤 이상의 선박에서 선장 또는 기관장으로 2년 이상 근무한 경력 　나. 1급 항해사나 1급 기관사의 해기사 면허를 소지하고 대형 선단의 안전관리책임자로 2년 이상 또는 안전관리자로 5년 이상 근무한 경력 　다. 「선박안전법」 제60조 제2항에 따른 선급업무를 수행하는 법인·기관·단체에서 선박검사원으로 5년 이상 근무한 경력 　라. 「원양산업발전법」 제6조 제1항에 따른 원양어업허가를 받은 어선에서 선장 또는 기관장으로 5년 이상 근무한 경력

비고
1. "해사안전 관련 분야"란 선박의 운항(항해사 또는 기관사로 선박에 승무한 경우를 말한다), 조선, 선박안전관리, 선박검사 등에 관한 업무 분야를 말한다.
2. 유급휴가기간은 경력기간의 산정에 포함한다.
3. 제1호마목 및 제2호라목에 따른 자격기준은 「원양산업발전법」 제6조 제1항에 따라 원양어업 허가를 받은 어선에 대하여 법 제58조 제1항 각 호에 따른 지도·감독을 하는 해사안전감독관의 경우에 한정하여 적용한다.

⚓ 「해사안전법 시행규칙」

제52조(지도·감독) 법 제58조 제1항 각 호 외의 부분 본문에서 "해양수산부령으로 정하는 경우"란 다음 각 호의 어느 하나에 해당하는 경우를 말한다.
1. 중대한 해양사고가 발생한 경우로서 유사한 사고의 발생을 예방하기 위하여 필요한 경우
2. 안전진단서가 안전진단기준 또는 안전진단서 작성기준에 현저히 미달한 경우
3. 안전관리체제의 수립 및 시행에 중대한 결함이나 부적합사항이 발생한 경우
4. 선박 또는 사업장의 해사안전관리 상태에 대하여 종사자 또는 도선사 등 관계인의 결함 신고가 있는 경우
5. 외국정부로부터 선박안전에 관한 결함사항의 통보가 있어 기국통제가 필요한 경우
6. 선장, 선박소유자, 안전진단대행업자, 안전관리대행업자나 그 밖의 관계인이 법·영이나 이 규칙을 위반하여 법 제58조 제1항 각 호의 어느 하나에 해당하는 조치를 하여야 할 필요성이 인정되는 경우
7. 그 밖에 해양사고가 발생할 우려가 있거나 해사안전관리의 적정한 시행 여부를 확인하기 위하여 필요한 경우

6. 개선명령

해양수산부장관은 지도·감독 결과 필요하다고 인정하거나 해양사고의 발생빈도와 경중 등을 고려하여 필요하다고 인정할 때에는 그 선박의 선장, 선박소유자, 안전관리대행업자, 그 밖의 관계인에게 다음 각 호의 조치를 명할 수 있다(법 제59조 제1항).

1. 선박 시설의 보완이나 대체
2. 소속 직원의 근무시간 등 근무 환경의 개선
3. 소속 임직원에 대한 교육·훈련의 실시
4. 그 밖에 해사안전관리에 관한 업무의 개선

해양수산부장관은 법 제59조 제1항 제1호에 따른 조치를 명할 경우에는 선박 시설을 보완하거나 대체하는 것을 마칠 때까지 해당 선박의 항행정지를 함께 명할 수 있다(법 제59조 제2항).

7. 이의신청

법 제55조 제2항에 따른 항행정지명령 또는 제56조 제3항에 따른 시정·보완 명령, 항행정지명령에 불복하는 선박소유자는 명령을 받은 날부터 90일 이내에 그 불복 사유를 적어 해양수산부장관에게 이의신청을 할 수 있다(법 제60조 제1항). 법 제60조 제1항에 따라 이의신청을 받은 해양수산부장관은 이의신청에 대하여 검토한 결과를 60일 이내에 신청인에게 통보하여야 한다. 다만, 부득이한 사정이 있을 때에는 30일 이내의 범위에서 통보시한을 연장할 수 있다(법 제60조 제2항). 법 제60조 제1항 및 제2항에 따른 이의신청, 검토 및 결과 통보 등에 필요한 사항은 대통령령으로 정한다(법 제60조 제3항). 법 제55조 제2항에 따른 항행정지명령 또는 제56조 제3항에 따른 시정·보완 명령, 항행정지명령에 이의가 있는 자는 법 제60조 제1항에 따른 이의신청여부와 관계없이「행정심판법」에 따른 행정심판청구 또는「행정소송법」에 따른 행정소송을 제기할 수 있다(법 제60조 제4항).

⚓「해사안전법 시행령」

제20조(이의신청) ① 법 제60조 제3항에 따른 이의신청을 하려는 자는 그 사유 및 이를 증명하는 서류를 갖추어 해양수산부장관에게 제출하여야 한다.
② 해양수산부장관은 제1항에 따른 이의신청을 받은 경우에는 해당 선박의 선장·선박소유자·선급법인(「선박안전법」제60조 제2항에 따른 선급법인을 말한다. 이하 같다) 또는 선박이 등록된 국가 등에 필요한 자료를 요청하거나 관계 전문가의 의견을 들을 수 있다.
③ 해양수산부장관은 제1항에 따른 이의신청이 타당하다고 인정되는 경우에는 즉시 해당 시정·보완 명령 또는 항행정지명령을 취소하여야 한다.

8. 외국선박 통제 및 선박점검 등에 관한 수수료

해양수산부장관은 법 제55조 제1항에 따른 확인 또는 제56조 제1항·제2항에 따른 특별점검 결과 결함이 발견되어 제55조 제2항에 따른 항행정지명령 또는 제56조 제3항에 따른 시정·보완 명령, 항행정지명령을 받은 선박에 대하여 해양수산부령으로 정하는 바에 따라 그 결함의 시정 여부 확인 등에 소요되는 수수료를 징수할 수 있다(법 제61조 제1항). 법 제56조 제1항 단서에 따라 외국에서 특별점검을 하는 경우 해양수산부장관은 항공료 등 필요한 실비의 수수료를 징수할 수 있다(법 제61조 제2항).

☸ 「해사안전법 시행규칙」

제53조(외국선박 통제 및 기국통제 관련 수수료) 법 제61조 제1항에 따른 수수료는 별표 14와 같다.

[별표 14]
외국선박 통제 및 기국통제 관련 수수료(제53조 관련)

근무시간의 구분 \ 수수료의 종류	기본 수수료
근무시간 내	300,000원
근무시간 외	450,000원

비고 : 1. 기본수수료는 사무실 출발부터 사무실 도착까지를 기준으로 4시간을 적용한다.
    2. 4시간을 초과하는 경우에는 초과 시간당 5만원을 할증한다.
    3. 해양수산부장관이 필요하다고 인정하는 경우에는 선박의 유형, 통제의 대상 등을 종합적으로 고려하여 부과기준을 달리 정할 수 있다.

제6절 선박의 항법 등

제1관 의의

1. 항법규정의 성격

「해사안전법」에서 규정한 항법 등은 「국제해상충돌예방규칙협약」(Colreg)의 내용을 그대로 국내법으로 수용한 것으로 해상교통법규 중 일반법에 속한다. 따라서 「국제해상충돌예방규칙협약」과 「해사안전법」상의 항법은 ① 모든 시계상태에서의 선박의 항법, ② 선박이 서로시계상태 안에 있는 때의 항법, ③ 제한된 시계에서 선박의 항법으로 구분하여 규정하고 있어서 조문의 배열순서와 그 내용이 완전히 일치함을 알 수 있다.[17]

---

[17] 정영석, 「해사법규강의(제6판)」, (텍스트북스, 2016), 505쪽.

[표 1] 「해사안전법」과 「국제해상충돌예방규칙협약」의 항법 조항 비교

	「해사안전법」 제6장	「국제해상충돌예방규칙협약」
1. 모든 시계상태에 있어서의 선박의 항법	제1절 제62조 적용 제63조 경계 제64조 안전한 속력 제65조 충돌 위험 제66조 충돌을 피하기 위한 동작 제67조 좁은 수로 등 제68조 통항분리제도	제4조 Application(적용) 제5조 Look-out(경계) 제6조 Safe Speed (안전속력) 제7조 Risk of Collision(충돌의 위험성) 제8조 Action to avoid Collision(충돌을 피하기 위한 동작) 제9조 Narrow Channel(좁은 수로) 제10조 Traffic Separation Schemes(통항분리방식)
2. 선박이 서로 시계 안에 있는 때의 항법	제2절 제69조 적용 제70조 범선 제71조 추월 제72조 마주치는 상태 제73조 횡단하는 상태 제74조 피항선의 동작 제75조 유지선의 동작 제76조 선박 사이의 책무	제11조 Application(적용) 제12조 Sailing vessel(범선) 제13조 Overtaking(추월) 제14조 Head-on Situation(마주치는 상태) 제15조 Crossing Situation(교차상태) 제16조 Action by Give-way Vessel(피항선의 동작) 제17조 Action by Stand-on Vessel(유지선의 동작) 제18조 Responsibilities between Vessels(선박상호간의 책임)
3. 제한된 시계에서 선박의 항법	제3절 제77조 제한된 시계에서 선박의 항법	제19조 Conduct of Vessels in Restricted Visibility (제한된 시계에서의 선박의 항법)

2. 충돌시 항법 간의 적용순위

모든 시계 상태에 있어서의 항법, 선박이 서로시계 안에 있는 때의 항법, 제한된 시계에서 선박의 항법은 실제로 충돌위험에 처한 상황이 전혀 다르기 때문에, 사실관계만 정확하게 이해한다면 조문의 적용에 있어서 충돌할 가능성이 높지는 않다고 본다. 그러나 법리적으로만 본다면 이들 항법 사이에서는 일반법과 특별법의 관계가 성립하기 때문에 특별법우선의 원칙이 적용된다고 볼 수 있다. 따라서 ① 제한된 시계에서의 항법, ② 선박이 서로 시계 안에 있는 때의 항법, ③ 모든 시계 상태에 있어서의 선박의 항법의 순으로 우선적용된다.[18]

---

18) 정영석, 「해사법규강의(제6판)」, (텍스트북스, 2016), 506쪽.

3. 항법 적용의 기본원칙

「해사안전법」과 「국제해상충돌예방규칙협약」상 항법규칙은 다음과 같은 세 가지 원칙하에 규정된 것이기 때문에 항해 시 항해사가 항법을 적용함에 있어서도 이러한 원칙하에 항행규칙을 채택해야 한다.[19]

가. 좌현 대 좌현 통항원칙(port to port, red to red)

① 좁은 수로를 항행하는 선박은 가능한 한, 본선의 우현 쪽에 있는 수로의 바깥쪽 한계선에 접근하여 항행해야 한다.

② 서로시계내에서 두 선박이 마주치는 상태일 경우에는 두 선박 모두 우현변침을 해야 한다.

③ 방파제, 부두 등을 우현에 두고 항행할 때에는 이에 접근한다.

나. 조종성능이 우수한 선박이 피하라

① 선박 사이의 책무(법 제76조, COLREG 제18조)

② 입항선이 출항선의 진로를 피하라.

다. 합의에 의한 항법을 우선하라

VHF 무선교신으로 항법에 합의하였을 때는 합의된 방법이 우선 적용되어야 한다. 다만, 그 합의 내용이 실행가능성이 있다는 것을 전제로 한 것이기 때문에 실행가능성이 없다고 판단되면 이를 포기해야 한다. 따라서 실행가능성이 없는데도 불구하고 무리하게 합의된 항법을 고집하다가 충돌하게 되면 이는 행위자의 과실로 판단될 수 있다.

제2관 모든 시계상태에서의 항법

1. 적용

법 제6장 제1절은 모든 시계상태에서 적용한다(법 제62조).

---

19) 정영석, 「해사법규강의(제6판)」, (텍스트북스, 2016), 506-507쪽.

2. 경계

선박은 주위의 상황 및 다른 선박과 충돌할 수 있는 위험성을 충분히 파악할 수 있도록 시각·청각 및 당시의 상황에 맞게 이용할 수 있는 모든 수단을 이용하여 항상 적절한 경계를 하여야 한다(법 제63조).

3. 안전한 속력

선박은 다른 선박과의 충돌을 피하기 위하여 적절하고 효과적인 동작을 취하거나 당시의 상황에 알맞은 거리에서 선박을 멈출 수 있도록 항상 안전한 속력으로 항행하여야 한다(법 제64조 제1항). 법 제64조 제1항에 따른 안전한 속력을 결정할 때에는 다음 각 호(레이더를 사용하고 있지 아니한 선박의 경우에는 제1호부터 제6호까지)의 사항을 고려하여야 한다(법 제64조 제2항).

1. 시계의 상태
2. 해상교통량의 밀도
3. 선박의 정지거리·선회성능, 그 밖의 조종성능
4. 야간의 경우에는 항해에 지장을 주는 불빛의 유무
5. 바람·해면 및 조류의 상태와 항행장애물의 근접상태
6. 선박의 흘수와 수심과의 관계
7. 레이더의 특성 및 성능
8. 해면상태·기상, 그 밖의 장애요인이 레이더 탐지에 미치는 영향
9. 레이더로 탐지한 선박의 수·위치 및 동향

4. 충돌 위험

선박은 다른 선박과 충돌할 위험이 있는지를 판단하기 위하여 당시의 상황에 알맞은 모든 수단을 활용하여야 한다(법 제65조 제1항). 레이더를 설치한 선박은 다른 선박과 충돌할 위험성 유무를 미리 파악하기 위하여 레이더를 이용하여 장거리 주사(走査), 탐지된 물체에 대한 작도(作圖), 그 밖의 체계적인 관측을 하여야 한다(법 제65조 제2항). 선박은 불충분

한 레이더 정보나 그 밖의 불충분한 정보에 의존하여 다른 선박과의 충돌 위험 여부를 판단하여서는 아니 된다(법 제65조). 선박은 접근하여 오는 다른 선박의 나침방위에 뚜렷한 변화가 일어나지 아니하면 충돌할 위험성이 있다고 보고 필요한 조치를 하여야 한다. 접근하여 오는 다른 선박의 나침방위에 뚜렷한 변화가 있더라도 거대선 또는 예인작업에 종사하고 있는 선박에 접근하거나, 가까이 있는 다른 선박에 접근하는 경우에는 충돌을 방지하기 위하여 필요한 조치를 하여야 한다(법 제65조).

5. 충돌을 피하기 위한 동작

선박은 법 제6장 제1절부터 제3절까지 및 제6절에 따른 항법에 따라 다른 선박과 충돌을 피하기 위한 동작을 취하되, 이 법에서 정하는 바가 없는 경우에는 될 수 있으면 충분한 시간적 여유를 두고 적극적으로 조치하여 선박을 적절하게 운용하는 관행에 따라야 한다(법 제66조). 선박은 다른 선박과 충돌을 피하기 위하여 침로(針路)나 속력을 변경할 때에는 될 수 있으면 다른 선박이 그 변경을 쉽게 알아볼 수 있도록 충분히 크게 변경하여야 하며, 침로나 속력을 소폭으로 연속적으로 변경하여서는 아니 된다(법 제66조). 선박은 넓은 수역에서 충돌을 피하기 위하여 침로를 변경하는 경우에는 적절한 시기에 큰 각도로 침로를 변경하여야 하며, 그에 따라 다른 선박에 접근하지 아니하도록 하여야 한다(법 제66조). 선박은 다른 선박과의 충돌을 피하기 위하여 동작을 취할 때에는 다른 선박과의 사이에 안전한 거리를 두고 통과할 수 있도록 그 동작을 취하여야 한다. 이 경우 그 동작의 효과를 다른 선박이 완전히 통과할 때까지 주의 깊게 확인하여야 한다(법 제66조). 선박은 다른 선박과의 충돌을 피하거나 상황을 판단하기 위한 시간적 여유를 얻기 위하여 필요하면 속력을 줄이거나 기관의 작동을 정지하거나 후진하여 선박의 진행을 완전히 멈추어야 한다(법 제66조).

이 법에 따라 다른 선박의 통항이나 통항의 안전을 방해하여서는 아니 되는 선박은 다음 각 호의 사항을 준수하고 유의하여야 한다(법 제66조).

1. 다른 선박이 안전하게 지나갈 수 있는 여유 수역이 충분히 확보될 수 있도록 조기에 동작을 취할 것
2. 다른 선박에 접근하여 충돌할 위험이 생긴 경우에는 그 책임을 면할 수 없으며,

피항동작(避航動作)을 취할 때에는 이 장(章)에서 요구하는 동작에 대하여 충분히 고려할 것

이 법에 따라 통항할 때에 다른 선박의 방해를 받지 아니하도록 되어 있는 선박은 다른 선박과 서로 접근하여 충돌할 위험이 생긴 경우 이 장의 규정에 따라야 한다 (법 제66조 제7항).

6. 좁은 수로 등

좁은 수로나 항로(이하 "좁은 수로 등"이라 한다)를 따라 항행하는 선박은 항행의 안전을 고려하여 될 수 있으면 좁은 수로 등의 오른편 끝 쪽에서 항행하여야 한다.[20] 다만, 법 제31조 제1항에 따라 해양수산부장관이 특별히 지정한 수역 또는 법 제68조 제1항에 따라 통항분리제도가 적용되는 수역에서는 좁은 수로 등의 오른편 끝 쪽에서 항행하지 아니하여도 된다(법 제67조 제1항). 길이 20미터 미만의 선박이나 범선은 좁은 수로 등의 안쪽에서만 안전하게 항행할 수 있는 다른 선박의 통행을 방해하여서는 아니 된다 (법 제67조 제2항). 어로에 종사하고 있는 선박은 좁은 수로 등의 안쪽에서 항행하고 있는 다른 선박의 통항을 방해하여서는 아니 된다(법 제67조 제3항). 선박이 좁은 수로 등의 안쪽에서만 안전하게 항행할 수 있는 다른 선박의 통항을 방해하게 되는 경우에는 좁은 수로 등을 횡단하여서는 아니 된다(법 제67조 제4항). 법 제71조 제2항 및 제3항에 따른 추월선(追越船)은 좁은 수로 등에서 추월당하는 선박이 추월선을 안전하게 통과시키기 위한 동작을 취하지 아니하면 추월할 수 없는 경우에는 기적신호를 하여 추월하겠다는 의사를 나타내야 한다. 이 경우 추월당하는 선박은 그 의도에 동의하면 기적신호를 하여 그 의사를 표현하고, 추월선을 안전하게 통과시키기 위한 동작을 취하여야 한다(법 제67조 제5항). 선박이 좁은 수로 등의 굽은 부분이나 항로에 있는 장애물 때문에 다른 선박을 볼 수 없는 수역에 접근하는 경우에는 특히 주의하여 항행하여야 한다(법 제67조 제6항). 선박은 좁은 수로

---

[20] 대법원 2005. 9. 28. 선고 2004추65 판결 : 「해상교통안전법」 제17조에서 정한 좁은 수로 항법은 좁은 수로에서의 선박의 충돌을 효과적으로 예방하기 위하여 선박의 종류나 기상상황 등에 관계없이 적용되는 특별항법으로서 조종제한선이라고 하여 적용이 배제되지 아니하므로 좁은 수로에서는 상대 선박으로부터 진로우선권을 양보받았다는 등 다른 특별한 사정이 없는 한 조종제한선이라고 하여 좁은 수로 항법을 지키는 선박에 대한 진로우선권이 보장되는 것은 아니다.

등에서 정박(정박 중인 선박에 매어 있는 것을 포함한다)을 하여서는 아니 된다. 다만, 해양사고를 피하거나 인명이나 그 밖의 선박을 구조하기 위하여 부득이하다고 인정되는 경우에는 그러하지 아니하다(법 제67조 제7항).

[그림 1] 좁은 수로·항로에서의 추월 방법

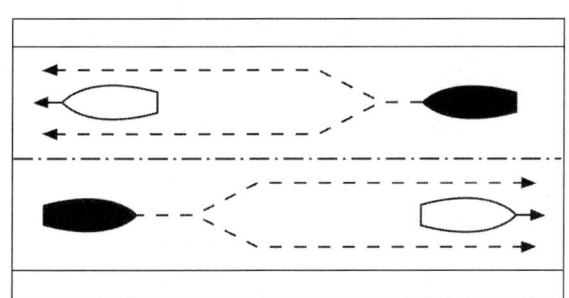

7. 통항분리제도

가. 적용범위

이 조는 다음 각 호의 수역(이하 "통항분리수역"이라 한다)에 대하여 적용한다(법 제68조 제1항).
1. 국제해사기구가 채택하여 통항분리제도가 적용되는 수역
2. 해상교통량이 아주 많아 충돌사고 발생의 위험성이 있어 통항분리제도를 적용할 필요성이 있는 수역으로서 해양수산부령으로 정하는 수역

※「해사안전법 시행규칙」

제54조(통항분리방식이 적용되는 수역) 법 제68조 제1항 제2호에서 "해양수산부령으로 정하는 수역"이란 별표 15의 통항분리방식이 적용되는 수역을 말한다.

[별표 15]
통항분리방식이 적용되는 수역(제54조 관련)

구분	적용수역
홍도 항로	• 분리대 : 다음 각 호의 기점을 순차적으로 연결한 선 안의 해역 　1. 북위 34도36분17초, 동경 128도44분22초 　2. 북위 34도35분53초, 동경 128도44분40초 　3. 북위 34도32분59초, 동경 128도39분40초 　4. 북위 34도33분23초, 동경 128도39분22초 • 서항로 : 다음 각 호의 기점을 순차적으로 연결한 선 안의 해역

	1. 북위 34도36분17초, 동경 128도44분22초
	2. 북위 34도33분23초, 동경 128도39분22초
	3. 북위 34도35분11초, 동경 128도37분52초
	4. 북위 34도37분59초, 동경 128도42분52초
	• 동항로 : 다음 각 호의 기점을 순차적으로 연결한 선 안의 해역
	  1. 북위 34도32분59초, 동경 128도39분40초
	  2. 북위 34도35분53초, 동경 128도44분40초
	  3. 북위 34도34분11초, 동경 128도46분04초
	  4. 북위 34도31분17초, 동경 128도41분04초

보길도
항로
	• 분리대 : 다음 각 호의 기점을 순차적으로 연결한 선 안의 해역
	  1. 북위 34도05분17초, 동경 126도29분35초
	  2. 북위 34도04분41초, 동경 126도32분53초
	  3. 북위 34도03분59초, 동경 126도32분41초
	  4. 북위 34도03분41초, 동경 126도30분53초
	  5. 북위 34도03분59초, 동경 126도29분11초
	• 서항로 : 다음 각 호의 기점을 순차적으로 연결한 선 안의 해역
	  1. 북위 34도05분17초, 동경 126도29분35초
	  2. 북위 34도04분41초, 동경 126도32분53초
	  3. 북위 34도06분11초, 동경 126도33분23초
	  4. 북위 34도06분53초, 동경 126도29분47초
	• 동항로 : 다음 각 호의 기점을 순차적으로 연결한 선 안의 해역
	  1. 북위 34도03분59초, 동경 126도32분41초
	  2. 북위 34도03분41초, 동경 126도30분53초
	  3. 북위 34도03분59초, 동경 126도29분11초
	  4. 북위 34도02분05초, 동경 126도28분11초
	  5. 북위 34도01분41초, 동경 126도30분41초
	  6. 북위 34도01분53초, 동경 126도33분05초

거문도
항로
	• 분리대 : 다음 각 호의 기점을 순차적으로 연결한 선 안의 해역
	  1. 북위 34도07분06초, 동경 127도14분12초
	  2. 북위 34도07분54초, 동경 127도21분42초
	  3. 북위 34도09분00초, 동경 127도25분12초
	  4. 북위 34도08분24초, 동경 127도25분18초
	  5. 북위 34도07분18초, 동경 127도21분54초
	  6. 북위 34도06분30초, 동경 127도14분18초
	• 서항로 : 다음 각 호의 기점을 순차적으로 연결한 선 안의 해역
	  1. 북위 34도08분30초, 동경 127도14분00초
	  2. 북위 34도09분18초, 동경 127도21분36초
	  3. 북위 34도10분30초, 동경 127도25분06초
	  4. 북위 34도09분00초, 동경 127도25분12초
	  5. 북위 34도07분54초, 동경 127도21분42초
	  6. 북위 34도07분06초, 동경 127도14분12초

• 동항로 : 다음 각 호의 기점을 순차적으로 연결한 선 안의 해역
1. 북위 34도06분54초, 동경 127도25분30초
2. 북위 34도05분54초, 동경 127도22분06초
3. 북위 34도05분06초, 동경 127도14분30초
4. 북위 34도06분36초, 동경 127도14분24초
5. 북위 34도07분18초, 동경 127도21분54초
6. 북위 34도08분24초, 동경 127도25분18초

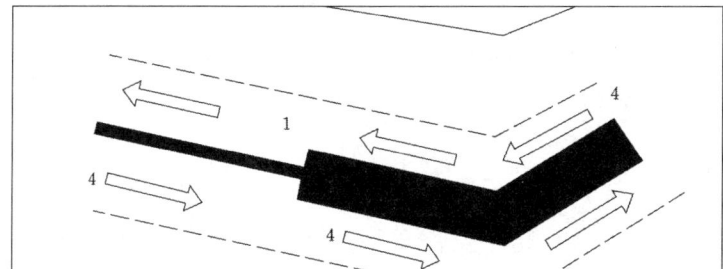

[그림 2] 통항분리수역의 설정 사례

 "통항분리제도"란 선박의 충돌을 방지하기 위하여 통항로를 설정하거나 그 밖의 적절한 방법으로 한쪽 방향으로만 항행할 수 있도록 항로를 분리하는 제도를 말한다(법 제2조 제25호). 이는 IMO가 채택한 선박의 통항분리방식[21]을 의미하는 것이다.[22]

 최근 4.50년 사이에 해상교통의 질적 양적 변화가 급격히 이루어지고 있다. 그러나 해상교통법의 항법규칙은 100년 전이나 지금이나 일대일의 피항동작에 대한 권리·의무관계를 규율하는 정도에 지나지 않고, 선박교통을 일정한 집단의 흐름으로는 파악하려고 하지 않았다. 해상에는 눈에 보이는 도로나 차선이 없는 등 해상교통의 특수성이 있고, 특히 선박교통이 복잡한 해역[23]에서는 일 대 일의 관계를 규율하는 현행의 해상교통법규체계로는 교통의 원활화를 기하기 어렵다. 따라서 도로교통과 마찬가지

---

21) 교통이 혼잡한 수역에서 반대편으로부터 오는 교통의 무질서한 흐름을 분리선 또는 분리대 등을 이용하여 선박이 통항로를 따라 질서 있게 진행되도록 분리하는 것을 말한다.
22) 윤점동, 「국제해상충돌예방규칙」, 최신 2000년도 개정판, (세종출판사, 2000), 109-124쪽 참조.
23) 도버해협, 일본의 내해, 말라카 해협 등을 들 수 있다.

로 선박교통을 하나의 집단의 흐름현상으로 파악하여 그 집단이 원활하게 일정방향으로 흐르도록 하는 것이 선박충돌의 방지와 교통흐름의 원활화에 중요하다고 생각하게 되었다.[24]

1967년 토리캐년호 좌초사고 후 이러한 해양사고를 방지하기 위하여 첫 번째로 생각해 낸 것이 항로지정(routing)방식이었다. 이에 따라 선박의 운항판단을 선장에게만 일임하지 말고 선박으로 하여금 사고가 발생할 염려가 있는 해역으로 통항을 못하도록 한다던가, 또는 통항을 시키더라도 그 해역에 통항을 분리하는 항로를 설정하여 항행을 규제하려고 하였다. 그러나 이러한 항행규칙에는 한계가 노출되어 국제해사기구에서는 항로의 선정에 대한 최종적인 판단은 선장에게 있다는 생각이 지배적이었다. 이러한 배경 하에 통항분리방식을 채택하게 되었다.[25]

나. 준수사항

선박이 통항분리수역을 항행하는 경우에는 다음 각 호의 사항을 준수하여야 한다 (법 제68조 제2항).

1. 통항로 안에서는 정하여진 진행방향으로 항행할 것
2. 분리선이나 분리대에서 될 수 있으면 떨어져서 항행할 것
3. 통항로의 출입구를 통하여 출입하는 것을 원칙으로 하되, 통항로의 옆쪽으로 출입하는 경우에는 그 통항로에 대하여 정하여진 선박의 진행방향에 대하여 될 수 있으면 작은 각도로 출입할 것

통항로란 선박의 일방통항을 위하여 설정된 수역을 말한다. 이 수역은 분리선 또는 분리대 등을 가운데 두고 양쪽으로 외측한계가 설정되며, 우측통항원칙에 의하여 교통흐름의 방향을 화살표로 표시하고 있다. 통항로를 주로 이용하는 선박은 소형선, 범선 및 어선 외의 선박이다.[26]

또 분리선 및 분리대는 서로 반대방향 또는 거의 반대방향으로부터 항진해 오는 선박의 흐름을 분리하는 선 또는 일정한 수역을 말한다. 통항분리제도의 대표적인 것으

---

24) 정영석, 「해사법규강의(제6판)」, (텍스트북스, 2016), 512-513쪽.
25) 정영석, 「해사법규강의(제6판)」, (텍스트북스, 2016), 513쪽.
26) 정영석, 「해사법규강의(제6판)」, (텍스트북스, 2016), 513쪽.

로 가능한 한 분리대를 설치하여 분리하고, 수로의 폭이 좁으면 분리선에 의하여 통로를 이용한다.27)

다. 횡단금지의 원칙

선박은 통항로를 횡단하여서는 아니 된다. 다만, 부득이한 사유로 그 통항로를 횡단하여야 하는 경우에는 그 통항로와 선수방향(船首方向)이 직각에 가까운 각도로 횡단하여야 한다(법 제68조 제3항).

라. 연안통항대의 항행금지

선박은 연안통항대에 인접한 통항분리수역의 통항로를 안전하게 통과할 수 있는 경우에는 연안통항대를 따라 항행하여서는 아니 된다. 다만, 다음 각 호의 선박의 경우에는 연안통항대를 따라 항행할 수 있다(법 제68조 제6항).

1. 길이 20미터 미만의 선박
2. 범선
3. 어로에 종사하고 있는 선박
4. 인접한 항구로 입항·출항하는 선박
5. 연안통항대 안에 있는 해양시설 또는 도선사의 승하선(乘下船) 장소에 출입하는 선박
6. 급박한 위험을 피하기 위한 선박

마. 통항분리대의 횡단금지 등

통항로를 횡단하거나 통항로에 출입하는 선박 외의 선박은 급박한 위험을 피하기 위한 경우나 분리대 안에서 어로에 종사하고 있는 경우 외에는 분리대에 들어가거나 분리선을 횡단하여서는 아니 된다(법 제68조 제5항). 통항분리수역에서 어로에 종사하고 있는 선박은 통항로를 따라 항행하는 다른 선박의 항행을 방해하여서는 아니 된다(법 제68조 제6항). 모든 선박은 통항분리수역의 출입구 부근에서는 특히 주의하여 항행하여야 한다(법 제68조 제7항). 선박은 통항분리수역과 그 출입구 부근에 정박(정박하고 있는 선박에 매어 있는 것을

---

27) 정영석,「해사법규강의(제6판)」, (텍스트북스, 2016), 513쪽.

포함한다)하여서는 아니 된다. 다만, 해양사고를 피하거나 인명이나 선박을 구조하기 위하여 부득이하다고 인정되는 사유가 있는 경우에는 그러하지 아니하다(법 제68조 제8항). 통항분리수역을 이용하지 아니하는 선박은 될 수 있으면 통항분리수역에서 멀리 떨어져서 항행하여야 한다(법 제68조 제9항). 길이 20미터 미만의 선박이나 범선은 통항로를 따라 항행하고 있는 다른 선박의 항행을 방해하여서는 아니 된다(법 제68조 제10항). 통항분리수역 안에서 해저전선을 부설·보수 및 인양하는 작업을 하거나 항행안전을 유지하기 위한 작업을 하는 중이어서 조종능력이 제한되고 있는 선박은 그 작업을 하는 데에 필요한 범위에서 법 제68조 제1항부터 제10항까지의 규정을 적용하지 아니한다(법 제68조 제11항).

[그림 3] 통항분리제도의 선회 해역

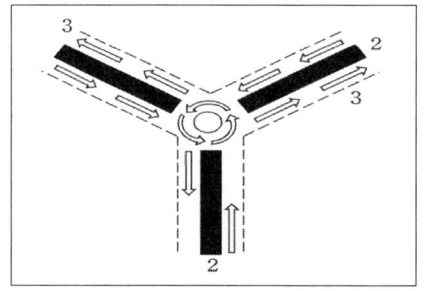

[그림 4] 연안통항대의 항행방법

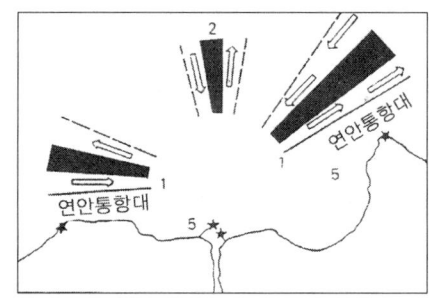

제2관 선박이 서로 시계 안에 있는 때의 항법

1. 적용

법 제6장 제2절은 선박에서 다른 선박을 눈으로 볼 수 있는 상태에 있는 선박에 적용한다(법 제69조).

2. 범선

2척의 범선이 서로 접근하여 충돌할 위험이 있는 경우에는 다음 각 호에 따른 항행방법에 따라 항행하여야 한다(법 제70조 제1항).

1. 각 범선이 다른 쪽 현(舷)에 바람을 받고 있는 경우에는 좌현(左舷)에 바람을 받고 있는 범선이 다른 범선의 진로를 피하여야 한다.

2. 두 범선이 서로 같은 현에 바람을 받고 있는 경우에는 바람이 불어오는 쪽의 범선이 바람이 불어가는 쪽의 범선의 진로를 피하여야 한다.

3. 좌현에 바람을 받고 있는 범선은 바람이 불어오는 쪽에 있는 다른 범선을 본 경우로서 그 범선이 바람을 좌우 어느 쪽에 받고 있는지 확인할 수 없는 때에는 그 범선의 진로를 피하여야 한다.

법 제70조 제1항을 적용할 때에 바람이 불어오는 쪽이란 종범선(縱帆船)에서는 주범(主帆)을 펴고 있는 쪽의 반대쪽을 말하고, 횡범선(橫帆船)에서는 최대의 종범(縱帆)을 펴고 있는 쪽의 반대쪽을 말하며, 바람이 불어가는 쪽이란 바람이 불어오는 쪽의 반대쪽을 말한다(법 제70조 제2항).

[그림 5] 범선 사이의 피항순서

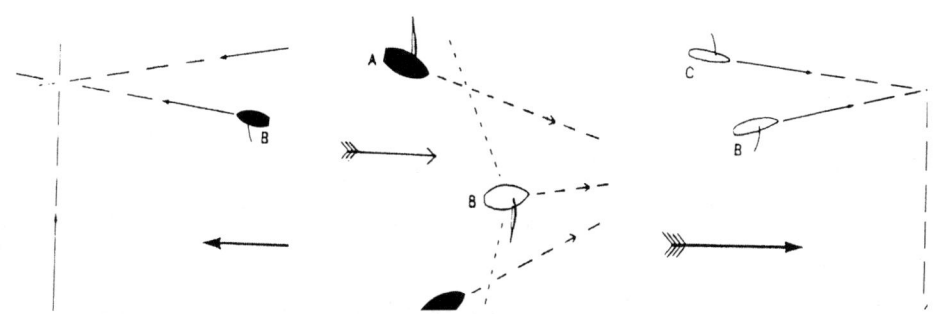

A호는 B호 및 C호에 대하여 유지선임

A호 및 C호가 B호의 전횡 뒤에서 그림과 같이 접근할 때에는 양 선박은 B호를 피할 것

3. 추월

추월선은 이 법 제6장 제1절과 제2절의 다른 규정에도 불구하고 추월당하고 있는 선박을 완전히 추월하거나 그 선박에서 충분히 멀어질 때까지 그 선박의 진로를 피하여야 한다(법 제71조 제1항). 다른 선박의 양쪽 현의 정횡(正橫)으로부터 22.5도를 넘는 뒤쪽[밤에는 다른 선박의 선미등(船尾燈)만을 볼 수 있고 어느 쪽의 현등(舷燈)도 볼 수 없는 위

치를 말한다]에서 그 선박을 앞지르는 선박은 추월선으로 보고 필요한 조치를 취하여야 한다(법 제71조 제2항). 선박은 스스로 다른 선박을 추월하고 있는지 분명하지 아니한 경우에는 추월선으로 보고 필요한 조치를 취하여야 한다(법 제71조 제3항). 추월하는 경우 2척의 선박 사이의 방위가 어떻게 변경되더라도 추월하는 선박은 추월이 완전히 끝날 때까지 추월당하는 선박의 진로를 피하여야 한다(법 제71조 제4항).

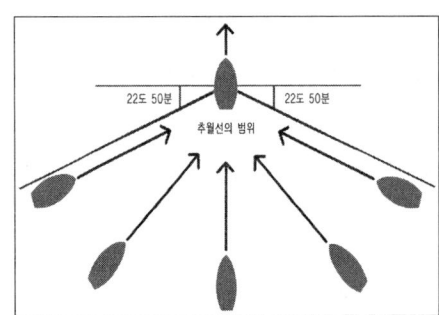

[그림 6] 추월선의 범위

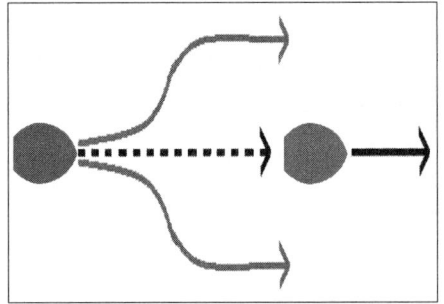

[그림 7] 추월방법

4. 마주치는 상태

2척의 동력선이 마주치거나 거의 마주치게 되어 충돌의 위험이 있을 때에는 각 동력선은 서로 다른 선박의 좌현 쪽을 지나갈 수 있도록 침로를 우현(右舷) 쪽으로 변경하여야 한다(법 제72조 제1항).

선박은 다른 선박을 선수(船首) 방향에서 볼 수 있는 경우로서 다음 각 호의 어느 하나에 해당하면 마주치는 상태에 있다고 보아야 한다(법 제72조 제2항).

1. 밤에는 2개의 마스트등을 일직선으로 또는 거의 일직선으로 볼 수 있거나 양쪽의 현등을 볼 수 있는 경우
2. 낮에는 2척의 선박의 마스트가 선수에서 선미(船尾)까지 일직선이 되거나 거의 일직선이 되는 경우

선박은 마주치는 상태에 있는지가 분명하지 아니한 경우에는 마주치는 상태에 있다고 보고 필요한 조치를 취하여야 한다(법 제72조 제3항).

[그림 8] 마주치는 상태의 항법

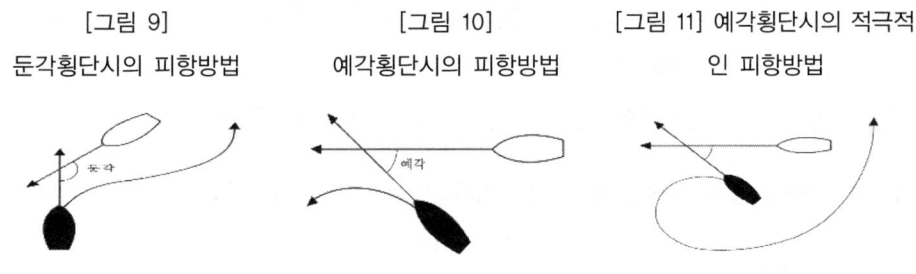

5. 횡단하는 상태

2척의 동력선이 상대의 진로를 횡단하는 경우로서 충돌의 위험이 있을 때에는 다른 선박을 우현 쪽에 두고 있는 선박이 그 다른 선박의 진로를 피하여야 한다. 이 경우 다른 선박의 진로를 피하여야 하는 선박은 부득이한 경우 외에는 그 다른 선박의 선수 방향을 횡단하여서는 아니 된다(법 제73조).

[그림 9]　　　　　　　　[그림 10]　　　　　　　[그림 11] 예각횡단시의 적극적
둔각횡단시의 피항방법　　예각횡단시의 피항방법　　　　　인 피항방법

[그림 12] 서로의 진로를 횡단하는 상태

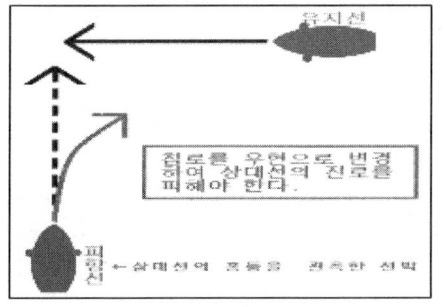
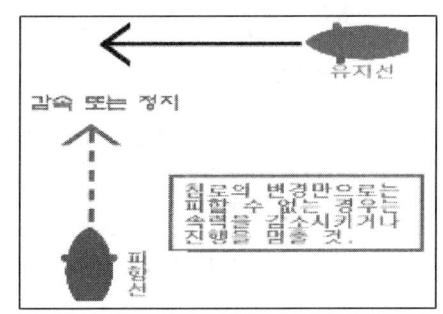

6. 피항선의 동작

이 법에 따라 다른 선박의 진로를 피하여야 하는 모든 선박[이하 "피항선"(避航船)이라 한다]은 될 수 있으면 미리 동작을 크게 취하여 다른 선박으로부터 충분히 멀리 떨어져야 한다(법제74조).

7. 유지선의 동작

2척의 선박 중 1척의 선박이 다른 선박의 진로를 피하여야 할 경우 다른 선박은 그 침로와 속력을 유지하여야 한다(법제75조제1항). 법 제75조 제1항에 따라 침로와 속력을 유지하여야 하는 선박[이하 "유지선"(維持船)이라 한다]은 피항선이 이 법에 따른 적절한 조치를 취하고 있지 아니하다고 판단하면 제1항에도 불구하고 스스로의 조종만으로 피항선과 충돌하지 아니하도록 조치를 취할 수 있다. 이 경우 유지선은 부득이하다고 판단하는 경우 외에는 자기 선박의 좌현 쪽에 있는 선박을 향하여 침로를 왼쪽으로 변경하여서는 아니 된다(법제75조제2항). 유지선은 피항선과 매우 가깝게 접근하여 해당 피항선의 동작만으로는 충돌을 피할 수 없다고 판단하는 경우에는 법 제75조 제1항에도 불구하고 충돌을 피하기 위하여 충분한 협력을 하여야 한다(법제75조제3항). 법 제75조 제2항과 제3항은 피항선에게 진로를 피하여야 할 의무를 면제하는 것은 아니다(법제75조제4항).

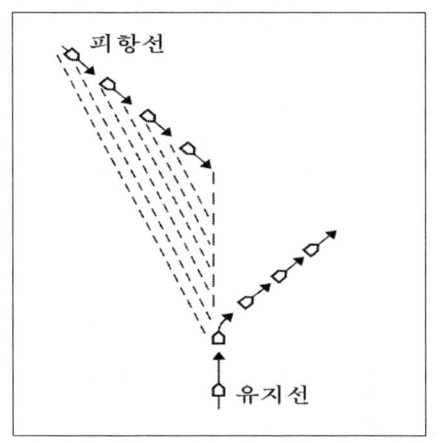

[그림 13] 유지선의 조기 피항으로 충돌의 위험방지

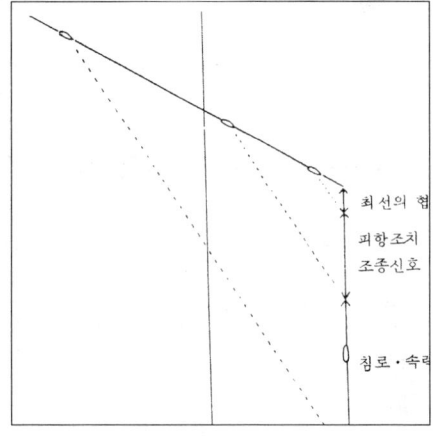

[그림 14] 피항의 원칙

8. 선박 사이의 책무

항행 중인 선박은 법 제67조, 제68조 및 제71조에 따른 경우 외에는 이 조에서 정하는 항법에 따라야 한다(법 제76조 제1항).

가. 동력선

항행 중인 동력선은 다음 각 호에 따른 선박의 진로를 피하여야 한다(법 제76조 제2항).

1. 조종불능선
2. 조종제한선[28]
3. 어로에 종사하고 있는 선박
4. 범선

나. 범선

항행 중인 범선은 다음 각 호에 따른 선박의 진로를 피하여야 한다(법 제76조 제3항).

1. 조종불능선
2. 조종제한선
3. 어로에 종사하고 있는 선박

다. 어로선

어로에 종사하고 있는 선박 중 항행 중인 선박은 될 수 있으면 다음 각 호에 따른 선박의 진로를 피하여야 한다(법 제76조 제4항).

1. 조종불능선
2. 조종제한선

라. 조종불능선 등

조종불능선이나 조종제한선이 아닌 선박은 부득이하다고 인정하는 경우 외에는 법

---

[28] 대법원 2005. 9. 28. 선고 2004추65 판결 : 「해상교통안전법」 제2조 제7호 (바)목은 진로로부터의 이탈능력을 매우 제한받는 예인작업에 종사하고 있어 다른 선박의 진로를 피할 수 없는 선박을 조종제한선의 하나로 규정하고, 제26조 제2항은 항행중인 동력선은 조종제한선의 진로를 피하여야 한다고 규정하고 있어 조종제한선은 동력선에 대하여 진로우선권이 보장되어 있는바, 여기에서의 조종제한선에 해당하는지 여부는 예인선열의 총길이, 운항가능 최대속력(예인으로 인한 속력의 저하), 예인선과 피예인선의 크기, 피예인선에 화물을 실었는지 여부, 피항공간 등을 종합적으로 고려하여 판단되어야 한다.

제86조에 따른 등화나 형상물을 표시하고 있는 흘수제약선의 통항을 방해하여서는 아니 된다(법 제76조 제5항).

마. 수상항공기 등

수상항공기는 될 수 있으면 모든 선박으로부터 충분히 떨어져서 선박의 통항을 방해하지 아니하도록 하되, 충돌할 위험이 있는 경우에는 이 법에서 정하는 바에 따라야 한다(법 제76조 제6항). 수면비행선박은 선박의 통항을 방해하지 아니하도록 모든 선박으로부터 충분히 떨어져서 비행(이륙 및 착륙을 포함한다. 이하 같다)하여야 한다. 다만, 수면에서 항행하는 때에는 이 법에서 정하는 동력선의 항법을 따라야 한다(법 제76조 제7항).

[그림 15] 각종 선박간의 책무

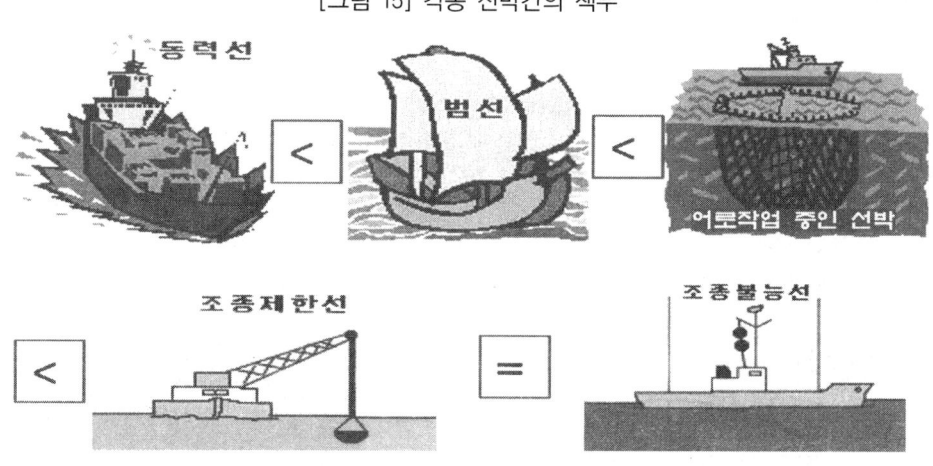

제3관 제한된 시계에서 선박의 항법

1. 원칙

이 조는 시계가 제한된 수역 또는 그 부근을 항행하고 있는 선박이 서로 시계 안에 있지 아니한 경우에 적용한다(법 제77조 제1항). 모든 선박은 시계가 제한된 그 당시의 사정과 조건에 적합한 안전한 속력으로 항행하여야 하며, 동력선은 제한된 시계 안에 있는 경우

기관을 즉시 조작할 수 있도록 준비하고 있어야 한다(법 제77조 제2항). 선박은 법 제6장 제1절에 따라 조치를 취할 때에는 시계가 제한되어 있는 당시의 상황에 충분히 유의하여 항행하여야 한다(법 제77조 제3항). 레이더만으로 다른 선박이 있는 것을 탐지한 선박은 해당 선박과 얼마나 가까이 있는지 또는 충돌할 위험이 있는지를 판단하여야 한다. 이 경우 해당 선박과 매우 가까이 있거나 그 선박과 충돌할 위험이 있다고 판단한 경우에는 충분한 시간적 여유를 두고 피항동작을 취하여야 한다(법 제77조 제4항).

2. 침로변경

법 제77조 제4항에 따른 피항동작이 침로를 변경하는 것만으로 이루어질 경우에는 될 수 있으면 다음 각 호의 동작은 피하여야 한다(법 제77조 제5항).
 1. 다른 선박이 자기 선박의 양쪽 현의 정횡 앞쪽에 있는 경우 좌현 쪽으로 침로를 변경하는 행위(추월당하고 있는 선박에 대한 경우는 제외한다)
 2. 자기 선박의 양쪽 현의 정횡 또는 그곳으로부터 뒤쪽에 있는 선박의 방향으로 침로를 변경하는 행위

3. 충돌가능성이 없을 때

충돌할 위험성이 없다고 판단한 경우 외에는 다음 각 호의 어느 하나에 해당하는 경우 모든 선박은 자기 배의 침로를 유지하는 데에 필요한 최소한으로 속력을 줄여야 한다. 이 경우 필요하다고 인정되면 자기 선박의 진행을 완전히 멈추어야 하며, 어떠한 경우에도 충돌할 위험성이 사라질 때까지 주의하여 항행하여야 한다(법 제77조 제6항).
 1. 자기 선박의 양쪽 현의 정횡 앞쪽에 있는 다른 선박에서 무중신호(霧中信號)를 듣는 경우
 2. 자기 선박의 양쪽 현의 정횡으로부터 앞쪽에 있는 다른 선박과 매우 근접한 것을 피할 수 없는 경우

제4관 등화와 형상물

1. 적용

법 제6장 제4절은 모든 날씨에서 적용한다(법 제78조 제1항).

선박은 해지는 시각부터 해뜨는 시각까지 이 법에서 정하는 등화(燈火)를 표시하여야 하며, 이 시간 동안에는 이 법에서 정하는 등화 외의 등화를 표시하여서는 아니 된다. 다만, 다음 각 호의 어느 하나에 해당하는 등화는 표시할 수 있다(법 제78조 제2항).

1. 이 법에서 정하는 등화로 오인되지 아니할 등화
2. 이 법에서 정하는 등화의 가시도(可視度)나 그 특성의 식별을 방해하지 아니하는 등화
3. 이 법에서 정하는 등화의 적절한 경계(警戒)를 방해하지 아니하는 등화

이 법에서 정하는 등화를 설치하고 있는 선박은 해뜨는 시각부터 해지는 시각까지도 제한된 시계에서는 등화를 표시하여야 하며, 필요하다고 인정되는 그 밖의 경우에도 등화를 표시할 수 있다(법 제78조 제3항). 선박은 낮 동안에는 이 법에서 정하는 형상물을 표시하여야 한다(법 제78조 제4항).

2. 등화의 종류

선박의 등화는 다음 각 호와 같다(법 제79조).

1. 마스트등: 선수와 선미의 중심선상에 설치되어 225도에 걸치는 수평의 호(弧)를 비추되, 그 불빛이 정선수 방향으로부터 양쪽 현의 정횡으로부터 뒤쪽 22.5도까지 비출 수 있는 흰색 등(燈)
2. 현등(舷燈): 정선수 방향에서 양쪽 현으로 각각 112.5도에 걸치는 수평의 호를 비추는 등화로서 그 불빛이 정선수 방향에서 좌현 정횡으로부터 뒤쪽 22.5도까지 비출 수 있도록 좌현에 설치된 붉은색 등과 그 불빛이 정선수 방향에서 우현 정횡으로부터 뒤쪽 22.5도까지 비출 수 있도록 우현에 설치된 녹색 등
3. 선미등: 135도에 걸치는 수평의 호를 비추는 흰색 등으로서 그 불빛이 정선미 방

향으로부터 양쪽 현의 67.5도까지 비출 수 있도록 선미 부분 가까이에 설치된 등
4. 예선등(曳船燈): 선미등과 같은 특성을 가진 황색 등
5. 전주등(全周燈): 360도에 걸치는 수평의 호를 비추는 등화. 다만, 섬광등(閃光燈)은 제외한다.
6. 섬광등: 360도에 걸치는 수평의 호를 비추는 등화로서 일정한 간격으로 1분에 120회 이상 섬광을 발하는 등
7. 양색등(兩色燈): 선수와 선미의 중심선상에 설치된 붉은색과 녹색의 두 부분으로 된 등화로서 그 붉은색과 녹색 부분이 각각 현등의 붉은색 등 및 녹색 등과 같은 특성을 가진 등
8. 삼색등(三色燈): 선수와 선미의 중심선상에 설치된 붉은색·녹색·흰색으로 구성된 등으로서 그 붉은색·녹색·흰색의 부분이 각각 현등의 붉은색 등과 녹색 등 및 선미등과 같은 특성을 가진 등

3. 등화 및 형상물의 기준

이 법에서 규정하는 등화의 가시거리·광도 등 기술적 기준, 등화·형상물의 구조와 설치할 위치 등에 관하여 필요한 사항은 해양수산부장관이 정하여 고시한다(별 제80조).

4. 항행 중인 동력선

항행 중인 동력선은 다음 각 호의 등화를 표시하여야 한다(법 제81조 제1항).
1. 앞쪽에 마스트등 1개와 그 마스트등보다 뒤쪽의 높은 위치에 마스트등 1개. 다만, 길이 50미터 미만의 동력선은 뒤쪽의 마스트등을 표시하지 아니할 수 있다.
2. 현등 1쌍(길이 20미터 미만의 선박은 이를 대신하여 양색등을 표시할 수 있다. 이하 이 절에서 같다)
3. 선미등 1개

[그림 16] 항행 중인 동력선의 등화와 비춤 범위

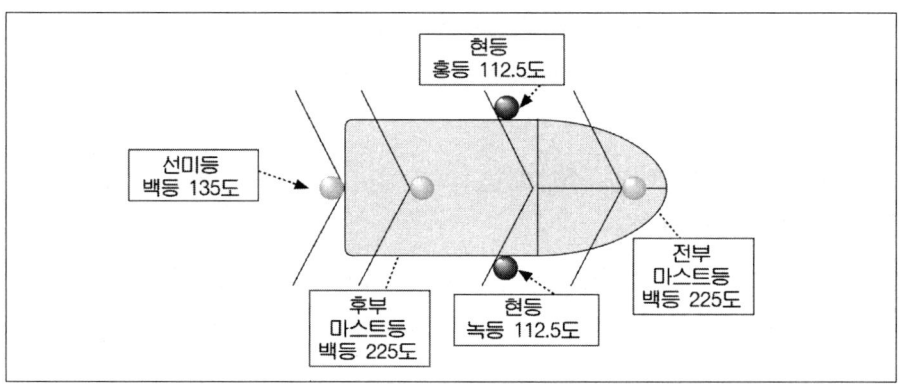

[그림 17] 길이 50미터 이상의 항행 중인 동력선

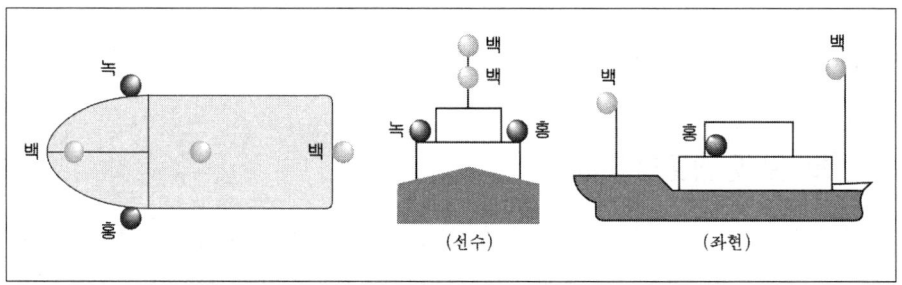

[그림 18] 길이 50미터 미만의 항행 중인 동력선

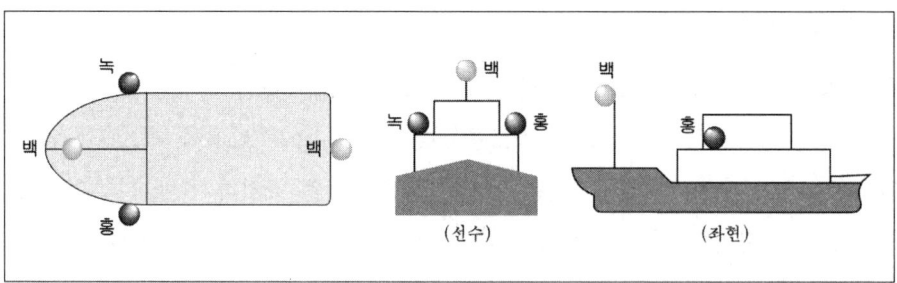

[그림 19] 길이 20미터 미만의 항행 중인 모든 선박 (범선 포함)

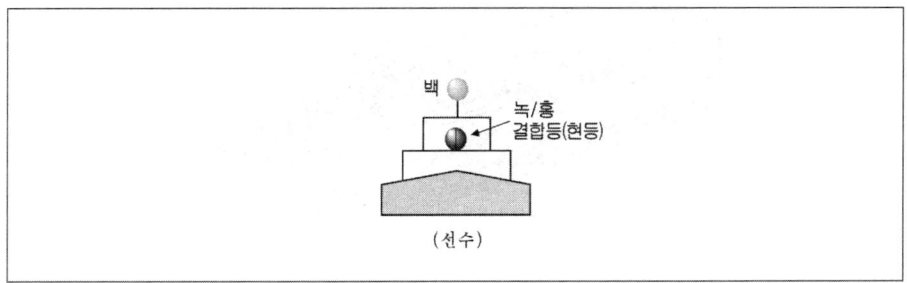

수면에 떠있는 상태로 항행 중인 해양수산부령으로 정하는 선박은 법 제81조 제1항에 따른 등화에 덧붙여 사방을 비출 수 있는 황색의 섬광등 1개를 표시하여야 한다(법 제81조 제2항). 수면비행선박이 비행하는 경우에는 법 제81조 제1항에 따른 등화에 덧붙여 사방을 비출 수 있는 고광도 홍색 섬광등 1개를 표시하여야 한다(법 제81조 제3항). 길이 12미터 미만의 동력선은 법 제81조 제1항에 따른 등화를 대신하여 흰색 전주등 1개와 현등 1쌍을 표시할 수 있다(법 제81조 제4항). 길이 7미터 미만이고 최대속력이 7노트 미만인 동력선은 법 제81조 제1항이나 제4항에 따른 등화를 대신하여 흰색 전주등 1개만을 표시할 수 있으며, 가능한 경우 현등 1쌍도 표시할 수 있다(법 제81조 제5항). 길이 12미터 미만인 동력선에서 마스트등이나 흰색 전주등을 선수와 선미의 중심선상에 표시하는 것이 불가능할 경우에는 그 중심선 위에서 벗어난 위치에 표시할 수 있다. 이 경우 현등 1쌍은 이를 1개의 등화(燈火)로 결합하여 선수와 선미의 중심선상 또는 그에 가까운 위치에 표시하되, 그 표시를 할 수 없을 경우에는 될 수 있으면 마스트등이나 흰색 전주등이 표시된 선으로부터 가까운 위치에 표시하여야 한다(법 제81조 제6항).

⚓ 「해사안전법 시행규칙」

제55조(황색섬광등을 표시하여야 할 선박) 법 제81조 제2항에서 "해양수산부령으로 정하는 선박"이란 공기부양선을 말한다.

[그림 20] 길이 12미터 미만의 동력선 (대수속력이 있는 경우)

5. 항행 중인 예인선

동력선이 다른 선박이나 물체를 끌고 있는 경우에는 다음 각 호의 등화나 형상물을 표시하여야 한다(법 제82조 제1항).

1. 법 제81조 제1항 제1호에 따라 앞쪽에 표시하는 마스트등을 대신하여 같은 수직선 위에 마스트등 2개. 다만, 예인선의 선미로부터 끌려가고 있는 선박이나 물체의 뒤쪽 끝까지 측정한 예인선열의 길이가 200미터를 초과하면 같은 수직선 위에 마스트등 3개를 표시하여야 한다.
2. 현등 1쌍
3. 선미등 1개
4. 선미등의 위쪽에 수직선 위로 예선등 1개
5. 예인선열의 길이가 200미터를 초과하면 가장 잘 보이는 곳에 마름모꼴의 형상물 1개

[그림 21] 길이 50미터 미만의 동력선이 타선을 선미에 연결하여 끌고 가는 경우
(예인선열의 길이가 200미터를 초과하지 않는 경우)

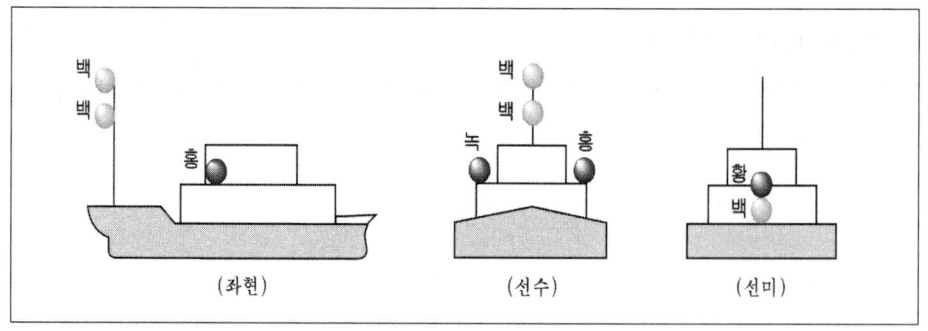

[그림 22] 길이 50미터 미만의 동력선이 타선을 선미에 연결하여 끌고 가는 경우
(예인선열의 길이가 200미터 이상일 때)

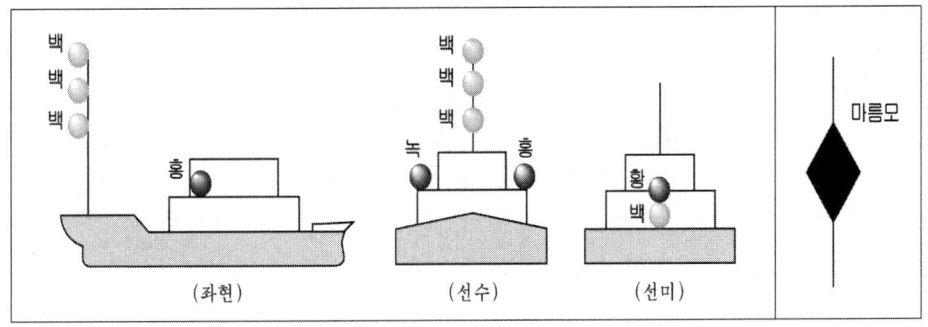

[그림 23] 길이 50미터 이상의 동력선이 타선을 선미에 끌고 있는 경우
(예인선열의 길이가 200미터 이상인 경우)

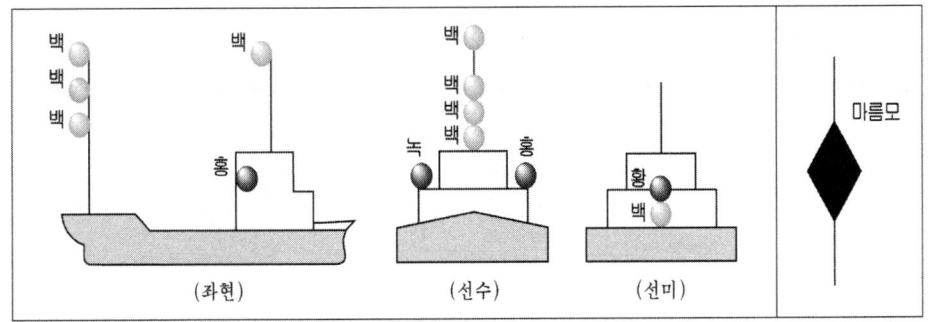

다른 선박을 밀거나 옆에 붙여서 끌고 있는 동력선은 다음 각 호의 등화를 표시하여야 한다(법 제82조 제2항).

1. 법 제81조 제1항 제1호에 따라 앞쪽에 표시하는 마스트등을 대신하여 같은 수직선 위로 마스트등 2개
2. 현등 1쌍
3. 선미등 1개

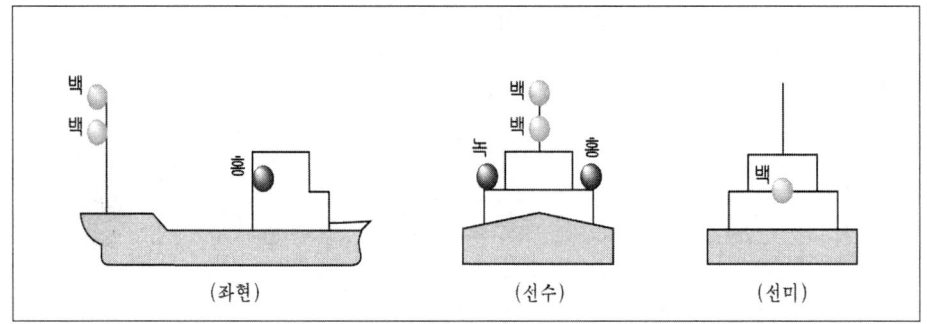

[그림 24] 타선을 앞으로 밀거나 옆에 붙여서 끌고 있는 동력선

끌려가고 있는 선박이나 물체는 다음 각 호의 등화나 형상물을 표시하여야 한다(법 제82조 제3항).29)

1. 현등 1쌍
2. 선미등 1개
3. 예인선열의 길이가 200미터를 초과하면 가장 잘 보이는 곳에 마름모꼴의 형상물 1개

---

29) 대법원 2010.1.28. 선고 2008다65686,65693 판결 :
 [1] 구「해상교통안전법」(2007. 4. 11. 법률 제8380호로 전부 개정되기 전의 것) 제28조 및 제31조 제3항은 "끌려가고 있는 선박은 현등 1쌍, 선미등 1개를 표시하여야 한다"고 규정하고, 제42조 제1항 제4호는 "시계가 제한된 수역을 항행하는 경우 끌려가고 있는 선박은 승무원이 있을 경우에는 2분을 넘지 아니하는 간격으로 연속된 4회의 기적(장음 1회에 단음 3회를 말한다)을 울려야 한다"고 규정하고 있는바, 피예인선이 자력 항행이 불가능한 부선(艀船)이라거나 피예인선의 승무원에게 예인선의 항해를 지휘·감독할 권한 또는 의무가 없다는 사정만으로는 피예인선 승무원의 위 음향신호 및 등화신호를 할 의무가 면제된다고 할 수 없고, 같은 법 제10조 제1항 제2호 단서가 선박의 안전관리체제를 수립해야 하는 선박에 선박법 제1조의2 제3호의 규정에 의한 부선을 포함하지 않고 있다고 하여, 피예인선인 부선이 다른 선박 또는 물체와 충돌한 경우 부선의 소유자나 승무원 등의 과실 유무와 무관하게 예인선 측만이 책임을 부담한다고 할 수 없다.
 [2] 짙은 안개로 시계가 제한된 수역에서 예인선에 끌려가던 부선(艀船)이 다른 선박과 충돌한 사안에서, 부선 측에서 구「해상교통안전법」(2007. 4. 11. 법률 제8380호로 전부 개정되기 전의 것)상의 음향신호와 등화신호를 제대로 하였더라면 다른 선박 측에서 부선의 존재를 알아채고 사전에 감속하거나 방향을 변경하여 충돌사고를 방지하였을 개연성이 상당하므로, 음향신호와 등화신호를 하지 아니한 부선 측의 과실도 충돌사고 발생의 한 원인이 되었다고 본 사례.
 [3] 같은 취지의 판결 : 대법원 2010.1.14. 선고 2008다69107 판결.

[그림 25] 끌려가고 있는 선박 또는 물체

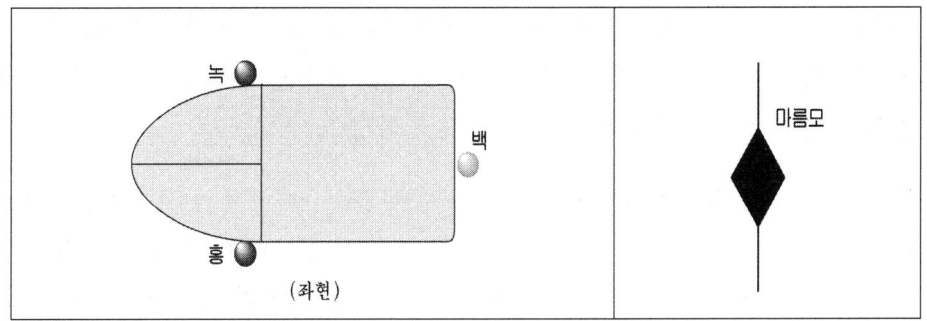

2척 이상의 선박이 한 무리가 되어 밀려가거나 옆에 붙어서 끌려갈 경우에는 이를 1척의 선박으로 보고 다음 각 호의 등화를 표시하여야 한다(법 제82조 제4항).

1. 앞쪽으로 밀려가고 있는 선박의 앞쪽 끝에 현등 1쌍
2. 옆에 붙어서 끌려가고 있는 선박은 선미등 1개와 그의 앞쪽 끝에 현등 1쌍

[그림 26] 옆에 붙어서 끌려가고 있는 선박

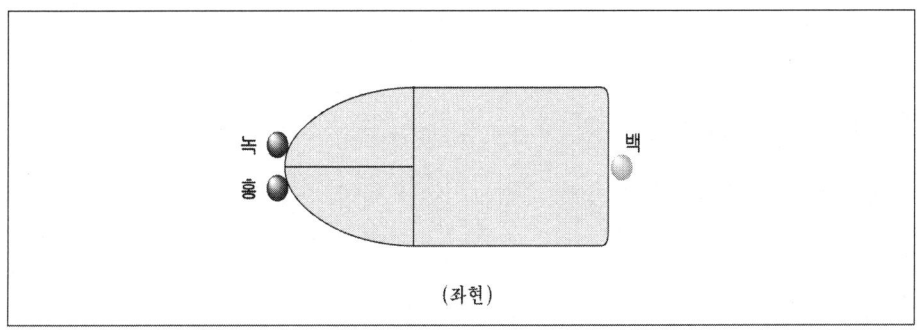

일부가 물에 잠겨 잘 보이지 아니하는 상태에서 끌려가고 있는 선박이나 물체 또는 끌려가고 있는 선박이나 물체의 혼합체는 제3항에도 불구하고 다음 각 호의 등화나 형상물을 표시하여야 한다(법 제82조 제5항).

1. 폭 25미터 미만이면 앞쪽 끝과 뒤쪽 끝 또는 그 부근에 흰색 전주등 각 1개
2. 폭 25미터 이상이면 제1호에 따른 등화에 덧붙여 그 폭의 양쪽 끝이나 그 부근에 흰색 전주등 각 1개
3. 길이가 100미터를 초과하면 제1호와 제2호에 따른 등화 사이의 거리가 100미터

를 넘지 아니하도록 하는 흰색 전주등을 함께 표시

4. 끌려가고 있는 맨 뒤쪽의 선박이나 물체의 뒤쪽 끝 또는 그 부근에 마름모꼴의 형상물 1개. 이 경우 예인선열의 길이가 200미터를 초과할 때에는 가장 잘 볼 수 있는 앞쪽 끝 부분에 마름모꼴의 형상물 1개를 함께 표시한다.

끌려가고 있는 선박이나 물체에 법 제82조 제3항 또는 제5항에 따른 등화나 형상물을 표시할 수 없는 경우에는 끌려가고 있는 선박이나 물체를 조명하거나 그 존재를 나타낼 수 있는 가능한 모든 조치를 취하여야 한다(법 제82조 제6항). 통상적으로 예인작업에 종사하지 아니한 선박이 조난당한 선박이나 구조가 필요한 다른 선박을 끌고 있는 경우로서 법 제82조 제1항이나 제2항에 따른 등화를 표시할 수 없을 때에는 그 등화들을 표시하지 아니할 수 있다. 이 경우 끌고 있는 선박과 끌려가고 있는 선박 사이의 관계를 표시하기 위하여 끄는 데에 사용되는 줄을 탐조등으로 비추는 등 법 제94조에 따른 가능한 모든 조치를 취하여야 한다(법 제82조 제7항). 밀고 있는 선박과 밀려가고 있는 선박이 단단하게 연결되어 하나의 복합체를 이룬 경우에는 이를 1척의 동력선으로 보고 법 제81조를 적용한다(법 제82조 제8항).

6. 항행 중인 범선 등

항행 중인 범선은 다음 각 호의 등화를 표시하여야 한다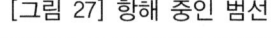.

1. 현등 1쌍
2. 선미등 1개

[그림 27] 항해 중인 범선

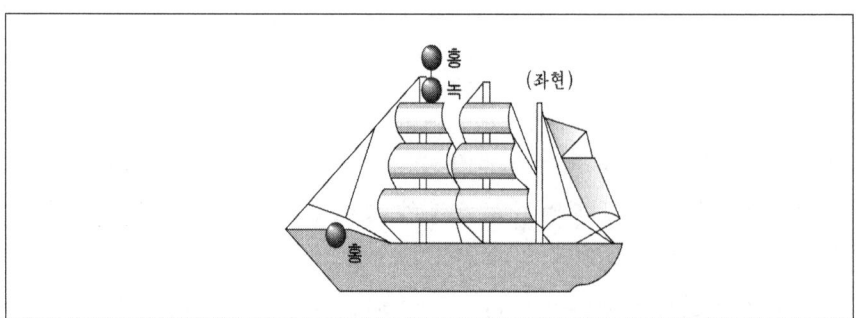

항행 중인 길이 20미터 미만의 범선은 법 제83조 제1항에 따른 등화를 대신하여 마스트의 꼭대기나 그 부근의 가장 잘 보이는 곳에 삼색등 1개를 표시할 수 있다(법 제83조 제2항). 항행 중인 범선은 법 제83조 제1항에 따른 등화에 덧붙여 마스트의 꼭대기나 그 부근의 가장 잘 보이는 곳에 전주등 2개를 수직선의 위아래에 표시할 수 있다. 이 경우 위쪽의 등화는 붉은색, 아래쪽의 등화는 녹색이어야 하며, 이 등화들은 법 제83조 제2항에 따른 삼색등과 함께 표시하여서는 아니 된다(법 제83조 제3항). 길이 7미터 미만의 범선은 될 수 있으면 법 제83조 제1항이나 제2항에 따른 등화를 표시하여야 한다. 다만, 이를 표시하지 아니할 경우에는 흰색 휴대용 전등이나 점화된 등을 즉시 사용할 수 있도록 준비하여 충돌을 방지할 수 있도록 충분한 기간 동안 이를 표시하여야 한다(법 제83조 제4항). 노도선(櫓櫂船)은 이 조에 따른 범선의 등화를 표시할 수 있다. 다만, 이를 표시하지 아니하는 경우에는 법 제83조 제4항 단서에 따라야 한다(법 제83조 제5항). 범선이 기관을 동시에 사용하여 진행하고 있는 경우에는 앞쪽의 가장 잘 보이는 곳에 원뿔꼴로 된 형상물 1개를 그 꼭대기가 아래로 향하도록 표시하여야 한다(법 제83조 제6항).

[그림 28] 범선이 돛과 기관을 동시 사용하여 진행할 때(야간-동력선 등화)

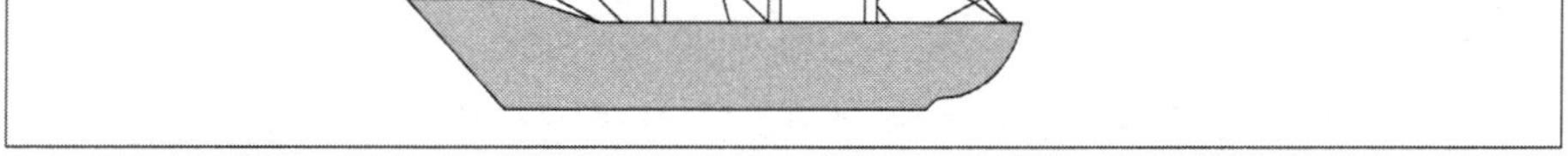

7. 어선

항망(桁網)이나 그 밖의 어구를 수중에서 끄는 트롤망어로에 종사하는 선박은 항행에 관계없이 다음 각 호의 등화나 형상물을 표시하여야 한다(법 제84조 제1항).

1. 수직선 위쪽에는 녹색, 그 아래쪽에는 흰색 전주등 각 1개 또는 수직선 위에 2개의 원뿔을 그 꼭대기에서 위아래로 결합한 형상물 1개

2. 제1호의 녹색 전주등보다 뒤쪽의 높은 위치에 마스트등 1개. 다만, 어로에 종사하는 길이 50미터 미만의 선박은 이를 표시하지 아니할 수 있다.
3. 대수속력이 있는 경우에는 제1호와 제2호에 따른 등화에 덧붙여 현등 1쌍과 선미등 1개

[그림 29] 길이 50미터 이상의 트롤망 어로에 종사하고 있는 선박
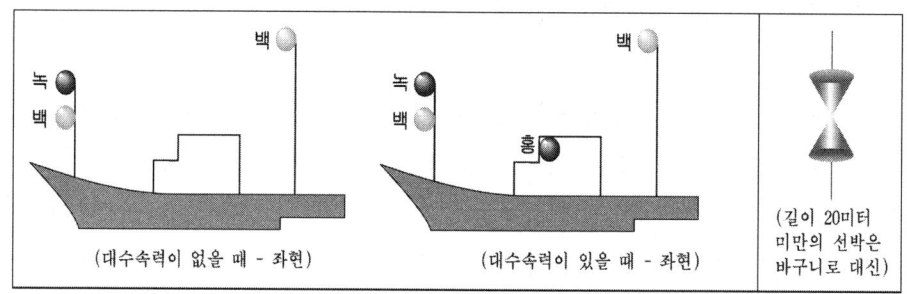

법 제84조 제1항에 따른 어로에 종사하는 선박 외에 어로에 종사하는 선박은 항행 여부에 관계없이 다음 각 호의 등화나 형상물을 표시하여야 한다(법 제84조 제2항).

1. 수직선 위쪽에는 붉은색, 아래쪽에는 흰색 전주등 각 1개 또는 수직선 위에 두 개의 원뿔을 그 꼭대기에서 위아래로 결합한 형상물 1개
2. 수평거리로 150미터가 넘는 어구를 선박 밖으로 내고 있는 경우에는 어구를 내고 있는 방향으로 흰색 전주등 1개 또는 꼭대기를 위로 한 원뿔꼴의 형상물 1개
3. 대수속력이 있는 경우에는 제1호와 제2호에 따른 등화에 덧붙여 현등 1쌍과 선미등 1개

트롤망어로와 선망어로(旋網漁撈)에 종사하고 있는 선박에는 법 제84조 제1항과 제2항에 따른 등화 외에 해양수산부령으로 정하는 추가신호를 표시하여야 한다(법 제29조 법 제84조 제3항). 어로에 종사하고 있지 아니하는 선박은 이 조에 따른 등화나 형상물을 표시하여서는 아니 되며, 그 선박과 같은 길이의 선박이 표시하여야 할 등화나 형상물 만을 표시하여야 한다(법 제84조 제4항).

제 6 절 선박의 항법 등   305

[그림 30] 트롤 이외의 어선이 어구를 선외로 내고 있을 때

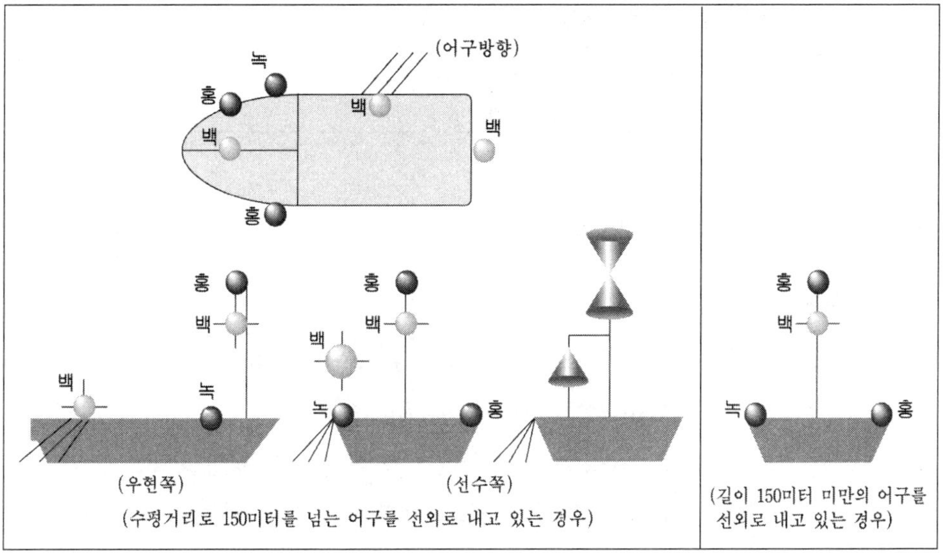

「해사안전법 시행규칙」

제56조(어로에 종사하고 있는 선박의 추가신호) 법 제84조 제3항에서 "해양수산부령으로 정하는 추가신호"란 별표 16에서 정하는 신호를 말한다.

[별표 16]
어로에 종사하고 있는 선박의 추가신호(제56조 관련)

선종	작업내용		표시등화	가시거리	설치기준
트롤어선	외끌이의 경우	어망을 투입하고 있는 경우	수직선상에 백색 등화 2개	법 제80조에 따라 해양수산부장관이 정하여 고시하는 기준에 의한 다른 등화보다 그 가시거리가 짧아야 하되, 1해리 이상의 수평선 주위에서 볼 수 있어야 한다.	0.9미터 이상의 간격으로 설치하여야 한다.
		어망을 건져 올리고 있는 경우	수직선상에 홍색의 등화 1개와 그 윗부분에 백색등화 1개		
		어망이 장애물이 걸린 경우	수직선상에 홍색 등화 2개		
	쌍끌이의 경우		외끌이의 경우에 해당하는 등화 외에 야간에는 한 쌍을 이룬 다른 선박의 진행방향을 비추는 탐조등 1개		

선망어선	어구에 의하여 조종성능이 제약을 받고 있는 경우	수직선상에 1초마다 번갈아 섬광을 발하며, 꺼지고 켜지는 시간이 동일한 황색의 등화 2개		

8. 조종불능선과 조종제한선

가. 조종불능선

조종불능선은 다음 각 호의 등화나 형상물을 표시하여야 한다(법 제85조 제1항).

1. 가장 잘 보이는 곳에 수직으로 붉은색 전주등 2개
2. 가장 잘 보이는 곳에 수직으로 둥근꼴이나 그와 비슷한 형상물 2개
3. 대수속력이 있는 경우에는 제1호와 제2호에 따른 등화에 덧붙여 현등 1쌍과 선미등 1개

[그림 31] 조종불능선(vessels not under command)

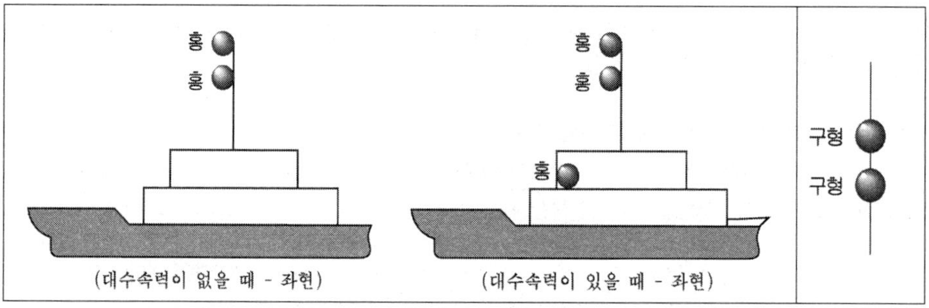

나. 조종제한선

조종제한선은 기뢰제거작업에 종사하고 있는 경우 외에는 다음 각 호의 등화나 형상물을 표시하여야 한다(법 제85조 제2항).

1. 가장 잘 보이는 곳에 수직으로 위쪽과 아래쪽에는 붉은색 전주등, 가운데에는 흰색 전주등 각 1개
2. 가장 잘 보이는 곳에 수직으로 위쪽과 아래쪽에는 둥근꼴, 가운데에는 마름모꼴

의 형상물 각 1개

3. 대수속력이 있는 경우에는 제1호에 따른 등화에 덧붙여 마스트등 1개, 현등 1쌍 및 선미등 1개

4. 정박 중에는 제1호와 제2호에 따른 등화나 형상물에 덧붙여 제88조에 따른 등화나 형상물

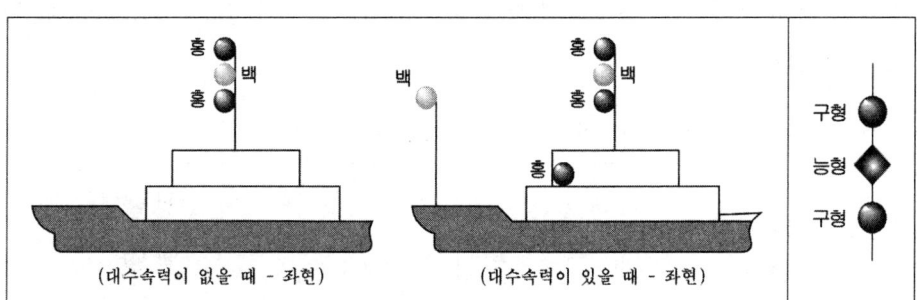

[그림 32] 조종제한선

다. 예인작업

동력선이 진로로부터 이탈능력을 매우 제한받는 예인작업에 종사하고 있는 경우에는 법 제82조 제1항에 따른 등화나 형상물에 덧붙여 법 제85조 제2항 제1호와 제2호에 따른 등화나 형상물을 표시하여야 한다(법 제85조 제3항).30)

라. 준설 등

준설(浚渫)이나 수중작업에 종사하고 있는 선박이 조종능력을 제한받고 있는 경우

---

30) 대법원 2009.4.23. 선고 2008도11921 판결 : 구「해상교통안전법」(2007. 1. 19. 법률 제8260호로 개정되어, 2008. 1. 20. 시행되기 전의 것) 제46조 제2항은 조종제한선이 표시하여야 할 등화나 형상물에 관하여 규정한 다음, 제3항에서 "동력선이 진로로부터 이탈능력을 매우 제한받는 예인작업에 종사하고 있는 경우에는 제43조 제1항에 따른 등화나 형상물에 덧붙여 제2항 제1호와 제2호에 따른 등화나 형상물을 표시하여야 한다."고 정하고 있다. 이에 의하면, 예인선이 진로로부터 이탈능력을 매우 제한받는 예인 작업에 종사하고 있는 경우에는 예인선 자체에 위와 같은 등화나 형상물을 표시하여야 하고, 예인 대상인 다른 선박 또는 물체에 위와 같은 등화나 형상물을 표시하는 것은 위 조항에 의한 적법한 등화나 형상물 표시 방법이라고 볼 수 없다.
원심이 같은 취지에서, 이 사건 주예인선과 부예인선에는 조종제한등화를 표시하지 아니하고 예인 대상인 부선에 조종제한등화를 한 것은 구「해상교통안전법」에 의한 적법한 등화 표시 방법이 아니고 이 역시 이 사건 충돌의 한 원인이 되었다고 판단한 것은 정당하고, 거기에 상고이유에서 주장하는 바와 같은 조종제한등화 표시방법, 인과관계에 관한 법리오해 등의 위법이 없다.

에는 법 제85조 제2항에 따른 등화나 형상물을 표시하여야 하며, 장애물이 있는 경우에는 이에 덧붙여 다음 각 호의 등화나 형상물을 표시하여야 한다(법 제85조 제4항).

1. 장애물이 있는 쪽을 가리키는 뱃전에 수직으로 붉은색 전주등 2개나 둥근꼴의 형상물 2개
2. 다른 선박이 통과할 수 있는 쪽을 가리키는 뱃전에 수직으로 녹색 전주등 2개나 마름모꼴의 형상물 2개
3. 정박 중인 때에는 법 제88조에 따른 등화나 형상물을 대신하여 제1호와 제2호에 따른 등화나 형상물

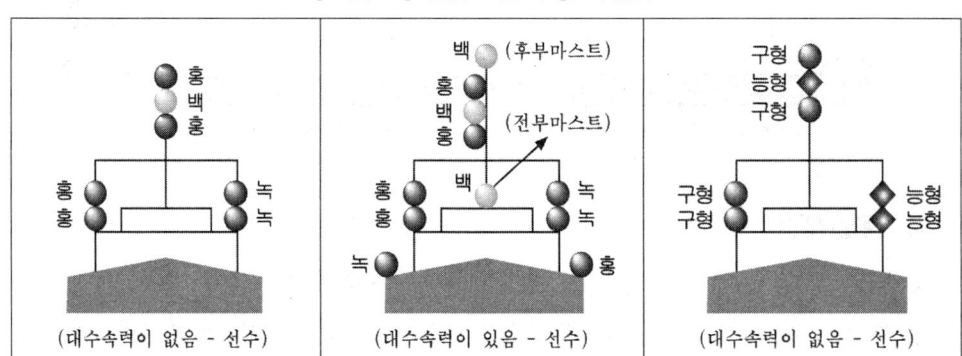

[그림 33] 준설 또는 수중 작업선

마. 잠수작업

잠수작업에 종사하고 있는 선박이 그 크기로 인하여 법 제85조 제4항에 따른 등화와 형상물을 표시할 수 없으면 다음 각 호의 표시를 하여야 한다(법 제85조 제5항).

1. 가장 잘 보이는 곳에 수직으로 위쪽과 아래쪽에는 붉은색 전주등, 가운데에는 흰색 전주등 각 1개
2. 국제해사기구가 정한 국제신호서(國際信號書) 에이(A) 기(旗)의 모사판(模寫版)을 1미터 이상의 높이로 하여 사방에서 볼 수 있도록 표시

[그림 34] 잠수작업 종사선

바. 기뢰제거작업

기뢰제거작업에 종사하고 있는 선박은 해당 선박에서 1천미터 이내로 접근하면 위험하다는 경고로서 법 제81조에 따른 동력선에 관한 등화, 법 제88조에 따른 정박하고 있는 선박의 등화나 형상물에 덧붙여 녹색의 전주등 3개 또는 둥근꼴의 형상물 3개를 표시하여야 한다. 이 경우 이들 등화나 형상물 중에서 하나는 앞쪽 마스트의 꼭대기 부근에 표시하고, 다른 2개는 앞쪽 마스트의 가름대의 양쪽 끝에 1개씩 표시하여야 한다(법 제85조 제6항).

[그림 35] 기뢰 제거 작업 중인 선박 소해 작업에 종사하는 선박

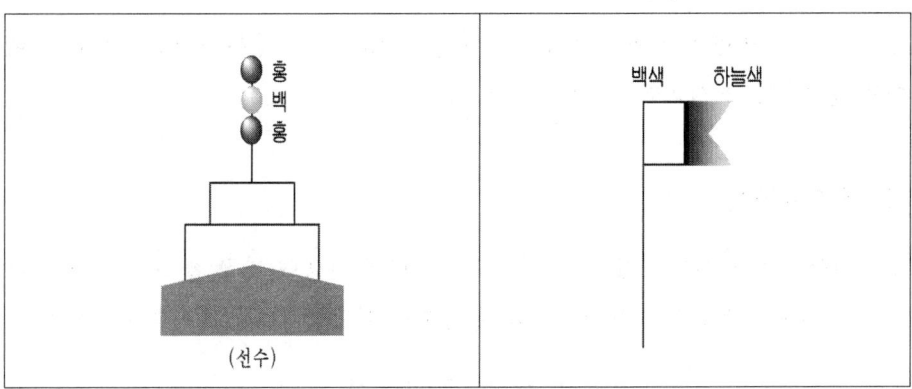

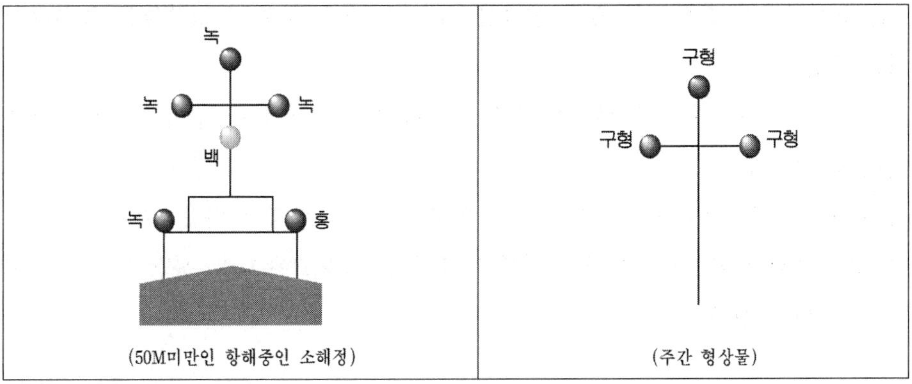

사. 길이 12미터 미만선박

길이 12미터 미만의 선박은 잠수작업에 종사하고 있는 경우 외에는 이 조에 따른 등화와 형상물을 표시하지 아니할 수 있다(법 제85조 제7항).

9. 흘수제약선

흘수제약선은 법 제81조에 따른 동력선의 등화에 덧붙여 가장 잘 보이는 곳에 붉은색 전주등 3개를 수직으로 표시하거나 원통형의 형상물 1개를 표시할 수 있다(법 제86조).

[그림 36] 흘수제약선

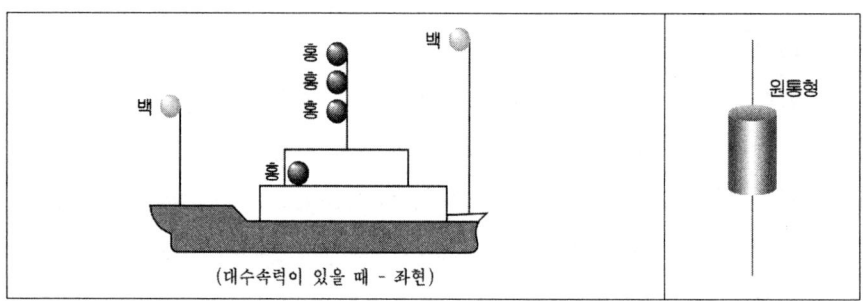

10. 도선선

가. 도선업무에 종사하고 있는 선박은 다음 각 호의 등화나 형상물을 표시하여야 한다(법 제87조 제1항).

1. 마스트의 꼭대기나 그 부근에 수직선 위쪽에는 흰색 전주등, 아래쪽에는 붉은색 전주등 각 1개
2. 항행 중에는 제1호에 따른 등화에 덧붙여 현등 1쌍과 선미등 1개
3. 정박 중에는 제1호에 따른 등화에 덧붙여 법 제88조에 따른 정박하고 있는 선박의 등화나 형상물

[그림 37] 항행 중인 도선선

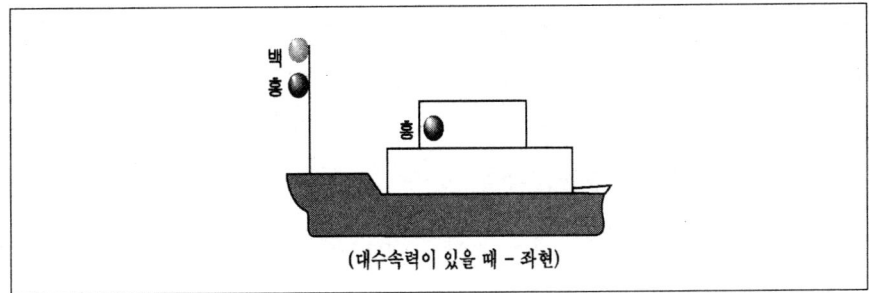

나. 도선선이 도선업무에 종사하지 아니할 때에는 그 선박과 같은 길이의 선박이 표시하여야 할 등화나 형상물을 표시하여야 한다(법 제87조 제2항).

[그림 38] 정박 중인 도선선

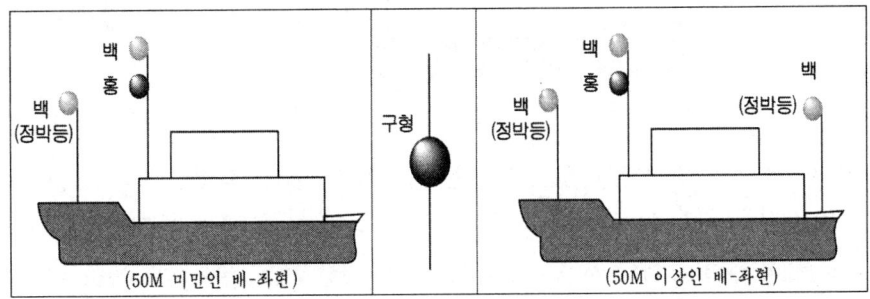

11. 정박선과 얹혀 있는 선박

정박 중인 선박은 가장 잘 보이는 곳에 다음 각 호의 등화나 형상물을 표시하여야 한다(법 제88조 제1항).

1. 앞쪽에 흰색의 전주등 1개 또는 둥근꼴의 형상물 1개
2. 선미나 그 부근에 제1호에 따른 등화보다 낮은 위치에 흰색 전주등 1개

길이 50미터 미만인 선박은 법 제88조 제1항에 따른 등화를 대신하여 가장 잘 보이는 곳에 흰색 전주등 1개를 표시할 수 있다(법 제88조 제2항). 정박 중인 선박은 갑판을 조명하기 위하여 작업등 또는 이와 비슷한 등화를 사용하여야 한다. 다만, 길이 100미터 미만의

선박은 이 등화들을 사용하지 아니할 수 있다(법 제88조 제3항).

얹혀 있는 선박은 법 제88조 제1항이나 제2항에 따른 등화를 표시하여야 하며, 이에 덧붙여 가장 잘 보이는 곳에 다음 각 호의 등화나 형상물을 표시하여야 한다(법 제88조 제4항).

1. 수직으로 붉은색의 전주등 2개
2. 수직으로 둥근꼴의 형상물 3개

[그림 39] 얹혀 있는 선박

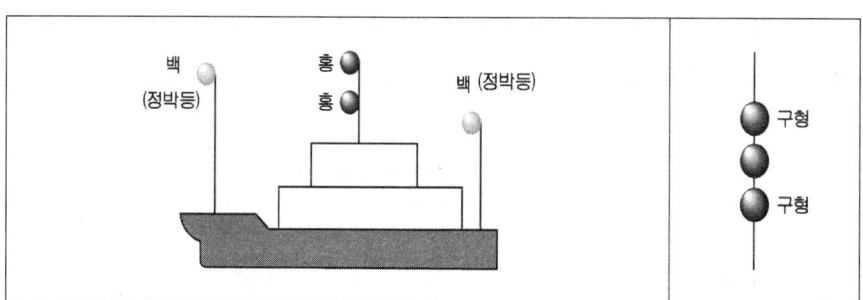

길이 7미터 미만의 선박이 좁은 수로 등 정박지 안 또는 그 부근과 다른 선박이 통상적으로 항행하는 수역이 아닌 장소에 정박하거나 얹혀 있는 경우에는 법 제88조 제1항과 제2항에 따른 등화나 형상물을 표시하지 아니할 수 있다(법 제88조 제5항). 길이 12미터 미만의 선박이 얹혀 있는 경우에는 법 제88조 제4항에 따른 등화나 형상물을 표시하지 아니할 수 있다(법 제88조 제6항).

12. 수상항공기 및 수면비행선박

수상항공기 및 수면비행선박은 이 절에서 규정하는 특성을 가진 등화와 형상물을 표시할 수 없거나 규정된 위치에 표시할 수 없는 경우 그 특성과 위치에 관하여 될 수 있으면 이 절에서 규정하는 것과 비슷한 등화나 형상물을 표시하여야 한다(법 제89조).

제5관 음향신호와 발광신호

1. 기적의 종류

"기적"(汽笛)이란 다음 각 호의 구분에 따라 단음(短音)과 장음(長音)을 발할 수 있는 음향신호장치를 말한다(법 제90조).
1. 단음: 1초 정도 계속되는 고동소리
2. 장음: 4초부터 6초까지의 시간 동안 계속되는 고동소리

2. 음향신호설비

길이 12미터 이상의 선박은 기적 1개를, 길이 20미터 이상의 선박은 기적 1개 및 호종(號鐘) 1개를 갖추어 두어야 하며, 길이 100미터 이상의 선박은 이에 덧붙여 호종과 혼동되지 아니하는 음조와 소리를 가진 징을 갖추어 두어야 한다. 다만, 호종과 징은 각각 그것과 음색이 같고 이 법에서 규정한 신호를 수동으로 행할 수 있는 다른 설비로 대체할 수 있다(법 제91조 제1항). 길이 12미터 미만의 선박은 법 제91조 제1항에 따른 음향신호설비를 갖추어 두지 아니하여도 된다. 다만, 이들을 갖추어 두지 아니하는 경우에는 유효한 음향신호를 낼 수 있는 다른 기구를 갖추어 두어야 한다(법 제91조 제2항). 선박이 갖추어 두어야 할 기적·호종 및 징의 기술적 기준과 기적의 위치 등에 관하여는 해양수산부장관이 정하여 고시한다(법 제91조 제3항).

3. 조종신호와 경고신호

항행 중인 동력선이 서로 상대의 시계 안에 있는 경우에 이 법의 규정에 따라 그 침로를 변경하거나 그 기관을 후진하여 사용할 때에는 다음 각 호의 구분에 따라 기적신호를 행하여야 한다(법 제29조 제3항 법 제92조 제1항).
1. 침로를 오른쪽으로 변경하고 있는 경우: 단음 1회
2. 침로를 왼쪽으로 변경하고 있는 경우: 단음 2회
3. 기관을 후진하고 있는 경우: 단음 3회

항행 중인 동력선은 다음 각 호의 구분에 따른 발광신호를 적절히 반복하여 법 제

92조 제1항에 따른 기적신호를 보충할 수 있다(법 제92조 제2항).

1. 침로를 오른쪽으로 변경하고 있는 경우: 섬광 1회
2. 침로를 왼쪽으로 변경하고 있는 경우: 섬광 2회
3. 기관을 후진하고 있는 경우: 섬광 3회

법 제92조 제2항에 따른 섬광의 지속시간 및 섬광과 섬광 사이의 간격은 1초 정도로 하되, 반복되는 신호 사이의 간격은 10초 이상으로 하며, 이 발광신호에 사용되는 등화는 적어도 5해리의 거리에서 볼 수 있는 흰색 전주등이어야 한다(법 제92조 제3항).

선박이 좁은 수로 등에서 서로 상대의 시계 안에 있는 경우 법 제67조 제5항에 따른 기적신호를 할 때에는 다음 각 호에 따라 행하여야 한다(법 제92조 제4항).

1. 다른 선박의 우현 쪽으로 추월하려는 경우에는 장음 2회와 단음 1회의 순서로 의사를 표시할 것
2. 다른 선박의 좌현 쪽으로 추월하려는 경우에는 장음 2회와 단음 2회의 순서로 의사를 표시할 것
3. 추월당하는 선박이 다른 선박의 추월에 동의할 경우에는 장음 1회, 단음 1회의 순서로 2회에 걸쳐 동의의사를 표시할 것

서로 상대의 시계 안에 있는 선박이 접근하고 있을 경우에는 하나의 선박이 다른 선박의 의도 또는 동작을 이해할 수 없거나 다른 선박이 충돌을 피하기 위하여 충분한 동작을 취하고 있는지 분명하지 아니한 경우에는 그 사실을 안 선박이 즉시 기적으로 단음을 5회 이상 재빨리 울려 그 사실을 표시하여야 한다. 이 경우 의문신호(疑問信號)는 5회 이상의 짧고 빠르게 섬광을 발하는 발광신호로써 보충할 수 있다(법 제92조 제5항). 좁은 수로 등의 굽은 부분이나 장애물 때문에 다른 선박을 볼 수 없는 수역에 접근하는 선박은 장음으로 1회의 기적신호를 울려야 한다. 이 경우 그 선박에 접근하고 있는 다른 선박이 굽은 부분의 부근이나 장애물의 뒤쪽에서 그 기적신호를 들은 경우에는 장음 1회의 기적신호를 울려 이에 응답하여야 한다(법 제92조 제6항). 100미터 이상 거리를 두고 둘 이상의 기적을 갖추어 두고 있는 선박이 조종신호 및 경고신호를 울릴 때에는 그 중 하나만을 사용하여야 한다(법 제92조 제7항).

[그림 40] 조종신호와 경고신호

1. 조종신호
• 단성1발(섬광1회) : 우현변침(●)
• 단성2발(섬광2회) : 좌현변침(●●)
• 단성3발(섬광3회) : 후진기관사용(●●●)
2. 좁은 수로 서로 시계 안에 있을 때
• 장성2발단성1발 : 우현측 추월하고자 함(▬▬ ▬▬●)
• 장성2발단성2발 : 좌현측 추월하고자 함(▬▬ ▬▬●●)
• 장1단1장1단1 : 추월에 동의함(▬▬● ▬▬●)--〉협력동작을 해야 함
3. 의문(경고) 신호 : 5회 이상 짧고 급속한 음향 또는 섬광(●●●●●●)
4. 협수로·만곡부 접근선박 : 장음1회 - 회답도 같은 신호(▬▬)

4. 제한된 시계 안에서의 음향신호

시계가 제한된 수역이나 그 부근에 있는 모든 선박은 밤낮에 관계없이 다음 각 호에 따른 신호를 하여야 한다(법 제93조 제1항).

1. 항행 중인 동력선은 대수속력이 있는 경우에는 2분을 넘지 아니하는 간격으로 장음을 1회 울려야 한다.

2. 항행 중인 동력선은 정지하여 대수속력이 없는 경우에는 장음 사이의 간격을 2초 정도로 연속하여 장음을 2회 울리되, 2분을 넘지 아니하는 간격으로 울려야 한다.

3. 조종불능선, 조종제한선, 흘수제약선, 범선, 어로 작업을 하고 있는 선박 또는 다른 선박을 끌고 있거나 밀고 있는 선박은 제1호와 제2호에 따른 신호를 대신하여 2분을 넘지 아니하는 간격으로 연속하여 3회의 기적(장음 1회에 이어 단음 2회를 말한다)을 울려야 한다.

4. 끌려가고 있는 선박(2척 이상의 선박이 끌려가고 있는 경우에는 제일 뒤쪽의 선박)은 승무원이 있을 경우에는 2분을 넘지 아니하는 간격으로 연속하여 4회의 기적(장음 1회에 이어 단음 3회를 말한다)을 울릴 것. 이 경우 신호는 될 수 있으면 끌고 있는 선박이 행하는 신호 직후에 울려야 한다.

5. 정박 중인 선박은 1분을 넘지 아니하는 간격으로 5초 정도 재빨리 호종을 울릴 것. 다만, 정박하여 어로 작업을 하고 있거나 작업 중인 조종제한선은 제3호에 따른 신호를 울려야 하고, 길이 100미터 이상의 선박은 호종을 선박의 앞쪽에서 울리되,

호종을 울린 직후에 뒤쪽에서 징을 5초 정도 재빨리 울려야 하며, 접근하여 오는 선박에 대하여 자기 선박의 위치와 충돌의 가능성을 경고할 필요가 있을 경우에는 이에 덧붙여 연속하여 3회(단음 1회, 장음 1회, 단음 1회) 기적을 울릴 수 있다.

6. 얹혀 있는 선박 중 길이 100미터 미만의 선박은 1분을 넘지 아니하는 간격으로 재빨리 호종을 5초 정도 울림과 동시에 그 직전과 직후에 호종을 각각 3회 똑똑히 울릴 것. 이 경우 그 선박은 이에 덧붙여 적절한 기적신호를 울릴 수 있다.

7. 얹혀 있는 선박 중 길이 100미터 이상의 선박은 그 앞쪽에서 1분을 넘지 아니하는 간격으로 재빨리 호종을 5초 정도 울림과 동시에 그 직전과 직후에 호종을 각각 3회씩 똑똑히 울리고, 뒤쪽에서는 그 호종의 마지막 울림 직후에 재빨리 징을 5초 정도 울릴 것. 이 경우 그 선박은 이에 덧붙여 알맞은 기적신호를 할 수 있다.

8. 길이 12미터 미만의 선박은 제1호부터 제7호까지의 규정에 따른 신호를, 길이 12미터 이상 20미터 미만인 선박은 제5호부터 제7호까지의 규정에 따른 신호를 하지 아니할 수 있다. 다만, 그 신호를 하지 아니한 경우에는 2분을 넘지 아니하는 간격으로 다른 유효한 음향신호를 하여야 한다.

9. 도선선이 도선업무를 하고 있는 경우에는 제1호, 제2호 또는 제5호에 따른 신호에 덧붙여 단음 4회로 식별신호를 할 수 있다.

밀고 있는 선박과 밀려가고 있는 선박이 단단하게 연결되어 하나의 복합체를 이룬 경우에는 이를 1척의 동력선으로 보고 법 제93조 제1항을 적용한다(법 제93조 제2항).

[그림 41] 제한된 시계에서의 음향신호

1. 대수속력이 있을 때 : 2분 이내의 간격으로 장음1회(■)
2. 대수속력이 없을 때 : 2분 이내의 간격으로 장음2회(■ ■)
3. 어로선, 범선, 조종제한선, 조종불능선, 홀수제약선, 예인작업에 종사하는 선박 : 2분 이내의 간격으로 장음1회 단음2회(■●●)
4. 최후단 피예인선 : 예인선 신호에 이어 2분 이내 간격 장음1회 단음3회(●●●)
5. 정박선 : 1분간격 5초이상 호종(선수)+징(선미-길이100M-이상). 동력선의 경고신호-단+장+단음
6. 좌초선 : 정박선신호 + 호종신호 전후 각3회 타종
7. 길이 12M 미만 : 2분 이내 간격 유효한 신호

5. 주의환기신호

모든 선박은 다른 선박의 주의를 환기시키기 위하여 필요하면 이 법에서 정하는 다른 신호로 오인되지 아니하는 발광신호 또는 음향신호를 하거나 다른 선박에 지장을 주지 아니하는 방법으로 위험이 있는 방향에 탐조등을 비출 수 있다(법 제94조 제1항). 법 제94조 제1항에 따른 발광신호나 탐조등은 항행보조시설로 오인되지 아니하는 것이어야 하며, 스트로보등(燈)이나 그 밖의 강력한 빛이 점멸하거나 회전하는 등화를 사용하여서는 아니 된다(법 제94조 제2항).

6. 조난신호

선박이 조난을 당하여 구원을 요청하는 경우 국제해사기구가 정하는 신호를 하여야 한다(법 제95조 제1항). 선박은 법 제95조 제1항에 따른 목적 외에 같은 항에 따른 신호 또는 이와 오인될 위험이 있는 신호를 하여서는 아니 된다(법 제95조 제2항).

제6관 특수한 상황에서 선박의 항법 등

1. 절박한 위험이 있는 특수한 상황

선박, 선장, 선박소유자 또는 해원은 다른 선박과의 충돌 위험 등 절박한 위험이 있는 모든 특수한 상황(관계 선박의 성능의 한계에 따른 사정을 포함한다. 이하 같다)에 합당한 주의를 하여야 한다(법 제96조 제1항). 법 제96조 제1항에 따른 절박한 위험이 있는 특수한 상황에 처한 경우에는 그 위험을 피하기 위하여 법 제6장 제1절부터 제3절까지에 따른 항법을 따르지 아니할 수 있다(법 제96조 제2항). 선박, 선장, 선박소유자 또는 해원은 이 법의 규정을 태만히 이행하거나 특수한 상황에 요구되는 주의를 게을리함으로써 발생한 결과에 대하여는 면책되지 아니한다(법 제96조 제3항).

2. 등화 및 형상물의 설치와 표시에 관한 특례

선박의 구조나 그 운항의 성질상 이 절에 따른 등화나 형상물을 설치 또는 표시할 수 없거나 표시할 필요가 없는 선박에 대하여는 해양수산부령으로 정하는 바에 따라 등화 및 형상물의 설치와 표시에 관한 특례를 정할 수 있다(법 제97조).

> **「해사안전법 시행규칙」**
>
> **제57조(등화 및 형상물의 설치와 표시에 관한 특례)** 법 제97조에서 등화나 형상물을 설치 또는 표시할 수 없거나 표시할 필요가 없는 선박은 「선박안전법」 제26조에 따른 선박시설기준에 따라 등화의 설치가 면제된 선박이나 「어선법」 제3조에 따른 기준에 따라 등화나 형상물의 설치 또는 표시가 면제된 선박으로 한다.

제7절 보칙

제1관 기타 행정사항

1. 해양안전헌장

해양수산부장관은 국민의 해양안전에 관한 의식을 고취하고 해양사고를 예방하기 위하여 해양안전에 관한 사항과 해사안전관리 등 해양안전과 관련된 업무에 종사하는 자가 준수하여야 할 사항 등을 규정한 해양안전헌장을 제정·고시할 수 있다(법 제97조의2 제1항). 해양안전과 관련된 행정기관 등은 법 제97조의2 제1항에 따른 해양안전헌장을 관계 시설이나 선박 등에 게시하는 등 해양안전헌장의 내용을 관계자에게 널리 알리고 이를 실천할 수 있도록 필요한 조치를 하여야 한다(법 제97조의2 제2항).

2. 해양안전의 날 등

해양수산부장관은 대통령령으로 정하는 바에 따라 국민의 해양안전에 관한 의식을 고취하기 위하여 해양안전의 날을 정하고 필요한 행사 등을 할 수 있다(법 제97조의3).

> ⚓ 「해사안전법 시행령」
>
> **제20조의2(해양안전의 날 등)** ① 법 제97조의3에 따른 해양안전의 날은 매월 1일로 한다.
> ② 해양수산부장관은 해양안전의 날에 해양안전에 관한 의식을 고취하기 위하여 교육·홍보 등 필요한 행사를 실시할 수 있다. 이 경우 해양수산부장관은 관계 행정기관의 장, 공공기관의 장 또는 해사안전과 관련된 기관·단체나 개인에게 행사의 실시에 필요한 협조를 요청할 수 있다.

3. 청문

해양수산부장관이나 국민안전처장관은 다음 각 호의 어느 하나에 해당하는 처분을 하려면 청문을 하여야 한다(법 제98조).

1. 법 제13조 제3항에 따른 공사 또는 작업 허가의 취소
2. 법 제23조 제1항에 따른 안전진단대행업자 등록의 취소
3. 법 제48조 제5항에 따른 정부대행기관 지정의 취소
4. 법 제54조 제1항에 따른 안전관리대행업 등록의 취소
5. 법 제57조의2 제4항에 따른 해사안전 우수사업자 지정의 취소 또는 지정 효력의 정지

4. 권한의 위임·위탁

이 법에 따른 해양수산부장관 또는 국민안전처장관의 권한은 대통령령으로 정하는 바에 따라 그 일부를 그 소속 기관의 장 또는 지방자치단체의 장에게 위임할 수 있다(법 제99조 제1항). 이 법에 따른 해양수산부장관의 권한은 대통령령으로 정하는 바에 따라 그 일부를 국민안전처장관 또는 그 소속기관의 장에게 위탁할 수 있다(법 제99조 제2항). 해양수산부장관은 법 제4조 제3항에 따른 해사안전에 관한 국제협력 등 이 법에 따른 업무의 일부를 대통령령으로 정하는 바에 따라 해사안전과 관련된 전문기관 중 해양수산부장관이 정하여 고시하는 전문기관에 위탁할 수 있다(법 제99조 제3항).

「해사안전법 시행령」

제21조(권한의 위임) ① 해양수산부장관은 법 제99조 제1항에 따라 다음 각 호의 권한을 시·도지사에게 위임한다. 다만, 제1호부터 제5호까지, 제8호 및 제8호의3은 「배타적 경제수역법」 제2조에 따른 배타적 경제수역 및 「항만법」 제3조 제2항 제1호 및 같은 조 제3항 제1호에 따른 국가관리무역항 및 국가관리연안항의 항만구역에 대해서는 적용하지 아니하며, 제6호, 제7호 및 제8호의2는 어선(「원양산업발전법」 제6조 제1항에 따른 원양어업허가를 받은 어선은 제외한다)이나 어선사업장에 대해서만 적용한다.
  1. 법 제26조 제2항 및 제3항에 따른 항행장애물에 대한 표시나 조치의 명령 또는 직접 표시
  2. 법 제27조 제1항에 따른 항행장애물의 위험성 결정
  3. 법 제28조 제2항 및 제3항에 따른 항행장애물의 제거 명령 또는 직접 제거
  4. 법 제29조 제1항에 따른 비용 지불을 보증하는 서류의 제출 요구
  5. 법 제30조에 따른 입항·출항의 거부 또는 국내계류시설 사용의 거부
  6. 법 제58조에 따른 지도·감독
  7. 법 제59조에 따른 개선명령
  8. 법 제101조 제1항에 따른 필요한 조치
   8의2. 법 제110조 제2항 제2호 및 제3호에 따른 과태료의 부과·징수
   8의3. 법 제110조 제3항 제8호부터 제10호까지의 규정에 따른 과태료의 부과·징수
  9. 삭제

② 해양수산부장관은 법 제99조 제1항에 따라 다음 각 호의 권한을 지방해양수산청장에게 위임한다. 다만, 제5호부터 제9호까지, 제27호 및 제28호의3은 「배타적 경제수역법」 제2조에 따른 배타적 경제수역 및 「항만법」 제3조 제2항 제1호 및 같은 조 제3항 제1호에 따른 국가관리무역항 및 국가관리연안항의 항만구역에 대해서만 적용하고, 제24호, 제25호 및 제28호는 어선(「원양산업발전법」 제6조 제1항에 따른 원양어업허가를 받은 어선은 제외한다)이나 어선사업장에 대해서는 적용하지 아니한다.
  1. 법 제8조 제2항부터 제4항까지의 규정에 따른 보호수역의 입역 허가에 관한 업무
  2. 법 제9조에 따른 보호수역 입역에 관한 업무
  3. 법 제10조 제2항에 따른 항로지정제도의 시행
   3의2. 법 제13조 제2항에 따른 허가사실 통보의 접수 및 고시
  4. 법 제16조 제1항·제2항 및 제18조의2 제8항에 따른 의견서의 접수·검토 및 통보에 관한 업무
  5. 법 제26조 제2항 및 제3항에 따른 항행장애물에 대한 표시나 조치의 명령 또는 직접 표시
  6. 법 제27조 제1항에 따른 항행장애물의 위험성 결정
  7. 법 제28조 제2항 및 제3항에 따른 항행장애물의 제거 명령 또는 직접 제거
  8. 법 제29조 제1항에 따른 비용 지불을 보증하는 서류의 제출 요구
  9. 법 제30조에 따른 입항·출항의 거부 또는 국내계류시설 사용의 거부
  10. 법 제31조 제1항에 따른 고시
  11. 법 제31조 제2항에 따른 수역 등의 지정 및 운영
  12. 법 제32조 제1항에 따른 외국선박에 대한 내수 통항허가
  13. 법 제38조에 따른 선박 출항통제의 명령(여객선 및 어선은 제외한다)
   13의2. 법 제42조에 따른 해기사면허의 취소·효력정지 요청의 접수
  14. 법 제44조 제1항에 따른 항행보조시설의 설치·관리·운영 및 같은 조 제3항에 따른 항로표지 설치 요청의 접수
  15. 법 제46조 제3항 후단에 따른 통보의 수리
  16. 법 제47조 제1항 제1호부터 제4호까지의 규정에 따른 최초·갱신·중간·임시인증심사(수면비행

선박과 국제항해에 종사하는 선박 및 각각의 사업장은 제외한다)
  17. 법 제47조 제1항 제5호에 따른 수시인증심사
  18. 법 제49조 제1항·제2항·제5항·제6항에 따른 증서의 발급, 연장 및 효력의 정지(수면비행선박과 국제항해에 종사하는 선박 및 각각의 사업장은 제외한다)
  19. 법 제51조에 따른 안전관리대행업의 등록 및 변경등록
  20. 법 제53조 제1항에 따른 안전관리대행업의 권리·의무의 승계신고의 수리
  21. 법 제53조 제2항에 따른 안전관리대행업의 휴업 또는 폐업신고의 수리
  22. 법 제54조 제1항에 따른 안전관리대행업의 등록취소 및 영업정지
  23. 법 제55조에 따른 확인, 필요한 조치 및 그 조치의 해제
  23의2. 법 제56조 제1항 및 제2항에 따른 점검·특별점검 및 같은 조 제3항에 따른 시정·보완·항행정지 명령
  24. 법 제58조에 따른 지도·감독
  25. 법 제59조에 따른 개선명령 및 항행정지명령
   25의2. 법 제61조에 따른 수수료의 징수
  26. 법 제98조 제4호에 따른 청문
  27. 법 제101조 제1항에 따른 필요한 조치
  28. 법 제110조 제2항 제2호 및 제3호에 따른 과태료의 부과·징수
    28의2. 법 제110조 제3항 제1호부터 제5호까지(제4호 및 제5호의 경우에는 법 제53조 제1항 또는 제2항에 따라 준용되는 과태료만 해당한다), 제11호, 제17호부터 제19호까지 및 제22호부터 제24호까지의 규정에 따른 과태료의 부과·징수
    28의3. 법 제110조 제3항 제8호부터 제10호까지의 규정에 따른 과태료의 부과·징수
  29. 법 제110조 제4항에 따른 과태료의 부과·징수
  ③ 삭제
  ④ 해양수산부장관은 법 제99조 제2항에 따라 법 제38조에 따른 여객선과 어선에 대한 출항통제 권한을 해양경비안전서장에게 위탁한다.
  ⑤ 국민안전처장관은 법 제99조 제1항에 따라 다음 각 호의 권한을 해양경비안전서장에게 위임한다.
  1. 법 제12조 제4항에 따른 협의
  2. 법 제13조에 따른 공사 또는 작업의 허가, 허가사실의 보고, 허가의 정지 및 취소
  3. 법 제44조 제3항에 따른 항로표지의 설치 요청
  4. 법 제98조 제1호에 따른 청문
  5. 법 제110조 제3항 제15호, 제15호의2 및 제15호의3에 따른 과태료의 부과·징수
  ⑥ 해양수산부장관은 법 제99조 제2항 및 제3항에 따라 이 법에 따른 업무의 일부를 위탁하려는 경우에는 위탁받을 기관의 명칭, 주소, 대표자, 위탁할 업무의 내용과 처리방법 및 그 밖에 필요한 사항을 정하여 고시하여야 한다.

5. 비밀유지

다음 각 호의 어느 하나에 해당하는 업무에 종사하거나 종사하였던 사람은 그 직무상 알게 된 비밀을 타인에게 누설하거나 직무상 목적 외에 사용하여서는 아니 된다. 다만, 해사안전을 위하여 해양수산부장관이 필요하다고 인정하면 그러하지 아니하다($^{법}_{제100조}$).

1. 법 제48조 제1항에 따른 인증심사의 대행 업무
2. 법 제99조 제2항에 따라 전문기관에 위탁된 업무

6. 행정대집행의 적용 특례

해양수산부장관은 법 제26조 제2항 및 제28조 제2항에 따른 항행장애물의 표시·제거 명령을 신속하게 시행하여야 할 긴급한 필요가 있으나「행정대집행법」제3조 제1항 및 제2항에 따른 절차에 따르면 그 목적을 달성하기가 곤란한 경우에는 해당 절차를 거치지 아니하고 필요한 조치를 할 수 있다(법 제101조 제1항). 법 제101조 제1항에 따른 대집행으로 제거된 선박 등의 보관 및 처리에 관하여 필요한 사항은 대통령령으로 정한다(법 제101조 제2항).

⚓ **「해사안전법 시행령」**

제22조(선박 등의 보관 및 처리) ① 해양수산부장관은 법 제101조 제2항에 따라 보관 중인 선박 등이 다음 각 호의 어느 하나에 해당하여 그 보관이 부적당하다고 인정될 경우에는 공매하여 그 대금을 보관할 수 있다.
  1. 멸실·손상 또는 부패의 우려가 있거나 가격이 현저히 감소될 우려가 있을 때
  2. 폭발물, 가연성의 물건이거나 보건상 유해한 물건 또는 그 밖에 보관상 위험이 발생할 우려가 있는 것일 때
  3. 물건의 가격에 비하여 보관비용이 현저히 많을 때
  ② 제1항에 따른 공매로 취득한 금액 중에서 해당 물건의 보관과 공매 등에 든 비용을 제외하고 남은 금액이 있는 경우에는「공탁법」에 따라 공탁하여야 한다.

제2관 규제의 재검토

⚓ **「해사안전법 시행령」**

제22조의2(규제의 재검토) 해양수산부장관은 다음 각 호의 사항에 대하여 다음 각 호의 기준일을 기준으로 2년마다(매 2년이 되는 해의 기준일과 같은 날 전까지를 말한다) 그 타당성을 검토하여 개선 등의 조치를 하여야 한다.
  1. 삭제
  2. 제16조에 따른 안전관리책임자 및 안전관리자의 자격기준 등: 2015년 1월 1일
  3. 제23조 및 별표 5에 따른 과태료의 부과기준: 2015년 1월 1일

「해사안전법 시행규칙」

제58조(규제의 재검토) 해양수산부장관은 다음 각 호의 사항에 대하여 다음 각 호의 기준일을 기준으로 2년마다(매 2년이 되는 해의 기준일과 같은 날 전까지를 말한다) 그 타당성을 검토하여 개선 등의 조치를 하여야 한다.

1. 제5조 제1항에 따른 보호수역의 입역허가 신청: 2015년 1월 1일
2. 제6조에 따른 보호수역 입역통지: 2015년 1월 1일
3. 제8조에 따른 항행안전확보조치가 필요한 선박: 2015년 1월 1일
4. 제17조에 따른 권리·의무의 승계신고 시 제출하여야 하는 서류: 2015년 1월 1일
5. 제18조에 따른 휴업·폐업의 신고서: 2015년 1월 1일
6. 제19조 및 별표 8 제2호가목에 따른 안전진단대상사업자에 대한 행정처분의 기준: 2015년 1월 1일
7. 제20조에 따른 항행장애물의 보고: 2015년 1월 1일
8. 제23조 제2항에 따른 통항 선박의 준수사항: 2015년 1월 1일
9. 제24조 제1항에 따른 내수 통항의 허가를 받으려는 외국선박이 제출하여야 하는 서류: 2015년 1월 1일
10. 제26조에 따른 특정선박에 대한 안전조치: 2015년 1월 1일
11. 제31조 및 별표 10에 따른 선박출항통제의 기준 및 절차: 2015년 1월 1일
12. 제36조에 따른 수시인증심사를 받아야 하는 사업장 또는 선박: 2015년 1월 1일
13. 제48조 및 별표 8 제2호다목에 따른 안전관리대행업자에 대한 행정처분의 기준: 2015년 1월 1일
14. 제49조에 따른 외국선박 통제의 시행: 2015년 1월 1일
15. 제51조에 따른 선박안전도정보의 공표: 2015년 1월 1일
16. 제53조 및 별표 14에 따른 외국선박 통제 및 기국통제 관련 수수료: 2015년 1월 1일

제4장

해양사고의 조사 및 심판에 관한 법률

제1절 총론
제2절 심판원의 조직과 직무
제3절 심판 전의 절차
제4절 지방심판원의 심판
제5절 중앙심판원의 심판
제6절 중앙심판원의 재결에 대한
　　　소송과 재결의 집행
제7절 보칙

제1절 총론

제1관 입법 목적

「해양사고의 조사 및 심판에 관한 법률」은 해양사고에 대한 조사 및 심판을 통하여 해양사고의 원인을 밝힘으로써 해양안전의 확보에 이바지함을 목적으로 한다(법 제1조).

이 법은 해상교통사고의 대형화, 원인의 복잡에 따라 해양사고의 원인규명을 위하여 행하는 사실조사업무와 그 사실조사에 근거하여 행하는 심판업무의 전문성과 신뢰성을 높여서 해양사고의 발생을 미리 방지할 수 있도록 하고, 해양사고에 대하여 이해관계가 있는 자의 권익보호를 강화하기 위하여 제정되었다.[1]

이 법은 해양사고의 원인을 밝히는 것을 법의 목적으로 하고 있으나, 사고의 조사 및 심판이라는 수단을 사용하는 「행정심판법」의 형식을 띠고 있다. 또 재결로써 그 결과를 명백하게 하여야 한다는 점과 사고의 원인이 해기사나 도선사의 직무상 고의 또는 과실로 발생한 경우 재결로서 해당자를 징계하여야 한다는 점(법 제5조 제2항)에서 「선박직원법」에 의하여 면허를 발급한 「해양수산부」가 해기사면허에 대한 징계를 재결이라는 형식으로 한다는 점에서 형식적으로는 특별행정심판의 일종으로 볼 수 있다.[2] 그러나 행정심판이 행정처분 등 과하거나 부당한 행정청의 행정행위 등으로부터 국민을 구제하기 위한 제도라는 점에서 이 법에서의 재결은 소위 행정처분에 해당하는 해기사 등의 징계라는 결과로 나타난다는 점에서는 행정심판제도의 목적과는 부합하지 않는다.

제2관 용어의 정의

이 법에서 사용하는 용어의 뜻은 다음과 같다(법 제2조).

---

1) 정영석, 「해사법규강의(제6판)」, (텍스트북스, 2016), 633쪽.
2) 정영석, 「해사법규강의(제6판)」, (텍스트북스, 2016), 633쪽.

1. "해양사고"란 해양 및 내수면(內水面)에서 발생한 다음 각 목의 어느 하나에 해당하는 사고를 말한다.
    가. 선박의 구조·설비 또는 운용과 관련하여 사람이 사망 또는 실종되거나 부상을 입은 사고
    나. 선박의 운용과 관련하여 선박이나 육상시설·해상시설이 손상된 사고
    다. 선박이 멸실·유기되거나 행방불명된 사고
    라. 선박이 충돌·좌초·전복·침몰되거나 선박을 조종할 수 없게 된 사고
    마. 선박의 운용과 관련하여 해양오염 피해가 발생한 사고
    1의2. "준해양사고"란 선박의 구조·설비 또는 운용과 관련하여 시정 또는 개선되지 아니하면 선박과 사람의 안전 및 해양환경 등에 위해를 끼칠 수 있는 사태로서 해양수산부령으로 정하는 사고를 말한다.
2. "선박"이란 수상 또는 수중을 항행하거나 항행할 수 있는 구조물로서 대통령령으로 정하는 것을 말한다.
3. "해양사고관련자"란 해양사고의 원인과 관련된 자로서 법 제39조에 따라 지정된 자를 말한다.
    3의2. "이해관계인"이란 해양사고의 원인과 직접 관계가 없는 자로서 해양사고의 심판 또는 재결로 인하여 경제적으로 직접적인 영향을 받는 자를 말한다.
4. "원격영상심판(遠隔映像審判)"이란 해양사고관련자가 해양수산부령으로 정하는 동영상 및 음성을 동시에 송수신하는 장치가 갖추어진 관할 해양안전심판원 외의 원격지 심판정(審判廷) 또는 이와 같은 장치가 갖추어진 시설로서 관할 해양안전심판원이 지정하는 시설에 출석하여 진행하는 심판을 말한다.

> ⚓ 「해심법 시행령」

제1조의2(선박의 범위) 「해양사고의 조사 및 심판에 관한 법률」(이하 "법"이라 한다) 제2조 제2호에서 "대통령령으로 정하는 것"이란 다음 각 호의 것을 말한다. 다만, 다른 선박과 관련 없이 단독으로 해양사고를 일으킨 군용 선박 및 국가경찰용 선박, 그 상호간에 해양사고를 일으킨 군용 선박 및 국가경찰용 선박, 그 밖에 해양수산부장관이 정하여 고시하는 수상레저기구는 제외한다.
  1. 동력선(기관을 사용하여 추진하는 선박을 말하며, 선체의 외부에 추진기관을 붙이거나 분리할 수 있는 선박을 포함한다)
  2. 무동력선(범선과 부선을 포함한다)

3. 수면비행선박(표면효과 작용을 이용하여 수면에 근접하여 비행하는 선박을 말한다)
4. 수상에서 이동할 수 있는 항공기

※ 「해심법 시행규칙」

제2조(준해양사고) 「해양사고의 조사 및 심판에 관한 법률」(이하 "법"이라 한다) 제2조 제1호의2에서 "해양수산부령으로 정하는 사고"란 다음 각 호의 어느 하나에 해당하는 것을 말한다.
1. 항해 중 운항 부주의로 다른 선박에 근접하여 충돌할 상황이 발생하였으나 가까스로 피한 사태
2. 항로 내에서의 정박 중 다른 선박에 근접하여 충돌할 상황이 발생하였으나 가까스로 피한 사태
3. 입·출항 중 항로를 이탈하거나 예정된 항로를 이탈하여 좌초될 상황이 발생하였으나 가까스로 안전한 수역으로 피한 사태
4. 화물을 싣거나 묶고 고정시킨 상태가 불량한 사유 등으로 선체가 기울어져 뒤집히거나 침몰할 상황이 발생하였으나 가까스로 피한 사태
5. 전기설비의 상태 불량 등으로 화재가 발생할 상황이었으나 가까스로 화재가 나지 아니하도록 조치한 사태
6. 해양오염설비의 조작 부주의 등으로 오염물질이 해양에 배출될 상황이 발생하였으나 가까스로 배출되지 아니하도록 조치한 사태
7. 그 밖에 제1호부터 제6호까지의 사태와 유사한 사태로서 해양수산부장관이 정하여 고시하는 사태

제2조의2(원격영상심판장치) 법 제2조제4호에서 "해양수산부령으로 정하는 동영상 및 음성을 동시에 송수신하는 장치"란 다음 각 호의 요건을 모두 갖춘 장치를 말한다.
1. 동영상 및 음성의 송수신 장치는 양쪽에 모두 갖추어져 서로 상대방을 보면서 대화할 수 있을 것
2. 동영상 및 음성의 전송은 양쪽에서 동시에 이루어질 것
3. 전송되는 동영상 및 음성은 권한이 없는 자가 송수신할 수 없도록 보안장치를 갖출 것

제3관 심판원의 설치 및 심판의 원칙

1. 심판원의 설치

해양사고사건을 심판하기 위하여 해양수산부장관 소속으로 해양안전심판원(이하 "심판원"이라 한다)을 둔다(법 제3조).

2. 해양사고의 원인규명 등

심판원이 심판을 할 때에는 다음 사항에 관하여 해양사고의 원인을 밝혀야 한다(법 제4조 제1항).
1. 사람의 고의 또는 과실로 인하여 발생한 것인지 여부[3]
2. 선박승무원의 인원, 자격, 기능, 근로조건 또는 복무에 관한 사유로 발생한 것인

지 여부

3. 선박의 선체 또는 기관의 구조·재질·공작이나 선박의 의장(艤裝) 또는 성능에 관한 사유로 발생한 것인지 여부
4. 수로도지(水路圖誌)·항로표지·선박통신·기상통보 또는 구난시설 등의 항해보조시설에 관한 사유로 발생한 것인지 여부
5. 항만이나 수로의 상황에 관한 사유로 발생한 것인지 여부
6. 화물의 특성이나 적재에 관한 사유로 발생한 것인지 여부

심판원은 법 제4조 제1항에 따른 해양사고의 원인을 밝힐 때 해양사고의 발생에 2명 이상이 관련되어 있는 경우에는 각 관련자에 대하여 원인의 제공 정도를 밝힐 수 있다(법 제4조 제2항). 심판원은 법 제4조 제1항 각 호에 해당하는 해양사고의 원인규명을 위하여 필요하다고 인정하면 해양수산부령으로 정하는 전문연구기관에 자문할 수 있다(법 제4조 제3항).

※ 「해심법 시행규칙」

제3조(전문연구기관) 법 제4조 제3항에서 "해양수산부령으로 정하는 전문연구기관"이란 다음 각 호의 어느 하나에 해당하는 연구기관을 말한다.
 1. 「한국해양수산연수원법」에 따른 한국해양수산연수원
 2. 「정부출연연구기관 등의 설립·운영 및 육성에 관한 법률」에 따른 한국해양수산개발원
 3. 「한국해양과학기술원법」에 따른 한국해양과학기술원

이 법은 해기사 등의 과실에 대하여 재결을 통한 징계를 실질적인 목적으로 하고 있다고 볼 수 있으므로 형사소송 절차에 준한 심판절차를 취하고 있다. 형사소송 등에서는 피고인의 고의·과실이 형사법상의 비난을 받을 정도인가에 따라 판단하고 있기 때문에 고의·과실의 유무와 비난의 가능성에 대하여만 판단하는 것이 원칙이다. 따라

---

3) 대법원 1991.1.15, 선고, 88추27, 판결 : 태풍과 같은 기상의 상황은 변화무쌍하여 정확한 예측이 불가능한 속성을 지니고 있으므로 이미 상당한 시간 전에 태풍경보가 있었던 이상 대형공선의 선박관리자인 원고로서는 태풍의 진로가 예상과 달라져 해상에 더 심한 강풍과 파랑이 일어날 지도 모르는 경우까지 대비하여 태풍의 피해가 생기지 아니하도록 안전한 장소로 피항하는 등 안전조치를 철저히 강구하여야 할 주의의무가 있는 것이므로 태풍의 진로가 당초 예보된 것과는 달리 지나감에 따라 위 선박이 정박중이던 항구가 예상보다 더 강한 태풍권에 들게 되어 위 선박의 계선삭이 절단되어 표류하게 되었다 하더라도 이에 제대로 대비하지 못하였던 원고에게 선박관리상의 잘못이 없다고는 할 수 없는 것으로써 이 사건 해난을 가지고 불가항력에 의한 사고라고 볼 수는 없다고 할 것이다.

서 이 법에서도 해기사 등의 징계라는 처벌의 판단기준으로서 사고의 원인에 기여한 해기사 등의 고의 또는 과실은 징계를 받을 정도의 비난가능성이 있는가에 의하여 판단되어야 하는 것이 원칙이라고 할 수 있으나, 이 법은 해기사 등 해양사고 관련자에 대하여 원인의 제공 정도를 밝힐 수 있도록 하여 사실상 해기사 등의 과실의 비율을 정할 수 있도록 규정하고 있다(법제4조 제2항). 이 규정에 의하여 해양안전심판의 목적과 법의 성격이 애매하게 되어 심판절차상 취하게 될 자유심증주의 등의 심판원칙의 적용에 있어서 혼란을 가져 올 수 있다.[4]

3. 일사부재리의 원칙

심판원은 본안(本案)에 대한 확정재결이 있는 사건에 대하여는 거듭 심판할 수 없다(법제7조).

일단 처리된 사건은 다시 다루지 않는다는 법의 원칙을 일사부재리의 원칙(一事不再理原則)이라 한다. 「형사소송법」상으로는 어떤 사건에 대하여 유죄 또는 무죄의 실체적 판결 또는 면소(免訴)의 판결이 확정되었을 경우, 판결의 기판력(旣判力 : 판결의 구속력)의 효과로서 동일사건에 대하여 두 번 다시 공소의 제기를 허용하지 않는 원칙을 말한다. 「헌법」은 "동일한 범죄에 대하여 거듭 처벌받지 아니한다"고 규정하여 이 원칙을 명문화하고 있다(헌법 제13조 제1항 후단). 따라서 다시 공소가 제기되었을 때에는 실체적 소송조건의 흠결을 이유로 면소의 판결이 선고된다. 즉, 일사부재리원칙은 판결로써 확정된 범죄는 다시 처벌할 수 없고, 본인의 이익을 위하는 경우를 제외하고는 그 행위를 재심사하는 것까지 금하는 것으로, 개인의 인권옹호와 법적 안정의 유지를 위해 수립된 형사법상 원칙이다. 이 원칙의 효과가 미치는 범위는 사건과 동일의 관계에 있는 한, 그 전부에 걸친다. 사건의 일부가 공소장에 기재되고, 그것에 대하여 재판이 행하여질 때에도 일사부재리의 효과는 그 처분상의 한 죄의 전부에 미치는 것이 일반적이다.[5]

또한 「민사소송법」상으로는 확정판결에 일사부재리의 효과는 없다. 다만, 소송요건이 결여되면 재소는 각하된다. 따라서 「민사소송법」상의 기판력의 효과는 뒤의 소송

---

4) 정영석, 「해사법규강의(제6판)」, (텍스트북스, 2016), 636쪽.
5) 정영석, 「해사법규강의(제6판)」, (텍스트북스, 2016), 637쪽.

에 있어서 법원이 앞서 한 판결과 다른 판결을 할 수 없다는 것에 지나지 않는다.[6]

「해양사고심판법」은 해양사고의 원인을 밝히는 것을 법의 목적으로 하고 있으나, 사고의 조사 및 심판이라는 수단을 사용하여 해기사나 도선사의 직무상 고의 또는 과실로 해양사고가 발생한 것으로 인정되는 경우 해당자를 징계하여야 하기 때문에(법 제5조 제2항), 인적 과실에 대하여 일종의 행정벌을 내린다는 점에서 「형사소송법」에서와 같이 일사부재리의 원칙을 적용하고 있다.[7]

4. 공소 제기 전 심판원의 의견청취

검사는 해양사고가 발생하여 해양사고관련자에 대하여 공소를 제기하는 경우에는 관할 지방해양안전심판원의 의견을 들을 수 있다(법 제7조의2).

5. 불이익한 처우 등의 금지

누구든지 해양사고의 조사 및 심판과 관련하여 이 법에 따른 증언·감정·진술을 하거나 자료·물건을 제출하였다는 이유로 해고, 전보, 징계, 부당한 대우, 그 밖에 신분·처우와 관련한 불이익을 받지 아니한다(법 제85조의2).

6. 심판정에서의 용어

심판정에서는 국어를 사용한다(법 제7조의3 제1항). 국어가 통하지 아니하는 사람의 진술은 통역인으로 하여금 통역하게 하여야 한다(법 제7조의3 제2항).

---

6) 정영석, 「해사법규강의(제6판)」, (텍스트북스, 2016), 637쪽.
7) 정영석, 「해사법규강의(제6판)」, (텍스트북스, 2016), 637쪽.

제2절 심판원의 조직과 직무

제1관 심판원의 조직과 심급

1. 심판원의 조직

심판원은 중앙해양안전심판원(이하 "중앙심판원"이라 한다)과 지방해양안전심판원(이하 "지방심판원"이라 한다)의 2종으로 한다(법 제8조 제1항). 각급 심판원에 원장 1명과 대통령령으로 정하는 수의 심판관을 둔다(법 제8조 제2항).[8] 중앙심판원의 조직과 지방심판원의 명칭·조직 및 관할구역은 대통령령으로 정한다(법 제8조 제3항).

⚓ 「해심법 시행령」

제2조(지방해양안전심판원의 명칭·위치 및 관할구역 등) ① 삭제
② 법 제8조 제1항에 따른 지방해양안전심판원(이하 "지방심판원"이라 한다)의 명칭·위치 및 관할구역과 법 제24조 제5항에 따른 사건의 관할은 별표 1과 같다.

[별표 1]
지방해양안전심판원의 명칭·위치 및 관할(제2조 제2항 관련)

명칭	위치	관할구역 및 사건의 관할	
		관할구역	법 제24조 제5항에 따른 사건의 관할
동해지방해양안전심판원	동해시	1. 경상북도와 경상남도의 해안 경계(북위 35도38분55초, 동경 129도27분08초)로부터 진방위(眞方位) 90도로 일본국 효고현의 해안까지 그은 선(이하 "가선"이라 한다) 이북의 영해 2. 함경북도 3. 함경남도 4. 강원도 5. 경상북도(가선 이남의 구역은 제외한다)	가. 가선 이북의 한반도 해안과 동경 150도의 자오선까지의 시베리아의 해안, 가선, 가선 이동(以東)의 일본국 혼슈의 서부와 북부 해안, 혼슈 동북쪽 끝의 시리야사키(북위 41도25분45초, 동경 141도28분00초)로부터 진방위 90도로 동경 150도의 자오선까지 그은 선(이하 "나선"이라 한다) 및 나선의 동쪽 끝으로부터 자오선을 따라 북으로 시베리아 해안까지 그은 선을 연결한 선으로 둘러싸인 수역 중 국외의 수역과 이에 접속된 하천에서 발생한 사건

---

[8] 대법원 1983.5.24. 선고, 81추5, 판결 : 중앙해난심판원장이 「해난심판법」 제11조 제1항 제4호에 의하여 지방해난심판원장을 중앙심판원 심판관 충원시까지 중앙해난심판원 심판관의 직무를 겸하도록 인사발령하고 이에 따라 동인이 중앙해난심판원 재결에 관여하였다면 위법이라 할 수 없다.

			나. 동은 서경 120도, 서는 동경 150도의 자오선 사이의 수역과 이에 접속된 하천에서 발생한 사건
부산지방 해양안전 심판원	부산 광역시	1. 북은 가선, 서는 섬진강 하구의 강 중심(북위 34도58분18초, 동경 127도45분57초)에서 경상남도 하동군 길전면 마도 북서쪽 끝(북위 34도56분15초, 동경 127도46분41초), 같은 면 소마도 서남쪽 끝(북위 34도55분54초, 동경 127도47분00초), 같은 도 남해군 고현면 외난조도 북쪽 끝(북위 34도54분40초, 동경 127도49분05초), 같은 면 외난조도 남쪽 끝(북위 34도54분35초, 동경 127도49분08초), 같은 면 송도 남동쪽 끝(북위 34도52분53초, 동경 127도49분12초) 및 같은 군 서면 노구리 서북의 북위 34도52분17초, 동경 127도49분13초까지 그은 선(이하 "다선"이라 한다), 다선의 남쪽 끝으로부터 같은 면 남상리 남쪽의 서쪽 끝(북위 34도51분02초, 동경 127도48분36초)까지의 해안, 같은 면 남상리 남쪽의 서쪽 끝에서 북위 34도45분00초, 동경 127도50분00초, 북위 34도35분00초, 동경 128도00분00초를 지나 북위 32도00분00초, 동경 128도00분00초까지 그은 선(이하 "라선"이라 한다) 이내의 영해 2. 부산광역시 3. 울산광역시 4. 경상남도(다선 및 라선 이동의 구역은 제외한다)	가. 가선으로부터 다선까지의 한반도 해안, 가선, 가선 이남의 일본국 혼슈의 서부 및 남부 해안과 혼슈의 동부 해안, 나선, 나선의 동쪽 끝으로부터 동경 150도의 자오선을 따라 남으로 북위 32도까지 그은 선, 다선, 다선과 라선 사이의 경상남도 남해군 서면 해안, 라선 및 라선의 남쪽 끝으로부터 진방위 90도로 동경 150도의 자오선까지 그은 선을 연결한 선으로 둘러싸인 수역 중 국외의 수역과 이에 접속된 하천에서 발생한 사건 나. 동은 동경 060도, 서는 서경 030도의 자오선 사이의 수역과 이에 접속된 하천에서 발생한 사건
목포지방 해양안전 심판원	전라남도 목포시	1. 동은 다선, 다선과 라선 사이의 경상남도 남해군 서면 해안, 라선 및 북은 전라남도와 전라북도의 해안 경계(북위 35도25분35초, 동경 126도27분00초)	가. 다선, 다선과 라선 사이의 경상남도 남해군 서면 해안, 라선, 다선과 마선 사이의 한반도 해안, 마선, 라선의 남쪽 끝으로부터 진방위 270도로 중국의 해안까지 그은 선(이하 "바선"이라 한다)

			로부터 북위 35도25분42초, 동경 126도26분00초를 지나 진방위 270도로 중국의 해안까지 그은 선(이하 "마선"이라 한다) 이내의 영해 2. 전라남도(마선 이북의 지역은 제외한다) 3. 제주특별자치도	및 마선과 바선 사이의 중국 해안을 연결한 선으로 둘러싸인 수역 중 국외의 수역과 이에 접속된 하천에서 발생한 사건 나. 동은 서경 030도, 서는 서경 120도의 자오선 사이의 수역과 이에 접속된 하천에서 발생한 사건
인천지방 해양안전 심판원	인천 광역시	1. 마선 이북의 영해 2. 서울특별시 3. 인천광역시 4. 세종특별자치시 5. 경기도 6. 충청북도 7. 충청남도 8. 전라북도 9. 황해도 10. 평안남도 11. 평안북도		가. 마선 이북의 한반도 해안과 중국의 해안 및 마선을 연결한 선으로 둘러싸인 수역 중 국외의 수역과 이에 접속된 하천에서 발생한 사건 나. 동은 동경 150도, 서는 동경 060도의 자오선 사이의 수역과 이에 접속된 하천에서 발생한 사건(동해지방해양안전심판원, 부산지방해양안전심판원 및 목포지방해양안전심판원에서 관할하는 사건은 제외한다)

[그림 42] 영해 및 근해구역

원양구역

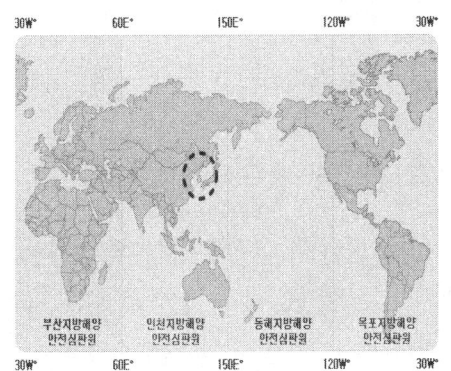

출처 : 중앙해양안전심판원 홈페이지(http://www.kmst.go.kr/introduction/jurisdiction.jsp)

2. 심판관 및 조사관 등의 연수교육

중앙심판원장은 심판관, 조사관 및 그 밖의 직원의 자질 향상을 위하여 필요하다고 인정하면 해양수산부령으로 정하는 바에 따라 연수교육을 할 수 있다(법 제20조의2).

「해심법 시행규칙」

제5조(연수교육계획의 수립) 중앙해양안전심판원장(이하 "중앙심판원장"이라 한다)은 법 제20조의2에 따라 심판관, 조사관 및 그 밖의 직원에 대한 연수교육을 실시하려면 다음 각 호의 사항이 포함된 연수교육계획을 수립하여야 한다.
1. 연수교육의 목표
2. 연수교육의 내용
3. 교육대상 및 교육기간
4. 그 밖에 연수교육에 필요한 사항

제6조(연수교육과정) ① 연수교육과정은 신규교육과정과 전문교육과정으로 구분한다.
② 신규교육과정은 해양안전심판 관련 업무를 처음으로 담당하는 사람이 그 직무 수행에 필요한 기초적인 지식과 기술을 습득할 수 있도록 실시한다.
③ 전문교육과정은 신규교육과정을 마친 사람이 담당 직무분야에 필요한 전문적인 지식과 기술을 습득할 수 있도록 실시한다.

제7조(위탁교육 등) 중앙심판원장은 심판관, 조사관 및 그 밖의 직원의 자질 향상을 위하여 필요하다고 인정하는 경우에는 국외에 파견하여 연수교육을 받게 하거나 관계 행정기관 또는 교육훈련기관과 협의하여 위탁교육을 받게 할 수 있다.

제8조(교육훈련자료 등) 중앙심판원장은 연수교육을 효율적으로 실시하기 위하여 필요하다고 인정하는 경우에는 관계 행정기관 또는 교육훈련기관에 연수교육에 필요한 자료 제공 등의 협조를 요청할 수 있다.

3. 심급

지방심판원은 제1심 심판을 하고, 중앙심판원은 제2심 심판을 한다(법 제21조).

4. 심판부의 구성 및 의결

지방심판원은 심판관 3명으로 구성하는 합의체에서 심판을 한다. 다만, 대통령령으로 정하는 경미한 사건 및 법 제38조의2에 따른 약식심판 사건에 관하여는 1명의 심판관이 심판을 한다(법 제22조 제1항). 중앙심판원은 심판관 5명 이상으로 구성하는 합의체에서 심판을 한다(법 제22조 제2항). 각급 심판원은 법 제14조 제2항에 규정된 사건에는 법 제22조 제1항과 제2항에도 불구하고 원장이 지명하는 비상임심판관 2명을 참여시켜야 한다(법 제22조 제3항). 합의체심판부는 합의체를 구성하는 심판관(심판장과 비상임심판관을 포함한다)의 과반수의 찬성으로 의결한다(법 제22조 제4항).

> ⚓ 「해심법 시행령」
>
> **제35조(단독심판의 범위)** 법 제22조 제1항 단서에서 "대통령령으로 정하는 경미한 사건"이란 다음 각 호의 사건을 말한다. 다만, 여객선에 관한 사건은 제외한다.
>   1. 해양사고의 원인이 단순하고 분명한 사건
>   2. 선박이나 그 밖의 시설의 손상이 중대하지 아니한 사건
>
> **제36조(심판부 구성의 변경)** 법 제22조 제1항 단서에 따라 1명의 심판관이 심판하는 경우라도 심판관은 해당 사건이 1명의 심판관으로 심판하기에 부적당하다고 인정할 때에는 이를 합의체에서 심판할 것을 결정할 수 있다.

5. 특별심판부의 구성

중앙심판원장은 다음 각 호의 어느 하나에 해당하는 해양사고 중 그 원인규명에 고도의 전문성이 필요하다고 인정할 때에는 그 사건을 관할하는 지방심판원에 특별심판부를 구성할 수 있다(법 제22조의2 제1항).

1. 10명 이상이 사망하거나 부상당한 해양사고
2. 선박이나 그 밖의 시설의 피해가 현저히 큰 해양사고
3. 기름 등의 유출로 심각한 해양오염을 일으킨 해양사고

법 제22조의2 제1항에 따른 특별심판부는 해당 해양사고의 원인규명에 전문지식을 가진 심판관 2명과 그 사건을 관할하는 지방심판원장으로 구성하되, 지방심판원장이 심판장이 된다(법 제22조의2 제1항).

6. 심판부의 직원

심판부에 서기, 심판정 경위(警衛) 및 심판 보조직원을 둔다(법 제23조 제1항). 서기는 심판에 참석하며 심판장과 심판관의 명을 받아 서류의 작성·보관 또는 송달에 관한 사무를 담당한다(법 제23조 제2항). 심판정 경위는 심판장의 명을 받아 심판정의 질서유지를 담당한다(법 제23조 제3항). 심판 보조직원은 심판장과 심판관의 명을 받아 증거조사 및 서기업무를 제외한 심판 보조업무를 담당한다(법 제23조 제4항). 서기, 심판정 경위 및 심판 보조직원은 심판원장이 그 소속 직원 중에서 지명하거나 임명한다(법 제23조 제5항).

제2관 심판원의 관할

1. 관할

심판에 부칠 사건의 관할권은 해양사고가 발생한 지점을 관할하는 지방심판원에 속한다. 다만, 해양사고 발생 지점이 분명하지 아니하면 그 해양사고와 관련된 선박의 선적항을 관할하는 심판원에 속한다(법 제24조 제1항). 하나의 사건이 2곳 이상의 지방심판원에 계속(係屬)되었을 때에는 최초의 심판청구를 받은 지방심판원에서 심판한다(법 제24조 제2항). 하나의 선박에 관한 2개 이상의 사건이 2곳 이상의 지방심판원에 계속되었을 때에는 최초의 심판청구를 받은 지방심판원이 병합하여 심판한다(법 제24조 제3항). 하나의 선박에 관한 2개 이상의 사건은 병합하여 심판한다(법 제24조 제4항). 국외에서 발생한 사건의 관할에 대하여는 대통령령으로 정한다(법 제24조 제5항).

2. 사건 이송

지방심판원은 사건이 그 관할이 아니라고 인정할 때에는 결정으로써 이를 관할 지방심판원에 이송하여야 한다(법 제25조 제1항). 법 제25조 제1항에 따라 이송을 받은 지방심판원은 다시 사건을 다른 지방심판원에 이송할 수 없다(법 제25조 제2항). 법 제25조 제1항에 따라 이송된 사건은 처음부터 이송을 받은 지방심판원에 계속된 것으로 본다(법 제25조 제3항).

3. 관할 이전의 신청

조사관이나 해양사고관련자는 해당 해양사고의 해양사고관련자가 관할 지방심판원에 출석하는 것이 불편하다고 인정되는 경우에는 대통령령으로 정하는 바에 따라 중앙심판원에 관할의 이전을 신청할 수 있다. 이 경우 신청인은 관할 지방심판원에 신청서를 제출할 수 있으며, 이를 제출받은 관할 지방심판원은 지체 없이 중앙심판원에 보내야 한다(법 제26조 제1항). 중앙심판원은 법 제26조 제1항의 신청이 있는 경우로서 심판상 편의가 있다고 인정할 때에는 결정으로 관할을 이전할 수 있다(법 제26조 제2항).

⚓ 「해심법 시행령」

제3조(관할 이전의 신청) ① 법 제26조 제1항에 따라 관할 이전을 신청하려는 조사관 또는 해양사고관련자는 법 제8조 제1항에 따른 중앙해양안전심판원(이하 "중앙심판원"이라 한다) 또는 관할 지방심판원에 관할 이전 신청서를 제출하여야 한다.
② 제1항에 따른 관할 이전 신청은 다음 각 호의 어느 하나에 해당하는 경우에는 하지 못한다.
  1. 심판정(審判廷)에서 해당 사건에 대하여 이미 진술한 경우
  2. 법 제39조의2 제1항에 따라 심판불필요처분(審判不必要處分)이 올바른지에 대한 심판이 신청된 경우

제4조(관할 이전 신청에 대한 처리) ① 중앙심판원은 제3조 제1항에 따라 관할 이전 신청서를 받았을 때에는 지체 없이 관할 지방심판원에 보내야 한다.
② 제1항과 제3조 제1항에 따라 관할 이전 신청서를 받은 지방심판원은 지체 없이 의견을 붙여 중앙심판원에 보내야 한다.
③ 지방심판원은 제2항에 따라 관할 이전 신청서를 중앙심판원에 보낸 후에는 중앙심판원의 결정이 있을 때까지 심판의 절차를 중지하고 그 사실을 조사관 및 해양사고관련자에게 알려야 한다.

제5조(중앙심판원의 결정) ① 중앙심판원은 관할 이전 신청이 타당하다고 인정될 때에는 그 사건을 관할할 지방심판원을 지정하여 관할 이전 결정을 하여야 한다.
② 중앙심판원은 제1항에 따른 경우를 제외하고는 신청기각 결정을 하여야 한다.

제6조(결정서 송달과 통지) ① 중앙심판원은 제5조에 따른 결정을 하였을 때에는 결정서의 정본(正本)을 원(原) 관할 지방심판원을 거쳐 그 신청인에게 송달하여야 한다.
② 중앙심판원은 제5조 제1항에 따른 관할 이전 결정을 하였을 때에는 지체 없이 새로 그 사건을 관할하는 지방심판원에 알려야 한다.
③ 원 관할 지방심판원은 제5조에 따른 결정이 있을 때에는 그 사실을 관할 이전의 신청을 한 자 외의 조사관 및 해양사고관련자에게 알려야 한다.

제7조(서류 및 증거물의 발송) ① 제5조 제1항에 따른 관할 이전 결정이 있을 때에는 원 관할 지방심판원은 관련 서류 및 증거물을 지체 없이 새로 그 사건을 관할하는 지방심판원의 수석조사관에게 보내야 한다.
② 지방심판원의 수석조사관은 제1항에 따른 서류를 받았을 때에는 그 내용을 검토한 후 5일 이내에 소속 지방심판원의 심판부로 이송하여야 한다.

제3관 심판원장과 심판관의 자격과 직무

1. 중앙심판원장 및 지방심판원장

중앙심판원에 중앙해양안전심판원장(이하 "중앙심판원장"이라 한다)을, 지방심판원에 지방해양안전심판원장(이하 "지방심판원장"이라 한다)을 둔다(법 제9조 제1항). 중앙심판원장은 법 제9조의2 제2항 각 호의 어느 하나에 해당하는 자격이 있는 사람 중에서 해양수

산부장관의 제청에 따라 대통령이 임명한다(법 제9조 제2항). 지방심판원장은 법 제9조의2 제2항 각 호의 어느 하나에 해당하는 자격이 있는 사람 또는 지방심판원의 심판관 중에서 해양수산부장관의 제청으로 대통령이 임명한다(법 제9조 제3항).

2. 심판관의 임명 및 자격

가. 임명

중앙심판원의 심판관은 해양수산부장관의 제청에 따라 대통령이 임명하고, 지방심판원의 심판관은 중앙심판원장의 추천을 받아 해양수산부장관이 임명한다(법 제9조의2 제1항).

> ⚓ 「해심법 시행령」
> **제8조(정원)** 각급 심판원의 비상임심판관의 수는 20명 이내로 한다.

나. 중앙심판원의 심판관 자격

중앙심판원의 심판관이 될 수 있는 사람은 다음 각 호의 어느 하나에 해당하는 사람이어야 한다(법 제9조의2 제2항).

1. 지방심판원의 심판관으로 4년 이상 근무한 사람
2. 2급 이상의 항해사・기관사 또는 운항사의 해기사면허(이하 "2급 이상의 해기사면허"라 한다)를 받은 사람으로서 4급 이상의 일반직 국가공무원으로 4년 이상 근무한 사람
3. 3급 이상의 일반직 국가공무원으로서 해양수산행정에 3년 이상 근무한 사람
4. 제1호부터 제3호까지의 경력 연수를 합산하여 4년 이상인 사람

다. 지방심판원의 심판관 자격

지방심판원의 심판관이 될 수 있는 사람은 다음 각 호의 어느 하나에 해당하는 사람이어야 한다(법 제9조의2 제3항).

1. 1급 항해사, 1급 기관사 또는 1급 운항사의 해기사면허를 받은 사람으로서 원양구역을 항행구역으로 하는 선박의 선장 또는 기관장으로 3년 이상 승선한 사람
2. 2급 이상의 해기사면허를 받은 사람으로서 5급 이상의 일반직 국가공무원으로 2

년 이상 근무한 사람

3. 2급 이상의 해기사면허를 받은 사람으로서 대통령으로 정하는 교육기관에서 선박의 운항 또는 선박용 기관의 운전에 관한 과목을 3년 이상 가르친 사람

4. 제1호부터 제3호까지의 경력 연수를 합산하여 3년 이상인 사람

5. 변호사 자격이 있는 사람으로서 3년 이상의 실무경력이 있는 사람

> ⚓ 「해심법 시행령」
>
> **제7조의4(교육기관)** 법 제9조의2 제3항 제3호에서 "대통령령으로 정하는 교육기관"이란 다음 각 호의 어느 하나에 해당하는 교육기관을 말한다.
> 1. 「고등교육법」 제2조 제1호부터 제4호까지의 학교
> 2. 「한국해양수산연수원법」에 따른 한국해양수산연수원

라. 결격사유

「국가공무원법」 제33조 각 호의 어느 하나에 해당하는 사람은 심판원장이나 심판관이 될 수 없다(법 제10조).

3. 심판원장과 심판관의 직무

가. 중앙심판원장

중앙심판원장의 직무는 다음과 같다(법 제11조 제1항).

1. 중앙심판원의 일반사무를 관장하며, 소속 직원을 지휘·감독한다.
2. 중앙심판원의 심판부를 구성하고 심판관 중에서 심판장을 지명한다. 다만, 특히 중요한 사건에 대하여는 스스로 심판장이 될 수 있다.
3. 지방심판원의 일반사무를 지휘·감독한다.
4. 각급 심판원의 심판관에 결원이 있거나 그 밖의 부득이한 사유가 있을 때에는 중앙심판원의 심판관은 지방심판원장으로, 지방심판원의 심판관은 다른 지방심판원의 심판관으로 하여금 심판관의 직무를 하게 할 수 있다.

나. 지방심판원장

지방심판원장의 직무는 다음과 같다(법 제11조 제2항).

1. 해당 지방심판원의 일반사무를 관장하며, 소속 직원을 지휘·감독한다.
2. 해당 지방심판원의 심판부를 구성하고 심판장이 된다.

다. 심판관의 직무 등

심판관은 심판직무에 종사한다(법 제11조 제3항). 심판원장이 부득이한 사유로 직무를 수행할 수 없을 때에는 그 심판원의 심판관 중 선임자가 그 직무를 대행한다. 다만, 심판업무 외의 업무는 법 제16조 제1항에 따른 수석조사관이 그 직무를 대행한다(법 제11조 제4항).

라. 심판직무의 독립

심판장과 심판관은 독립하여 심판직무를 수행한다(법 제12조).

4. 심판관의 신분 및 임기

심판원장과 심판관은 일반직공무원으로서「국가공무원법」제26조의5에 따른 임기제공무원으로 한다(법 제13조 제1항). 심판원장과 심판관의 임기는 3년으로 하며, 연임할 수 있다(법 제13조 제2항). 심판원장과 심판관은 형의 선고, 징계처분 또는 법에 의하지 아니하고는 그 의사에 반하여 면직·감봉이나 그 밖의 불리한 처분을 받지 아니한다(법 제13조 제3항). 심판원장과 심판관의 근무상한 연령에 관하여는「국가공무원법」에 따른다(법 제13조 제4항).

5. 심판관의 전보

해양수산부장관은 심판업무 수행상 부득이하다고 인정되는 경우에만 법 제13조 제2항의 임기 중인 지방심판원장 또는 각급 심판원의 심판관을 다른 심판원의 해당 직급에 전보(轉補)할 수 있다(법 제13조의2).

6. 비상임심판관

각급 심판원에 비상임심판관을 두고 그 직무에 필요한 학식과 경험이 있는 사람 중에서 각급 심판원장이 위촉한다(법 제14조 제1항). 비상임심판관은 해양사고의 원인규명이 특히 곤란한 사건의 심판에 참여한다(법 제14조 제2항). 심판에 참여하는 비상임심판관의 직무와 권한은 심판관과 같다(법제14조제3항). 각급 심판원에 두는 비상임심판관의 수와 자격 등에 관하여 필요한 사항은 대통령령으로 정한다(법제14조제4항).

> ⚓ 「해심법 시행령」
>
> **제9조(위촉)** ① 각급 심판원장이 법 제14조 제1항에 따라 비상임심판관을 위촉할 때에는 법 제10조에 해당하는 사람을 위촉해서는 아니 된다.
> ② 지방심판원장이 비상임심판관을 위촉할 때에는 중앙심판원장의 승인을 받아야 한다.
> **제10조(비상임심판관의 자격)** 비상임심판관은 다음 각 호의 어느 하나에 해당하는 분야에 관하여 학식과 경험이 있는 사람 중에서 위촉한다.
>   1. 선박의 운항 또는 선박용 기관의 운전
>   2. 어로(漁撈) 기술
>   3. 조선(造船)·조기(造機)·의장(艤裝)
>   4. 해사(海事)의 검정 또는 항만 하역
>   5. 선박의 구조
>   6. 항만의 축조
>   7. 기상(氣象)·해상(海象)
>   8. 선박통신
>   9. 해사 관련 법령
>   10. 선박 운영
>   11. 전자기기
>   12. 수로도서지(水路圖書誌) 또는 항로표지
>   13. 화물의 특성 또는 적재
>   14. 해양오염 방지
>   15. 그 밖에 해당 사건과 관련된 특수한 분야
> **제11조(비상임심판관의 결원 등에 대한 조치)** 중앙심판원장은 각급 심판원의 비상임심판관에 결원이 생겼거나 그 밖의 부득이한 사유로 비상임심판관이 직무를 수행할 수 없을 때에는 다른 심판원의 비상임심판관으로 하여금 그 직무를 수행하게 할 수 있다.

7. 심판관·비상임심판관의 제척·기피·회피

가. 의의

「해양사고심판법」은 심판청구사건에 대한 심리·재결의 공정과 이에 대한 신뢰를 확보하기 위하여 심판에 참여하는 심판관과 비상임심판관의 제척, 기피 및 회피에 대하여 명시하고 있다.[9]

---

9) 金南辰, 金連泰, 「行政法Ⅰ(제17판)」, (법문사, 2013), 704쪽 참조.

나. 제척사유

심판관(심판장을 포함한다. 이하 이 조에서 같다)이나 비상임심판관은 다음 각 호의 어느 하나에 해당하는 경우에는 직무집행에서 제척된다(법 제15조 제1항).

1. 심판관·비상임심판관이 해양사고관련자의 친족이거나 친족이었던 경우
2. 심판관·비상임심판관이 해당 사건에 대하여 증언이나 감정을 한 경우
3. 심판관·비상임심판관이 해당 사건에 대하여 해양사고관련자의 심판변론인이나 대리인으로서 심판에 관여한 경우
4. 심판관·비상임심판관이 해당 사건에 대하여 조사관의 직무를 수행한 경우
5. 심판관·비상임심판관이 전심(前審)의 심판에 관여한 경우
6. 심판관·비상임심판관이 심판 대상이 된 선박의 소유자·관리인 또는 임차인인 경우

제척이란 법정사유가 있으면 당연히 그 사건에 대한 심리·재결에서 배제되는 것을 의미한다.[10]

다. 기피사유

조사관, 해양사고관련자 및 심판변론인은 다음 각 호의 어느 하나에 해당하는 경우 심판관과 비상임심판관의 기피를 신청할 수 있다(법 제15조 제2항).

1. 심판관·비상임심판관이 법 제15조 제1항 각 호의 사유에 해당하는 경우
2. 심판관·비상임심판관이 불공평한 심판을 할 우려가 있는 경우

심판정에서 해당 사건에 대하여 이미 진술을 한 사람은 법 제15조 제2항 제2호의 사유만을 이유로 하여 기피의 신청을 하지 못한다. 다만, 기피 사유가 있음을 알지 못하였을 때 또는 기피 사유가 그 후 발생하였을 때에는 그러하지 아니하다(법 제15조 제3항).

기피는 제척사유 이외에 심리·재결의 공정을 의심할 만한 사유가 있는 때에 당사자의 신청에 기하여 심리·재결로부터 배제되는 것을 말한다.[11]

라. 회피사유

심판관·비상임심판관은 법 제15조 제2항에 해당하는 사유가 있다고 인정할 때에

---

10) 정영석, 「해사법규강의(제6판)」, (텍스트북스, 2016), 649쪽.
11) 정영석, 「해사법규강의(제6판)」, (텍스트북스, 2016), 649쪽.

는 회피할 수 있다(법 제15조 제4항).

회피는 심판관 또는 비상임심판관이 스스로 제척 또는 기피의 사유가 있다고 인정하여 자발적으로 심리·재결을 피하는 것을 말한다.[12]

마. 제척·기피·회피의 결정

심판관·비상임심판관의 제척·기피·회피에 대한 결정은 그 심판관·비상임심판관의 소속 심판원 합의체심판부에서 한다. 다만, 특별심판부를 구성하는 경우에는 그 특별심판부가 구성된 지방심판원 합의체심판부에서 결정한다(법 제15조 제5항).

⚓ 「해심법 시행령」

제12조(제척 결정) 심판원은 심판관이나 비상임심판관에게 제척(除斥)의 사유가 있을 때에는 직권으로 또는 당사자의 신청에 의하여 제척 결정을 한다.
제13조(기피신청의 절차) 기피신청은 이유를 분명하게 밝힌 서면으로 해당 심판관 또는 비상임심판관이 소속된 심판원에 하여야 한다.
제14조(의견서) 기피신청을 당한 심판관 또는 비상임심판관은 그 신청에 대하여 의견서를 지체 없이 제출하여야 한다.
제15조(기피신청에 대한 결정) ① 심판원은 제13조에 따른 기피신청이 이유 있다고 인정할 때에는 해당 심판관 또는 비상임심판관에 대한 제척 결정을 하여야 한다. 다만, 기피신청을 당한 심판관 또는 비상임심판관이 기피신청이 이유 있다고 스스로 인정할 때에는 제척 결정이 있었던 것으로 본다.
 ② 심판원은 기피신청이 이유 없다고 인정할 때에는 신청기각 결정을 하여야 한다.
 ③ 기피신청을 당한 심판관은 제1항과 제2항의 결정에 관여하지 못한다.
제16조(회피신청) 회피신청은 이유를 분명하게 밝힌 서면으로 심판관이나 비상임심판관이 소속된 심판원에 하여야 한다.
제17조(심판절차의 정지) 제척·기피·회피의 신청이 있을 때에는 심판원은 특히 긴급한 경우 외에는 심판절차를 정지하여야 한다.

제4관 조사관 등

1. 조사관 등

각급 심판원에 수석조사관, 조사관 및 조사사무를 보조하는 직원을 둔다(법 제16조 제1항). 법 제16조 제1항의 수석조사관, 조사관 및 조사사무를 보조하는 직원은 일반직 국가공무

---

12) 정영석, 「해사법규강의(제6판)」, (텍스트북스, 2016), 649쪽.

원으로 임명하되, 그 정원은 대통령령으로 정한다(법 제16조).

2. 조사관의 자격

가. 중앙심판원의 수석조사관

중앙심판원의 수석조사관(이하 "중앙수석조사관"이라 한다)이 될 수 있는 사람은 다음 각 호의 어느 하나에 해당하는 사람으로 한다(법 제16조의2 제1항).

1. 법 제9조의2 제2항 제1호 및 제2호에 해당하는 사람
2. 3급 이상의 일반직 국가공무원으로서 해양수산행정에 3년(해양안전 관련 업무에 1년 이상 근무한 경력을 포함한다) 이상 근무한 사람
3. 제1호 및 제2호의 경력 연수를 합산하여 4년 이상인 사람

나. 지방심판원의 수석조사관

중앙심판원의 조사관과 지방심판원의 수석조사관(이하 "지방수석조사관"이라 한다)이 될 수 있는 사람은 법 제9조의2 제3항 제1호부터 제4호까지의 규정에 해당하는 사람으로 한다. 다만, 지방심판원의 조사관의 자격에 관하여는 대통령령으로 정한다(법 제16조의2 제2항).

⚓ 「해심법 시행령」

제17조의2(지방심판원 조사관의 자격) 법 제16조의2 제2항 단서에 따라 지방심판원의 조사관이 될 수 있는 사람은 다음 각 호의 어느 하나에 해당하는 사람으로 한다.
 1. 1급 항해사, 1급 기관사 또는 1급 운항사의 해기사면허를 가진 사람
 2. 2급 항해사, 2급 기관사 또는 2급 운항사의 해기사면허를 가진 사람으로서 다음 각 목의 경력 연수(年數)를 합산하여 5년 이상인 사람
  가. 7급 이상의 해양수산직 공무원으로 근무한 경력
  나. 「선박안전법」 제77조 제1항에 따라 선박검사원으로 근무한 경력
  다. 제7조의4에 따른 교육기관 또는 「초·중등교육법 시행령」 제91조 제1항에 따른 특성화고등학교(수산 또는 해양계열 고등학교만 해당한다)에서 선박의 운항 또는 선박용 기관의 운전에 관한 학과를 교수한 경력

3. 조사관의 직무

수석조사관과 조사관은 해양사고의 조사, 심판의 청구, 재결의 집행, 그 밖에 대통령령으로 정하는 사무를 담당한다(법 제17조).

> ☸ 「해심법 시행규칙」
>
> 제17조의3(조사관의 사무) 법 제17조에서 "대통령령으로 정하는 사무"란 다음 각 호의 사무를 말한다.
> 1. 해양사고 통계의 종합·분석
> 2. 해양사고 사건의 현장검증
> 3. 해양사고에 대한 국제공조
> 4. 해양사고 법규자료의 수집에 관한 사항

4. 조사관 동일체의 원칙

가. 조사사무에 관한 지휘·감독

조사관은 조사사무에 관하여 소속 상급자의 지휘·감독에 따른다(법 제18조 제1항). 조사관은 구체적 사건과 관련된 법 제18조 제1항의 지휘·감독의 적법성 또는 정당성 여부에 대하여 이견이 있는 경우에는 이의를 제기할 수 있다(법 제18조 제2항). 중앙수석조사관은 조사사무의 최고 감독자로서 일반적으로 모든 조사관을 지휘·감독하고, 구체적인 사건에 대하여는 중앙심판원의 조사관과 지방수석조사관을 지휘·감독한다(법 제18조 제3항).

나. 조사관 직무의 위임·이전 및 승계

중앙수석조사관 또는 지방수석조사관은 소속 조사관으로 하여금 그 권한에 속하는 직무의 일부를 처리하게 할 수 있다(법 제18조의2 제1항). 중앙수석조사관 또는 지방수석조사관은 소속 조사관의 직무를 자신이 처리하거나 다른 조사관으로 하여금 처리하게 할 수 있다(법 제18조의2 제2항).

「형사소송법」상 검사동일체원칙에서 차용한 규정으로 해양사고의 조사, 심판청구 및 집행에 이르는 조사관의 권한 행사의 전국적 통일성과 공정성 유지, 조사업무의 효과를 거두기 위한 중앙수석조사관의 지방심판원의 조사관에 대한 지휘·감독권 확보를 목적으로 하고 있다. 검찰권을 행사하는 검사가 사법부와 독립된 관청이라는 점에서 검찰총장을 중심으로 전국적으로 일체분가분의 통일적인 계층조직체로서 활동하는 것을 의미하는 것이 검사동일체의 원칙인데,[13] 조사관은 심판원의 구성원으로서 심판원장의 인사권과 지휘권 아래에 있기 때문에 이러한 원칙의 합리성이 어느 정도

---

13) 손동권, 「형사소송법」, (세창출판사, 2008), 57-58쪽 참조.

보장될 지는 의문이다.14)

5. 특별조사부의 구성

가. 특별조사부의 구성사유

중앙수석조사관은 다음 각 호의 어느 하나에 해당하는 해양사고로서 심판청구를 위한 조사와는 별도로 해양사고를 방지하기 위하여 특별한 조사가 필요하다고 인정하는 경우에는 특별조사부를 구성할 수 있다(법 제18조의3 제1항).

1. 사람이 사망한 해양사고
2. 선박 또는 그 밖의 시설이 본래의 기능을 상실하는 등 피해가 매우 큰 해양사고
3. 기름 등의 유출로 심각한 해양오염을 일으킨 해양사고
4. 제1호부터 제3호까지에서 규정한 해양사고 외에 해양사고 조사에 국제협력이 필요한 해양사고 및 준해양사고

나. 특별조사부의 구성

법 제18조의3 제1항에 따른 특별조사부(이하 "특별조사부"라 한다)는 다음 각 호의 어느 하나에 해당하는 사람 10명 이내로 구성하되, 특별조사부의 장은 조사관 중에서 중앙수석조사관이 지명하는 사람으로 한다. 다만, 특히 중요한 사건에 대하여는 중앙수석조사관이 스스로 특별조사부의 장이 될 수 있다(법 제18조의3 제2항).

1. 조사관(수석조사관을 포함한다. 이하 같다)
2. 해양사고와 관련된 관계 기관의 공무원
3. 해양사고 관련 전문가

☸ 「해심법 시행규칙」

제4조(특별조사부의 구성 및 운영) ① 중앙해양안전심판원(이하 "중앙심판원"이라 한다)의 수석조사관은 법 제18조의3 제2항에 따라 특별조사부(이하 "특별조사부"라 한다)를 구성할 경우에는 그 구성원이 해당 해양사고의 심판청구를 위한 조사 업무 및 심판 업무 또는 이와 관련된 업무를 겸임하지 아니하도록 하여야 한다.
② 법 제18조의3 제2항 제3호에 따른 해양사고 관련 전문가의 범위는 다음 각 호와 같다.

---

14) 정영석, 「해사법규강의(제6판)」, (텍스트북스, 2016), 652쪽.

1. 「해심법 시행령」(이하 "영"이라 한다) 제10조 각 호의 어느 하나에 해당하는 분야의 전문가
   2. 해양사고 조사대상자에 대한 심리적·의학적 또는 그 밖의 잠재적 원인을 분석·연구하는 분야의 전문가
   3. 해양사고 조사와 관련된 국제공조 분야의 전문가
   ③ 법 제18조의3 제3항에 따라 특별조사부의 장이 조사보고서를 작성하는 경우에는 다음 각 호의 사항이 포함되어야 한다.
   1. 해양사고와 관련된 사실정보
   2. 해양사고의 개요 및 경위
   3. 해양사고의 원인에 대한 분석
   4. 해양사고에 대한 조사결과
   5. 해양사고 방지를 위한 권고 및 건의사항
   ④ 특별조사부의 조사 절차 및 방법 등에 관하여는 법령에 특별한 규정이 있는 경우를 제외하고는 해양사고의 조사 및 심판과 관련하여 국제적으로 발효된 국제협약에 따른다.

다. 특별조사부의 조사절차

특별조사부의 장은 조사가 끝난 후 10일 이내에 조사보고서를 작성하여 해양수산부장관 및 중앙수석조사관에게 제출하고, 이를 제출받은 중앙수석조사관은 그 보고서를 관계 행정기관의 장 및 국제해사기구에 송부(해양사고의 조사 및 심판과 관련하여 국제적으로 발효된 국제협약에 따른 보고대상 해양사고만 해당한다)하여야 한다(법 제18조의3 제3항). 중앙수석조사관은 법 제18조의3 제3항에 따른 조사보고서를 공표하여야 한다. 다만, 국가의 안전보장이 침해될 우려가 있는 경우에는 그러하지 아니하다(법 제18조의3 제4항). 중앙수석조사관은 특별조사부의 해양사고 조사가 종료된 후에 그 해양사고 조사 결과를 변경시킬 수 있을 정도의 중요한 증거가 발견된 경우에는 해당 해양사고를 다시 조사할 수 있다(법 제18조의3 제5항). 특별조사부의 해양사고 조사는 민형사상 책임과 관련된 사법절차, 심판청구를 위한 조사 절차 및 행정처분절차 또는 행정쟁송절차와 분리하여 독립적으로 수행되어야 하며, 특별조사부의 조사관에 대하여는 법 제18조 및 제18조의2를 적용하지 아니한다(법 제18조의3 제6항). 특별조사부의 해양사고 조사과정에서 얻은 정보는 공개한다. 다만, 해당 해양사고 조사나 장래의 해양사고 조사에 부정적 영향을 줄 수 있거나, 국가의 안전보장 또는 개인의 사생활이 침해될 우려가 있는 정보로서 대통령령으로 정하는 정보는 공개하지 아니할 수 있다(법 제18조의3 제7항). 해양사고의 조사절차, 조사보고서의 작성방법 등 특별조사부의 운영에 필요한 사항은 해양수산부령으로 정한다(법 제18조의3 제8항).

> **「해심법 시행령」**
>
> **제17조의4(공개제한 정보의 범위)** 법 제18조의3 제7항 단서에서 "대통령령으로 정하는 정보"란 다음 각 호의 어느 하나에 해당하는 정보를 말한다.
>   1. 조사대상자의 진술
>   2. 선박운항과 관련된 통신기록(음성 및 번역물 등을 포함한다)
>   3. 조사대상자의 사생활 정보(의학적인 정보를 포함한다)
>   4. 항해자료기록장치 또는 이와 유사한 선박운항기록장치 등에 기록된 정보
>   5. 조사과정에서 제출된 도면 및 선박검사증서
>
> **제17조의5(공개제한 정보의 예외적 공개)** 법 제18조의3 제7항에 따라 제17조의4 각 호의 정보를 공개하려면 다음 각 호의 기준을 모두 갖추어야 한다.
>   1. 해당 공개제한 정보가 해양사고 또는 준해양사고의 원인규명에 필수적일 것
>   2. 법 제18조의3 제3항에 따른 조사보고서에 포함하여 공개할 것

6. 조사관 일반사무의 지휘 · 감독

심판원장은 조사관의 일반사무를 지휘·감독한다. 이 경우 조사관의 고유사무에 관여하거나 영향을 주어서는 아니 된다(법 제19조).

제5관 심판변론인

1. 심판변론인의 선임

해양사고관련자나 이해관계인은 심판변론인을 선임할 수 있다(법 제27조 제1항). 해양사고관련자의 법정대리인·배우자·직계친족과 형제자매는 독립하여 심판변론인을 선임할 수 있다(법 제27조 제2항). 심판변론인은 중앙심판원에 심판변론인으로 등록한 사람 중에서 선임하여야 한다. 다만, 각급 심판원장의 허가를 받은 경우에는 그러하지 아니하다(법 제27조 제3항). 심판의 결과에 대하여 같은 이해관계를 가지는 해양사고관련자 또는 이해관계인이 선임한 심판변론인이 2명 이상이면 대표심판변론인 1명을 선임하여야 한다(법 제27조 제4항).

> **「해심법 시행령」**
>
> **제22조(특별심판변론인의 신청)** 법 제27조 제3항 단서에 따라 허가를 받으려는 사람은 심판원에 서면으로 신청하여야 한다. 이 경우 그 심판원은 이에 대한 허가 여부를 결정하여야 한다.

제23조(심판변론인의 선임시기) 해양사고관련자나 이해관계인은 심판정에서의 변론이 끝나기 전까지는 언제든지 심판변론인을 선임할 수 있다.
제24조(심급과 심판변론인의 선임) 해양사고관련자나 이해관계인은 법 제27조에 따라 심판변론인을 선임하려면 심급마다 선임하여야 하며, 심판변론인과 연명으로 날인한 서면을 심판원에 제출하여야 한다.
제25조(심판변론인의 서류 및 증거물의 열람 등) ① 심판변론인은 사건에 관한 서류 및 증거물을 열람하거나 복사할 수 있다. 다만, 심판장(단독심판을 하는 심판관을 포함한다. 이하 같다)은 증거를 보존하기 위하여 필요할 때에는 이를 제한할 수 있다.
② 심판변론인은 심판장의 허가를 받아 자기의 사용인이나 그 밖의 사람으로 하여금 제1항에 따른 복사를 하게 할 수 있다.
제26조(심판변론인의 속기사 사용) 심판변론인은 심판장의 허가를 받아 심판정에서 속기사를 사용할 수 있다.

2. 심판변론인의 자격과 등록

가. 자격

심판변론인이 될 수 있는 사람은 다음 각 호의 어느 하나에 해당하는 사람으로 한다(법 제28조 제1항).

1. 법 제9조의2 제3항 제1호부터 제4호까지의 규정에 해당하는 사람
2. 심판관 및 조사관으로 근무한 경력이 있는 사람
3. 1급 항해사, 1급 기관사 또는 1급 운항사 면허를 받은 사람으로서 5년 이상 해사 관련 법률자문업무에 종사하였거나 해양수산부령으로 정하는 해사 관련 분야의 법학박사 학위를 취득한 사람
4. 변호사 자격이 있는 사람

> 「해심법 시행규칙」
>
> **제10조(해사 관련 분야)** 법 제28조 제1항 제3호에서 "해양수산부령으로 정하는 해사 관련 분야"란 다음 각 호의 분야를 말한다.
> 1. 해사공법
> 2. 해사사법
> 3. 해사국제법

나. 등록

심판변론인의 업무에 종사하려는 사람은 대통령령으로 정하는 바에 따라 중앙심판

원에 등록하여야 한다(법 제28조 제2항).

⚓ 「해심법 시행령」

제20조(심판변론인의 등록) ① 법 제28조 제2항에 따라 심판변론인으로 등록하려는 사람은 해양수산부령으로 정하는 바에 따라 중앙심판원에 등록하여야 한다.
② 중앙심판원장은 제1항에 따라 등록한 사람에게 해양수산부령으로 정하는 바에 따라 심판변론인 등록증을 발급하여야 한다.
③ 이 영에서 규정한 사항 외에 심판변론인 등록에 필요한 사항은 해양수산부령으로 정한다.
제21조(등록의 취소) ① 중앙심판원장은 심판변론인이 다음 각 호의 어느 하나에 해당할 때에는 심판변론인 등록을 취소하여야 한다.
 1. 법 제28조 제1항에 규정된 자격이 없거나 그 자격을 상실하였을 때
 2. 법 제28조의2 각 호의 어느 하나에 해당하거나 해당하게 되었을 때
 3. 법 제29조를 위반하였을 때
 4. 사망하였을 때
② 중앙심판원장은 제1항 제1호의 사유로 심판변론인 등록을 취소하려면 중앙심판원의 결정을 받아야 한다. 이 경우 결정의 절차에 관하여는 심판의 절차에 관한 규정을 준용한다.
③ 중앙심판원장은 심판변론인 등록을 취소하였을 때에는 지체 없이 그 취소 사유를 구체적으로 밝혀 등록이 취소되는 사람(제1항 제4호에 해당하는 사람은 제외한다)에게 알려야 한다.

⚓ 「해심법 시행규칙」

제11조(심판변론인의 등록신청) ① 영 제20조 제1항에 따라 심판변론인으로 등록하려는 사람은 별지 제2호서식의 심판변론인 등록신청서에 다음 각 호의 서류를 첨부하여 중앙심판원에 제출하여야 한다.
 1. 법 제28조 제1항에 따른 자격이 있음을 증명하는 서류 1부
 2. 사진(최근 6개월 이내에 모자를 벗고 찍은 상반신 반명함판) 2장
② 제1항에 따라 등록신청을 하는 경우에는 1천원의 등록수수료를 수입인지로 납부하여야 한다. 다만, 정보통신망을 이용하여 등록신청을 하는 경우에는 800원의 등록수수료를 전자화폐·전자결제 등의 방법으로 납부하여야 한다.
제12조(등록증의 발급 등) ① 중앙심판원장은 제11조에 따른 등록신청을 받으면 검토한 후 별지 제3호서식의 심판변론인 등록대장에 등록을 하고 별지 제4호서식의 심판변론인 등록증을 발급하여야 한다.
② 중앙심판원장은 심판변론인 등록을 신청한 사람이 법 제28조 제1항에 따른 자격이 없거나 법 제28조의2에 따른 결격사유에 해당하여 심판변론인 등록을 하지 못하는 경우에는 그 사유를 신청인에게 알려야 한다.
제13조(심판변론인 등록부) ① 중앙심판원장은 심판변론인별로 별지 제5호서식의 심판변론인 등록부를 작성하여 관리하여야 하며, 이 경우 전자적으로 처리할 수 없는 특별한 사유가 있는 경우 외에는 전자적 방법으로 작성·관리하여야 한다.
② 제1항의 심판변론인 등록부에는 다음 각 호의 사항이 포함되어야 한다.
 1. 성명, 생년월일
 2. 등록번호, 등록 연월일
 3. 심판변론인 자격의 취득 근거
 4. 사무소의 소재지
 5. 등록을 취소하였을 때에는 등록취소 연월일 및 그 사유

제14조(등록사항 변경신고) 심판변론인은 사무소의 소재지가 변경된 때에는 지체 없이 별지 제6호서식의 심판변론인 등록사항 변경신고서를 중앙심판원에 제출하여야 한다.
제15조(등록대장의 기록 말소) 중앙심판원장은 영 제21조 제1항에 따라 심판변론인의 등록을 취소하였을 때에는 심판변론인 등록대장에 적힌 그 심판변론인의 등록사항을 말소하여야 한다.
제16조(등록 등의 통지) 중앙심판원장은 심판변론인이 등록하거나 그 등록이 취소되었을 때에는 이를 관계기관 및 관계단체에 알려야 한다.

다. 심판변론인의 결격사유

다음 각 호의 어느 하나에 해당하는 사람은 심판변론인이 될 수 없다(법 제28조의2).

1. 「국가공무원법」 제33조 각 호의 어느 하나에 해당하는 사람
2. 등록이 취소된 날부터 3년이 지나지 아니한 사람

3. 심판변론인의 업무 등

가. 업무

심판변론인은 다음 각 호의 업무를 수행한다(법 제29조 제1항).

1. 해양사고관련자나 이해관계인이 이 법에 따라 심판원에 대하여 하는 신청·청구·진술 등의 대리 또는 대행
2. 해양사고관련자 등에 대하여 하는 해양사고와 관련된 기술적 자문

나. 업무상 의무

심판변론인은 수임(受任)한 직무를 성실하게 수행하여야 한다(법 제29조 제2항). 심판변론인 또는 심판변론인이었던 사람은 직무상 알게 된 비밀을 누설하여서는 아니 된다(법 제29조 제3항).

4. 국선 심판변론인의 선정

다음 각 호의 어느 하나에 해당하는 경우로서 심판변론인이 없는 때에는 심판원은 예산의 범위에서 직권으로 법 제28조 제2항에 따라 등록한 사람 중에서 심판변론인(이하 이 조에서 같다)을 선정하여야 한다(법 제30조 제1항).

1. 해양사고관련자가 미성년자인 경우
2. 해양사고관련자가 70세 이상인 경우

3. 해양사고관련자가 청각 또는 언어 장애인인 경우
4. 해양사고관련자가 심신장애의 의심이 있는 경우

심판원은 해양사고관련자가 빈곤 또는 그 밖의 사유로 심판변론인을 선임할 수 없는 경우로서 해양사고관련자의 청구가 있는 경우에는 예산의 범위에서 심판변론인을 선정할 수 있다(법 제30조 제2항). 심판원은 해양사고관련자의 연령·지능 및 교육 정도 등을 고려하여 권리보호를 위하여 필요하다고 인정하는 경우에는 예산의 범위에서 심판변론인을 선정할 수 있다. 이 경우 해양사고관련자의 명시한 의사에 반하여서는 아니 된다(법 제30조 제3항). 법 제30조 제1항부터 제3항까지의 규정에 따른 심판변론인의 선정 등 국선심판변론인의 운영에 필요한 사항은 해양수산부령으로 정한다(법 제30조 제4항).

※ 「해심법 시행규칙」

제17조(국선 심판변론인의 선정 청구 등) ① 법 제30조제2항에 따른 빈곤 또는 그 밖의 사유로 심판변론인을 선임할 수 없는 경우는 해양사고관련자가 다음 각 호의 어느 하나에 해당하는 경우로 한다.
  1. 「국민기초생활 보장법」 제2조제1호에 따른 수급권자인 경우
  2. 월 소득이 「국민기초생활 보장법」 제2조제11호에 따른 기준 중위소득(4인가구의 기준 중위소득을 말한다)의 100분의 60에 해당하는 금액 미만의 사람인 경우
  3. 「국가유공자 등 예우 및 지원에 관한 법률」 제4조제1항 각 호에 따른 국가유공자, 그 유족 또는 가족인 경우
  4. 그 밖에 관할 해양안전심판원이 국선 심판변론인을 선임할 필요가 있다고 인정하는 경우
  ② 법 제30조제2항에 따라 해양사고관련자가 심판변론인 선정을 청구하려는 경우에는 별지 제7호 서식의 국선 심판변론인 선정 청구서에 제1항 각 호의 어느 하나에 해당됨을 증명하는 서류를 첨부하여 관할 해양안전심판원에 제출하여야 한다.
  ③ 법 제30조제3항 전단에 따른 연령·지능 및 교육 정도 등을 고려하여 권리보호를 위하여 필요하다고 인정하는 경우는 해양사고관련자가 다음 각 호의 어느 하나에 해당하는 경우로 한다.
  1. 최종학력이 고등학교 졸업 이하인 경우
  2. 「선박직원법」 제2조제3호에 따른 선박직원이 아닌 경우

제18조(국선 심판변론인의 선정 통보) 관할 해양안전심판원장은 법 제30조 제1항부터 제3항까지의 규정에 따라 국선 심판변론인을 선정한 경우에는 지체 없이 해당 국선 심판변론인 및 해양사고관련자에게 그 선정사실을 알려야 한다.

---

5. 심판변론인협회

가. 협회의 설립과 법적 성질

심판변론인은 해양수산부장관의 허가를 받아 심판변론인협회(이하 "협회"라 한다)

를 설립할 수 있다(법 제30조의2 제1항). 협회는 법인으로 한다(법 제30조의2 제1항).

⚓ 「해심법 시행령」

제26조의2(협회설립 허가의 신청등) ① 법 제30조의2에 따라 심판변론인협회(이하 "협회"라 한다)를 설립하려는 심판변론인은 허가신청서에 다음 각 호의 사항을 적은 서류와 정관을 첨부하여 해양수산부장관에게 제출하여야 한다.
 1. 사무소의 소재지
 2. 대표자 및 임원의 성명·주소
② 협회의 정관에는 다음 각 호의 사항이 포함되어야 한다.
 1. 목적
 2. 명칭
 3. 사무소의 소재지
 4. 총회와 이사회에 관한 사항
 5. 임원과 직원에 관한 사항
 6. 업무에 관한 사항
 7. 자산과 회계에 관한 사항
 8. 심판변론인의 보수기준에 관한 사항
 9. 지회(支會)의 설치에 관한 사항
 10. 회원의 권리와 의무에 관한 사항

나. 사업

협회는 다음의 사업을 한다(법 제30조의3).

1. 해양사고관련자의 심판구조사업

2. 해양사고의 방지에 관한 사업

3. 심판변론인과 위임인 간의 분쟁조정

4. 그 밖에 심판과 관련된 것으로서 대통령령으로 정하는 사업

⚓ 「해심법 시행령」

제26조의3(협회의 사업) 법 제30조의3 제4호에서 "대통령령으로 정하는 사업"이란 다음 각 호의 사업을 말한다.
 1. 해양안전심판 상담
 2. 해양사고의 조사·연구
 3. 해양안전심판 관계 법령의 연구
 4. 해양안전심판 정보의 수집·정비
 5. 심판변론인의 연수교육
 6. 중앙심판원장이 위탁하는 교육

다. 설립절차 등

협회의 설립절차, 정관의 기재 사항, 임원과 감독에 필요한 사항은 대통령령으로 정한다(법 제30조의4).

라. 「민법」의 준용

협회에 관하여 이 법에 규정이 있는 것을 제외하고는 「민법」 중 사단법인에 관한 규정을 준용한다(법 제30조의5).

제3절 심판 전의 절차

제1관 해양사고 등의 통보의무

1. 해양수산관서 등의 의무

해양수산관서, 국가경찰공무원, 특별시장·광역시장·도지사·특별자치도지사 및 시장·군수·구청장은 해양사고가 발생한 사실을 알았을 때에는 지체 없이 그 사실을 자세히 기록하여 관할 지방심판원의 조사관에게 통보하여야 한다(법 제31조 제1항). 조사관이 해양사고에 관한 증거 수집이나 조사를 하기 위하여 관계 기관에 협조를 요청하면 그 기관은 이에 따라야 한다(법 제31조 제2항).

2. 준해양사고의 통보

선박소유자 또는 선박운항자는 해양사고를 방지하기 위하여 선박(「어선법」 제2조 제1호에 따른 어선은 제외한다. 이하 이 조에서 같다)의 운용과 관련하여 발생한 준해양사고를 해양수산부령으로 정하는 바에 따라 중앙수석조사관에게 통보하여야 한다(법 제31조의2 제1항). 중앙수석조사관은 법 제31조의2 제1항에 따라 통보받은 내용을 분석하여 선박과 사람의 안전 및 해양환경 등에 위해를 끼칠 수 있는 사항이 포함되어 있는 경우에는 선박소유자 등 관계인에게 그 내용을 알려야 한다(법 제31조의2 제2항). 중앙수석조사관은 법 제31조의2 제1항에 따라 준해양사고를 통보한 자의 의사에 반하여 통보자의 신분을 공개하여서는 아니 된다(법 제31조의2 제3항).

> ※ 「해심법 시행규칙」
>
> **제19조(준해양사고의 통보)** 법 제31조의2 제1항에 따라 준해양사고를 통보할 때에는 별지 제8호서식의 준해양사고 통보서에 따르되, 인터넷 또는 팩스 등 정보통신망을 이용하여 제출할 수 있다.

3. 영사의 임무

영사는 국외에서 해양사고가 발생한 사실을 알았을 때에는 지체 없이 그 사실과 증거를 수집하여 중앙수석조사관에게 통보하여야 한다(법 제32조 제1항). 중앙수석조사관은 법 제32조 제1항의 통보를 받으면 지체 없이 관할 지방수석조사관에게 보내야 한다(법 제32조 제2항).

제2관 조사 및 처리

1. 사실조사의 요구

해양사고에 대하여 이해관계가 있는 사람은 그 사실을 자세히 기록하여 관할 조사관에게 사실조사를 요구할 수 있다(법 제33조 제1항). 법 제33조 제1항의 요구를 받은 조사관은 사실조사를 하여 심판청구 여부를 결정하고 이를 요구자에게 알려야 한다(법 제33조 제2항). 조사관이 법 제33조 제2항의 심판청구를 거부할 때에는 미리 중앙수석조사관의 승인을 받아야 한다(법 제33조 제3항).

2. 해양사고의 조사 및 처리

조사관은 해양사고가 발생한 사실을 알게 되면 즉시 그 사실을 조사하고 증거를 수집하여야 한다(법 제34조 제1항). 조사관은 조사 결과 사건을 심판에 부칠 필요가 없다고 인정하는 경우에는 그 사건에 대하여 심판불필요처분(審判不必要處分)을 하여야 한다(법 제34조 제2항).

3. 증거보전

가. 원칙

조사관, 해양사고관련자 또는 심판변론인이 미리 증거를 보전하지 아니하면 그 증거를 채택하기 곤란하다고 인정하여 증거보전을 신청할 때에는 심판원은 심판청구 전이라도 검증 또는 감정을 할 수 있다(법 제35조 제1항). 법 제35조 제1항의 신청에는 서면으로 증거를 표시하고 그 증거보전의 사유를 밝혀야 한다(법 제35조 제2항). 「선박안전법」제26조에 따라 선박시설기준에서 정하는 항해자료기록장치(이하 이 항에서 "항해자료기록장치"라 한다)를 설치한 선박의 선장은 해당 선박과 관련하여 해양사고가 발생한 경우 지체 없이 항해자료기록장치의 정보를 보존하기 위한 조치를 하여야 한다(법 제35조 제4항).

나. 금지행위

해양사고가 발생한 경우 누구든지 다음 각 호의 어느 하나에 해당하는 행위를 하여서는 아니 된다. 다만, 선원이나 선박의 안전 확보, 해양환경의 보호 등 공공의 중대한 이익 보호 또는 인명 구조 등을 위하여 제5호에 따른 행위를 하여야 할 필요가 있는 경우에는 그러하지 아니하다(법 제35조 제3항).

1. 해당 해양사고와 관련된 선박에 비치하거나 기록·보관하는 다음 각 목의 간행물 또는 서류 등(전자적 간행물 또는 서류 등을 포함하며, 이하 이 항에서 "기록물"이라 한다)의 파기 또는 변경
   가. 「선박안전법」제32조에 따라 선박소유자가 선박에 비치하여야 하는 항해용 간행물
   나. 「선원법」제20조 제1항에 따라 선장이 선내에 비치하여야 하는 서류 및 같은 조 제2항에 따라 선장이 기록·보관하여야 하는 서류
2. 해당 해양사고와 관련된 선박으로서 「해사안전법」제46조 제2항에 따른 안전관리체제를 수립·시행하여야 하는 선박의 소유자 또는 같은 법 제51조에 따른 안전관리대행업자가 해당 선박의 안전관리체제 수립·시행과 관련하여 작성·보관하거나 선박에 비치하는 기록물의 파기 또는 변경
3. 해당 해양사고와 관련된 선박으로서 제2호에 따른 선박 외의 선박의 소유자 또

는 「선박관리산업발전법」 제2조 제2호의 선박관리사업자가 해당 선박의 운용, 선원의 관리 또는 선박의 정비와 관련하여 작성·보관하는 기록물의 파기 또는 변경
4. 해당 해양사고와 관련된 선박과 「해사안전법」 제36조에 따른 선박교통관제 또는 「선박의 입항 및 출항 등에 관한 법률」 제28조[15])에 따른 해상교통관제를 시행하는 기관 사이의 선박교통관제 또는 해상교통관제와 관련하여 작성·보관되는 기록물의 파기 또는 변경
5. 해당 해양사고와 관련된 선박의 손상된 선체·기관 및 각종 계기(計器)와 그 밖의 부분에 대한 수리

4. 비밀준수의무

조사관이나 그의 보조자는 사실조사와 증거수집을 할 때 비밀을 준수하고 관계인의 명예를 훼손하지 아니하도록 주의하여야 한다(법 제36조).

5. 조사관의 권한

조사관은 그 직무를 수행하기 위하여 필요할 때에는 다음 각 호의 처분을 할 수 있다(법 제37조 제1항).
1. 해양사고와 관계있는 사람을 출석하게 하거나 그 사람에게 질문하는 일
2. 선박이나 그 밖의 장소를 검사하는 일
3. 해양사고와 관계있는 사람에게 보고하게 하거나, 장부·서류 또는 그 밖의 물건을 제출하도록 명하는 일
4. 관공서에 대하여 보고 또는 자료의 제출 및 협조를 요구하는 일
5. 증인·감정인·통역인 또는 번역인을 출석하게 하거나 증언·감정·통역·번역을 하게 하는 일

법 제37조 제1항 제1호의 처분을 받은 사람으로서 조사관이 특히 필요하다고 인정

---

15) 2015년 8월 4일부로 「개항질서법」은 폐지되고 「선박의 입항 및 출항 등에 관한 법률」이 시행되고 있기 때문에 같은 법 제4장(선박교통관제) 제19조를 의미한다고 본다.

하면 해양수산관서에 대하여 72시간 이내의 기간 동안 해당자의 하선조치를 요구할 수 있다(법 제37조 제2항). 조사관이 법 제37조 제1항 제2호의 처분을 할 때에는 그 권한을 표시하는 증표를 지니고 이를 관계인에게 내보여야 한다(법 제37조 제3항).

> ⚓ 「해심법 시행령」
>
> **제27조(조사관의 질문조서·검사조서 등의 작성)** ① 조사관은 법 제37조 제1항 제1호 또는 제2호에 따라 해양사고와 관계있는 사람에게 질문하거나 선박이나 그 밖의 장소를 검사하였을 때에는 질문조서 또는 검사조서를 작성하고, 조서 내용을 질문받은 사람 또는 선박이나 그 밖의 장소의 관리인에게 읽어 들려 준 후 이들과 함께 해당 조서에 서명날인하여야 한다. 다만, 이들이 서명날인할 수 없을 때에는 조사관은 그 사유를 덧붙여 적고 조서에 서명날인하여야 한다.
> ② 조사관은 법 제37조 제1항 제5호에 따라 증언·감정 또는 번역을 시켰을 때에는 증언서·감정서 또는 번역서를 작성하여야 한다.

> ☸ 「해심법 시행규칙」
>
> **제19조의2(조사관의 증표)** 법 제37조제3항에 따른 조사관의 권한을 표시하는 증표는 별지 제8호의2 서식에 따른다.

제3관 심판청구

1. 심판의 청구

조사관은 사건을 심판에 부쳐야 할 것으로 인정할 때에는 지방심판원에 심판을 청구하여야 한다. 다만, 사건이 발생한 후 3년이 지난 해양사고에 대하여는 심판청구를 하지 못한다(법 제38조 제1항). 법 제38조 제1항의 청구는 해양사고사실을 표시한 서면으로 하여야 한다(법 제38조 제2항).

> ⚓ 「해심법 시행령」
>
> **제29조(심판청구서)** 법 제38조 제1항 본문에 따라 심판을 청구할 때에는 심판청구서에 다음 각 호의 사항을 적어야 한다.
> 1. 사건명
> 2. 해양사고관련자의 성명·생년월일·주소
> 3. 해양사고관련자의 당시 직명(職名)
> 4. 가지고 있는 면허의 종류

5. 해양사고의 개요

제30조(단독심판의 청구) 조사관은 사건이 제35조 각 호의 어느 하나에 해당하여 단독심판으로 하는 것이 적당하다고 인정할 때에는 심판청구서에 그 뜻을 적어 청구하여야 한다.
제31조(비상임심판관의 참여) 조사관은 사건의 심판에 비상임심판관의 참여가 필요하다고 인정할 때에는 심판청구서에 그 뜻을 적어 청구하여야 한다.
제33조(해양사고관련자의 성명·직업 등이 명백하지 아니한 경우) 제29조 및 제32조에 따라 해양사고관련자의 성명·생년월일·직명, 가지고 있는 면허의 종류 또는 직업을 적어야 할 경우에 이들 사항이 명백하지 아니하면 그 사람을 특정할 수 있는 사항을 적는 것으로 갈음할 수 있다.
제37조(심판기일의 지정) 심판청구가 있을 때에는 심판장은 심판기일을 정하여야 한다.

2. 약식심판의 청구

조사관은 다음 각 호의 어느 하나에 해당하는 경미한 해양사고로서 해양사고관련자의 소환이 필요하지 아니하다고 인정할 때에는 약식심판을 청구할 수 있다. 다만, 해양사고관련자의 명시한 의사에 반하여서는 아니 된다(법 제38조의2 제1항).

1. 사람이 사망하지 아니한 사고
2. 선박 또는 그 밖의 시설의 본래의 기능이 상실되지 아니한 사고
3. 대통령령으로 정하는 기준 이하의 오염물질이 해양에 배출된 사고

법 제38조의2 제1항에 따른 약식심판의 청구는 심판청구와 동시에 서면으로 하여야 한다(법 제38조의2 제2항).

⚓ 「해심법 시행령」

제31조의2(약식심판의 청구 사건) 법 제38조의2 제1항 제3호에서 "대통령령으로 정하는 기준 이하의 오염물질"이란 「해양환경관리법 시행령」 별표 6에 따른 오염물질로서 해당 별표에서 정한 최저기준 이하로 배출되는 오염물질을 말한다.

3. 해양사고관련자의 지정과 통고

조사관은 법 제38조에 따라 심판을 청구하는 경우에는 그 해양사고 발생의 원인과 관계가 있다고 인정되는 자를 해양사고관련자로 지정하여야 한다(법 제39조 제1항). 조사관은 법 제39조 제1항에 따라 해양사고관련자를 지정하면 그 내용을 대통령령으로 정하는 바에 따라 그 해양사고관련자에게 통고하여야 한다(법 제39조 제2항).

⚓ 「해심법 시행령」

제32조(심판청구의 통고) 조사관은 법 제39조 제1항에 따라 해양사고관련자를 지정하여 지방심판원에 심판청구를 한 경우에는 같은 조 제2항에 따라 해양사고관련자에게 다음 각 호의 사항을 서면으로 통고하여야 한다.
1. 심판청구를 한 심판원의 명칭
2. 사건명 및 사실의 개요
3. 해양사고관련자의 성명·생년월일·주소 및 당시의 직명·직업과 가지고 있는 면허의 종류
4. 심판청구를 한 날짜
5. 조사관의 성명

4. 이해관계인의 심판신청

해양사고에 대하여 이해관계가 있는 자는 법 제34조 제2항에 따른 심판불필요처분을 받은 해양사고에 대하여 원인규명이 필요하다고 인정하면 대통령령으로 정하는 바에 따라 관할 지방심판원에 그 처분이 올바른지에 대하여 심판을 신청할 수 있다(법 제39조의2 제1항). 관할 지방심판원은 법 제39조의2 제1항에 따라 심판이 신청된 경우 그 신청이 이유 있는 것으로 인정되는 경우에는 결정으로써 조사관으로 하여금 조사를 시작하여 심판을 청구하도록 하고, 그 신청이 이유 없는 것으로 인정되는 경우에는 결정으로써 이를 기각하여야 한다(법 제39조의2 제2항).

⚓ 「해심법 시행령」

제32조의2(이해관계인의 심판신청) ① 이해관계인이 법 제39조의2 제1항에 따라 심판을 신청하는 경우에는 심판불필요처분사건 심판신청서를 관할 지방심판원에 제출하여야 한다.
② 지방심판원은 제1항에 따른 신청이 있는 경우에는 해당 지방심판원의 수석조사관에게 그 신청서를 보내야 한다.
③ 제2항에 따라 신청서를 받은 지방심판원의 수석조사관은 5일 이내에 그 신청서에 의견서를 첨부하여 지방심판원에 제출하여야 한다.

☸ 「해심법 시행규칙」

제20조(심판불필요처분사건 심판신청서) 영 제32조의2 제1항에 따른 심판불필요처분사건 심판신청서는 별지 제9호서식에 따른다.

제4절 지방심판원의 심판

제1관 심판 절차

1. 심판의 시작

지방심판원은 조사관의 심판청구에 따라 심판을 시작한다(법 제40조).

> ⚓ 「해심법 시행령」
>
> **제41조(심판정)** ① 심판기일에 하는 심판은 각급 심판원의 심판정에서 개정(開廷)한다. 다만, 합의체 심판부는 중앙심판원장의 승인을, 단독심판관은 소속 심판원장의 승인을 받아 해당 심판원의 심판정 외의 장소에서 개정할 수 있다.
> ② 심판정은 정수의 심판관·비상임심판관 및 서기가 참석하고 조사관이 출석하여 개정한다.
> **제43조(출석할 수 없을 때의 신고 등)** ① 해양사고관련자는 심판기일에 출석할 수 없을 때에는 지체 없이 그 사유를 구체적으로 밝혀 심판원에 신고하여야 한다.
> ② 심판원은 제1항에 따른 신고의 사유가 정당하다고 인정할 때에는 조사관의 의견을 들은 후 심판기일을 연기할 수 있다.
> **제44조(대리인의 심판정 출석)** ① 해양사고관련자 중 해기사 및 도선사(면허를 가지고 해당 직무를 수행한 사람만 해당한다) 외의 사람은 심판정에 대리인을 출석시킬 수 있다. 다만, 심판원은 필요하다고 인정할 때에는 본인의 심판정 출석을 명할 수 있다.
> ② 제1항에 따른 대리인은 위임장으로 그 자격을 증명하여야 한다.

2. 심판장의 권한

심판장은 개정(開廷) 중 심판을 지휘하고 심판정의 질서를 유지한다(법 제42조 제1항). 심판장은 심판을 방해하는 사람에게 퇴정(退廷)을 명하거나 그 밖에 심판정의 질서를 유지하기 위하여 필요한 조치를 할 수 있다(법 제42조 제2항).

3. 심판기일의 지정 및 변경

심판장은 심판기일을 정하여야 한다(법 제43조 제1항). 심판기일에는 해양사고관련자를 소환하여야 한다. 다만, 심판장은 1회 이상 출석한 해양사고관련자에 대하여는 소환하지 아니할 수 있다(법 제43조 제2항). 심판장은 조사관, 심판변론인, 법 제44조의2에 따라 심판참여의 허가를 받은 이해관계인 및 소환하지 아니하는 해양사고관련자에게 심판기일을 알려야 한다(법 제43조 제3항). 심판장은 직권으로 또는 해양사고관련자, 조사관 및 심판변론인의 신청을 받아 제1회 심판기일을 변경할 수 있다(법 제43조 제4항).

> ⚓ 「해심법 시행령」
>
> **제38조(심판기일의 변경신청)** ① 법 제43조 제4항에 따른 심판기일의 변경신청은 이유를 구체적으로 적은 서면으로 하여야 한다.
> ② 심판장은 제1항의 신청이 이유 있다고 인정할 때에는 새로 심판기일을 정하여야 하며, 이유 없다고 인정할 때에는 신청기각 결정을 하여야 한다.
> ③ 제2항에 따른 신청기각 결정에 대해서는 결정서를 송달하지 아니한다.
> **제39조(심판장의 심판기일 변경)** 심판장은 직권으로 심판기일을 변경할 수 있다.

4. 집중심리

심판원은 심리에 2일 이상이 걸릴 때에는 가능하면 매일 계속 개정하여 집중심리를 하여야 한다(법 제43조의2 제1항). 심판장은 특별한 사정이 없으면 직전 심판기일부터 10일 이내에 다음 심판기일을 지정하여야 한다(법 제43조의2 제2항).

5. 소환과 신문

지방심판원은 심판기일에 해양사고관련자, 증인, 그 밖의 이해관계인을 소환하고 신문할 수 있다(법 제44조).

> ⚓ 「해심법 시행령」
>
> **제45조(심판장의 신문 등)** ① 심판관계인에 대한 신문(訊問)과 증거조사는 심판장이 한다.
> ② 배석심판관이나 조사관 및 심판변론인은 심판장에게 말한 후에 심판관계인을 신문할 수 있다.
> **제46조(증인이 심판원 안에 있을 경우의 신문)** 증인이 심판원 안에 있을 때에는 소환하지 아니하였더라도 그 증인을 신문할 수 있다.
> **제48조(개별신문과 대질)** ① 증인신문은 각 증인에 대하여 하여야 한다.
> ② 심판장은 심판정에 신문받지 아니하는 증인이 있을 때에는 퇴정을 명하여야 한다. 다만, 심판장이 필요하다고 인정할 때에는 그러하지 아니하다.
> ③ 심판장은 필요하다고 인정하면 증인과 다른 증인 또는 해양사고관련자를 대질신문(對質訊問)할 수 있다.

6. 이해관계인의 심판참여

이해관계인은 심판장의 허가를 받고 심판에 참여하여 진술할 수 있다(법 제44조의2 제1항). 법 제44조의2 제1항에 따라 심판참여의 허가를 받은 이해관계인이 법 제44조에 따른 심판원의 소환과 신문에 연속하여 2회 이상 불응하거나 심판의 진행을 방해하는 것으로 인정되는 경우 심판장은 직권으로 해당 이해관계인에 대한 심판참여의 허가를 취소할 수 있다(법 제44조의2 제2항). 심판장은 법 제44조의2 제1항에 따라 심판참여를 허가하거나 제2항에 따라 심판참여의 허가를 취소한 경우에는 해당 조사관과 해양사고관련자 및 심판변론인에게 그 사실을 알려야 한다(법 제44조의2 제3항). 이해관계인의 심판참여 절차 등에 필요한 사항은 해양수산부령으로 정한다(법 제44조의2 제4항).

> ⚓ 「해심법 시행규칙」
>
> **제21조(이해관계인의 심판참여)** 법 제44조의2에 따라 심판에 참여하려는 이해관계인은 별지 제10호서식의 이해관계인 심판참여 신청서에 이해관계가 있음을 증명하는 서류를 첨부하여 관할 해양안전심판원의 심판장에게 제출하여야 한다.

7. 필요적 구술변론

심판의 재결은 구술변론을 거쳐야 한다. 다만, 다음 각 호의 어느 하나에 해당하는 경우에는 구술변론을 거치지 아니하고 재결을 할 수 있다(법 제45조 제1항).
 1. 해양사고관련자가 정당한 사유 없이 심판기일에 출석하지 아니한 경우
 2. 해양사고관련자가 심판장의 허가를 받고 서면으로 진술한 경우
 3. 조사관이 사고 조사를 충분히 실시하여 해양사고관련자의 구술변론이 불필요한 경우 등 심판장이 원인규명을 위한 해양사고관련자의 소환이 불필요하다고 인정하는 경우
 4. 법 제41조의3에 따른 약식심판을 행하는 경우

법 제45조 제1항 제3호에 해당하는 경우에는 해양사고관련자의 명시한 의사에 반하여서는 아니 된다(법 제45조 제2항).

8. 인정신문

심판장은 해양사고관련자의 성명·주민등록번호 및 주소를 신문하고 해양사고관련자가 해기사 및 도선사인 경우에는 면허의 종류 등을 신문하여 해양사고관련자임이 틀림없다는 것을 확인하여야 한다(법 제46조).

9. 조사관의 최초 진술

조사관은 심판청구서에 따라 심판청구의 요지를 진술하여야 한다(법 제47조).

10. 증거조사

지방심판원은 조사관, 해양사고관련자 또는 심판변론인의 신청에 의하거나 직권으로 필요한 증거조사를 할 수 있다(법 제48조 제1항).

지방심판원은 제1회 심판기일 전에는 다음의 방법에 따른 조사만을 할 수 있다(법 제48조 제2항).

1. 선박이나 그 밖의 장소를 검사하는 일
2. 장부·서류 또는 그 밖의 물건을 제출하도록 명하는 일
3. 관공서에 대하여 보고 또는 자료제출을 요구하는 일

지방심판원은 구속·압수·수색이나 그 밖에 신체·물건 또는 장소에 대한 강제처분을 하지 못한다(법 제48조 제3항).

⚓ 「해심법 시행령」

제40조(제1회 심판기일 전의 검사에의 입회) 심판원은 법 제48조 제2항 제1호에 따른 검사를 하려면 미리 그 뜻을 조사관·해양사고관련자 및 심판변론인에게 알려 입회할 기회를 주어야 한다.
제42조(증거조사) ① 심판기일에 하는 증거조사는 심판정에서 한다.
② 심판기일 외의 증거조사에 관하여는 제40조를 준용한다.
제50조(수명심판관의 증거조사) ① 심판원은 소속 심판관 중 1명에게 필요한 사항의 증거조사를 명할 수 있다.
② 제1항에 따른 수명심판관(受命審判官)은 심판정에서 그 증거조사의 결과를 심판원에 보고하여야 한다.
③ 수명심판관이 하는 증거조사에 관하여는 심판원의 심판절차에 관한 규정을 준용한다.

11. 증거자료의 한글사용

심판원에 증거로 제출하는 항해일지 등의 문서는 한글(국한문혼용을 포함한다)로 작성하여 제출하는 것을 원칙으로 하되, 외국어로 작성된 문서를 제출하는 경우에는 그 번역문을 첨부하여야 한다(법 제48조의2).

12. 선서

지방심판원은 법 제48조 제1항에 따른 증거조사를 할 때 증인·감정인·통역인 또는 번역인에게 증언·감정·통역 또는 번역을 하게 하는 경우에는 대통령령으로 정하는 방법에 따라 선서하게 하여야 한다(법 제49조).

> ⚓ 「해심법 시행령」
>
> **제47조(선서의 방식)** ① 선서는 선서문으로 한다.
> ② 선서문에는 "양심에 따라 숨김과 보탬 없이 사실 그대로 말하고 만일 거짓이 있으면 위증의 벌을 받기로 맹세합니다"라고 적어야 한다.
> ③ 심판장은 증인으로 하여금 선서문을 낭독하고 서명날인하게 한다. 다만, 증인이 선서문을 낭독하지 못하거나 선서문에 서명하지 못하는 경우에는 참여한 서기로 하여금 대행하게 한다.
> ④ 선서는 일어서서 엄숙히 하여야 한다.
> ⑤ 심판장은 선서할 증인에게 선서 전에 위증의 벌을 경고하여야 한다.
>
> **제49조(선서의 예외규정)** ① 해양사고관련자 중 해기사 및 도선사(면허를 가지고 해당 직무를 수행한 사람만 해당한다)의 배우자나 친족 또는 배우자나 친족이었던 사람에 대해서는 선서 없이 증인으로 신문할 수 있다.
> ② 선서의 취지를 이해하지 못하는 사람에 대해서는 선서를 시키지 아니하고 신문하여야 한다.

13. 심판청구서의 변경 등

조사관은 심판청구서에 기재된 사건명을 변경하거나 해양사고 사실 또는 해양사고관련자를 추가·철회 또는 변경할 수 있다(법 제49조의2 제1항). 심판장은 심리의 경과에 비추어 필요하다고 인정하면 조사관에게 해양사고관련자를 추가·철회 또는 변경할 것을 서면으로 요구할 수 있다(법 제49조의2 제2항). 심판장은 법 제49조의2 제1항과 제2항에 따라 해양사고 사실 또는 해양사고관련자가 추가·철회 또는 변경되었을 때에는 지체 없이 해양사고관련자, 심판변론인 및 법 제44조의2에 따라 심판참여의 허가를 받은 이해관계인에게 그 사실을 알려야 한다(법 제49조의2 제3항). 법 제49조의2 제1항과 제2항에 따른 심판청구서의 추가·철회 또는 변경의 요건·절차 등에 관하여 필요한 사항은 대통령령으로 정한다(법 제49조의2 제4항).

⚓ 「해심법 시행령」

제32조의3(심판청구서의 변경 등) ① 조사관은 법 제49조의2 제1항에 따라 심판청구서에 적힌 사건명을 변경하거나 해양사고 사실 또는 해양사고관련자를 추가·철회 또는 변경하려면 그 내용과 사유를 구체적으로 적은 서면을 관할 지방심판원에 제출하여야 한다.
② 심판장은 법 제49조의2 제2항에 따라 조사관에게 해양사고관련자의 추가·철회 또는 변경을 요구할 때에는 그 내용과 사유를 구체적으로 적은 서면으로 알리고, 그 서면을 받은 조사관은 특별한 사유가 없으면 요구에 따라야 한다.

14. 심판청구의 취하

조사관은 심판청구된 사건에 대한 심판이 불필요하게 된 경우로서 대통령령으로 정하는 경우에는 제1심의 재결이 있을 때까지 심판청구를 취하할 수 있다. 다만, 법 제39조의2에 따라 심판원의 결정으로 조사관이 청구한 사건에 대하여는 그러하지 아니하다(법 제49조의3).

⚓ 「해심법 시행령」

제32조의4(심판청구의 취하) ① 법 제49조의3 본문에서 "대통령령으로 정하는 경우"란 다음 각 호의 어느 하나에 해당하는 경우를 말한다.
1. 심판청구 후 사건에 대하여 심판권이 없다는 사실을 알게 된 경우
2. 심판청구 후 사건에 대하여 심판청구가 법령을 위반하여 제기되었음을 알게 된 경우
3. 심판청구 후 사건에 대하여 법 제7조에 따라 심판할 수 없다는 사실을 알게 된 경우
② 법 제49조의3 본문에 따른 심판청구의 취하는 서면으로 하여야 한다. 다만, 심판정에서는 말로 취하할 수 있다.
③ 지방심판원은 조사관이 제2항에 따라 심판청구를 취하한 경우에는 결정으로 심판청구를 각하하여야 한다.

15. 법령에의 위임

이 법에서 규정한 것 외에 심판절차에 관하여 필요한 사항은 대통령령으로 정한다(법 제57조).

⚓ 「해심법 시행령」

제51조(심판개정 후 장기간 개정하지 아니한 경우의 심판절차 갱신 등) ① 심판원은 심판개정(審判開廷) 후 장기간 심판을 열지 아니한 경우 필요하다고 인정할 때에는 심판절차를 갱신(更新)할 수 있다.
② 심판원은 심판개정 후 해양사고관련자가 추가로 지정된 경우에는 심판절차를 갱신하여야 한다.
제52조(심판개정 후 심판관 등이 경질된 경우의 심판절차 갱신) 심판원은 심판개정 후 심판관이나 비상임심판관이 경질되었을 때에는 심판절차를 갱신하여야 한다. 다만, 재결(裁決)의 고지(告知)만을 하는 경우에는 그러하지 아니하다.
제53조(비상임심판관 참여의 결정) ① 심판원은 심판개정 후에 해당 사건의 심판에 비상임심판관의 참여가 필요하다고 인정할 때에는 조사관의 의견을 들어 비상임심판관의 참여를 결정할 수 있다.
② 제1항의 경우 심판원은 심판절차를 갱신하여야 한다.
제54조(조사관과 해양사고관련자 등의 의견 진술) ① 증거의 조사가 끝났을 때에는 조사관은 사실을 제시하고 그 해양사고의 원인에 대한 판단, 해양사고관련자에 대한 징계 또는 시정, 개선의 권고나 명령에 관하여 의견을 진술하여야 한다.
② 해양사고관련자와 심판변론인은 제1항에 따른 조사관의 진술에 대하여 의견을 진술할 수 있다.
제55조(최후진술) 해양사고관련자와 심판변론인에게는 최후진술의 기회를 주어야 한다.
제56조(변론의 재개) 심판원은 변론이 종결된 이후에도 필요하다고 인정되는 경우에는 결정으로써 변론을 재개할 수 있다.
제62조(결정) 심판정에서의 청구에 의하여 결정을 할 때에는 심판관계인의 진술을 들어야 하며, 그 밖의 경우에는 심판관계인의 진술을 듣지 아니하고 결정을 할 수 있다.
제63조(결정을 하기 위한 조사) ① 심판원은 결정을 하기 위하여 필요할 때에는 사실을 조사할 수 있다.
② 심판원은 소속 심판관 중 1명에게 제1항에 따른 사실조사를 하게 할 수 있다.
제64조(결정의 고지) 결정의 고지를 심판정에서 하는 경우에는 결정서를 낭독하거나 그 요지를 알려 주는 방법으로 하고, 그 외의 경우에는 결정서 정본을 송달하는 방법으로 한다.
제65조(준용규정) 제62조부터 제64조까지에서 규정한 사항 외에 결정에 관하여는 재결에 관한 규정을 준용한다.
제73조(해양사고관련자 등의 심판서류 등의 열람 및 복사) ① 해양사고관련자나 이해관계인은 사건에 관한 서류의 열람 및 복사를 청구할 수 있다. 다만, 심판장은 증거를 보존하기 위하여 필요할 때에는 열람 및 복사를 제한할 수 있다.
② 제1항에 따라 열람 및 복사를 청구한 사람이 조서를 읽지 못할 때에는 조서를 읽어 줄 것을 요청할 수 있다.
제74조(조서와 관련한 관계인의 청구에 대한 조치) 심판정에서 한 심판관계인의 진술을 수록한 조서에 대하여 진술자가 청구할 때에는 심판장은 서기로 하여금 그 진술에 관한 부분을 읽어 들려주고 증감 또는 변경 신청이 있을 때에는 그 사실을 조서에 적게 하여야 한다.

제2관 원격영상심판과 약식심판

1. 원격영상심판

심판원장은 해양사고관련자가 교통의 불편 등으로 심판정에 직접 출석하기 어려운 경우에는 원격영상심판을 할 수 있다(법 제41조의2). "원격영상심판(遠隔映像審判)"이란 해양사고관련자가 해양수산부령으로 정하는 동영상 및 음성을 동시에 송수신하는 장치가 갖추어진 관할 해양안전심판원 외의 원격지 심판정(審判廷) 또는 이와 같은 장치가 갖추어진 시설로서 관할 해양안전심판원이 지정하는 시설에 출석하여 진행하는 심판을 말한다(법 제2조 제4호). 법 제41조의2 제1항에 따른 원격영상심판의 절차 등에 관하여 필요한 사항은 해양수산부령으로 정한다(법 제41조의2 제2항).

※ 「해심법 시행규칙」

제20조의2(원격영상심판의 절차 등) ① 해양사고관련자는 교통의 불편 등으로 심판정에 직접 출석하기 어려운 경우에는 그 사실을 적은 서면으로 심판원장에게 법 제41조의2에 따른 원격영상심판으로 진행할 것을 신청할 수 있다.
② 제1항에 따른 신청을 받은 심판원장은 신청이 이유 있다고 인정하는 경우 원격영상심판을 할 수 있다. 이 경우 심판원장은 서기로 하여금 원격영상심판을 하는 이유와 해양사고관련자의 성명을 조서에 적게 하여야 한다.

---

2. 약식심판 절차

법 제38조의2 제1항에 따라 약식심판이 청구된 사건에 대하여는 심판의 개정(開廷) 절차를 거치지 아니하고 서면으로 심판한다. 다만, 재결을 고지하는 경우에는 법 제55조의 절차를 따른다(법 제41조의3 제1항). 심판장은 법 제41조의3 제1항에 따라 약식심판을 할 경우에는 해양사고관련자에게 기한을 정하여 서면으로 변론의 기회를 주어야 한다(법 제41조의3 제2항). 심판원은 법 제41조의3 제1항에 따라 약식심판으로 심판을 하기에 부적당하다고 인정할 때에는 심판의 개정절차에 따라 심판할 것을 결정할 수 있다(법 제41조의3 제3항).

제3관 심판의 원칙

1. 심판의 공개

심판의 대심(對審)과 재결은 공개된 심판정에서 한다(법 제41조).
심판의 공개주의를 의미하는데, 일반국민에게 심판의 방청을 허용하는 원칙을 말한다. 일체의 방청을 허용하지 않는 밀행주의(密行主義)와 일정한 심판관계인에게만 방청을 허용하는 당사자공개주의와 구별되는 개념이다.16)

2. 증거심판주의

사실의 인정은 심판기일에 조사한 증거에 의하여야 한다(법제50조).

재결은 사실을 인정한 후 관련 법령의 적용 등을 통하여 행하여 진다. 사실의 인정은 심판관의 자의에 의해서가 아니라 증거에 의하여야 한다는 원칙을 증거심판주의라 한다. 「형사소송법」상 증거재판주의를 차용한 것이다(형사소송법 제307조 제1항 참조).17)

3. 자유심증주의

증거의 증명력은 심판관의 자유로운 판단에 따른다(법제51조).

자유심증주의는 증거의 증명력 즉 실질적 가치판단을 심판관의 자유판단에 맡기고 법률로서 규제하지 않는다는 주의를 말한다. 「형사소송법」 제308조를 차용한 원칙으로 규문절차시대의 법정증거주의18)에 대한 개념이다.19)

제4관 재결

1. 의의

심판원은 해양사고의 원인을 밝히고 재결(裁決)로써 그 결과를 명백하게 하여야 한

---

16) 정영석, 「해사법규강의(제6판)」, (텍스트북스, 2016), 674쪽.
17) 정영석, 「해사법규강의(제6판)」, (텍스트북스, 2016), 675쪽.
18) 법정증거주의는 모든 증거의 증명력을 미리 법률로써 정해 두고 법관의 확신에 의한 판단을 봉쇄하는 것으로서 이는 법관의 개인차와 자의를 배제하고 불확실한 증거에 의한 처불을 방지하여 법적 안정성을 보장하는데 의미가 있으나 사실상 천차만별한 구체적 증거의 증명력을 일률적으로 법률로써 규정한다는 것은 구체적 사건의 진상을 파악하는 데 부당한 결과를 가져올 우려가 있다. 또 자백에 과대한 증거가치를 인정함으로써 자백을 얻기 위한 잔인한 고문이 행하여져서 인권침해의 결과를 가져오기도 한다. 이러한 법정증거주의의 결함을 제거하고 사실인정의 능률적인 합리성을 도모함으로써 실체적 진실을 발견하기 위해서 자유심증주의가 의미를 가진다; 손동권, 「형사소송법」, (세창출판사, 2008), 512쪽 참조.
19) 정영석, 「해사법규강의(제6판)」, (텍스트북스, 2016), 675쪽.

다(법 제5조 제1항).20) 심판원은 해양사고가 해기사나 도선사의 직무상 고의 또는 과실로 발생한 것으로 인정할 때에는 재결로써 해당자를 징계하여야 한다(법 제5조 제2항).21) 심판원은 필요하면 법 제5조 제2항에 규정된 사람 외에 해양사고관련자에게 시정 또는 개선을 권고하거나 명하는 재결을 할 수 있다. 다만, 행정기관에 대하여는 시정 또는 개선을 명하는 재결을 할 수 없다(법 제5조 제3항).

재결이란 심판청구사건에 대한 심리의 결과에 따라 최종적인 법적 판단을 하는 행위를 말한다. 즉, 심판청구사건에 대한 심판원의 종국적 판단으로서의 의사표시이다. 행정법상으로는 법률관계에 관한 분쟁에 대하여 재결기관이 일정한 절차를 거쳐서 판단·확정하는 행위를 말한다.22) 반면, 해양안전심판에서의 심판은 애초부터 행정법상의 분쟁의 해결을 목적으로 하는 것이 아니고 해양사고의 원인을 규명하고, 그 결과로 해기사를 징계하거나 시정·권고를 하는 등 일종의 행정처분을 하는 것이기 때문에 재결이 행정처분을 명하는 것이라고 보아야 한다는 점에서 행정청의 위법 또는 부당

---

20) ① 대법원 1984.5.29. 선고, 84추1, 판결 : 중앙해난심판원의 재결중 원인규명재결은 국민의 권리의무를 형성하거나 확정하는 효력을 갖는 행정청의 권력적 행위인 행정처분이라 할 수 없어 이는 행정소송의 대상이 되는 행정처분이 아니다.
② 대법원 2014.4.10. 선고, 2013추74, 판결 : [1] 중앙해양안전심판원의 재결 중 해양사고의 원인규명재결 부분이 해양사고의 조사 및 심판에 관한 법률 제74조 제1항에 따른 재결취소소송의 대상이 될 수 있는지 여부(소극)
[2] 해양사고의 조사 및 심판에 관한 법률 제5조 제2항, 제3항에 따른 시정이나 개선의 권고재결을 할 때 요구되는 시정·개선을 권고할 사항과 해양사고 간의 관련성의 정도 및 선박 충돌 사고에서 과실이 가벼운 쪽 선박의 관련자에게도 시정권고재결을 할 수 있는지 여부(적극)
③ 대법원 2008.8.21. 선고, 2007추80, 판결 : 상법상 정기용선계약에서 선박의 항행 및 관리에 관련된 해기사인 사항에 관하여 선장 및 선원들에 대한 객관적인 지휘·감독권은 특별한 사정이 없는 한 오로지 선주에게 있으나, 해양사고의 원인을 규명함으로써 해양안전의 확보에 이바지함을 목적으로 하는 해양사고의 조사 및 심판에 관한 법률과 선박의 운행 중 사고로 인한 공평한 손해배상 등을 목적으로 하는 상법은 각기 그 입법 취지가 다르므로, 상법상 손해배상책임을 지지 않는 정기용선자라 하더라도 해양사고의 원인에 관계있는 사유가 밝혀진 경우에는 해양사고의 조사 및 심판에 관한 법률에 의한 시정권고재결을 할 수 있지만, 정기용선자가 선박의 항행 및 관리에 관련된 해기사인 사항에 관한 안전의무를 게을리하지 않았거나 정기용선자에게 안전의무를 기대할 수 없는 경우에까지 그에 대하여 시정권고재결을 하는 것은 위법하다.
21) 대법원 1987.7.7. 선고,, 83추1, 판결 : 가. 해난에 관하여 직무상과실이 있어 징계재결을 하는 경우에도 그 징계의 정도가 사회통념상 재량권의 범위를 넘을 때는 징계권의 일탈 내지 남용으로서 그 처분은 위법한 것이고 징계의 정도가 사회통념상 재량권의 범위를 넘는가의 여부는 징계의 사유가 된 사실의 내용과 성질 및 징계에 의하여 달하려는 행정목적과 이에 수반되는 제반사정을 객관적으로 심사하여 판단하여야 한다.
나. 중앙해난심판원의 징계재결이 그 재량권을 일탈한 위법이 있다 하여 그 재량을 취소한 사례
22) 金南辰, 金連泰, 「행정법Ⅰ(제17판)」, (법문사, 2013), 722쪽.

한 처분에 대하여 취소, 무효 등의 확인, 의무이행을 명하는 「행정심판법」상의 재결과는 그 내용이 다르다. 다만, 해양안전심판원이 「해양사고심판법」에 정해진 심판절차에 따라 내려지는 처분이라는 점에서 이를 재결이라 한다.[23]

일반적으로 「행정심판법」상 행정심판(行政審判)의 청구 등에 대하여 행정심판위원회가 쟁송절차에 따라 판단을 하는 처분을 재결이라 한다. 재결은 보통 문서로써 행하고 그 이유를 첨부하여야 한다(행정심판법 제35조). 재결은 판결에 준한 재판적 행위로서의 효력 즉 기속력(羈束力)과 확정력(確定力)을 가지며, 당사자 및 관계자뿐만이 아니라 하급행정청을 기속한다. 그러나 해양안전심판은 행정청의 위법 또는 부당한 처분을 다투는 것이 아니기 때문에 하급행정청을 기속하는 효력은 없고, 해기사, 도선사에 대한 징계재결만이 행정처분으로서의 효력이 발생할 뿐이다. 이와 같이 행정기관에 대하여는 시정 또는 개선을 명하는 재결을 할 수 없도록 함으로써 행정청을 기속하는 효력은 가지지 않는다는 점에서 해양안전심판의 재결은 한계를 가지고 있을 뿐만 아니라, 내용상 행정심판의 일종으로 볼 수 있을 지도 의문이다.[24]

2. 재결의 종류

가. 심판청구기각의 재결

지방심판원은 다음 각 호의 경우에는 재결로써 심판청구를 기각하여야 한다(법 제52조).
1. 사건에 대하여 심판권이 없는 경우
2. 심판의 청구가 법령을 위반하여 제기된 경우
3. 법 제7조에 따라 심판할 수 없는 경우

⚓ **「해심법 시행령」**

제57조(심판청구 기각의 재결) 심판원은 법 제24조 제2항에 따라 해당 심판원이 심판해서는 아니 될 사건에 대해서는 재결로써 심판청구를 기각하여야 한다.

「행정심판법」상 기각재결이라 함은 심판청구가 이유 없다고 인정하여 청구를 배척하고 원처분을 지지하는 재결을 말한다(행정심판법 제43조 제2항). 이를 보통의 기각재결이라 하고, 심

---

23) 정영석, 「해사법규강의(제6판)」, (텍스트북스, 2016), 676쪽.
24) 정영석, 「해사법규강의(제6판)」, (텍스트북스, 2016), 676쪽.

판청구가 이유가 있다고 인정하는 경우에도 이를 인용하는 것이 공공복리에 크게 위배된다고 인정하면 그 심판청구를 기각하는 경우를 사정재결이라 한다(행정심판법 제44조 제1항). 그러나 해양안전심판은 행정청의 위법 또는 부당한 처분에 대한 심판을 구하는 것이 아니기 때문에 원처분이라는 것이 존재하지 않는다는 점과 심판청구자가 국가(조사관)이기 때문에 심판청구가 이유 없다고 판단할 여지가 없다고 보아서 심판청구의 제기요건을 갖추지 못한 부적합 심판청구에 해당하는 사유를 법 제52조 각호 및 같은 법 시행령 제57조에 열거하여 본안에 대한 심리를 거절하도록 하는 기각재결을 하도록 하고 있다. 그러나 심판청구의 제기요건을 충복하지 못한 부적합 심판청구에 대하여는 「행정심판법」과 같이 각하재결로 용어를 수정하는 것이 타당하다고 본다.[25]

나. 본안재결

「행정심판법」상 본안의 재결은 본안심리의 결과 심판청구를 이유 있다고 인정하여 심판청구인의 청구의 취지를 받아들이는 내용의 재결로서, 취소·변경재결(행정심판법 제43조 제3항), 확인재결(행정심판법 제43조 제4항), 이행재결(행정심판법 제43조 제5항)이 있다. 그러나 「해양사고심판법」은 본안심리의 결과, 원인규명재결(법 제5조 제1항), 징계재결(법 제5조 제2항), 시정·개선권고재결(법 제5조 제3항)이라는 점에서 「행정심판법」과는 전혀 그 내용이 다르다. 또 「행정심판법」상 재결은 행정청에 대하여 그 효력이 미치는 반면, 「해양사고심판법」상 재결은 행정기관에 대하여는 미치지 못한다(법 제5조 제3항 단서).

3. 본안재결의 내용

가. 본안재결의 종류

「해양사고심판법」상 본안의 재결은 원인규명재결, 징계재결, 시정·권고재결의 세 가지로 구분할 수 있다(법 제5조 제1항 내지 제3항).

나. 원인규명재결

본안의 재결에는 해양사고의 구체적 사실과 원인을 명백히 하고 증거를 들어 그 사

---

[25] 金南辰, 金連泰, 「행정법Ⅰ(제17판)」, (법문사, 2013), 724쪽 참조.

실을 인정한 이유를 밝혀야 한다. 다만, 그 사실이 없다고 인정한 경우에는 그 뜻을 명백히 하여야 한다(법 제54조).

법 제54조는 본안 재결의 형식을 규정한 것이지만, 다른 한편으로는 「해양사고심판법」의 목적이 해양사고의 원인을 규명하는 것이라는 점을 분명히 하고 이를 재결로서 의사표시하도록 한 법 제5조 제1항의 원인규명 재결의 내용을 구체적으로 규정하고 있다는 점에 의미가 있다.[26]

다. 징계재결

(1) 징계의 종류와 감면

법 제5조 제2항의 징계는 다음 세 가지로 하고, 행위의 경중(輕重)에 따라서 심판원이 징계의 종류를 정한다(법 제6조 제1항).

1. 면허의 취소
2. 업무정지
3. 견책(譴責)

법 제6조 제1항 제2호의 업무정지 기간은 1개월 이상 1년 이하로 한다(법 제6조 제2항). 심판원은 법 제6조 제5조 제2항에 따른 징계를 할 때 해양사고의 성질이나 상황 또는 그 사람의 경력과 그 밖의 정상(情狀)을 고려하여 이를 감면할 수 있다(법 제6조 제3항).

> ⚓ 「해심법 시행령」
>
> **제7조의2(해기사 또는 도선사에 대한 징계 결정의 기준)** 법 제6조 제1항에 따라 해양안전심판원(이하 "심판원"이라 한다)이 정하는 해기사(海技士) 또는 도선사(導船士)에 대한 징계는 그 해양사고에서의 직무상 고의 또는 과실의 정도, 해양사고로 인한 피해의 경중(輕重), 해양사고 발생 당시의 상황 및 그 밖의 사정을 종합적으로 판단하여 공정하게 하여야 한다.

심판원은 해양사고가 해기사나 도선사의 직무상 고의 또는 과실로 발생한 것으로 인정할 때에는 재결로서 해당자를 징계하여야 한다(법 제5조 제2항). 「해양사고심판법」상 해기사나 도선사를 대상으로 면허의 취소, 업무정지, 견책(譴責)의 징계재결을 할 수 있는데, 이는 행정처분으로 보아야 한다. 또 업무정지기간은 1개월 이상 1년 이하로 할 수 있

---

[26] 정영석, 「해사법규강의(제6판)」, (텍스트북스, 2016), 678쪽.

는데 경력과 정상 등을 참작하여 이를 경감할 수 있다.27)

(2) 징계의 집행유예

심판원은 법 제6조 제1항 제2호에 따른 업무정지 중 그 기간이 1개월 이상 3개월 이하의 징계를 재결하는 경우에 선박운항에 관한 직무교육(이하 "직무교육"이라 한다)이 필요하다고 인정할 때에는 그 징계재결과 함께 3개월 이상 9개월 이하의 기간 동안 징계의 집행유예(이하 "집행유예"라 한다)를 재결할 수 있다(법 제6조의2 제1항). 이 경우 해당 징계재결을 받은 사람의 명시한 의사에 반하여서는 아니 된다(법 제6조의2 제1항). 법 제6조의2 제1항에 따른 집행유예의 기준 등에 필요한 사항은 심판원이 정한다(법 제6조의2 제2항).

(3) 직무교육의 이수명령

심판원은 법 제6조의2에 따라 징계의 집행을 유예하는 때에는 그 유예기간 내에 직무교육을 이수하도록 명하여야 한다(법 제6조의3 제1항). 법 제6조의3 제1항에 따라 직무교육을 이수하도록 명령을 받은 사람은 심판원 또는 대통령령으로 정하는 위탁 교육기관에서 직무교육을 받아야 한다(법 제6조의3 제2항). 법 제6조의3 제2항에 따라 교육을 실시하는 심판원 또는 위탁 교육기관은 교육생으로부터 소정의 수강료를 받을 수 있다(법 제6조의3 제3항). 법 제6조의3 제1항부터 제3항까지에서 규정한 사항 외에 직무교육의 기간, 내용 등 직무교육 이수에 관하여 필요한 사항은 심판원이 정한다(법 제6조의4 제4항).

> ⚓ 「해심법 시행령」
>
> **제7조의3(직무교육의 위탁 교육기관)** 법 제6조의3 제2항에서 "대통령령으로 정하는 위탁 교육기관"이란 「한국해양수산연수원법」에 따른 한국해양수산연수원을 말한다.

(4) 집행유예의 실효

법 제6조의2에 따라 징계의 집행유예 재결을 받은 사람이 다음 각 호의 어느 하나에 해당하는 경우에는 그 집행유예의 재결은 효력을 잃는다(법 제6조의4).

1. 집행유예기간 내에 직무교육을 이수하지 아니한 경우
2. 집행유예기간 중에 업무정지 이상의 징계재결을 받아 그 재결이 확정된 경우

---

27) 정영석, 「해사법규강의(제6판)」, (텍스트북스, 2016), 679쪽.

(5) 집행유예의 효과

법 제6조의2에 따라 징계의 집행유예 재결을 받은 후 그 집행유예의 재결이 실효됨이 없이 집행유예기간이 지난 때에는 징계를 집행한 것으로 본다(법 제6조의5).

집행유예란 「형법」상 형을 선고함에 있어서 일정한 기간 동안 형의 집행을 유예하고 그 유예기간을 경과한 때에는 형의 선고의 효력을 잃게 하는 제도를 말한다(형법 제62조). 형의 집행을 유예하는 경우에는 보호관찰을 받을 것을 명하거나 사회봉사 또는 수강을 명할 수 있다(형법 제62조의2 제1항). 보호관찰, 사회봉사 또는 수강명령은 집행유예기간 내에 이를 집행한다(형법 제62조의2 제3항).[28] 집행유예의 선고를 받은 후 그 선고의 실효 또는 취소됨이 없이 유예기간을 경과한 때에는 형의 선고는 효력을 잃는다(형법 제65조). 형의 선고가 효력을 잃게 되므로 형의 집행이 면제될 뿐 아니라 처음부터 형의 선고가 없었던 상태로 돌아가게 된다. 다만, 형의 선고가 효력을 잃는다는 것은 형의 선고의 법률적 효과가 없어진다는 것을 의미할 뿐이며, 형의 선고가 있었다는 기왕의 사실까지 없어지는 것은 아니다.[29] 따라서 형의 선고에 의하여 이미 발생한 법률효과에는 영향을 미치지 않는다고 보아야 한다.[30]

집행유예제도는 「형법」상 형벌의 집행을 유예하는 제도인데, 이를 「해양사고심판법」에서 도입하였다. 그 취지는 해기사 또는 도선사의 징계를 유예함으로써 이들의 고의 또는 과실로 발생한 해양사고에 대하여 관용을 베풀고자 하는 것으로 보아야 한다. 그러나 「해양사고심판법」상의 징계는 해기사 또는 도선사의 면허 발행한 행정기관이 사고의 원인을 제공한 자의 면허에 대한 일정한 행정처분을 내리는 것인데, 이러한 행정처분을 일종의 행정벌로 이해하여 그 집행을 유예하도록 한 것으로 보인다. 또「형법」상 집행유예 기간이 경과하면 형의 선고가 실효하는 것과는 달리 「해양사고심판법」에서는 징계를 집행한 것으로 규정하고 있기 때문에 그 효력이 다르다고 할 수 있다. 형벌의 집행유예와 같이 이해되는 집행유예라는 용어보다는 "집행정지"로 개념을 정립하는 것이 합리적이라고 본다.[31]

---

28) 이재상, 「형법총론(제7판)」, (박영사, 2014), 600쪽.
29) 대법원 1983.4.2. 83 모 8; 대법원 2003. 12. 26. 2003 도 3768; 대법원 2007. 5. 11 2005 누 5756; 대법원 2008. 1. 18. 2007 도 9405.
30) 이재상, 「형법총론(제7판)」, (박영사, 2014), 607쪽.
31) 정영석, 「해사법규강의(제6판)」, (텍스트북스, 2016), 680-681쪽.

집행유예의 실효사유가 발생한 경우에는 집행유예의 재결은 효력을 상실하고 재결을 집행하게 된다.32)

라. 시정·개선권고의 재결과 시정 등의 요청

심판원은 필요하면 법 제5조 제2항에 규정된 사람 외에 해양사고관련자에게 시정 또는 개선을 권고하거나 명하는 재결을 할 수 있다. 다만, 심판원은 행정기관에 대한 시정 또는 개선을 명하는 재결을 할 수 없다(법 제5조 제3항). 심판원은 심판의 결과 해양사고를 방지하기 위하여 시정하거나 개선할 사항이 있다고 인정할 때에는 해양사고관련자가 아닌 행정기관이나 단체에 대하여 해양사고를 방지하기 위한 시정 또는 개선조치를 요청할 수 있다(법 제5조의2).

해양사고의 원인은 행정기관에 의한 법령 정비의 미비, 시설물 설치 및 관리의 미비, 행정기관간의 협력체계의 미비에 의하여 발생하는 경우도 많기 때문에 행정기관에 대한 시정·권고의 재결을 할 수 없도록 한 것은 해양사고심판의 한계를 보여준 것으로 실질적인 입법 목적이 해기사 또는 도선사의 징계에 있음을 알 수 있다.33)

4. 재결의 방식

가. 재결이유의 표시

재결에는 주문(主文)을 표시하고 이유를 붙여야 한다(법 제53조).

⚓ 「해심법 시행령」

제58조(재결서) ① 재결서는 심판을 한 심판관이 작성하고 심판에 참여한 비상임심판관과 함께 서명날인하여야 한다.
② 심판관이나 비상임심판관이 경질 등의 사유로 서명날인할 수 없을 때에는 다른 심판관이 그 사유를 적고 서명날인하여야 한다.
제59조(재결서의 기재사항) 재결서에는 다음 각 호의 사항을 적어야 한다.
 1. 심판원의 명칭
 2. 사건명
 3. 해양사고관련자의 성명·생년월일 및 주소
 4. 심판청구 취지

---

32) 정영석, 「해사법규강의(제6판)」, (텍스트북스, 2016), 681쪽.
33) 정영석, 「해사법규강의(제6판)」, (텍스트북스, 2016), 681쪽.

5. 심판에 관여한 조사관의 성명
6. 재결 주문
7. 재결 이유
8. 재결 연월일

나. 재결의 고지

재결은 심판정에서 재결원본에 따라 심판장이 고지한다(법 제55조).

「해심법 시행령」

제60조(재결의 고지) 재결의 고지는 재결서를 낭독하거나 그 요지를 알려주는 방법으로 한다.

다. 재결서의 송달

심판원장은 법 제55조에 따라 재결을 고지한 날부터 10일 이내에 재결서의 정본을 조사관과 해양사고관련자 또는 심판변론인에게 송달하여야 한다(법 제56조). 해양사고관련자, 심판변론인 또는 대리인에 대한 통고·통지 또는 서류의 송달에 필요한 사항은 대통령령으로 정한다(법 제56조의2 제1항).

「해심법 시행령」

제61조(재결서 등본의 청구) 해양사고관련자, 심판변론인 또는 이해관계인은 재결서 등본 발급을 청구할 수 있다.
제75조(통고 등을 받을 장소의 신고) ① 해양사고관련자, 심판변론인 또는 대리인은 통고·통지 또는 서류의 송달을 받을 장소를 해당 심판원의 소재지에 정하고 이를 심판원에 신고할 수 있다.
 ② 제1항에 따른 신고가 없을 때에는 해양사고관련자, 심판변론인 또는 대리인의 주소로 통지하거나 서류를 송달하여야 한다.
 ③ 제1항에 따른 신고는 심급마다 서면으로 하여야 한다.
제76조(우편에 의한 서류의 송달) ① 법 제56조의2에 따라 서기는 해양사고관련자, 심판변론인 또는 대리인에 대한 통고·통지 또는 서류의 송달을 등기우편으로 할 수 있다.
 ② 제1항에 따라 등기우편으로 송달하였을 때에는 발송한 날부터 5일이 지난 날에 송달된 것으로 본다. 다만, 법 제43조 제2항·제3항, 제44조 및 제56조의 경우에는 그러하지 아니하다.
제77조(공시송달) ① 주소를 모르거나 법 제43조 제2항·제3항, 제44조 및 제56조에 따른 통지 등의 대상자로서 등기우편에 의한 통고·통지 또는 서류의 송달을 받지 아니하는 자에게 통고·통지 또는 서류의 송달을 하여야 할 경우에는 그 내용을 관보에 싣는 것으로 통고·통지 또는 서류의 송달을 갈음할 수 있다.
 ② 제1항의 경우에는 관보에 실린 날부터 14일이 지난 날에 통고·통지 또는 서류의 송달이 된 것으로 본다.
제78조(기간의 계산) ① 일, 월 또는 연을 단위로 기간을 계산할 때에는 첫날을 산입하지 아니한다. 다

만, 법 제38조 제1항 단서의 경우와 업무정지기간을 계산하는 경우에는 첫날을 산입한다.
② 기간의 말일이 공휴일일 때에는 기간은 그 다음 날로 끝난다. 다만, 법 제38조 제1항 단서의 경우와 업무정지기간을 계산하는 경우에는 해당 공휴일에 끝난다.
③ 업무정지기간은 해당 면허증을 직접 제출하였을 때에는 제출한 날부터 기산(起算)하고, 우편 등으로 제출하였을 때에는 발송일부터 기산한다. 다만, 발송일을 확인할 수 없을 때에는 도달일부터 기산하며, 재결 확정 이전에 제출하였을 때에는 그 재결 확정일부터 기산한다.

재결의 방식, 재결의 고지, 재결서의 송달 등은 대체로 「형사소송법」상 판결선고절차와 유사하게 규정되어 있다(형사소송법 제42조, 제43조, 제324조 참조).[34]

제5절 중앙심판원의 심판

제1관 심판청구

1. 제2심의 청구

조사관 또는 해양사고관련자는 지방심판원의 재결(특별심판부의 재결을 포함한다)에 불복하는 경우에는 중앙심판원에 제2심을 청구할 수 있다(법 제58조 제1항). 심판변론인은 해양사고관련자를 위하여 법 제58조 제1항의 청구를 할 수 있다. 다만, 해양사고관련자의 명시한 의사에 반하여서는 아니 된다(법 제58조 제2항). 제2심 청구는 이유를 붙인 서면으로 원심심판원에 제출하여야 한다(법 제58조 제3항).

> ⚓ 「해심법 시행령」
>
> **제66조(제2심 청구서의 우편 발송)** 조사관과 해양사고관련자 또는 심판변론인이 재결서 정본을 송달받은 날부터 14일 이내에 법 제58조 제3항에 따른 제2심 청구서를 등기우편으로 발송하였을 때에는 법 제59조 제1항 및 제2항에서 정한 기간 내에 이를 제출한 것으로 본다.
> **제67조(서류 및 증거물의 송부 등)** ① 제2심의 청구가 있을 때에는 원심지방심판원은 지체 없이 일건서류(一件書類) 및 증거물을 그 심판원의 조사관에게 보내고, 조사관은 그 일건서류 및 증거물을 받은 날부터 7일 내에 중앙심판원의 조사관에게 보내야 한다.
> ② 중앙심판원의 조사관은 제1항에 따라 받은 일건서류 및 증거물을 받은 날부터 5일 내에 중앙심판원에 제출하여야 한다.

---
34) 이재상, 「형법총론(제7판)」, (박영사, 2014), 458쪽 참조.

③ 제2심의 청구가 있을 때에는 원심지방심판원은 지체 없이 청구인 외의 해양사고관련자에게 그 사실을 알려야 한다.

제2심은 지방심판원의 제1심 재결에 중앙심판원에 구제를 구하는 불복신청제도를 말한다. 제1심 심판에서 오판을 시정하기 위하여 인정되는 제도로서, 제1심 재결의 잘못을 시정하여 이에 대하여 불이익을 받은 당사자를 구제하기 위한 제도이다.[35]

제2심을 청구할 수 있는 권리를 제2심 청구권이라 할 수 있는데, 조사관과 해양사고관련자가 고유의 제2심 청구권자로서 청구권을 갖는다.[36]

2. 제2심의 청구기간

법 제58조의 청구는 재결서 정본을 송달받은 날부터 14일 이내에 하여야 한다(법 제59조 제1항). 제2심 청구를 할 수 있는 자가 본인이 책임질 수 없는 사유로 인하여 법 제59조 제1항의 기간 내에 심판청구를 하지 못한 경우에는 그 사유가 끝난 날부터 14일 이내에 서면으로 원심심판원에 제출할 수 있다(법 제59조 제2항). 법 제59조 제2항의 경우에는 그 사유를 소명하여야 한다(법 제59조 제3항).

3. 제2심 청구의 효력

제2심 청구의 효력은 그 사건과 당사자 모두에게 미친다(법 제60조).

4. 제2심 청구의 취하

제2심 청구를 한 자는 재결이 있을 때까지 그 청구를 취하할 수 있다(법 제61조).

---

35) 정영석, 「해사법규강의(제6판)」, (텍스트북스, 2016), 684쪽.
36) 정영석, 「해사법규강의(제6판)」, (텍스트북스, 2016), 684쪽.

> **「해심법 시행령」**
>
> **제68조(제2심 청구의 취하방식)** ① 제2심 청구의 취하는 서면을 중앙심판원에 제출하는 것으로 한다. 다만, 심판정에서는 말로 취하할 수 있다.
> ② 제1항에 따른 취하는 제2심 청구를 한 자 전원(全員)이 하지 아니하면 효력이 없다.
> ③ 제2항에 따라 제2심 청구를 한 자 전원이 그 청구를 취하하였을 때에는 중앙심판원은 결정으로 제2심의 청구를 각하하여야 한다.

제2심 청구의 취하는 일단 제기한 제2심 청구를 철회하는 것을 말한다. 고유의 제2심 청구권자는 제2심 청구를 취하할 수 있다. 제2심 청구의 취하는 청구를 한 자 전원이 하여야 그 효력이 발생하고, 전원이 취한 경우에는 중앙심판원은 제2심 청구의 각하결정을 하여야 한다.[37]

제2관 재결

1. 청구기각의 재결

가. 법령위반으로 인한 청구의 기각

중앙심판원은 제2심의 심판청구의 절차가 법령을 위반한 경우에는 재결로써 그 청구를 기각한다(법 제62조).

나. 지방심판원의 청구기각 사유로 인한 청구의 기각

중앙심판원은 지방심판원이 법 제52조 각 호의 어느 하나에 해당하는 사유가 있음에도 불구하고 심판의 청구를 기각하지 아니한 경우에는 재결로써 기각하여야 한다(법 제64조).

2. 사건환송의 재결

중앙심판원은 지방심판원이 법령을 위반하여 심판청구를 기각한 경우에는 재결로써 사건을 지방심판원에 환송(還送)하여야 한다(법 제63조).

---

[37] 정영석, 「해사법규강의(제6판)」, (텍스트북스, 2016), 685쪽.

3. 본안의 재결

중앙심판원은 법 제62조부터 제64조까지의 경우 외에는 본안에 관하여 재결을 하여야 한다(법 제65조).

⚓ **「해심법 시행령」**

제69조(원심재결의 인용) 제2심의 재결에는 원심재결에 적은 사실과 증거를 인용할 수 있다.

제3관 제2심의 심판원칙 등

1. 불이익변경의 금지

해양사고관련자인 해기사나 도선사가 제2심을 청구한 사건과 해양사고관련자인 해기사나 도선사를 위하여 제2심을 청구한 사건에 대하여는 제1심에서 재결한 징계보다 무거운 징계를 할 수 없다(법 제65조의2).

불이익변경의 금지라 함은 해기사 또는 도선사의 징계재결에 있어서 제2심 절차에서 제1심의 재결보다 무거운 징계를 할 수 없다는 원칙을 말한다. 이는 「형사소송법」상 불이익변경금지의 원칙(중형변경금지의 원칙)에서 차용한 것이다. 「형사소송법」상 불이익변경금지의 원칙을 인정하는 이론적 근거는 피고인이 중형변경의 위험 때문에 상소제기를 단념하는 것을 방지함으로써 피고인의 상소권을 보장하려는 정책적 이유를 들고 있다.[38] 이와 같은 이유로 해양사고심판에서도 해기사 또는 도선사가 제2심을 청구한 사건에 대하여만 적용한다.[39]

2. 준용규정

중앙심판원은 심판에 관하여는 이 장(법 제6장 중앙심판원의 심판)에서 규정한 사항 외에는 법 제5장(지방심판원의 심판)을 준용한다. 다만, 법 제41조의3과 제49조의2

---
38) 이재상, 「형법총론(제7판)」, (박영사, 2014), 718쪽.
39) 정영석, 「해사법규강의(제6판)」, (텍스트북스, 2016), 686쪽.

제1항 및 제2항(해양사고관련자의 추가·철회 또는 변경 부분만 해당한다)은 준용하지 아니한다(법 제66조).

> **「해심법 시행령」**
>
> 제70조(심판절차 규정의 준용) 제66조부터 제69조까지에서 규정한 사항 외에 중앙심판원의 심판절차에 관하여는 지방심판원의 심판절차에 관한 규정을 준용한다.

제4관 이의신청

1. 결정에 대한 이의신청

지방심판원에서 결정을 받은 자는 중앙심판원에 이의를 신청할 수 있다(법 제67조 제1항). 이의신청은 제2심 재결이 있을 때까지 할 수 있다(법 제67조 제2항).

2. 이의신청의 절차

이의신청을 하려면 신청서를 지방심판원에 제출하여야 한다(법 제68조 제1항). 지방심판원은 이의신청이 이유 있다고 인정하면 원심결정을 경정할 수 있다(법 제68조 제2항). 지방심판원은 이의신청이 전부 또는 일부가 이유 없다고 인정하면 그 신청서를 수리(受理)한 날부터 3일 이내에 중앙심판원에 보내야 한다(법 제68조 제3항). 이의신청은 원심결정의 집행을 정지하지 아니한다. 다만, 지방심판원은 상당한 이유가 있다고 인정할 때에는 조사관의 의견을 들어 집행을 정지할 수 있다(법 제68조 제4항).

3. 이의신청과 관계 서류 및 증거물

이의신청이 있을 때에 지방심판원은 필요하면 원심조서, 그 밖의 관계 서류 및 증거물을 중앙심판원에 보내야 한다(법 제69조 제1항). 중앙심판원은 지방심판원에 대하여 원심조서, 그 밖의 관계 서류 및 증거물을 보내도록 요구할 수 있다(법 제69조 제2항).

4. 원심결정의 집행정지

이의신청이 있는 경우 중앙심판원은 상당한 이유가 있다고 인정하면 조사관의 의견을 들어 결정으로써 원심결정의 집행을 정지할 수 있다(법 제70조 제1항). 법 제70조 제1항의 경우에 중앙심판원은 그 결정서의 정본을 지방심판원에 보내야 한다(법 제70조 제2항).

5. 이의신청에 대한 결정

중앙심판원은 조사관의 의견을 들어 이의신청에 대한 결정을 하여야 한다(법 제71조 제1항). 이의신청이 절차를 위반하였을 때 또는 그 이유가 없을 때에는 이의신청의 기각 결정을 하여야 한다(법 제71조 제2항).40) 법 제71조 제1항과 제2항에 따른 결정에는 반드시 그 이유를 붙일 필요는 없다(법 제71조 제3항).

6. 지방심판원에 대한 결정의 통지

이의신청에 대한 중앙심판원의 결정은 이의신청인과 지방심판원에 알려야 한다(법 제72조).

7. 위임규정

이의신청에 대한 결정에 관하여 필요한 사항은 대통령령으로 정한다(법 제73조).

---

40) 대법원 2002.8.27. 선고, 2002추30, 판결 : 원고는 해양사고관련자로서 이 사건 선박에 대하여 보험계약을 체결한 보험자인 삼성화재해상보험 주식회사(이하 '삼성화재'라 한다)의 심판변론인에 대한 심판절차 참여배제 주장을 하였다가 부산지방해양안전심판원으로부터 이를 기각하는 결정을 받고, 이에 불복하여 이의신청을 하였으나 중앙해양안전심판원으로부터 이의신청을 기각하는 결정을 받았는데, 삼성화재는 해양사고의조사및심판에관한법률(이하 '법'이라 한다)상의 이해관계인이 아닐 뿐만 아니라 가사 이해관계인이라 하더라도 심판절차에 적극적으로 참여할 수 없으므로, 법시행령 제71조, 제65조에 의하여 준용되는 법 제74조 제1항에 따라 중앙해양안전심판원의 위 결정에 대한 취소를 구한다고 주장한다.
그러나 법 제74조 제1항은 중앙해양안전심판원의 재결에 대하여 소를 제기할 수 있다고 규정하고 있고, 법시행령 제71조, 제65조에서 이의신청에 대한 결정에 관하여 법 제74조를 준용하고 있지도 아니하므로 결국 중앙해양안전심판원의 이의신청에 대한 위 결정은 법 제74조 제1항에 규정한 소의 대상이 될 수 없다 할 것이다.

> **「해심법 시행령」**
>
> **제71조(이의신청의 결정에 관한 준용규정)** 법 제7장의 규정 외에 이의신청에 대한 결정에 관하여는 제62조부터 제65조까지의 규정을 준용한다.

제6절 중앙심판원의 재결에 대한 소송과 재결의 집행

제1관 중앙심판원의 재결에 대한 소송

1. 관할과 제소기간 및 그 제한

중앙심판원의 재결에 대한 소송은 중앙심판원의 소재지를 관할하는 고등법원에 전속(專屬)한다(법 제74조 제1항). 법 제74조 제1항의 소송은 재결서 정본을 송달받은 날부터 30일 이내에 제기하여야 한다(법 제74조 제2항). 법 제74조 제2항의 기간은 불변기간(不變期間)으로 한다(법 제74조 제3항). 지방심판원의 재결에 대하여는 소송을 제기할 수 없다(법 제74조 제4항).

1962년「해난심판법」의 제정 이후 최근까지 해양사고 사건은 해양수산부장관 소속 지방심판원과 중앙심판원의 심판을 거쳐 대법원이 사실심리와 법률판단을 단심으로 처리하는 심급체계로 운영되고 있었다. 이에 대하여 해외 주요국가의 사례에서도 해양사고를 최고법원이 단심으로 처리하는 입법례가 없고, 사실관계에 대한 법원의 판단이 1회에 그침으로서 국민의 법원으로부터 재판을 받을 권리를 침해할 우려가 있다는 점과 법령의 최종적 해석을 통하여 사회의 법적가치와 기준을 제시하는 역할을 하는 대법원의 성격에도 부합하지 않는 측면이 있다는 지적을 받아왔다. 이에 중앙심판원의 재결에 대한 소의 관할을 대법원에서 중앙심판원 소재지 관할 고등법원으로 변경함으로써, 고등법원이 사실심을 담당하고 그에 불복이 있을 경우 대법원이 최종심으로서 법률심을 담당하는 심급체계를 갖추어, 보다 충실한 사실심리와 신중한 법률판단을 통해 국민의 기본권을 더욱 공고히 보장하고, 해양사고의 적정한 처리를 도모하기 위하여 법률 제정 50여년 만에 개정하게 되었다.[41]

1998년 2월까지는 「행정소송법」 등에 의하여 행정청의 행정처분 등에 불복하는 행정소송은 원칙적으로 「행정심판법」에 의한 행정심판을 거친 뒤에 제기할 수 있도록 하는 소위 행정심판전치주의를 채택하고 있었고, 이에 불복하는 소의 관할을 고등법원으로 하였다.[42]

이와 같이 과거에는 행정심판과정 자체를 법원의 제1심으로 보고 이에 불복하는 소는 바로 고등법원의 관할로 하였다. 그러나 행정청의 처분에 불복하는 자 등에게 행정심판을 거친 뒤에야 행정소송을 제기할 수 있도록 한 것이 국민의 권익을 침해할 수 있다는 주장에 따라 다른 법률에 특별한 규정이 없는 한 1998년 3월부터 행정심판을 거치지 않고도 행정소송을 제기할 수 있도록 하였다. 이에 따라 행정심판을 거친 지의 여부에 관계없이 행정소송은 원칙적으로 제1심을 지방법원급의 행정법원의 관할로 하였다. 행정청의 처분 등에 대한 행정소송을 항고소송이라 하는데, 항고소송을 제1심 법원인 행정법원에 제기하도록 한 「행정소송법」의 취지(행정소송법 제3조 제1호)에 비추어 보면, 해양안전심판에 불복하는 경우에도 대법원소재지를 관할하는 행정법원으로 함이 타당하다고 본다(행정소송법 제9조 제2항).[43]

2. 피고

제74조 제1항의 소송에서는 중앙심판원장을 피고로 한다(법 제75조).

대법원은 위법한 징계재결을 받은 해양사고관련자가 소로써 불복하지 아니하는 경우, 「해양사고심판법」상의 조사관이 공익의 대표자로서 대법원에 대하여 위법한 징계재결의 취소를 구할 법률상의 이익이 있다고 판결하였다.[44] 그러나 비록 법 제19조 단

---

41) 정영석, 「해사법규강의(제6판)」, (텍스트북스, 2016), 689쪽.
42) 정영석, 「해사법규강의(제6판)」, (텍스트북스, 2016), 689쪽.
43) 정영석, 「해사법규강의(제6판)」, (텍스트북스, 2016), 689쪽.
44) 대법원 2002.9.6. 선고, 2002추54, 판결 : 해양사고의조사및심판에관한법률에서 규정하는 조사관의 직무와 권한 및 역할 등에 비추어 보면, 조사관은 해양사고관련자와 대립하여 심판을 청구하고, 지방해양안전심판원의 재결에 대하여 불복이 있을 때에는 중앙해양안전심판원에 제2심의 청구를 할 수 있는 등 공익의 대표자인 지위에 있는바, 징계재결이 위법한 경우에 징계재결을 받은 당사자가 소로써 불복하지 아니하는 한 그 재결의 취소를 구할 수 없다고 한다면, 이는 공익에 대한 침해로서 부당하므로, 이러한 경우 조사관이 공익의 대표자로서 대법원에 대하여 위법한 징계재결의 취소를 구할 법률상의 이익이 있다.

서로 심판원장이 조사관의 고유사무에 관여하거나 영향을 주어서는 아니된다 고 규정하고 있으나, 중앙심판원의 소속 직원으로서 심판원장이 조사관의 일반사무를 지휘·감독하고 있어서 실질적으로 중앙심판원의 일부라는 점, 조사관의 임무는 공익의 대표자로서 해양사고의 원인을 규명하고 과실있는 해기사 등의 징계를 심판으로 청구하는 위치에 있다는 점, 조사관의 심판 청구에 대응하여 심판변론인제도를 두고 있고, 심판변론인을 개인적으로 선임하기 어려운 경우에는 이 법 제30조의 규정에 의하여 해양사고관련자의 청구에 의하여 국선심판변론인을 선임할 수 있도록 규정한 이 법의 규정상 조사관이 소속 기관장인 중앙심판원장을 피고로 재결취소소송을 제기할 수 있는 원고적격을 가진다는 것은 이 법의 해석상 합리적인지 제고할 필요가 있다고 본다.[45]

또 행정처분의 상대방이 아닌 제3자라도 당해 행정처분의 취소를 구할 법률상의 이익이 있는 경우에는 그 처분의 취소를 구할 수 있으나, 이 경우 법률상의 이익이란 당해 처분의 근거 법률에 의하여 직접 보호되는 구체적인 이익을 말하므로 제3자가 단지 간접적인 사실상 경제적인 이해관계를 가지는 경우에는 그 처분의 취소를 구할 원고적격이 없다.[46]

3. 재판

법원은 법 제74조에 따라 소송이 제기된 경우 그 청구가 이유 있다고 인정하면 판결로써 재결을 취소하여야 한다(법 제77조 제1항).[47] 중앙심판원은 법 제77조 제1항에 따라 재결

---

[45] 정영석, 「해사법규강의(제6판)」, (텍스트북스, 2016), 689-690쪽.
[46] 대법원 2002.8.23, 선고, 2002추61, 판결 : 해양사고의조사및심판에관한법률은 제27조 제1항, 제39조의2 등에서 해양사고의 이해관계인에게 심판변호인 선임권과 조사관의 심판불요처분에 대한 심판신청권 등을 인정하고 있지만, 나아가 해양사고의 이해관계인이 중앙해양안전심판원의 재결에 대하여 대법원에 소를 제기할 수 있다는 규정은 두고 있지 않고, 같은 법 제74조 제1항에서 규정하는 중앙해양안전심판원의 재결에 대한 소는 행정처분에 대한 취소소송의 성질을 가지므로, 중앙해양안전심판원의 재결에 대한 취소소송을 제기하기 위하여는 「행정소송법」 제12조에 따른 원고적격이 있어야 할 것인데, 침몰선박의 부보 보험회사는 같은 법 제2조 제3호에 의한 해양사고관련자도 아니고 재결의 취소로 간접적이거나 사실적, 경제적인 이익을 얻을 뿐, 재결의 근거 법률에 의하여 직접 보호되는 구체적인 이익을 얻는다고 보기도 어렵다고 할 것이므로, 재결의 취소를 구할 법률상 이익이 없어 원고 적격이 없다.
[47] 대법원 2002.8.23, 선고, 2002추61, 판결 : 행정처분의 상대방이 아닌 제3자라도 당해 행정처분의 취소를 구할 법률상의 이익이 있는 경우에는 그 처분의 취소를 구할 수 있으나, 이 경우 법률상의 이익이란 당해 처분의 근거 법률에 의하여 직접 보호되는 구체적인 이익을 말하므로 제3자가 단지 간접적인 사실상 경제적인 이해관계를 가지는 경우에는 그 처분의 취소를 구할 원고적격이 없다.

의 취소판결이 확정되면 다시 심리를 하여 재결하여야 한다(법 제77조 제2항). 법 제77조 제1항에 따른 법원의 판결에서 재결취소의 이유가 되는 판단은 그 사건에 대하여 중앙심판원을 기속(羈束)한다(법 제77조 제3항). 이 법에 따른 중앙심판원의 재결에 관한 소송에 관하여는 이 법에서 규정하는 사항 외에「행정소송법」을 준용한다(법 제77조 제4항).

중앙심판원의 재결에 대한 소는 행정처분에 대한 취소소송의 성질을 가지는 것이어서 소의 대상이 되는 재결의 내용도 행정청의 공권력 행사와 같이 국민의 권리의무를 형성하고 제한하는 효력을 갖는 것이어야 한다. 재결 중 단지 해양사고의 원인이라는 사실관계를 규명하는 데 그치는 원인규명재결 부분은 해양사고 관련자에 대한 징계재결이나 권고재결과는 달리 그 자체로는 국민의 권리의무를 형성 또는 확정하는 효력을 가지지 아니하여 행정처분에 해당한다고 할 수 없으므로 재결취소소송의 대상이 될 수 없다.[48] 이러한 의미에서 중앙심판원 조사관의 청구의 기각을 구하는 부분도 재결취소소송의 대상이 될 수 없다고 본다.[49] 다만, 징계재결여부 및 그 양정의 적법 여부를 따지는 전제로서 원인규명재결에서의 사실인정과 법령 적용은 다툴 수 있다고 본다.[50]

---

[48] 대법원 2014.4.10. 선고, 2013추74, 판결 : 해양사고의 조사 및 심판에 관한 법률 제74조 제1항에 규정한 중앙해양안전심판원의 재결에 대한 소는 행정처분에 대한 취소소송의 성질을 가지는 것이어서 소의 대상이 되는 재결의 내용도 행정청의 공권력 행사와 같이 국민의 권리의무를 형성하고 제한하는 효력을 갖는 것이어야 하는데, 그 재결 중 단지 해양사고의 원인이라는 사실관계를 규명하는 데 그치는 원인규명재결 부분은 해양사고 관련자에 대한 징계재결이나 권고재결과는 달리 그 자체로는 국민의 권리의무를 형성 또는 확정하는 효력을 가지지 아니하여 행정처분에 해당한다고 할 수 없으므로 이는 위 법률 조항에 따른 재결취소소송의 대상이 될 수 없다(대법원 2000. 6. 9. 선고 99추16 판결, 대법원 2008. 10. 9. 선고 2006추21 판결 등 참조).

[49] 대법원 2000.6.9. 선고, 99추16, 판결 : 해양사고의조사및심판에관한법률 제74조 제1항에 규정한 중앙해양안전심판원의 재결에 대한 소는 행정처분에 대한 취소소송의 성질을 가지는 것이어서 소의 대상이 되는 재결의 내용도 행정청의 공권력 행사와 같이 국민의 권리의무를 형성하고 제한하는 효력을 갖는 것이어야 하는데, 그 재결 중 단지 해난의 원인이라는 사실관계를 규명하는데 그치는 원인규명재결 부분은 해난 관련자에 대한 징계재결이나 권고재결과는 달리 그 자체로는 국민의 권리의무를 형성 또는 확정하는 효력을 가지지 아니하여 행정처분에 해당한다고 할 수가 없으므로 이는 위 법률 조항에 따른 재결 취소소송의 대상이 될 수 없고, 또한 위의 재결 취소소송은 중앙해양안전심판원의 재결 자체를 심판 대상으로 할 뿐 그 심판원 조사관의 제2심 청구의 당부를 심판대상으로 삼는 것이 아니므로 그러한 조사관 청구의 기각을 구하는 것 역시 위 재결 취소소송의 대상이 되지 아니한다.

[50] 대법원 2007.7.13. 선고, 2005추93, 판결 : …기록에 의하면, 원고들은 징계처분의 결정에 필수적인 사고 발생 원인비율에 관한 판단을 하지 않고 견책의 징계처분을 한 것은 판단유탈로서 재량권의 일탈 또는 남용이라는 주장을 하고 있고(원고들의 05. 11. 22.자 준비서면 2쪽), 해양사고의 조사 및 심판에 관한 법률(이하 '법'이라 한다) 제5조 제2항 소정의 징계재결 여부 및 그 양정은 원인규명재결의 내용, 즉 해양사고의 원인을 포함하여 그 원인에 대한 해기사 또는 도선사의 직무상의 고의 또는 과실의 정도,

제2관 재결 등의 집행

1. 재결의 집행시기

재결은 확정된 후에 집행한다(법 제78조).

> ⚓ 「해심법 시행령」
>
> **제72조의2(재결의 집행시기)** 법 제78조에 따른 재결의 집행시기는 다음 각 호와 같다.
> 1. 지방심판원 재결의 경우: 법 제59조 제1항에 따른 제2심의 청구기간이 지났거나 법 제62조에 따른 기각재결서 또는 제68조 제3항에 따른 각하 결정서의 정본을 송달받은 때
> 2. 중앙심판원 재결의 경우: 재결을 고지한 때

2. 재결의 집행자

중앙심판원의 재결은 중앙수석조사관이, 지방심판원의 재결은 해당 지방수석조사관이 각각 집행한다(법 제79조).

3. 재결의 집행

가. 면허취소

면허취소 재결이 확정되면 조사관은 해기사면허증 또는 도선사면허증을 회수하여 관계 해양수산관서에 보내야 한다(법 제80조).

나. 업무정지

조사관은 업무정지 재결이 확정된 때에는 해기사면허증 또는 도선사면허증을 회수하여 보관하였다가 업무정지 기간이 끝난 후에 돌려주어야 한다. 다만, 법 제6조의2에 따라 집행유예 재결을 받은 경우에는 회수하지 아니 한다(법 제81조).

해양사고에 의한 피해의 경중, 해양사고 발생 당시의 상황, 해기사 또는 도선사의 경력, 기타 정상 등을 종합적으로 고려하여 이루어지므로 징계재결 여부 및 그 양정의 적법 여부를 따지는 전제로서 원인규명재결에서의 사실인정과 법령의 적용을 다룰 수 있다고 할 것이므로 (대법원 2005. 9. 28. 선고 2004추65 판결 참조), 원고들로서는 사고발생 원인비율에 대하여도 다툴 수는 있다고 할 것이므로,…

> ☸ 「해심법 시행규칙」
>
> **제22조(면허취소 및 업무정지 재결의 집행)** ① 중앙심판원과 지방해양안전심판원의 수석조사관(이하 "수석조사관"이라 한다)은 해양안전심판의 결과 해기사 또는 도선사에 대한 면허취소 또는 업무정지의 재결이 확정되었을 때에는 지체 없이 그 해기사 또는 도선사에게 해기사면허증 또는 도선사면허증을 재결이 확정된 날부터 30일 이내(해기사가 승선 등의 이유로 기한 내에 제출할 수 없는 경우에는 그 사유가 해소된 날부터 14일 이내를 말한다)에 제출할 것을 문서로 알려야 하며, 재결 집행을 시작하였을 때에는 그 사실을 해당 면허증을 발급한 지방해양수산청장(이하 "면허관청"이라 한다)에게 통보하여야 한다.
> ② 면허관청은 제1항에 따라 통보를 받았을 때에는 해기사면허원부 또는 도선사면허원부(이하 "면허원부"라 한다)에 그 내용을 적어야 한다.
> ③ 수석조사관은 제1항에 따른 면허증 제출 통지를 받고 이행하지 아니하는 사람에 대해서는 법 제82조에 따른 면허증 무효선언에 관한 절차를 밟고 그 사실을 면허관청에 알려야 한다.
> ④ 수석조사관은 업무정지 기간 만료일의 다음 날(그날이 일요일 또는 공휴일일 때에는 그다음 날)에 해당 면허증을 반환하여야 한다.

다. 견책재결

> ☸ 「해심법 시행규칙」
>
> **제23조(견책재결의 집행)** ① 수석조사관은 해양안전심판의 결과 해기사나 도선사에 대한 견책재결이 확정되었을 때에는 그 견책재결의 요지를 면허관청에 통보하여야 한다.
> ② 면허관청은 제1항에 따른 통보를 받았을 때에는 그 사실을 면허원부에 적어야 한다.

라. 징계기록부의 작성

> ☸ 「해심법 시행규칙」
>
> **제24조(징계기록부의 작성)** ① 중앙심판원장은 업무정지나 견책의 징계를 받은 해기사 또는 도선사에 대한 징계사항을 별지 제11호서식의 징계기록부에 기록하여야 한다.
> ② 제1항의 징계기록부는 전자적으로 처리할 수 없는 특별한 사유가 있는 경우 외에는 전자적 방법으로 기록하고 관리하여야 한다.

4. 징계의 실효

법 제5조에 따라 업무정지 또는 견책의 징계를 받은 해기사나 도선사가 그 징계 재결의 집행이 끝난 날부터 5년 이상 무사고 운항을 하였을 경우에는 그 징계는 실효(失效)된다. 이 경우 그 징계기록의 말소절차에 관하여 필요한 사항은 해양수산부령으로 정한다(법 제81조의2).

> ※ 「해심법 시행규칙」
>
> **제25조(징계기록 말소의 요청)** ① 중앙심판원장은 법 제81조의2에 따라 징계가 실효(失效)된 해기사 또는 도선사에 대해서는 면허원부의 징계기록을 말소할 것을 해당 면허관청에 요청하여야 한다.
> ② 제1항에 따라 징계기록의 말소 요청을 받은 면허관청은 면허원부의 징계기록을 말소하고, 그 사람에 대한 면허원부를 새로 작성하여야 한다.
> ③ 면허관청은 제2항에 따라 징계기록을 말소하였을 때에는 그 사실을 중앙심판원장에게 알려야 한다.

5. 면허증의 무효선언과 고시

면허취소 또는 업무정지 재결을 받은 사람이 조사관에게 그 해기사면허증 또는 도선사면허증을 제출하지 아니할 때에는 중앙수석조사관은 그 면허증의 무효를 선언하고 그 사실을 관보에 고시한 후 해양수산부장관에게 보고하여야 한다(법 제82조).

6. 재결의 공고

중앙수석조사관은 법 제5조 제3항에 따른 시정·개선을 권고하거나 명하는 재결을 하였을 때에는 그 내용을 관보에 공고하고 해양수산부장관에게 보고하여야 한다. 다만, 필요하다고 인정하는 경우에는 관보를 대신하여 신문에 공고할 수 있다(법 제83조).

7. 재결 등의 이행

다음 각 호의 어느 하나에 해당하는 자는 그 취지에 따라 필요한 조치를 하고, 수석조사관이 요구하면 그 조치내용을 지체 없이 통보하여야 한다(법 제84조 제1항).

1. 법 제5조 제3항에 따라 시정 또는 개선을 명하는 재결을 받은 자
2. 법 제5조의2에 따라 시정 또는 개선조치의 요청을 받은 자

수석조사관은 법 제84조 제1항에 따른 통보내용을 검토하여 그 조치가 부족하다고 인정할 때에는 그 이행을 요구할 수 있다(법 제84조 제2항).

8. 행정심판 등의 제한

이 법에 따른 재결에 대하여는 「행정심판법」이나 그 밖의 법령에 따른 행정심판의 청구 또는 이의신청을 할 수 없다(법 제87조).

제7절 보칙

제1관 각종 수당

1. 증인 등의 수당지급

이 법에 따라 출석하는 증인, 감정인, 통역인 및 번역인에게 대통령령으로 정하는 바에 따라 여비·일당·숙박료, 감정료, 통역료 또는 번역료를 지급할 수 있다(법 제85조).

⚓ 「해심법 시행령」

제79조(증인 등의 비용 지급 등) ① 법 제85조에 따라 증인, 감정인, 통역인 또는 번역인에게 지급할 여비는 「공무원 여비 규정」 별표 2 제2호에서 정하는 지급기준에 따른다.
② 제1항의 여비의 지급에 관하여는 이 영에서 규정한 사항 외에는 「공무원 여비 규정」 제4조, 제5조 및 제16조 제3항부터 제5항까지의 규정을 준용한다.
③ 증인, 감정인, 통역인 및 번역인에게 지급할 일당·감정료·통역료 또는 번역료는 매년 예산의 범위에서 중앙심판원장이 정한다.
④ 중앙심판원장 또는 지방심판원장은 다음 각 호의 어느 하나에 해당하는 사람에게는 여비, 일당, 감정료, 통역료 또는 번역료를 지급하지 아니할 수 있다.
 1. 증인이 거짓 진술을 하였다고 인정할 만한 상당한 이유가 있거나 정당한 이유 없이 진술을 거부하였을 때
 2. 감정인, 통역인 또는 번역인이 거짓의 감정·통역 또는 번역을 하였다고 인정할 만한 상당한 이유가 있거나 정당한 이유 없이 감정·통역 또는 번역을 거부하였을 때
⑤ 증인, 감정인, 통역인 또는 번역인은 본인의 여비, 일당, 감정료, 통역료 또는 번역료를 해당 해양사고의 재결 확정 전에 청구하여야 한다.

2. 비상임심판관 등의 수당

심판에 참여하는 비상임심판관과 법 제30조에 따라 선정된 국선 심판변론인에 대

하여는 대통령령으로 정하는 바에 따라 수당을 지급할 수 있다(법제86조).

> ⚓ 「해심법 시행령」
>
> **제79조의2(비상임심판관 등의 수당 지급 등)** ① 비상임심판관이 해양안전심판 및 현장검증에 참여하는 경우에는 「공무원보수규정」에 따른 해당 심판원 심판관의 봉급월액의 30분의 1에 상당하는 금액을 수당으로 지급한다.
> ② 법 제30조에 따라 선정된 국선 심판변론인(이하 "국선 심판변론인"이라 한다)이 해양안전심판 및 현장검증에 참여하는 경우에는 예산의 범위에서 중앙심판원장이 정하는 금액을 수당으로 지급한다. 다만, 국선 심판변론인이 같은 해양안전심판에 2회 이상 참여하였을 때에는 초과하는 1회마다 본문에 따른 수당의 2분의 1에 해당하는 금액을 수당으로 지급한다.
> ③ 비상임심판관 및 국선 심판변론인이 해양안전심판에 참여하거나 해양사고의 원인규명을 위한 현장검증 또는 그 밖의 업무상 필요에 의하여 출장을 갈 때에는 제1항 및 제2항에 따른 수당과 별도로 매년 예산의 범위에서 「공무원 여비 규정」에 따른 지방심판원의 심판관의 여비에 준하는 금액을 그 여비로 지급한다.

제2관 수수료

각급 심판원으로부터 이 법에 따른 재결서·결정서 등의 등본을 발급받으려는 사람은 해양수산부령으로 정하는 수수료를 내야 한다(법제88조).

> ☼ 「해심법 시행규칙」
>
> **제26조(수수료)** 법 제88조에 따라 재결서·결정서의 등본 발급을 요청하는 사람은 그 등본의 쪽수당 100원의 수수료를 수입인지로 납부하여야 한다.

제5장

기술행정사와 시험준비 요령

I. 기술행정사란 무엇인가?
II. 해사실무법의 시험준비
III. 답안 예시

Ⅰ. 기술행정사란 무엇인가?

1. 행정사의 개념과 종류

행정사는 「행정사법」에 의거하여 행정사 자격을 부여받은 자로서 다른 사람의 위임을 받아 행정사법에서 정해진 소정의 업무를 수행할 수 있는 자를 말한다(법 제1조, 제2조 참조). 행정사는 소관업무에 따라 일반행정사, 기술행정사 및 외국어번역행정사로 구분하고, 종류별 업무와 내용도 구분된다(법 제4조).

2. 기술행정사의 개념과 기술행정사가 하는 일

행정사법 제2조 제1항 각호에 따른 행정사의 업무는 다음과 같다(시행령 제2조).
1. 법 제2조제1항제1호의 사무: 행정기관에 제출하는 다음 각 목의 서류를 작성하는 일
   가. 진정·건의·질의·청원 및 이의신청에 관한 서류
   나. 출생·혼인·사망 등 가족관계의 발생 및 변동 사항에 관한 신고 등의 각종 서류
2. 법 제2조제1항제2호의 사무: 개인(법인을 포함한다. 이하 이 호에서 같다) 간 또는 국가나 지방자치단체와 개인 간의 다음 각 목의 서류를 작성하는 일
   가. 각종 계약·협약·확약 및 청구 등 거래에 관한 서류
   나. 그 밖에 권리관계에 관한 각종 서류 또는 일정한 사실관계가 존재함을 증명하는 각종 서류
3. 법 제2조제1항제3호의 사무: 행정기관에 제출하는 각종 서류를 번역하는 일
4. 법 제2조제1항제4호의 사무: 다른 사람의 위임에 따라 행정사가 제1호부터 제3호까지의 규정에 따라 작성하거나 번역한 서류를 행정기관 등에 제출하는 일

5. 법 제2조제1항제5호의 사무: 다른 사람의 위임을 받아 인가·허가·면허 및 승인의 신청·청구 등 행정기관에 일정한 행위를 요구하거나 신고하는 일을 대리하는 일
6. 법 제2조제1항제6호의 사무: 행정 관계 법령 및 제도·절차 등 행정업무에 대하여 설명하거나 자료를 제공하는 일
7. 법 제2조제1항제7호의 사무: 법령에 따라 위탁받은 사무의 사실을 조사하거나 확인하고 그 결과를 서면으로 작성하여 위탁한 사람에게 제출하는 일

기술행정사는 해운 또는 해양사고의 조사 및 심판에 관한 법률상의 각종 업무를 수행하는 자를 말하는데, 기술행정사의 업무는 결국 해운 또는 해양안전심판에서 상기의 업무를 수행하는 자를 말한다고 이해할 수 있다. 행정사가 일반적으로 행정심판의 청구나 대행 등의 업무를 많이 수행하고 있지만, 이러한 업무에 한정되지 않고, 해운 분야의 각종 민원업무의 대행, 국가보조금 사업의 컨설팅과 신청업무 대행 등으로 그 영역은 매우 넓다고 본다.

II. 해사실무법의 시험준비

1. 논술식 시험 대비한 학습 요령

기술행정사의 2차 시험과목인 해사실무법은 주관식 논술시험이라는 점이 특징이다. 해사실무법에 대한 학습을 알차게 하고 그 성과를 시험이라는 과정을 통해서 객관적으로 남에게 공인받는다는 것은 사실 매우 어려운 과정을 거쳐서 이루어진다. 주관식 답안의 작성으로 자기가 학습한 성과를 나타내기 위해서는 먼저 어느 정도 수준급에 있는 교과서를 통해서 충실하게 학습을 하고 강의를 통해서 기초적인 실력을 쌓고 연습을 통해서 보완과 이해를 해 나가는 과정이 필요하다.

그리고 마지막으로 어떤논제에 대한 답안을 어떻게 짜임새 있고 내용이 충실하며 요령있게 작성하는가 하는 것이 수험생의 고민거리임에 분명하다. 더구나 주로 이공

계 출신이 많이 접하는 해사실무법의 경우에는 법학 공부에 평소 익숙하지 않기 때문에 더욱 준비에 어려움을 겪게 된다.

해사실무법은 논술식 시험에 대비하여야 하기 때문에 학습과정에서 다음과 같은 점을 유념할 필요가 있다.

교과서 자체가 문제집이 아니지만, 교과서 자체를 잘 이해하고 교과서에서 논점이 될만한 것을 잘 찾아서 정리할 필요가 있다.

논점을 파악했으면 한 논제와 다른 논제 사이의 관련 사항을 가급적 자세하게 이해할 필요가 있다. 이는 응용문제 등에 대비하여 논제간의 연관성을 이해하는 것이 중요하기 때문이다.

답안 적성에서 학설이나 판례 등이 문제되는 것이 있으므로 교과서에 소개된 학설과 판례는 충분히 이해하도록 한다.

2. 답안 작성 요령

논술식 시험의 답안을 작성하기 위해서는 다음과 같은 점에 주의하여야 한다.
첫째, 출제된 문제가 적어도 무슨 법, 몇조에 해당하는지를 파악하는 것이 중요하다.
둘째, 그 문제에 대한 학설·판례의 대립이나 문제점이 무엇인지를 파악하는 것이 중요하다.
셋째, 이어서 그 논제의 사항에 대한 운영상의 문제나 입법론, 입법정책상의 문제를 파악하고 이에 대하여 논평하여야 한다.

대체로 이러한 방식으로 논술식 시험에 대비하지만, 해사실무법의 경우에는 우선 논술시험에 대비할 만한 분량의 조문을 파악하고 이를 다음에 소개하는 주관식 답안의 작성 예시를 참조하여 작성해 보는 것도 손쉬운 준비 방법이라 하겠다.

III. 답안 예시

해사실무법의 내용은 대체로 행정법규에 해당하므로 행정법에서의 모범답안을 참조할 수 있을 것으로 생각하여 다음에서 두가지 유형의 답안 목차를 예로 들겠다.

예시 1. 행정관청의 권한의 감독을 논하라.

Ⅰ. 의의

Ⅱ. 감독권의 법적 근거

Ⅲ. 예방적 감독
  1. 감시권
  2. 훈령권
  3. 인가권
  4. 권한쟁의 결정권
Ⅳ. 교정적 감독
  1. 취소권
  2. 정지권
Ⅴ. 결론

예시 2. 행정소송의 종류를 논하라.

Ⅰ. 의의
  1. 행정소송의 의의
  2. 행정소송의 법원
  3. 행정소송의 종류
Ⅱ. 항고소송

1. 취소소송
　　2. 무효 등 확인소송
　　3. 부작위위법확인소송

Ⅲ. 당사자소송

Ⅵ. 객관적 소송

Ⅴ. 결론

Ⅳ. [별표 1]
행정사 자격시험 과목(제9조제1항 및 제13조제3항 관련)

1. 제1차시험(3과목)

가. 민법(총칙)
나. 행정법
다. 행정학개론(지방자치행정을 포함한다)

2. 제2차시험(4과목)

일반행정사	가. 민법(계약) 나. 행정절차론(「행정절차법」을 포함한다) 다. 사무관리론(「민원사무 처리에 관한 법률」 및 「행정업무의 효율적 운영에 관한 규정」을 포함한다) 라. 행정사실무법(행정심판사례 및 「비송사건절차법」을 말한다)

기술행정사	가. 민법(계약) 나. 행정절차론(「행정절차법」을 포함한다) 다. 사무관리론(「민원사무 처리에 관한 법률」 및 「행정업무의 효율적 운영에 관한 규정」을 포함한다) 라. 해사실무법(「선박안전법」, 「해운법」, 「해사안전법」 및 「해양사고의 조사 및 심판에 관한 법률」을 말한다)
외국어번역 행정사	가. 민법(계약) 나. 행정절차론(「행정절차법」을 포함한다) 다. 사무관리론(「민원사무 처리에 관한 법률」 및 「행정업무의 효율적 운영에 관한 규정」을 포함한다) 라. 해당 외국어

3. 제2차시험 면제과목

일반행정사 및 기술행정사	가. 행정절차론(「행정절차법」을 포함한다) 나. 사무관리론(「민원사무 처리에 관한 법률」 및 「행정업무의 효율적 운영에 관한 규정」을 포함한다)
외국어번역 행정사	가. 민법(계약) 나. 해당 외국어

정 영 석

한국해양대학교 해사법학부 교수
한국해법학회 부회장
금융감독원 금융분쟁조정위원회 전문위원
해양경찰청 방제기술지원협의위원
각종 시험 출제위원(사법시험, 5급공무원, 선박직 공무원, 군무원,
도선수습생 선발시험, 물류관리사 선발시험, 행정사 자격시험 등)
해상법원론, 해사법규강의 등 저서 50여권, 논문 150여 편 발표

해사실무법

지은이 / 정 영 석 **인쇄** / 2016. 8. 11
펴낸이 / 조 형 근 **발행** / 2016. 8. 11
펴낸곳 / 도서출판 동방문화사

서울시 서초구 방배로 16길 13
전 화 / 02) 3473-7294   **팩 스** / 02) 587-7294
메 일 / 34737294@hanmail.net 등 록/서울 제 22-1433호

저자와의 합의, 인지생략

파본은 바꿔 드립니다.   본서의 무단복제행위를 금합니다.
정 가 / 25,000원   ISBN 979-11-86456-32-3 93360